RÉSISTANCE

DES MATÉRIAUX

I

PARIS. — IMPRIMERIE DE CH. LAHURE ET Cᵉ

Rues de Fleurus, 9, et de l'Ouest, 21

RÉSISTANCE

DES MATÉRIAUX

PAR

ARTHUR MORIN

Général de division d'artillerie
membre de l'Institut, ancien élève de l'École polytechnique
directeur du Conservatoire des Arts et Métiers
membre de la Société centrale d'agriculture
membre honoraire de la Société des Ingénieurs civils de France
membre correspondant de l'Académie royale des Sciences de Berlin
de l'Académie royale des Sciences de Madrid, de l'Académie des Sciences de Turin
de l'Académie royale des Géorgophiles de Florence
de l'Académie de Metz, de la Société industrielle de Mulhouse
de la Société littéraire et philosophique de Manchester
de la Société impériale d'Arts et Manufactures de Toscane

Troisième édition

—

TOME PREMIER

PARIS

LIBRAIRIE DE L. HACHETTE ET Cie

RUE PIERRE-SARRAZIN, N° 14

(Près de l'École de médecine)

—

1862

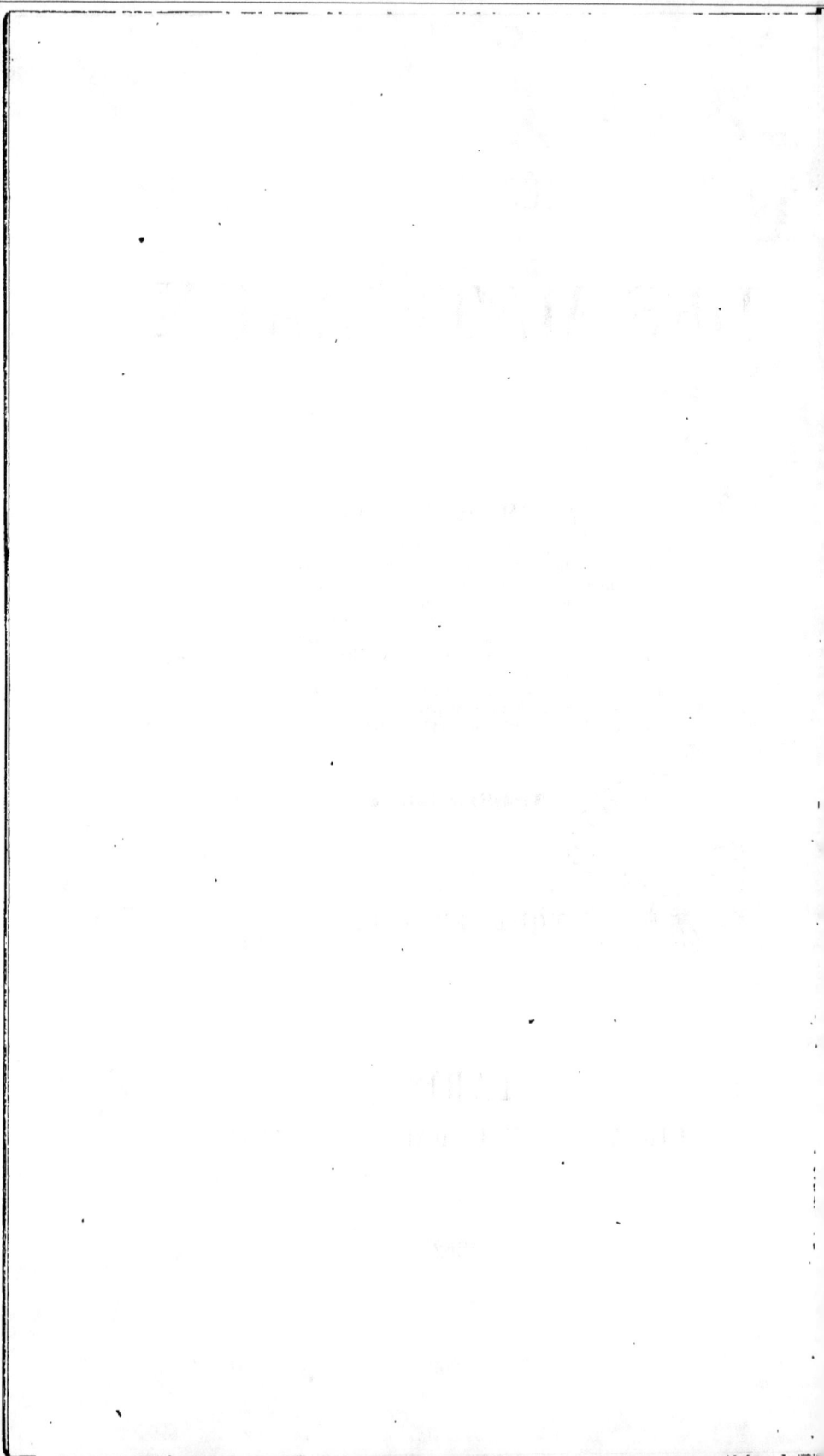

RÉSISTANCE
DES MATÉRIAUX.

PREMIÈRE PARTIE.

EXTENSION.

1. Marche suivie dans cette partie du cours. — Dans un enseignement de mécanique appliquée donné au Conservatoire des arts et métiers, le professeur ne peut songer à traiter dans ses développements théoriques la question si complexe de la résistance des matériaux. M. Poncelet, mon savant confrère et ami, a d'ailleurs accompli cette tâche à la Faculté des sciences, dans des leçons dont on doit désirer vivement la prochaine publication. Par des considérations géométriques aussi simples que rigoureuses, il est parvenu non-seulement à éviter dans cette question difficile tout l'appareil, souvent inutile, de calculs dont on l'avait hérissée, mais il a obtenu en outre la solution de plusieurs questions que l'analyse avait été jusqu'ici impuissante à résoudre.

Dans l'exposition des notions théoriques indispensables pour l'établissement des règles et des formules pratiques, je prendrai pour guide la marche et les démonstrations adoptées par M. Poncelet. D'une autre part, la sanction et l'appui de l'expérience étant peut-être plus indispensables encore pour cette partie de la mécanique que pour toute autre, j'aurai soin de contrôler toujours les résultats des formules par ceux de la pratique, en m'attachant surtout aux constructions les plus remarquables de notre époque.

2. CONSIDÉRATIONS GÉNÉRALES. — L'on a vu, dans les leçons de la première partie, que les corps doivent être considérés comme composés de molécules qui s'attirent et se repoussent de telle sorte que, dans l'état habituel ou normal, les forces d'attraction ou de répulsion qui sollicitent ces molécules se font équilibre. De là résulte que tout effort pour écarter, éloigner ces molécules, provoque et met en jeu la réaction attractive, et que tout effort qui tend à les rapprocher, à les refouler, développe la réaction répulsive.

L'expérience prouve qu'entre certaines limites les allongements, de même que les raccourcissements ou contractions, sont à très-peu près proportionnels aux forces qui les produisent; il doit par conséquent en être de même des forces de réaction attractive ou répulsive, égales et contraires à ces forces. Ce principe avait été entrevu par Hooke, célèbre géomètre anglais qui vivait vers 1670, et qui l'énonça par ces mots : *Ut tensio sic vis;* mais l'expérience apprend aussi qu'au delà de certaines limites cette proportionnalité cesse, et que les allongements et les raccourcissements croissent alors plus rapidement que les forces auxquelles ils sont dus.

Tant que les allongements ou les raccourcissements sont proportionnels aux forces qui les produisent, on remarque que, quand la force ou la cause cesse d'agir, l'effet cesse sensiblement, et que le corps, par la réaction attractive ou répulsive de ses molécules, reprend exactement ou à très-peu près ses dimensions et revient à sa forme primitive. On dit alors que l'*élasticité* du corps n'a pas été *altérée*, et l'allongement ou le raccourcissement observé, qui a disparu, se nomme l'*allongement* ou le *raccourcissement élastique*. Au contraire, lorsque les allongements ou les raccourcissements ont cessé d'être proportionnels aux forces qui les produisent, les corps ne reviennent pas complétement à leur forme primitive. Quand ces forces n'agissent plus, ils restent en partie allongés, raccourcis ou comprimés, l'on dit alors que leur *élasticité* est *altérée*, et la variation qui subsiste dans la forme se nomme, suivant les cas, *allongement*, *contraction* ou *flexion* permanente.

3. OBSERVATION. — Il est bon de rappeler que si quelques corps paraissent, dans certaines circonstances, doués d'une élasticité parfaite et reprendre complétement dans toutes leurs parties leur forme primitive, tandis que d'autres semblent au contraire dénués totalement d'élasticité et tout à fait mous, il n'en est pas exactement ainsi. Il est rare que toute déformation ne soit pas suivie de quelque altération plus ou moins perceptible de la forme, et de quelque retour plus ou moins complet vers cette même forme.

4. INFLUENCE DE LA DURÉE DES EFFORTS. — Le temps et la durée d'action des efforts paraissent d'ailleurs jouer dans ces effets un rôle important qu'il est parfois nécessaire de prendre en considération ; c'est ainsi que les efforts auxquels on peut soumettre momentanément un corps sans craindre d'altérer son élasticité sont plus grands que ceux que l'on pourrait exercer pendant un intervalle de temps indéfini ou d'une manière permanente.

5. NÉCESSITÉ DE LIMITER LES EFFORTS À DES VALEURS INFÉRIEURES A CELLES QUI CORRESPONDENT A L'ALTÉRATION DE L'ÉLASTICITÉ. — L'altération de l'élasticité étant un acheminement vers la rupture, et croissant de plus en plus sous l'action des mêmes causes quand une fois elle a atteint certain terme, il s'ensuit que dans les constructions l'on doit toujours éviter de soumettre les corps à des efforts capables de produire cette altération. Il faut même remarquer que presque toujours les corps employés dans les constructions, et surtout les organes des machines, sont exposés à des efforts accidentels supérieurs aux efforts moyens que l'on calcule, à des vibrations, quelquefois à des altérations chimiques, et que la prudence exige qu'on limite les efforts à des valeurs notablement inférieures à celles qui correspondent à l'altération de l'élasticité.

6. DÉFINITION DU COEFFICIENT OU MODULE D'ÉLASTICITÉ ET MANIÈRE DE LE DÉTERMINER. — Lorsqu'un corps prismatique ou cylindrique d'une longueur L et d'une section dont la superficie est A, est soumis à un effort de traction longitudinale dirigé suivant son axe, et que nous désignerons par P, il s'allonge sous l'action de cet effort; si cet allongement, que nous appellerons l, est proportionnel à la longueur totale, de sorte que le rapport de $\frac{l}{L}$ soit une quantité constante, nous désignerons celui-ci par i, qui représentera ainsi l'allongement par mètre courant.

Tant que l'effort P ne dépasse pas certaines limites, l'allongement élastique i, ainsi qu'on l'a dit, croît proportionnellement au rapport $\frac{P}{A}$ ou à la charge par unité de surface de section, de sorte que le rapport de $\frac{P}{A}$ à i, ou $\frac{P}{Ai}$, est une quantité constante que l'on nomme le *coefficient* ou le *module d'élasticité*, et que l'on désigne habituellement par la lettre E; cette quantité est alors constante pour un même corps au même état. Si l'on supposait que la section transversale fût égale à l'unité de surface, et que l'allongement i par mètre courant pût être égal à l'unité de longueur sans altération de l'élasticité, on aurait $Ai = 1$, et $P = E$ serait alors l'effort supporté par unité de surface et capable de produire par unité de longueur un allongement élastique égal à cette unité.

Ce que nous venons de dire pour les allongements s'applique aux raccourcissements ou aux compressions; et l'on admet généralement que le coefficient d'élasticité a la même valeur dans les deux cas : mais il est des corps, tels que la fonte et très-probablement les corps grenus en général, pour lesquels cette égalité n'existe pas ou n'existe qu'entre certaines limites très-restreintes.

D'après les définitions précédentes, si la charge P est celle qui est supportée par chaque millimètre carré de section, on a $A = 1^{\text{mill.q}}$, et i étant l'allongement par mètre correspondant à la limite de l'élasticité, la relation $P = AEi$ devient $P = Ei$, d'où $E = \frac{P}{i}$, ce qui permet, comme nous l'indiquerons, de déterminer d'après l'expérience la valeur du nombre E rapportée au millimètre carré, et ensuite de calculer, pour un corps de section donnée A, la charge capable de produire un allongement déterminé, ou l'allongement produit par une charge donnée.

Nous rapporterons plus habituellement la valeur du nombre E au mètre carré, en exprimant la surface A de la section transversale du corps en mètres carrés.

Il suffit au reste que l'on soit averti de l'unité de surface adoptée pour qu'il ne puisse y avoir aucune confusion.

Résistance du fer à l'extension.

7. Résultats d'expériences. — Les circonstances que nous venons de détailler en parlant de l'allongement des corps sous l'action des efforts de tension ou de compression longitudinales, sont rendues très-manifestes par la représentation graphique des résultats des expériences.

Nous en rapporterons plusieurs exemples.

8. Expériences de M. Bornet*. — Choisissons d'abord les expériences de M. Bornet, ancien élève de l'École polytechnique, attaché aux forges de la marine, à Guérigny, qui a soumis à des efforts de traction longitudinale une barre de fer à câble de 49^{mill}.50 de diamètre et de 6^m.42 de longueur, et celles de M. Ardant, officier général du génie, sur des fils de fer doux ou recuits et sur des fils durs ou non recuits.

Les résultats de ces expériences sont rapportés, pour les allongements, au mètre courant, et pour les charges, au millimètre carré de section.

---

* Les expériences de M. Bornet datent déjà de plus de trente années, et ont été faites à l'aide de la presse hydraulique ; celles de M. le général Ardant, qu'un accident funeste a enlevé à la science et au corps du génie, faisaient partie d'un travail fort remarquable que cet officier général avait entrepris sur la résistance des matériaux vers 1836, alors qu'il était professeur de construction à l'École de l'artillerie et du génie, à Metz. Il serait bien regrettable que ce travail fût perdu pour la science.

FIL A CABLES, DUCTILE.			FIL DE FER.				
				DOUX, RECUIT.		DUR, NON RECUIT.	
CHARGE par millimètre carré. p	ALLONGEMENT par mètre courant. z	COEFFICIENT d'élasticité par millimètre carré. E	CHARGE par millimètre carré. p	ALLONGEMENT par mètre courant. z	COEFFICIENT d'élasticité par millimètre carré z	ALLONGEMENT par mètre courant. z	COEFFICIENT d'élasticité par millimètre carré E
kilogr.	mill.	kil.	kilogr.	mill.	kil.	mill.	kil.
2	0.08	2500	5	0.294	1704	0 260	1923
4	0.16	2500	10	0.588	1701	0.520	1923
6	0.31	1936	15	0.882	1700	0.780	1923
8	0.36	2222	20	1.176	1702	1.040	1923
10	0.47	2128	25	1.470	1700	1.300	1923
12	0.55	2182	30	2.500	1200	1.560	1923
14	0.69	2029	32.5	13 000	248	»	
16	0.86	1860	35	14.100	248.2	2.220	1521
18	2.20	818	40	18.000	222	2.400	1666
20	15.76	126	42.5	20.500	207	»	
22	24.34	90.4	45	rupture.		2.820	1595
24	34.97	68.7	49			3.100	1580
26	46.96	55.3	50			rupture.	
28	67.70	41.5					
30	89.39	33.5					
32	132.48	24.1					

9. EXAMEN DE CES RÉSULTATS. — Si maintenant nous prenons les allongements par mètre pour abscisses et les charges par millimètre carré pour ordonnées, nous pourrons représenter les résultats de ces expériences par les courbes Aaaa relatives au fer à câbles, Abbb relatives au fil de fer recuit, et Accc relatives au fil de fer non recuit (pl. I, fig. 1).

On voit que, pour les faibles charges, la relation des allongements aux charges est représentée par une ligne droite passant par l'origine, ce qui confirme que ces allongements sont d'abord dans un rapport constant avec les charges. On voit ensuite, courbe Aaa, qu'au delà de la charge de 14 à 16 kilogrammes par millimètre carré, les allongements ou les abscisses croissent plus vite que les charges, et d'autant plus rapidement que les charges sont plus fortes. Il semble cependant qu'après un certain allongement d'environ 2^{mill}.50 à 3 millimètres par mètre, il s'établit un rapport constant entre les charges c les allongements, et que ce rapport nouveau subsiste jusqu'à des charges voisines de celle qui produit la rupture.

La courbe Abb, relative au fil de fer recuit, montre que l'élasticité s'altère un peu plus tard ou pour des charges plus fortes pour ces fils que pour des barres de gros échantillon en fer très-ductile. L'on voit en même temps que la rupture arrive à des charges plus fortes, mais sous des allongements moindres. Enfin la courbe Accc, relative au fil de fer dur non recuit, fait voir que la proportionnalité des charges aux allongements s'observe plus longtemps que pour les fers doux et recuits, et que la rupture a lieu sous des charges plus fortes, mais aussi à des allongements plus faibles.

Il résulte de cette comparaison que si l'élasticité du fer doux, ou en général celle des métaux ductiles, commence à s'altérer sous des charges moindres que celles des fers ou des métaux durs, la rupture n'a lieu qu'après des allongements beaucoup plus considérables, et que cette déformation est un indice, un avertissement de l'altération de l'élasticité, tandis que la rupture des métaux durs a lieu brusquement, et sans qu'une altération notable de l'élasticité ait pu avertir de l'imminence de cette rupture.

On remarque d'ailleurs que, l'altération de l'élasticité étant une fois produite, les allongements croissent beaucoup plus rapidement par rapport aux charges qu'avant cette altération, et que, par conséquent, il importe pour les constructions de connaître, pour tous les corps employés, la limite des charges d'extension à laquelle cette altération commence à se produire. De plus, afin que les vibrations et les efforts accidentels n'exposent pas les pièces à des efforts de traction, à des tensions qui puissent altérer leur élasticité, il est bon de calculer les dimensions de ces corps, en s'imposant la condition que la charge moyenne permanente qu'ils devront supporter ne produise pas des allongements supérieurs à la moitié environ de ceux pour lesquels commence l'altération de l'élasticité.

Il résulte des observations et du tableau qui précèdent que les valeurs trouvées, d'après les expériences de M. Bornet et du général Ardant, pour le rapport $\dfrac{P}{i} = E$, après être restées constantes jusqu'à une certaine charge, vont en décroissant très-rapidement pour le fer ductile et pour le fil de fer recuit, mais plus tard et moins rapidement pour le fil de fer dur et non recuit, qui se rompt sous un effort plus grand, mais après avoir subi un allongement proportionnel beaucoup moindre que ceux que le fer ductile a supportés.

Cette observation que nous répétons est importante en ce qu'elle indique la différence essentielle du mode de résistance de ces deux variétés de fer : celui qui est ductile pouvant s'allonger beaucoup, mais rompant sous un effort un peu plus faible, tandis que le fer dur s'allonge peu, mais est susceptible de supporter de plus grands efforts avant de se rompre.

10. EXPÉRIENCES DE M. EATON HODGKINSON.—L'on doit à M. E. Hodgkinson, savant physicien anglais, de nombreuses séries d'expériences sur la résistance des matériaux, et plus particulièrement des métaux, à l'extension. Parmi ces expériences, qui ont été faites avec beaucoup de soin, nous citerons d'abord la série suivante, relative à l'allongement des tiges de fer forgé sous l'action des efforts de traction longitudinale auxquels on les soumet.

Les fers sur lesquels ces expériences ont été exécutées étaient de la meilleure qualité. Les barres étaient formées de plusieurs parties assemblées par des manchons à vis, de manière à leur donner environ 15 mètres de longueur totale sur un diamètre moyen de $13^{mill}.13$. L'aire de la section était de $135^{mill.q}.39$.

L'on mesurait, après l'action de chaque charge, l'allongement total, et après son enlèvement l'allongement permanent, d'où l'on déduisait par différence l'allongement élastique. On remarquera que la grande longueur des barres permettait de mesurer les allongements totaux avec beaucoup de précision, et par suite d'en déduire avec la même exactitude l'allongement proportionnel ou par unité de longueur. Nous ne reproduirons ici que les résultats d'une seule des séries d'expériences exécutées par M. E. Hodgkinson, en rapportant ces résultats au centimètre carré pour les charges, au mètre linéaire pour les allongements, et le rapport des charges par mètre carré à l'allongement par mètre de longueur, pour obtenir ce que l'on nomme, comme nous l'avons dit, le coefficient d'élasticité.

EXPÉRIENCE POUR DÉTERMINER L'ALLONGEMENT TOTAL ET L'ALLONGEMENT
PERMANENT PRODUITS PAR DES POIDS DIFFÉRENTS AGISSANT PAR EXTEN-
SION SUR UNE TIGE DE FER FORGÉ DE LA MEILLEURE QUALITÉ, PAR
M. E. HODGKINSON.

CHARGES PAR CENTIMÈTRE CARRÉ en kilogrammes. P.	ALLONGEMENT PAR MÈTRE DE LONGUEUR.		COEFFICIENT D'ÉLASTICITÉ E par mètre carré.
	total.	permanent.	
kil.	m.	mill.	kil.
187.429	0.000082117	»	22 824 500 000
374.930	0.000185261	»	22 216 200 000
562.406	0.000283704	0.00254	19 824 100 000
749.456	0.000379476	0.0033894	19 704 000 000
937.430	0.000475113	0.0042398	19 729 909 000
1124.813	0.000570792	0.00508	19 706 000 000
1312.283	0.000665647	0.0067705	19 714 600 000
1499.720	0.000760311	9.0100879	19 320 300 000
1687.219	0.000873265	0.0330283	19 320 700 000
1874.645	0.001012911	0.0829955	18 398 100 000
2063.580	0.001283361	0.2616950	16 079 200 000
2249.627	0.002227205	»	
»	0.002359800	1.1297600	10 101 580 000
2403.653	0.004287185	3.0709900	5 606 590 000
2624.564	0.009156490	8.4690700	2 866 380 000
»	0.009950970	8.5748700	»
2812 033	0 010492805	9.1023600	2 681 520 000
répétée après 1 heure.	0.011750313	»	»
» 2	0.011858889	»	»
» 3	0.011933837	»	»
» 4	0.011942168	»	»
» 5	0 011958835	»	»
» 6	0.011967149	»	»
» 7	8.012027114	»	»
» 8	0.012027014	»	»
» 9	0.012027114	»	»
» 10	0.012027114	»	»
2999.500	0.017888263	16.5145	1 676 820 000
»	0.019478898	»	»
»	0.01984831	18.4212	»
»	0.02022006	18.8886	»
3186.973	0.02148590	19.7954	1 483 290 000
»	0.02169401	»	»
»	0.02170242	»	»
»	0.02170242	22.0119	»
3374.440	0.02477441	22 7087	1 362 020 000
»	0.02514184	»	»
»	0.0252252	»	»
3561.900	0.03493542	39.8201	1 019 580 000
»	0.03519357	»	»
»	0.03520190	»	»
»	0.03520190	»	»
3745.361	»	»	»

11. Conséquences de ces expériences. — Les résultats de ces expériences peuvent être représentés graphiquement, en prenant, comme on l'a déjà fait, les allongements totaux et les allongements permanents pour abscisses, et les charges pour ordonnées d'une courbe qui donne la loi qui lie ces quantités. Cette construction a été faite à une grande échelle pour rendre les résultats plus apparents, et elle ne peut être reproduite que fort en petit dans la figure 2 (pl. I).

L'examen de la courbe ainsi obtenue montre :

1° Que jusqu'à la charge de $1499^{kil}.72$ par centimètre carré, ou $14^{kil}.997$ par millimètre carré, les allongements totaux croissent proportionnellement aux charges;

2° Qu'il en est de même pour les allongements permanents, et que dans ces limites ces derniers allongements sont excessivement petits et s'élèvent au plus à $0^{mill}.01$ par mètre, sous la charge de $14^{kil}.997$ par millimètre;

3° Qu'au delà de la charge de $14^{kil}.997$ par millimètre carré, et surtout à partir de celle de $18^{kil}.74$ par millimètre carré, les allongements totaux et les allongements permanents croissent très-rapidement et plus que proportionnellement aux charges;

4° Que vers et un peu avant la charge de $22^{kil}.49$ par millimètre carré, les allongements totaux redeviennent sensiblement proportionnels aux charges, mais dans un rapport beaucoup plus grand que celui qui correspondait aux petites charges. Vers les charges voisines de la rupture les allongements étaient un peu inférieurs à ceux qu'indiquerait la nouvelle proportionnalité.

5° Quant aux allongements permanents dont la loi de variation a aussi été représentée graphiquement, mais à une échelle encore plus grande, de 400 millimètres pour 1 millimètre d'allongement, et de 20 millimètres par kilogramme de charge par millimètre carré, le tracé que l'on ne peut reproduire qu'en petit dans la figure 3, montre aussi qu'après avoir augmenté proportionnellement aux charges jusque vers $14^{kil}.99$ par millimètre carré, ils croissent très-rapidement et beaucoup plus vite que les allongements totaux.

On observe de plus que ces allongements permanents croissent avec la durée de la charge, quoique très-lentement.

6° Enfin, les valeurs du rapport $\dfrac{P}{i}$ des charges par mètre carré à l'allongement par mètre, et que l'on nomme le *coefficient* ou *module d'élasticité*, sont sensiblement constantes dans les limites indiquées plus haut, et la valeur moyenne qu'en fournissent ces expériences est

$$E = 19\,816\,440\,000^{kil},$$

en rapportant la charge au mètre carré et l'allongement au mètre de longueur*.

Une autre série d'expériences faites sur une barre de 15^m,25 de longueur sur 19^{mm}.09 de diamètre, et par conséquent d'une section de 286$^{mm\cdot q}$.9 de surface, ou un peu plus que double de celle de la première, a fourni des résultats à très-peu près identiques, surtout dans les limites où l'élasticité n'est pas altérée notablement. On en déduit pour la valeur moyenne du coefficient d'élasticité

$$E = 19\,359\,458\,500^{kil},$$

en rapportant les charges au mètre carré et les allongements exprimés en mètres au mètre de longueur.

12. Observations sur les conclusions de M. Hodgkinson et variabilité du coefficient d'élasticité. — M. E. Hodgkinson conclut de ces expériences que, dès les plus faibles charges, il se produit un allongement permanent, et en cela il est d'accord avec d'autres observateurs. Mais, d'une part, il ne semble pas qu'aucun de ces expérimentateurs ait cherché à vérifier si le temps, qui augmente les allongements permanents quand la charge reste suspendue, ne contribue pas aussi à les faire disparaître quand elle est enlevée, et de plus il faut remarquer qu'entre les limites où les allongements élastiques du fer sont

---

* Les deux premières charges de 187^{kil}.429 et de 374^{kil}.920 par centimètre carré ont donné des valeurs plus fortes que les suivantes ; on peut l'attribuer à l'excessive difficulté de mesurer les trois petits allongements qu'elles produisaient.

proportionnels aux charges, les allongements permanents sont tellement faibles qu'on peut en faire abstraction dans la pratique, puisqu'à la charge de 14^{kil}.99 par millimètre carré, que l'on ne doit jamais atteindre, ils ne sont que de 0^{mill}.01 par mètre.

Enfin, il n'est pas inutile de faire remarquer, dès à présent, qu'il est bien difficile, dans toutes les expériences de ce genre, d'éviter que l'appareil lui-même n'éprouve quelque tassement, quelque flexion qui, ne disparaissant pas, s'ajoute aux allongements permanents déduits de l'observation, et cette remarque s'applique d'autant mieux aux expériences de M. Hodgkinson, que les barres sur lesquelles il a expérimenté se composaient de parties réunies par des manchons filetés en sens contraire, et dans lesquels il pouvait fort bien s'opérer un léger tassement.

Ce qui tend aussi à prouver que les allongements permanents observés dès les faibles charges par M. Hodgkinson ne sont que l'effet des tassements des diverses parties des barres dans leurs écrous, c'est que, comme le remarque l'auteur lui-même, ces allongements permanents n'augmentent plus quand, après une première expérience, on en fait une seconde, une troisième, etc.

Il résulte tout au moins de cette observation que, soit qu'on admette avec M. Hodgkinson les allongements permanents qu'il a observés comme inséparables de l'allongement élastique, soit qu'on les attribue, comme je pense que cela peut être fait, à des tassements des points d'appui ou des assemblages de jonction des parties des barres sur lesquelles il a opéré, ces allongements permanents sont très-faibles et négligeables dans la pratique, et ne se produisent qu'une fois si l'action des charges cesse et se reproduit ensuite. L'on peut donc en faire abstraction dans l'établissement des règles qui sont relatives à la pratique des constructions.

Le tableau du n° **10**, qui contient les résultats des expériences de M. Hodgkinson, montre, comme les observations de MM. Bornet et Ardant, qu'au delà d'une charge de 1499^{kil}.72 par centimètre carré le rapport $\dfrac{p}{i}$ des charges aux allongements, que nous avons nommé le coefficient d'élasticité, va sans cesse en diminuant, en même temps que l'allongement proportionnel i augmente.

Dans la relation

$$P = Ei,$$

il arrive donc qu'au delà d'une certaine valeur de P ou de i le nombre E varie en même temps que i, et il serait intéressant de connaître la loi de cette variation, dont il ne paraît pas que les physiciens se soient occupés. Cette connaissance serait cependant très-utile pour déterminer les efforts que supportent des fibres qui sont exposées à des allongements dépassant certaines limites, et nous en verrons la nécessité lorsque nous parlerons des épreuves des essieux.

Des expériences spéciales seraient donc à faire sur ce sujet. Elles présentent, il est vrai, quelques difficultés, parce que, quand les allongements proportionnels cessent d'être constants, ils croissent souvent avec la durée des charges ; mais cependant, avec des soins convenables, l'on doit pouvoir parvenir à déterminer avec une exactitude suffisante les valeurs correspondantes des charges et des allongements proportionnels, même pendant cette période.

Quoi qu'il en soit, et en attendant de nouvelles recherches à ce sujet, si nous recourons aux expériences de M. Hodgkinson, dont les résultats sont consignés au n° **10**, nous pouvons les représenter en prenant les allongements proportionnels pour abscisses et les valeurs de E pour ordonnées. C'est ce que nous avons fait à grande échelle en prenant 50 millimètres pour représenter 1 millimètre d'allongement proportionnel, et 1 millimètre pour représenter 100 kilogr. de la valeur de E.

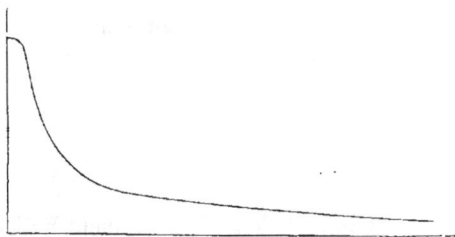

Cette courbe, que nous ne pouvons reproduire dans la figure ci-jointe qu'à une très-petite échelle, montre qu'après être resté à peu près constant jusqu'à l'allongement proportionnel $i = 0^m.0008$, ou $0^m.001$ environ, le coefficient E diminue rapidement suivant une loi qui paraît assez continue, et qui serait représentée par une courbe analogue à une hyperbole équilatère, mais dont l'équation nous paraît très-difficile à déterminer.

Si nous n'avons pas encore des expériences assez précises pour reconnaître la loi mathématique de cette décroissance du rapport $E = \dfrac{P}{i}$, la courbe même peut nous en fournir la valeur approchée, et nous permettre de retrouver celle de l'effort P correspondant à un allongement proportionnel déterminé, puisque cet effort est l'ordonnée de la courbe correspondante à l'allongement proportionnel donné pris pour abscisse.

L'on verra plus loin, quand nous parlerons des épreuves que l'on fait subir aux essieux, le parti qu'il est possible de tirer du tracé de cette courbe, qui représente les résultats des expériences.

13. APPLICATIONS DES RÉSULTATS DE L'EXPÉRIENCE. DIMENSIONS DES TIGES EN FER SOUMISES A UN EFFORT DE TRACTION DONNÉ. — D'après les données précédentes de l'expérience, il est facile de déterminer la surface de section d'une tige de fer soumise à un effort de traction déterminé de façon que son allongement ne dépasse pas une limite donnée.

Supposons, par exemple, qu'une barre de fer doux de 2 mètres de longueur doive supporter un effort de 5000 kilogrammes sans s'allonger de plus de $0^m.001$.

Il suit de ces données que l'allongement proportionnel de la barre devra être au plus de

$$\frac{0^m.001}{2^m} = 0^m.0005 = i;$$

et, si nous prenons pour valeur du coefficient E d'élasticité relatif aux fers doux (voy. au tableau du n° **47**)

$$E = 18\,000\,000\,000 \text{ kilogr.,}$$

on devra avoir, pour l'effort correspondant par mètre carré à cet allongement,

$$Ei = 18\,000\,000\,000 \times 0{,}0005 = 9\,000\,000 \text{ kilogr.},$$

ou, par millimètre carré, 9 kilogr.

La section transversale de la barre de fer devra donc être égale à

$$\frac{5000}{9} = 555 \text{ millim. carrés;}$$

et si elle doit être à section carrée, elle devra avoir $23^{mm}.5$ de côté.

14. CAS OU IL EST NÉCESSAIRE DE TENIR COMPTE DU POIDS PROPRE DES TIGES SOUMISES A UN EFFORT DE TRACTION. — Dans les machines d'épuisement, dans les sondages d'une grande profondeur, il est indispensable de tenir compte du poids des tiges, parce qu'il est souvent très-considérable. Dans ce cas, la longueur L de la tige est connue, et si l'on appelle d son diamètre en mètres, P la charge à supporter ou la tension à exercer, p le poids du mètre cube, ou du mètre courant pour un mètre carré de section, la charge totale à supporter sera

$$P + \frac{d^2}{1.273} Lp,$$

et elle devra être égale à la charge maximum que la prudence permet de faire supporter avec continuité à une tige de la substance employée. Si, par exemple, il s'agit de tiges de fer, et qu'on admette une charge permanente de 8 kilogr. par millimètre carré, ou $8\,000\,000$ kilogr. par mètre carré, en supposant l'emploi de matériaux de choix, la charge totale ne devra pas dépasser

$$\frac{d^2}{1.273} \times 8\,000\,000^{kil}.$$

On aura donc la relation

$$P + \frac{d^2 L}{1.273} p = \frac{d^2}{1.273} 8\,000\,000,$$

d'où

$$P = \frac{d^2}{1.273} (8\,000\,000 - pL),$$

expression qui donnera la charge P si le diamètre d est connu, ou le diamètre

$$d = \sqrt{\frac{1.273\,P}{8\,000\,000 - pL}},$$

si la charge P est donnée.

15. APPLICATION. Si, par exemple, il s'agit d'une tige de pompe élévatoire de 30 mètres de longueur, et destinée à soulever un piston de 0m.20 de diamètre chargé d'une colonne d'eau de 25 mètres, on aura d'abord

$$P = 1000 \times \frac{\overline{0.20^2}}{1.273} \times 25 = 785^{kil}.50$$

On a de plus

$$p = 7783 \text{ kilogr.} \quad \text{et} \quad L = 30 \text{ mètres.}$$

L'on en déduit

$$d = \sqrt{\frac{1.273 \times 785.5}{8\,000\,000 - 7783 \times 30}} = 0^m.0113.$$

Il est d'ailleurs évident que la charge, que le corps pourrait supporter avec sécurité, serait nulle si l'on avait

$$pL = 8\,000\,000^{kil},$$

ou

$$L = \frac{8000000}{p}.$$

S'il s'agit du fer, $p = 7700$ kilogr. environ, et l'on trouve

$$L = 1039^m$$

pour la limite de longueur des tiges en fer à section uniforme que l'on peut employer avec prudence.

S'il s'agissait de calculer la longueur à laquelle une tige se romprait sous son propre poids, on sait que pour le fer l'effort de traction capable de produire la rupture est de 30 kilogr. environ par millimètre carré, ou de 30 000 000 kilogr. par mètre quarré de section, et alors le poids

$$\frac{d^2L}{1.273} \times 7700^{kil}$$

devrait être égal à

$$\frac{d^2L}{1.273} \times 30\,000\,000^{kil},$$

ce qui donne la relation

$$7700 \times L = 30\,000\,000,$$

d'où

$$L = \frac{30000000}{7700} = 3896^m,$$

si l'aire de la section transversale était constante.

Ce résultat montre que pour des tiges de sonde qui doivent descendre à de grandes profondeurs, telles que celle du puits de Grenelle, il faut d'abord choisir des fers des meilleures qualités et augmenter les dimensions de ces tiges vers la partie supérieure, à mesure que la profondeur s'accroît.

16. EXPÉRIENCES FAITES AUX FORGES DE GUÉRIGNY PAR M. BORNET. — L'on doit à M. Bornet, outre les expériences sur l'allongement du fer soumis à des efforts de traction, dont nous avons rapporté les résultats, d'autres expériences sur la résistance absolue, à la rupture, de fers de gros échantillons provenant de diverses forges. Comme les résultats de ces recherches sont propres à jeter du jour sur la manière dont le fer se comporte dans ce cas, nous croyons devoir les rapporter en entier. Ils sont consignés dans les tableaux suivants, extraits des *Annales des ponts et chaussées* (Ire série, VIIIe volume, année 1834).

Le tableau n° 1 donne les résultats de quelques épreuves comparatives sur les barres de deux fournitures de fer pour câbles destinées à la marine, faites par les forges de Saint-Chamond et de Fourchambault.

Le tableau n° 2 donne les résultats des épreuves faites sur diverses qualités de fer doux laminé pour câbles destinés à la marine.

TABLEAU N° 1.

ÉPREUVES COMPARATIVES SUR LA FORCE DES FERS A CABLES DE SAINT-CHAMOND ET DE FOURCHAMBAULT.

DÉSIGNATION DU FER.	CALIBRE DES BARRES.	CHARGE pour allonger de 1 millimètre une longueur de 3 centimètres. Totale.	par millimètre carré.	FORCE pour rompre le barreau. Totale.	par millimètre carré.	Allongement du barreau exprimé en millièmes de la longueur primitive.	Diamètre moyen du barreau après l'épreuve.	Ténacité calculée en considérant le diamètre moyen après l'épreuve.	Diamètre de la section de rupture.	Striction ou rapport de la section de rupture à la section primitive.	Chaleur développée au point de rupture.	OBSERVATIONS.
	mill.	kil.	kil.	kil.	kil.	mètre.	mill.	kil.	mill.			
Saint-Chamond 1er barreau.....	45	»	»	55.000	34.58	0.196	41.0	41.56	»	»	Nulle.	Nerf. Traces de grains. Traînée de gercures.
2e.............	45	32.000	20.12	57.500	36.16	0.230	41.0	43.55	35.67	0.628	Légère.	Nerf. Traces de grains brillant. Gercures.
3e.............	45	29.000	18.23	53.000	33.33	0.205	42.0	38.26	36.0	0.640	Id.	Idem.
4e.............	45.5	29.000	18.85	54.500	33.52	0.206	41.5	40.29	37.0	0.663	Id.	Nerf. Un tiers grains.
5e.............	53.5	26.000	11.12	75.000	33.26	0.200	49.0	39.77	45.0	0.661	Forte.	Tout nerf. Traces de grains. Gercures.
6e.............	54.0	45.000	19.65	82.000	35.80	0.160	51.5	30.36	44.0	0.664	Légère.	Idem.
7e.............	53.0	43.000	19.49	75.000	34.31	0.230	48.0	41.45	44.0	0.689	Forte.	Nerf. Un quart grains. Traînées de gercures transversales.
Fourchambault. 1er barreau.....	45.0	23.000	14.13	54.500	33.49	0.210	41.0	41.28	33.0	0.538	Brûlante.	Tout nerf.
2e.............	44.5	26.000	16.72	53.500	34.40	0.224	42.8	38.62	33.0	0.526	Très-forte.	*Idem.*
3e.............	49	32.010	16.97	63.000	33.48	0.225	45.0	39.61	39.0	0.633	*Id.*	Nerf. quelques points à grains.
4e.............	54	40.000	17.47	76.500	33.40	0.223	50.0	38.96	41.0	0.576	Brûlante.	Tout nerf.
5e.............	54	40.000	17.47	78.000	34.06	0.243	50.0	38.71	39.0	0.527	*Id.*	*Idem.*
6e.............	55.5	40.000	16.53	80.500	33.28	0.210	51.0	39.40	44.0	0.627	Très-forte.	Nerf. Traces de grains.

17. Observation. Avant d'examiner les résultats de ces expériences au point de vue de la résistance absolue que les fers essayés ont opposée à la rupture, que nous examinerons plus loin, il est important de faire remarquer tout d'abord une différence très-notable qu'ont présentée les fers durs et les fers à nerf.

Les fers nerveux ont tous offert, au moment de la rupture, une diminution de section transversale qui réduisait leur section à 0.60 ou à 0.66 de la section primitive, et en même temps il se développait dans l'étranglement ainsi formé une chaleur parfois brûlante au toucher. Les fers à grain, au contraire, qui se rompent avant d'avoir éprouvé des allongements aussi considérables, et qui le plus souvent ne présentent pas d'étranglement notable à la section de rupture, n'ont éprouvé aucune augmentation notable de la température à l'instant où ils se sont rompus.

Cette différence provient évidemment de ce que, dans les fers à nerf, l'allongement considérable, et le rétrécissement de leur section dans le voisinage de celle de rupture, occasionne un frottement énergique des fibres les unes contre les autres, ce qui produit l'élévation de température qui ne se manifeste pas dans les fers à grains, dont l'allongement et la striction à la section de rupture sont à peu près nuls.

Des modes de résistance si différents dans des barres d'un même métal, et qui s'observent non-seulement sur des fers provenant de minerais différents et obtenus par des procédés divers, mais qui se remarquent aussi dans les produits d'un même minerai et d'une même usine, et qui se modifient quand le fer a été plus ou moins travaillé, étiré ou recuit, sont-ils dus à une modification chimique de la matière, ou simplement l'effet d'un arrangement mécanique forcé et plus ou moins permanent des molécules? c'est ce que la science n'a pas encore cherché à découvrir. Ce problème est cependant digne de l'attention des chimistes.

TABLEAU Nº 2.

EXPÉRIENCES SUR LA TÉNACITÉ ABSOLUE DU FER. — FERS LAMINÉS POUR CABLES DE VAISSEAUX.

TEMPÉRATURE.	DÉSIGNATION DU FER.	CALIBRE DES BARRES.	CHARGE, pour allonger sensiblement le barreau.	CHARGE, pour rompre.	TÉNACITÉ par millimètre carré.	ALLONGEMENT pour un mètre de longueur.	CHALEUR du point de rupture.	OBSERVATIONS.
		mill.	kil.	kil.	kil.	mètre.		
3°	Fer carré anglais de qualité supérieure	38.8	47.000	58.000	38.52	0.145	Nulle.	Rupture toute à grains.
3°	Idem	38.8	38.000	56.000	37.46	0.166	Id.	Rupture à grains, un 12e de nerf.
23°	Idem	29.0	22.000	30.900	36.74	0.147	Sensible.	Un tiers grains, deux tiers nerf, striction nulle au point de rupture.
19°	Idem	25.5	»	23.300	35.83	0.197	Brûlante.	Rupture toute à nerf, striction très-remarquable.
18°	Idem	25.5	17.000	24.000	36.91	0.197	Très-forte.	Rupture toute à nerf.
23°	Fer rond anglais (best cable Cravoshay)	39.0	25.000	39.000	32.65	0.214	Id.	Tout nerf, striction très-remarquable
18°	Idem	32.60	»	29.400	34.88	0.232	Id.	Idem.
18°	Idem	32.0	»	25.500	35.44	0.252	Brûlante.	Idem.
18°	Idem	28.5	14.000	21.500	33.70	0.203	Très-forte.	Idem.
20°	Idem	28.5 sur 29	»	23.000	35.75	0.183	Id.	Idem.
20°	Idem	25.5	11.000	17.000	33.29	0.143	Id.	Idem.
18°	Idem	25.5	»	18.600	36.42	0 217	Brûlante.	Idem.
	Fer à câble de Fourchambault	61.0	45.000	92.000	31.48	0.216	Très-forte.	Rupture à nerf, un peu de grain brillant, striction considérable.
	Idem	57.0	»	79.000	31.17	»	»	Non rompu dans cette épreuve.
	Idem	57.0	»	84.000	34.57	»	»	Non rompu.
	Idem	57.0	38.000	81.000	31.74	»	Légère	Nerf noir.
	Idem	57.0	37.000	80.4000	31.51	0.201	»	Nerf et traces de grain.

Désignation							Observations
Idem............................	53,33	20.000	30.200	34.61	0.197	*Id.*	*Idem.*
Idem............................	29,66 sur 29	15.000	22.400	33.16	0.188	*Id.*	*Idem.*
Idem............................	29,33	14.000	22.700	33.60	0.186	*Id.*	*Idem.*
Idem............................	29,5 sur 29	14.000	22.500	33.77	0.186	*Id.*	*Idem.*
Idem............................	28,67 sur 28,33	13.000	21.400	33.56	0.190	*Id.*	*Idem.*
21° Fer à câble de Rigny (Berri) affiné, au charbon de bois, corroyé sous le marteau et enfin étiré sous les cylindres..	42,75 sur 41,75	32.000	51.0C0	36.38	0.160	Nulle.	Grain et un peu de nerf, rompu au collet de l'une des têtes refoulées.
Idem............................	34,0 sur 33,75	19.000	26.900	29.85	0.226	*Id.*	Grain.
Idem............................	33,0 sur 34	18.000	29.200	34.14	0.111	*Id.*	Grain.
Idem............................	33,5 sur 33	35.000	31.200	35.94	»	Brûlante.	Tout nerf, striction remarquable.
Fer à câble envoyé pour essai du Creuzot..................	66	»	112.000	32.74	0.071	»	Le barreau n'est pas rompu.
Idem............................	63	32.000	102.000	32.72	0.089	»	Rupture au collet d'une des têtes refoulées.
Idem............................	55,5	»	86.000	35.55	0.200	»	Deux tiers grain, un tiers nerf.
Fer rond marchand du Greuzot, pris sur un envoi pour Paris.	37,5	23.000	39.500	35.76	0.225	Brûlante.	Tout nerf, striction très-remarquable.
Idem............................	37,5	23.000	36.000	32.60	0.070	Nulle.	Grain.
Idem............................	37,5	24.000	41.500	36.72	0.218	Sensible.	Nerf noir, striction remarquable.
Fer à câble de Saint-Chamond (Loire); envoyé pour essai....	45	25.000	58.000	36.47	0.183	»	Nerf mêlé d'un peu de grain.
Idem............................	45	»	57.000	35.84	0.200	»	Nerf très-peu de grain.
Fer rond provenant du corroyage de rognures de barres de fer à câble, fait au laminoir de Guérigny.............	45	27.000	51.000	32.07	0.241	Très-forte.	Nerf, striction très-remarquable.
Fer provenant de l'étirage et corroyage de paquets de rognures de tôle, faits au laminoir de Guérigny.........	31,33	13.000	24.500	31.78	0.241	Légère.	Tout nerf, striction nulle.

18. Observations sur les résultats contenus dans les tableaux précédents. — Si l'on compare d'abord les efforts consignés dans le premier tableau, et nécessaires pour allonger les barres d'un même fer de 1 millimètre sur une longueur de 3 centimètres, ou de $\frac{1}{30} = 0.0333$ de leur longueur primitive, ce qui dépasse de beaucoup les limites des allongements élastiques, l'on voit que ces efforts, rapportés au millimètre carré de section, sont restés sensiblement constants pour les fers de Saint-Chamond et de Fourchambault, quoique les diamètres aient varié, pour le fer de Saint-Chamond, de 45 millimètres à 54^{mill}.3, et les aires de section dans le rapport de 2 à 3, et pour le fer de Fourchambault, de 45 millimètres à 55^{mill}.5, et les aires de section dans le rapport de 2 à 3.

Il en est de même des efforts de rupture, qui ont été, pour le fer de Saint-Chamond, en moyenne, de 34^{kil}.42 par millimètre carré, et pour le fer de Fourchambault, de 33^{kil}.68 par millimètre carré.

Les allongements de ces fers doux, au moment de la rupture, se sont élevés à 0.20 et 0.24 de leur longueur primitive, et la section de rupture a présenté un étranglement qui en réduisait l'aire à 0,66, et moins de celle de la barre.

Le second tableau, qui ne contient que des résultats relatifs à la résistance à la rupture, montre aussi que pour les fers ronds, comme pour les fers carrés, cette résistance est, du moins jusqu'aux limites dans lesquelles les expériences ont été renfermées, proportionnelle à l'aire de la section transversale. Elle est en effet restée sensiblement constante, quoique les dimensions des fers essayés aient varié, pour les fers anglais carrés, de 25^{mill}.5 à 38^{mill}.8, ou les aires de section dans le rapport de 1 à 2.5 ; pour les fers anglais ronds, de 25^{mill}.5 à 29 millimètres, ou les aires de section dans le rapport de 1 à 2.5 ; pour les fers ronds à câbles de Fourchambault, de 29^{mill}.66 à 61 millimètres, ou les aires de section dans le rapport de 1 à 4.3.

Ces expériences, faites sur des fers de gros échantillons, ont d'ailleurs donné pour les résistances moyennes, par millimètre carré de section, les valeurs suivantes :

kilogrammes.

Fers carrés anglais de qualité supérieure.........	37.09
Fers ronds anglais (best cables Crawshay).........	35.35
Fers ronds à câbles de Fourchambault..........	31.62
Fers ronds à câbles de Rigny (Berri).............	34.08
Fers à câbles du Creuzot.....................	35.67
Fer rond marchand du Creuzot.................	35.08
Fer à câbles de Saint-Chamond................	36.15
Fer rond provenant de corroyage de rognures de barres de fer à câbles, fait au laminoir de Guérigny................................	32.07
Fer provenant de l'étirage et du corroyage de paquets de rognures faits au laminoir de Guérigny	31.78

Il est assez remarquable que, contrairement à l'opinion généralement admise, les fers de rognures corroyées et laminées n'aient montré qu'une résistance moindre que celle des fers de même qualité de première fabrication. Mais il faut cependant observer que les fers d'où provenaient ces rognures étant déjà de qualité supérieure, il est fort possible qu'ils n'aient fait que perdre par le corroyage, tandis que des fers médiocres peuvent y gagner.

19. Expériences de M. Vicat sur l'allongement progressif du fil de fer non recuit et recuit[*]. — Les fils sur lesquels ces expériences ont été faites portaient les numéros 17 et 18 : Le premier a pesé 43^{gr}.98 par mètre courant, d'où l'on a conclu pour son diamètre 0^m.002681, et pour sa section 0$^{m.q}$.0000056399 ; sa force absolue, déduite des six expériences faites avec beaucoup de précision, s'est trouvée de 414 kilogr. Le n° 18, conforme à celui des tableaux de M. Seguin, a pesé 57^{gr}.16 par mètre courant, d'où l'on a conclu pour son diamètre 0^m.003087, et pour sa section 0$^{m.q}$.000007345, sa force absolue étant de 617 kilogr.

Chaque fil a été tendu horizontalement sur une longueur de 63^m.82, à l'aide de chevalets distribués de 3 en 3 mètres ; l'une des extrémités était fixée à un goujon de fer par deux révolu-

---

[*] *Annales des ponts et chaussées*, Ire série, vol. I, p. 141 et suiv. (année 1831).

tions et une ligature ; l'autre était saisie fortement par un frein de fer attaché lui-même à une corde qui passait sur une poulie de renvoi bien libre sur son axe, et soutenait un plateau de balance. Le fil n° 17 était tendu déjà à 31^{kil}.20, quand on a commencé à mesurer son allongement, et le n° 18 à 42 kilogr. A chaque poids additionnel on pinçait le fil dans le milieu de sa longueur, et on le faisait légèrement battre pour le dégager de tout obstacle ou frottement. Les tableaux ci-après contiennent les résultats des épreuves, qui sont aussi représentés pl. II, fig. 1 :

TABLEAU N° 1.

FIL DE FER N° 17, NON RECUIT.

NUMÉROS DES EXPÉRIENCES.	POIDS.	ALLONGEMENT.	DIFFÉRENCES.	OBSERVATIONS.
	kil.	mill.	mill.	
1	20.80	»	»	En visitant l'extrémité du fil de fer auquel on avait fait un repère, on s'est aperçu que les tours s'étaient serrés sur le goujon, et que le repère s'était avancé de 3 millimètres ; ce mouvement est la cause évidente des anomalies des n°s 25 et 27. L'allongement total, sous un poids de 301^k.60, moins 20^k.80 ou 280^k.80, s'est donc trouvé de 170 millimètres, ce qui donne $i = \dfrac{00.170}{62.820} = 0.00266$, correspondant à une charge de 301^{kil}.60 sur 5^{mill}.64 de section, ou de $\dfrac{301^k.60}{5.64} = 53^k.48$ par millimètre carré.
2	31.20	7.00	7.00	
3	41.60	14.00	7.00	
4	52.00	21.00	7.00	
5	62.40	28.00	7.00	
6	72.80	33.00	5.00	
7	83.20	39.00	6.00	
8	93.60	45.00	6.00	
9	104.00	50.00	5.00	
10	114.40	55.00	5.00	
11	124.80	60.00	5.00	
12	135.20	66.00	6.00	
13	145.60	72.50	6.00	
14	156.00	78.50	6.00	
15	166.80	84.00	5.00	
16	176.80	89.00	5.00	Après l'enlèvement de la charge, le fil a conservé un allongement de 19 millimètres ou 0^{mill},29 par mètre.
17	187.20	96.00	7.00	
18	197.60	103.00	7.00	
19	208.00	109.00	6.00	L'on conclut de ces expériences, en négligeant l'allongement permanent qui peut être attribué au redressement des cosses.
20	218.40	117.00	8.00	
21	228.80	123.00	6.00	
22	239.60	129.00	6.00	
23	249.60	136.00	7.00	
24	260.00	142.00	6.00	$$E = \frac{P}{i} = \frac{53.48}{0.00266} = 20105^{kil}$$
25	270.40	163.00	9.00	
26	280.80	158.00	5.00	par millimètre carré.
27	291.60	167.00	9.00	
28	301.60	173.00	6.00	

TABLEAU N° 2.

FIL DE FER N° 18, NON RECUIT.

NUMÉROS DES EXPÉRIENCES.	POIDS.	ALLONGEMENT.	DIFFÉRENCES.	OBSERVATIONS.
	kil.	mill.	mill.	Ce fil, lié à un goujon conme le pré-
1	52.00	»	»	cédent, n'a point varié.
2	62.40	5.00	5.00	Pour une charge de 402^k.60 — 52 kil.
3	72.80	10.00	4.00	= 350^k.60, l'allongement total a été de
4	83.20	14.00	5.00	177 millimètres, ce qui donne $i = \dfrac{0,177}{63,82}$
5	93.60	19.00	5.00	
6	104.00	25.00	6.00	= 0.00277, correspondant à une charge
7	114.40	30.00	5.00	de 405^{kil}.60 sur 7^{mill}.q.345 de section, ou
8	124.80	34.00	4.00	de $\dfrac{405,60}{7,345}$ = 55^{kil}.22 par millimètre carré.
9	135.20	39.00	5.00	
10	145.60	45.00	6.00	Après l'enlèvement de la charge, le
11	156.00	50.00	5.00	fil a conservé un allongement de 42 mil-
12	166.40	55.00	5.00	limètres, ou 0^{mill}.65 par mètre.
13	176.80	60.00	5.00	En négligeant l'allongement permanent,
14	187.20	66.00	6.00	que l'on peut attribuer au redressement
15	197.60	71.00	5.00	des cosses, l'on déduit de ces expérien-
16	208.00	76.00	5.00	ces
17	218.40	81.00	5.00	
18	228.80	87.00	6.00	$$E = \frac{P}{i} = \frac{55,22}{0^{mill}.00277} = 19\,935^{kil}$$
19	239.20	92.00	5.00	
20	249.60	98.00	6.00	par millimètre carré.
21	260.00	104.00	6.00	
22	270.40	110.00	6.00	
23	280.80	115.00	5.00	
24	291.20	121.00	6.00	
25	301.60	126.00	5.00	
26	312.00	131.00	5.00	
27	322.40	137.00	6 00	
28	332.80	142.00	5.00	
29	343.20	147.00	5.00	
30	353.60	151.00	4.00	
31	364.00	157.00	6.00	
32	374.40	162.00	5.00	
33	384.80	167.00	5.00	
34	395 20	172.00	5.00	
35	405.60	178.00	6.00	

La moyenne des valeurs du coefficient d'élasticité de ces fils de fer non recuits est donc

$$E = 20\,020\,000\,000^{kil}$$

par mètre carré.

TABLEAU N° 3.

FIL DE FER N° 19, EXACTEMENT RECUIT.

NUMÉROS DES EXPÉRIENCES.	POIDS.	ALLONGEMENT.	DIFFÉRENCES.	OBSERVATIONS.
	kil.	mill.	mill.	Un fil de $2^m.00$ était suspendu vertica-
1	29.50	11.00	»	lement, et portait une vaste caisse pesant
2	39.50	23.00	12.00	$29^k.50$, dans laquelle on versait du sable
3	49.50	34.50	11.50	sec par mesures de 10 kilogrammes cha-
4	59.50	46.50	12.00	cune; les allongements se mesuraient
5	69.50	57.50	11.00	à l'extrémité d'une aiguille marquant
6	79.50	69.00	11.50	80 fois les mouvements réels jusqu'à
7	89.50	81.00	12.00	137 kilogrammes : la moyenne s'est main-
8	99.50	93.00	12.00	tenue à $11^{mill}.50$, ce qui fait par mètre,
9	109.50	104.00	11.00	et pour 10 kilogrammes, $0^{mill}.0718$, ou
10	119.50	115.00	11.00	par mètre, pour 1 kilogramme et pour
11	129.50	126.50	11.50	1 millimètre de section, $i = 0^{mill}.0688$:
—			+	ainsi, depuis 0 jusqu'à 130 kilogrammes.
12	139.50	141.50	15.00	ou le $\frac{1}{6}$ environ de la force absolue, l'al-
13	149.50	161.50	20.00	longement du fil recuit est sensiblement
14	159.50	181.50	20.00	proportionnel à la charge, et ne dépasse
				guère que de $\frac{1}{5}$ l'allongement du fil non
				recuit.

L'on déduit de ces expériences, en négligeant l'allongement permanent, que l'on peut attribuer au redressement des cosses,

$$E = \frac{P}{i} = 14\,549\,000\,000^{kil}$$

par mètre carré, ce qui montre que le recuit affaiblit considérablement la résistance des fers à l'allongement.

20. EXPÉRIENCES DE M. P. LEBLANC SUR LA RÉSISTANCE DES FILS DE FER. — M. P. Leblanc, ingénieur en chef des ponts et chaussées, auteur d'une savante description du pont suspendu de la Roche-Bernard, dont on lui doit la construction, a rapporté dans cet ouvrage, et dans le n° 12 de la 1re série des *Annales des ponts et chaussées*, les expériences qu'il a exécutées sur la résistance des fils de fer à des efforts de traction plus ou moins prolongés.

Avant de résumer ici les résultats de ces expériences, il est bon de faire remarquer que les fils de fer sont livrés par les tréfileries en rouleaux d'un diamètre assez petit pour que ces fils y contractent toujours une flexion permanente, de sorte que quand on veut les employer, l'on est toujours obligé de les redresser. C'est par ce motif que M. Leblanc a soumis les fils qu'il a essayés à une tension préalable équivalente à $2^{kil}.337$ par millimètre carré de section. Cela fait, il a mesuré sur ces fils ainsi tendus une longueur de $6^m.30$, dont il a ensuite observé les allongements sous des tensions croissantes et plus ou moins prolongées.

Dans ces expériences, les charges les plus faibles, à partir de la charge normale de $2^{kil}.337$, ont été de $11^{kil}.688$ par millimètre carré, ce qui se rapproche déjà beaucoup de celle de 14 à 15 kilogr. sous laquelle l'élasticité du fer commence généralement à s'altérer ; il n'est donc pas étonnant, eu égard à ces diverses circonstances, que l'auteur ait observé, dès cette charge de $11^{kil}.688$ par millimètre carré, des allongements permanents assez faibles.

Ce qui tend aussi à prouver que, sous les charges voisines de 12 kilogr. par millimètre carré, l'allongement permanent observé a pu n'être dû qu'à un simple redressement du fil de fer, c'est qu'en répétant les observations sous les mêmes charges, et avec le même fil de fer déjà essayé, cet allongement permanent a toujours été trouvé de plus en plus faible, ainsi que le montre l'extrait suivant des résultats publiés par M. Leblanc :

	CHARGE par MILLIMÈTRE carré.	ALLONGEMENT PERMANENT observé sur $1^m,30$ de longueur.
1ʳᵉ expérience après 5 jours..........	11.688	0.239
2ᵉ — —............. ..	11.688	0.239
3ᵉ — —.............	11.688	0.154
4ᵉ — 3 jours	11.688	0.000
— — —.............	17.531	0.077

Il ne semble donc pas que ces expériences, faites sur des fils de fer incomplétement redressés dans les premiers instants, permettent de conclure que dès les premières charges il se produit un allongement permanent du fil. Il paraît bien plus naturel d'en déduire, au contraire, que les allongements permanents observés sous les tensions voisines de 12 kilogr. par millimètre carré ne sont dus qu'au redressement des fils essayés. Cette réserve me paraît d'autant plus fondée, que M. Leblanc lui-même déclare (p. 302, n° 18 des *Annales des ponts et chaussées*) qu'il ne pouvait être certain de ses mesures qu'à $0^{mill}.2$, ce qui est sensiblement le plus grand allongement permanent observé sous la tension de $11^{kil},688$ par millimètre carré.

Quant aux allongements permanents observés sous des tensions plus fortes, bien que la mesure de leur grandeur réelle ait pu être affectée par l'effet du redressement des fils, leur existence ne saurait être mise en doute, et elle confirme ce qui avait déjà été observé dans des cas analogues.

21. RÉSISTANCE ABSOLUE DES FILS DE FER A LA RUPTURE. — Le mémoire de M. P. Leblanc contient des résultats utiles sur la résistance absolue des fils de fer employés à la suspension du pont de la Roche-Bernard, provenant de la tréfilerie de Chenecey.

RÉSISTANCE DES FILS DE FER EMPLOYÉS A LA SUSPENSION DU PONT DE LA ROCHE-BERNARD, A LA RUPTURE PAR TRACTION.

DIAMÈTRE DES FILS.	RÉSISTANCE par MILLIMÈTRE CARRÉ.	MOYENNE DE RÉSISTANCE pour chaque diamètre.	ALLONGEMENT avant LA RUPTURE.
mill.	kil.	mill.	mill.
3.10	78 13		3.269
3.10	80.78		4.615
3.10	80.08	82.77	4.846
3.10	86.08		3.923
3.20	83.27		4.000
3.20	78.30		4.092
3.20	78.30		3.769
3.20	75.81	77.38	4.184
3.20	75.81		4.538
3.20	80.78		4.486
3.20	73.33		2.692
3.20	73.33		2.692

L'auteur a cru pouvoir conclure de ces expériences que la résistance par millimètre carré décroissait quand le diamètre augmentait. Sans contester qu'il puisse en être ainsi, ce qui cependant ne me paraît pas encore suffisamment démontré, je ne pense pas que cette conclusion soit justifiée par les résultats ci-dessus ; car parmi les fils de $3^{mill}.20$ de diamètre, il en est plusieurs qui ont donné des résistances égales et même supérieures à celle de certains fils de $3^{mill}.10'$, et la différence de $0^{mill}.1$ dans le diamètre ne saurait produire dans la résistance des échantillons essayés une différence aussi grande que celle que sembleraient indiquer les valeurs moyennes conclues des données rapportées dans ce tableau.

22. INFLUENCE DE LA LONGUEUR DES FILS DE FER SUR LEUR RÉSISTANCE. — M. Leblanc, dans ses essais préliminaires pour la construction du pont de la Roche-Bernard, s'est demandé si des fils d'une grande longueur n'offriraient pas une résistance beaucoup moins considérable que ceux d'une petite longueur, par suite du plus grand nombre de pailles ou autres défauts qui pourraient s'y trouver.

Pour lever ces doutes, il a pris, sur 12 masses de fil de fer différentes, 12 bouts de 2 mètres et 12 bouts de 26 mètres de longueur, et d'un diamètre moyen de $3^{mill}.309$; en les soumettant à des expériences de rupture par traction, il a obtenu les résultats suivants.

Ces expériences, ainsi que les précédentes, intéressantes au point de vue de la science, avaient été entreprises plus spécialement sous celui de l'emploi du fil de fer dans la construction des ponts suspendus, et la grande résistance qu'elles ont servi à constater dans le fer à cet état a conduit pendant assez longtemps à préférer son emploi à celui du fer en barres.

Mais l'expérience, et surtout les nombreux accidents successivement survenus à beaucoup de ponts en fil de fer, ont beaucoup modifié les opinions à ce sujet, et, sans vouloir en ce moment établir aucune discussion sur cette question, nous croyons devoir engager le lecteur à ne pas tirer des expériences que nous rapportons de conclusions trop absolues sur les avantages que pourrait présenter l'emploi du fil de fer.

RÉSULTATS DES EXPÉRIENCES DE M. P. LEBLANC SUR LA RÉSISTANCE
A LA RUPTURE DE FIL DE FER DE DIVERSES LONGUEURS.

NUMÉROS des EXPÉRIENCES.	RÉSISTANCE DES BOUTS D'UNE LONGUEUR DE	
	2 mètres.	26 mètres.
	kil.	kil.
1	700	670
2	710	720
3	650	660
4	640	640
5	690	750
6	620	650
7	620	640
8	580*	620
9	640	670
10	690	650
11	690	670
12	690	680
Moyennes.........	667	673

Anomalie. — Il y avait une paille notable dans le n° 8, de $2^m.00$ de longueur.

En laissant de côté l'expérience n° 8, faite sur l'échantillon de 2 mètres de longueur, l'on voit que les résistances observées ont été de 667 et de 673 kilogr., c'est-à-dire sensiblement les mêmes pour les fils courts et pour les fils longs. Le diamètre moyen de ces fils étant de $3^{mill}.309$, et l'aire de leur section de $8^{mill}.760$, ces résistances correspondent à

$$77^{kil}.55 \quad \text{et} \quad 78^{kil}.25$$

par millimètre carré de section.

23. INFLUENCE DES LIGATURES SUR LA RÉSISTANCE DES FILS. — M. Leblanc a aussi reconnu, par des expériences exécutées avec soin, que des ligatures faites sur des fils de fer, ou le simple enroulement de ces fils sur des poulies, déterminait le plus fréquemment la rupture en ces points, et que, après le redressement des fils qui avaient été courbés, la rupture avait presque toujours lieu dans les parties redressées. Il importe donc d'éviter toute courbure qui n'est pas indispensable, et d'expédier les fils des tréfileries en rouleaux du plus grand diamètre possible.

24. INFLUENCE DE LA DURÉE DES EFFORTS SUR LA RÉSISTANCE A LA RUPTURE DES FILS DE FER. — Le même ingénieur a constaté, par des expériences prolongées, qu'un fil de fer peut supporter pendant trois mois au moins une tension égale à 0.90 de celle qui peut le faire rompre, sans rien perdre de sa force primitive, quoiqu'il ait éprouvé des allongements de 0.00596 de sa longueur primitive. Mais il faudrait se garder d'en conclure qu'une pareille charge peut être atteinte sans danger.

25. EXPÉRIENCES DIRECTES SUR L'ALLONGEMENT DES FILS MÉTALLIQUES, FAITES AU CONSERVATOIRE DES ARTS ET MÉTIERS. — Malgré la valeur des objections opposées au n° 12 aux conclusions que M. Hodgkinson a cru pouvoir déduire de ses expériences, et qui l'ont porté à admettre l'existence d'allongements permanents des fils métalliques soumis à des efforts de tension, dès les plus petites charges qu'on leur fait supporter, il m'a semblé qu'avant de rejeter l'opinion d'un observateur aussi consciencieux, il était au moins convenable de la soumettre au contrôle d'expériences nouvelles, exécutées dans des conditions qui les missent à l'abri des objections qu'on croyait pouvoir adresser à celles de l'ingénieur anglais.

Pour cela, il m'a paru indispensable d'opérer sur des fils d'une grande longueur, d'une seule pièce, et d'observer avec toute la précision possible les allongements successifs qu'ils prendraient sous des charges croissantes.

La grande salle des expériences du Conservatoire, dont la voûte en charpente s'élève à plus de 25 mètres au-dessus du sol, nous offrait un local parfaitement convenable pour ces recherches, qui y ont été exécutées avec les soins et les précautions que l'on va indiquer, en en faisant connaître les résultats.

26. EXPÉRIENCES SUR DES FILS DE CUIVRE RECUITS. — Ces expériences ont été faites sur deux fils que nous désignerons sous les n°s 1 et 2..

Le fil n° 1 pesait 29gr.50 par mètre courant; son diamètre,

mesuré aussi exactement que possible, a été trouvé égal à
2^{mill}.584, ce qui correspondrait à une densité de 5.36.

Le fil n° 2 pesait 30 grammes par mètre courant; son diamètre
mesuré a été trouvé égal à 2^{mill}.60, correspondant par conséquent à une densité de 5.54.

L'on remarquera que les densités ainsi déterminées de ces deux
fils sont bien inférieures à celle qui est ordinairement attribuée
au fil de cuivre rouge étiré à la filière, et qui est de 8.540.

Ces fils, qui, selon l'usage du commerce, étaient enroulés en
paquets de 0^m.60 à 0^m.70 de diamètre, ont été préalablement
dressés en les étendant sur le sol dallé de la galerie d'expéri-
mentation, en les frappant avec un maillet en bois pour faire
disparaître, autant que possible, les ondulations qu'on nomme
les *cosses*; mais l'on n'a pu, par ce moyen grossier, les effacer
entièrement.

Sur ces fils ainsi redressés, l'on a mesuré avec un mètre
étalonné à bout une longueur de 21^m.00, terminée par deux
traits fins de repère. Le fil en expérience était suspendu à un
cylindre placé dans le comble de la galerie d'expériences du
Conservatoire, sur une charpente très-solide, et son trait de
repère supérieur était mis en regard d'un cathétomètre reposant sur la même charpente, l'autre repère était aussi mis vis-
à-vis d'un cathétomètre, de façon que ces deux instruments
ayant été une fois bien réglés avant l'expérience, les variations
de longueur entre les deux repères pouvaient toujours être
mesurés à $\frac{1}{100}$ de millimètre près.

Pour maintenir les fils dans une position bien verticale et
dans la forme rectiligne, on les a chargés d'une manière permanente d'un poids de 4^{kil}.6, qui a été le même pour tous les
deux. L'on y ajoutait ensuite des poids variables, de manière à
observer l'effet produit, soit par la pose, soit par l'enlèvement
de chacun d'eux.

Les résultats de chacune des expériences sont consignés dans
des tableaux qui en reproduisent tous les détails, à cause de
leur importance pour la question à laquelle ces recherches se
rapportent.

27. EXPLICATION DES DONNÉES D'OBSERVATION CONSIGNÉES DANS

LES TABLEAUX. — Il ne sera pas inutile de joindre à la description précédente des dispositions prises pour les expériences, quelques mots sur des détails propres à faire bien comprendre la signification des chiffres qui sont rapportés dans les tableaux.

La 1re colonne, relative aux charges, fait voir que le poids suspendu aux fils, outre la charge constante de $4^{kil}.61$, a été d'abord de 1 kilog., puis de 2 kilog.; ramené ensuite à 1 kilog., porté après à 3 kilog.; ramené de nouveau à 1 kilog., élevé à 4 kilog.; ramené encore à 1 kilog., et ainsi de suite, de façon que l'on observait l'allongement produit par chaque charge, y compris celle d'un kilogramme, et ensuite celui qui pouvait persister après que la charge additionnelle était réduite à 1 kilog., ce qui, avec la charge constante de $4^{kil}.65$, formait une charge permanente de $5^{kil}.65$.

Dans la 2e et la 4e colonne sont inscrites les cotes de hauteur des repères inférieur et supérieur rapportées au zéro de chacun des cathétomètres, à l'aide desquels on observait les variations de position de ces repères.

Les 3e et 5e colonnes contiennent les différences successives de hauteur des repères par rapport à leurs hauteurs initiales produites, soit par l'action de la charge additionnelle totale, soit par cette charge réduite à 1 kilog.

Pour le repère supérieur, il est arrivé quelquefois qu'après la réduction de la charge additionnelle, il est remonté au-dessus de sa position initiale, d'une faible quantité, par l'effet de la réaction élastique. Pour distinguer les abaissements de ce repère de ses exhaussements, l'on a marqué les premiers du signe —, et les seconds du signe +, parce que pour déduire des observations ainsi faites les allongements permanents produits dans le fil, après la réduction de la charge totale à $5^{kil}.65$, et consignés dans la 9e colonne, il fallait déduire les abaissements du repère supérieur de ceux du repère inférieur, et au contraire ajouter les exhaussements du repère supérieur aux abaissements du repère inférieur.

Ainsi, par exemple, dans la première expérience, après que la charge de 4 kilog. avait été réduite à 1 kilog., l'on a trouvé que le repère supérieur restait abaissé de $0^{mill}.04$ tandis que le repère inférieur l'était de $0^{mill}.70$. L'allongement permanent observé sur la longueur totale du fil était donc égal à

$$0^{mill}.70 - 0^{mill}.04 = 0^{mill}.66.$$

De même, après l'enlèvement de la charge de 10 kilog. et sa réduction à 1 kilog., le repère supérieur s'étant relevé de $0^{mill}.04$, tandis que le repère inférieur s'était abaissé de $0^{mill}.72$, l'accroissement de distance des deux repères ou l'allongement permanent produit entre ces deux points était égal à

$$0^{mill}.72 + 0^{mill}.04 = 0^{mill}.76.$$

Au surplus, ces relèvements du repère supérieur ne se sont produits qu'avec le premier fil, et ils ont été tellement faibles qu'il n'y a guère lieu de s'en préoccuper.

La 6e colonne, dont les chiffres sont l'excès de l'abaissement du repère inférieur sur celui du repère supérieur produit par chaque charge et pendant qu'elle agit, se comprend à la simple lecture, ainsi que la 7e et la 8e, qui en sont la conséquence.

Enfin la 10e colonne renferme les valeurs des allongements permanents rapportés au mètre courant de longueur du fil, et obtenus en divisant les chiffres de la 9e colonne par la distance initiale du repère, égale à 21 mètres.

L'on voit par ces détails avec quels soins les observations ont été faites et le degré de précision qui y a été apporté, ce qui était indispensable, à cause de la petitesse des quantités à mesurer. Le lieu où les expériences ont été exécutées était aussi favorable que possible, puisqu'il était à l'abri des ébranlements et des variations rapides de température; et cependant l'on verra plus loin que les légères dilatations inévitables occasionnent des variations de longueur très-comparables aux allongements permanents observés.

PREMIÈRE EXPÉRIENCE DE TRACTION FAITE SUR LE FIL DE CUIVRE ROUGE N° 1, DE 0m.002584 DE DIAMÈTRE, PESANT 29gr.5 PAR MÈTRE.

CHARGES — CHARGE initiale et constante 4k.65	COTE D'OBSERVATION sur le repère inférieur.	ABAISSEMENT DU REPÈRE inférieur.	COTE D'OBSERVATION sur le repère supérieur.	ABAISSEMENT DU REPÈRE supérieur.	ABAISSEMENT réel DU REPÈRE inférieur ou allongement total par charge.	ALLONGEMENT par KILOGRAMME de charge.	ALLONGEMENT par KILOGRAMME et par mètre.	DIFFÉRENCE de LONGUEUR entre les repères après chaque charge.	DIFFÉRENCE DE LONGUEUR ou allongement permanent par mètre après chaque charge.
kil.	mill.	mill.	mill.	mill.	mill.	mill.	mill.	mill.	mill.
0.0	744.84	»	496.40	»	»	»			
1.0	744.40	0.44	496.40	0.00	0.44	0.44			
2.0	743.68	1.16	496.28	0.18	0.98	0.49			
1.0	744.22	0.62	496.36	+0.04	»	»		+0.58	0.0276
3.0	742.90	1.94	496.20	0.20	1.74	0.58	0.0276		
1.0	744.22	0.62	496.36	+0.04	»	»		+0.58	0.0276
4.0	742.30	2.54	496.24	0.16	2.38	0.59	0.0281		
1.0	744.14	0.70	496.36	+0.04	»	»		+0.66	0.0314
5.0	741.60	3.24	496.18	0.22	3.02	0.60	0.0285		
1.0	744.10	0.74	496.34	+0.06	»	»		+0.68	0.0324
6.0	740.92	3.92	496.28	0.12	3.80	0.63	0.0300		
1.0	744.08	0.76	496.36	+0.04	»	»		+0.72	0.0343
7.0	740.16	4.68	496.20	0.20	4.48	0.64	0.0304		
1.0	744.00	0.84	495.40	0.00	»	»		+0.84	0.0400
8.0	739.64	5.20	496.22	0.18	5.02	0.63	0.0300		
1.0	744.08	0.76	496.44	0.04	»	»		+0.80	0.0381
9.0	739.10	5.74	496.20	0.20	5.54	0.62	0.0295		
1.0	744.14	0.70	496.46	+0.06	»	»		+0.76	0.0362
10.0	738.68	6.16	496.18	0.22	5.94	0.59	0.0281		
1.0	744.12	0.72	496.44	+0.04	»	»		+0.76	0.0362
Moyennes..........						0.58		0.709	0.0337

Nota. L'on rappelle que la distance primitive des deux repères, mesurée directement avant de soumettre le fil à aucune charge, était de 21m.00.

28. Conséquences des résultats consignés dans le tableau précédent. — Les lectures faites simultanément en haut et en bas du fil, ont constaté qu'après le neuvième déchargement, la distance entre les deux repères avait augmenté de $0^{mill}.76$, quantité en elle-même fort petite, et qui a varié ainsi qu'il suit :

$0^{mill}.58$, $0^{mill}.58$, $0^{mill}.66$, $0^{mill}.68$, $0^{mill}.72$, $0^{mill}.82$, $0^{mill}.80$, $0^{mill}.76$, $0^{mill}.76$.

dont la moyenne générale $0^{mill}.709$ correspond à un allongement permanent par mètre égal à

$$\frac{0^{m}.000709}{21} = 0^{m}.0000338 = \frac{1}{29\,585},$$

quantité très-faible et certainement très-négligeable dans la pratique, et qui s'atténuera encore, comme on le verra plus loin, à mesure que les circonstances accidentelles auxquelles elle est due disparaîtront.

Quant à l'allongement total déterminé par les différentes charges, il s'est élevé, sous celle de 10 kilog., à $5^{mill}.94$.

L'allongement par kilogramme de charge a été en moyenne de $0^{mill}.58$, pour la longueur totale, $L = 21^{m}$. La section transversale du fil étant

$$A = 0^{m.q}.00000524,$$

le coefficient d'élasticité E aurait, d'après cette expérience, pour valeur

$$E = \frac{PL}{AI} = \frac{1^{kil} \times 21^{m}}{0^{mq}.00000524 \times 0^{m}.00058} = 6\,909\,971\,309^{kil}.$$

Après cette première expérience, l'on a procédé à une seconde exactement semblable sur le même fil, sans le déplacer, et en procédant absolument de la même manière, afin d'opérer dans des circonstances aussi identiques que possible, la seule différence qui pût exercer ne provenant que de la différence de courbure des cosses, qui avaient été en partie redressées dans la précédente épreuve.

DEUXIÈME EXPÉRIENCE DE TRACTION SUR LE FIL DE CUIVRE ROUGE N° 1, DE 0ᵐ.002584 DE DIAMÈTRE,

PESANT 29ᵍʳ.5 PAR MÈTRE.

CHARGES — CHARGE initiale et constante 4ᵏ.65	COTE D'OBSERVATION sur le repère inférieur.	ABAISSEMENT DU REPÈRE inférieur.	COTE D'OBSERVATION sur le repère supérieur.	ABAISSEMENT DU REPÈRE supérieur.	ABAISSEMENT réel DU REPÈRE inférieur ou allongement total par charge.	ALLONGEMENT par KILOGRAMME de charge.	ALLONGEMENT par KILOGRAMME et par mètre.	DIFFÉRENCE de LONGUEUR entre les repères après chaque charge.	DIFFÉRENCE DE LONGUEUR ou allongement permanent par mètre après chaque charge.
kil.	mill.	mill.	mill.	mill.	mill.	mill.	mill.	mill.	mill.
1	744.00	»	496.46	0.00					
2	743.24	0.76	496.46	0.00	0.76	0.760	»		
1	744.00	0.00	496.46	0.	»		»		
3	742.90	1.10	496.30	0.16	0.94	0.470			
1	744.18	+0.48	496.46	0.					
4	742.22	1.78	496.35	0.10	0.68	0.560	0.0266	0.18	0.0086
1	744.10	0.10	496.40	−0.06				0.04	0.0019
5	741.56	2.44	496.20	0.26	2.18	0.545	0.0259	0.20	0.0095
1	744.18	0.18	496.48	+0.02					
6	741.02	2.98	496.20	0.26	2.72	0.544	0.0259	0.20	0.0095
1	744.20	0.20	496.46	0.00					
7	740.52	3.68	496.24	0.22	3.46	0.576	0.0274	0.20	0.0095
1	744.18	0.18	496.48	+0.02					
8	739.76	4.24	496.26	0.20	4.04	0.563	0.0268	0.14	0.0056
1	744.12	0.12	496.48	+0.02					
9	739.22	4.78	496.28	0.18	4.60	0.575	0.0274	0.18	0.0086
1	744.18	0.18	496.46	0.00					
10	738.62	5.38	496.28	0.18	5.20	0.578	0.0275	0.10	0.0049
1	744.10	0.10	496.46	0.00				0.18	0.0086
					Moyennes......	0.563		0.18	0.0086

29. Conséquences des résultats consignés dans le tableau précédent. — Les chiffres de la 9e colonne relatifs à l'allongement permanent produit dans ces fils par les charges successives, montrent que ces allongements sont devenus beaucoup plus faibles après la première expérience, ce qui peut, avec toute probabilité, être attribué à ce que le redressement des cosses avait été déjà en grande partie effectué dans cette expérience. L'on voit, en effet, que dans la deuxième série d'observations sur le même fil, les allongements permanents observés ne sont plus que de

$$0^{mill}.18, \ 0^{mill}.04, \ 0^{mill}.20, \ 0^{mill}.20, \ 0^{mill}.20, \ 0^{mill}.14, \ 0^{mill}.18, \ 0^{mill}.10,$$

ou, en moyenne, de $\qquad 0^{mill}.18,$

sur une longueur totale de 21 mètres, ou

$$\frac{0^m.00018}{21} = 0^m.00000857 = \frac{1}{116\,666},$$

quantité qui n'est plus que le tiers de l'allongement permanent observé la première fois.

D'une autre part, l'allongement total par kilogramme de charge est resté presque identiquement le même que dans la première expérience, ce qui prouve que l'élasticité n'avait pas été altérée. La moyenne de cet allongement étant $I = 0^m.000563$ pour un kilogramme de charge, le coefficient d'élasticité fourni par cette expérience, est

$$E = \frac{PL}{AI} = \frac{1^{kil} \times 21^m}{0^{mq}.00000524 \times 0^m.000563} = 7\,118\,354\,507^{kil}.$$

Cette seconde expérience a été suivie d'une troisième qui a été faite encore dans des conditions identiques avec celles des deux premières, sauf l'influence que le redressement des cosses, rendu plus sensible, pouvait exercer sur la valeur des allongements permanents observés.

TROISIÈME EXPÉRIENCE SUR LE FIL DE CUIVRE ROUGE N° 1, DE 0m.002584 DE DIAMÈTRE, PESANT 29gr.5 PAR MÈTRE.

CHARGES — CHARGE initiale et constante 4k.65	COTE D'OBSERVATION sur le repère inférieur.	ABAISSEMENT DU REPÈRE inférieur.	COTE D'OBSERVATION sur le repère supérieur.	ABAISSEMENT DU REPÈRE supérieur.	ABAISSEMENT réel DU REPÈRE inférieur ou allongement total par charge.	ALLONGEMENT par KILOGRAMME de charge.	ALLONGEMENT par KILOGRAMME et par mètre.	DIFFÉRENCE de LONGUEUR entre les repères après chaque charge.	DIFFÉRENCE DE LONGUEUR ou allongement permanent par mètre après chaque charge.
kil.	mill.	mill.	mill.	mill.	mill.	mill.	mill.	mill.	mill.
1	743.44	»	496.18	»	»				
2	742.74	0.70	496.12	0.06	0.64	0.640		0.04	0.0019
1	743.44	0.00	496.22	+0.04	»				
3	742.16	1.28	496.18	0.00	1.28	0.640	0.0292	0.04	0.0019
1	743.44	0.00	496.22	+0.04	»				
4	741.50	1.94	496.08	0.10	1.84	0.613	0.0290	0.06	0.0029
1	743.40	0.04	496.20	+0.02	»				
5	740.88	2.56	496.06	0.12	2.44	0.610	0.0291	—0.02	—0.0010
1	743.42	0.02	496.14	—0.04	»				
6	740.22	3.22	496.02	0.16	3.06	0.612	0.0290	0.12	0.0057
1	743.38	0.06	496.24	+0.06	»				
7	739.60	3.84	496.00	0.18	3.66	0.610	0.0285	0.14	0.0057
1	742.34	0.10	496.22	+0.04	»				
8	739.06	4.38	496.00	0.18	4.20	0.600	0.0285	0.06	0.0029
1	743.44	0.00	496.24	0.06	»				
9	738.44	5.00	495.98	0.20	4.80	0.600	0.0285	0.10	0.0048
1	743.34	0.10	496.18	0.00	»				
10	737.80	5.64	496.94	0.24	5.40	0.600		0.12	0.0057
1	743.38	0.06	496.24	0.06	»			0.12	0.0057
Moyennes.						0.614		0.075	0.0035

Nota. Avant l'exécution de cette série d'expériences le fil était resté du 21 juillet au 3 août chargé d'un poids de 10 kil., sans qu'aucune augmentation d'allongement se soit produite; son élasticité n'avait donc pas été altérée.

30. Conséquences des résultats consignés dans le tableau précédent. — Si l'on jette d'abord un coup d'œil sur la 9ᵉ colonne, qui donne les valeurs des allongements permanents observés après l'enlèvement de chaque charge, et relatifs à la longueur totale de 21 mètres mesurés entre les repères, l'on reconnaît que ces allongements permanents ont diminué de la 2ᵉ expérience à la 3ᵉ, comme ils avaient diminué de la 1ʳᵉ à la 2ᵉ. Ils ont atteint en effet les valeurs suivantes :

$0^{mill}.04$, $0^{mill}.04$, $0^{mill}.06$, $0^{mill}.02$, $0^{mill}.12$, $0^{mill}.14$, $0^{mill}.06$, $0^{mill}.10$, $0^{mill}.12$,

ou, en moyenne, $\qquad 0^{mill}.073$,

sur la longueur totale de 21 mètres, ce qui revient par mètre à

$$\frac{0^m.000073}{21} = 0^m.0000035 = \frac{1}{285715},$$

quantité qui n'est plus que le dixième de l'allongement permanent observé dans la 1ʳᵉ expérience faite sur le même fil, et qui peut évidemment être considérée comme nulle.

D'après la valeur moyenne de l'allongement observé par charge égale à $0^m.000541$, le coefficient d'élasticité aurait la valeur

$$E = \frac{PL}{AI} = \frac{1^{kil} \times 21^m}{0^{m.q}.00000524 \times 0^m.000614} = 6\,521\,770\,186^{kil}.$$

De l'ensemble de ces trois séries d'expériences, faites sur des fils d'une longueur et avec une précision inusitées jusqu'ici, nous croyons déjà pouvoir conclure que les allongements permanents observés, et qui ont toujours été en décroissant rapidement d'une série à l'autre, n'étaient dus qu'au redressement successif des fils, dont les inégalités ou cosses disparaissaient au fur et à mesure de l'accroissement des charges par la répétition des essais.

31. 1ʳᵉ Expérience sur le fil nº 2. — Pour contrôler l'exactitude des expériences dont il vient d'être parlé, nous en avons entrepris une nouvelle série sur le fil nº 2, décrit au nº **26**, en procédant d'une manière analogue, mais en poussant les charges et les allongements beaucoup plus loin, ainsi qu'on le verra par les résultats consignés dans le tableau suivant :

PREMIÈRE EXPÉRIENCE SUR LE FIL DE CUIVRE ROUGE N° **2**, DE 0ᵐ.0026 DE DIAMÈTRE, PESANT 306ᵍʳ PAR MÈTRE COURANT.

CHARGES — CHARGE initiale et constante 4ᵏ.65	COTE D'OBSERVATION sur le repère inférieur.	ABAISSEMENT DU REPÈRE inférieur.	COTE D'OBSERVATION sur le repère supérieur.	ABAISSEMENT DU REPÈRE supérieur.	ABAISSEMENT réel DU REPÈRE inférieur ou allongement total par charge.	ALLONGEMENT par KILOGRAMME de charge.	ALLONGEMENT par KILOGRAMME et par mètre.	DIFFÉRENCE de LONGUEUR entre les repères après chaque charge.	DIFFÉRENCE de LONGUEUR ou allongement permanent par mètre après chaque charge.
kil.	mill.	mill.	mill.	mill.	mill.	mill.	mill.	mill.	mill.
1	735.68	»	470.58	»	»	»			
2	735.06	0.62	470.46	0.12	0.50	»		0.12	0.00571
1	735.62	0.06	470.64	+0.06	»				
4	733.70	1.98	470.28	0.30	1.68	0.560	0.0267	0.06	0.00285
1	735.56	0.12	470.52	0.06	»				
6	732.44	3.24	470.06	0.52	2.72	0.544	0.0259	0.06	0.00285
1	735.44	0.24	470.40	0.18	»	0.544			
8	731.18	4.50	469.92	0.66	3.84	0.549	0.0261	0.14	0.00667
1	735.30	0.38	470.34	0.24	»				
10	729.88	5.80	469.74	0.84	4.96	0.551	0.0262	0.16	0.00762
1	735.16	0.52	470.22	0.36	»				
12	728.62	7.06	469.62	0.96	6.10	0.555	0.0264	0.19	0.00857
1	735.04	0.64	470.12	0.46	»				
14	727.46	8.22	469.24	1.34	6.88	0.529	0.0252	0.14	0.00667
1	734.86	0.82	469.90	0.68	»				
16	726.24	9.44	469.12	1.46	7.98	0.532	0.0253	0.26	0.01240
1	734.72	0.96	469.88	0.70	»				
Moyennes..........						0.541	0.0258	0.14	0.00667

52. Conséquences des résultats consignés dans le tableau précédent — Dans cette expérience, où les charges se sont élevées jusqu'à 16 kilogr., ou à $\dfrac{16}{5^{mill}.31} = 3^{kil}.013$ par millimètre carré de section, les allongements permanents ont été successivement égaux à

$$0^{mill}.12, \ 0^{mill}.03, \ 0^{mill}.06, \ 0^{mill}.14, \ 0^{mill}.16, \ 0^{mill}.18, \ 0^{mill}.14, \ 0^{mill}.26;$$

moyenne, $\qquad\qquad 0^{mill}.14,$

ou, par mètre,

$$\frac{0^{mill}.14}{21} = 0.00000667 = \frac{1}{150000}.$$

Les allongements par kilogramme de charge ont été assez concordants, puisqu'ils n'ont varié que de $0^{mill}.560$ à $0^{mill}.529$ par kilogramme, ou, en moyenne, de

$$0^{mill}.541;$$

ce qui conduit, pour le coefficient d'élasticité, à la valeur

$$E = \frac{PL}{AI} = \frac{1^{kil} \times 21^m}{0^{m\cdot q}.00000530 \times 0.000541} = 7\,310\,170\,535^{kil}.$$

Dans cette expérience, l'allongement maximum total du fil avait été de $0^{mill}.00798$ sur 21 mètres de longueur, ou de

$$\frac{0^m.00798}{21^m} = \frac{1}{2631},$$

sans que les limites de l'élasticité aient paru dépassées. Il a semblé convenable de la répéter en la poussant plus loin, et l'on a fait en conséquence l'expérience suivante.

53. 2e Expérience sur le fil n° 2. — Le même fil étant resté chargé depuis le 6 jusqu'au 8 août, l'on a remarqué qu'il s'était allongé d'un millimètre de plus qu'à la fin de la précédente expérience, ce qui pouvait tenir encore à un redressement lent des cosses, et, après l'avoir déchargé, l'on a fait la série suivante d'observations.

DEUXIÈME EXPÉRIENCE SUR LE FIL DE CUIVRE ROUGE N° 2.

CHARGES — CHARGE initiale constante 4k.65	COTE D'OBSERVATION sur le repère inférieur.	ABAISSEMENT DU REPÈRE inférieur.	COTE D'OBSERVATION sur le repère supérieur.	ABAISSEMENT DU REPÈRE supérieur.	ABAISSEMENT réel DU REPÈRE inférieur ou allongement total par charge.	ALLONGEMENT par KILOGRAMME de charge.	ALLONGEMENT par KILOGRAMME et par mètre.	DIFFÉRENCE de LONGUEUR entre les repères après chaque charge.	DIFFÉRENCE de LONGUEUR ou allongement permanent par mètre après chaque charge.
kil.	mill.	mill.	mill.	mill.	mill.	mill.	mill.	mill.	mill.
1		0.56							
2		0.04		0.22	0.56	0.280			—0.0018
4		1.76			1.54	0.385		—0.04	—0.0018
4		0.04		0.26					
6		2.22		—0.02	2.56	0.427	0.0203	—0.04	—0.0067
8		+0.02		0.26	3.74	0.467	0.0222	—0.14	—0.0036
10		4.00		—0.02	4.62	0.462	0.0220	—0.08	—0.0048
12		0.12		0.42	5.66	0.470	0.0224	—0.10	+0.0009
14		5.04		—0.02	6.74	0.474	0.0226	+0.02	+0.0027
16		0.06		0.44	7.84	0.490	0.0233	+0.06	+0.0067
18		6.10		0.46 »	8.34	0.496	0.0236	+0.14	+0.0036
20		0.10		0.52	9.78	0.489	0.0233	+0.08	—0.0048
4		7.20		—0.04					
		0.02		0.62 »					
		8.36		0.68 »					
		0.10							
		9.56							
		0.14							
		10.46							
		0.08							
Moyennes.						0.472		—0.10	—0.0048

34. Conséquences des résultats consignés dans le tableau précédent. — L'examen des valeurs trouvées pour les variations de longueur du fil avant et après qu'il eût été soumis à l'action des diverses charges, et qui sont tantôt négatives et tantôt positives, mais toujours très-faibles, montrent que jusqu'à la charge totale de 20 kilogr., ou de $3^{kil}.77$ par millimètre carré de section, le corps avait conservé toute son élasticité.

Les allongements totaux, sous l'action des charges, à l'exception des deux premiers, qui ont pu être influencés par quelque circonstance accidentelle, ont été fort réguliers et compris entre $0^{mill}.427$ et $0^{mill}.496$ par kilogramme. Leur valeur moyenne $0^{m}.000472$ correspond à une valeur du coefficient d'élasticité

$$E = \frac{PL}{Al} = \frac{1^{kil} \times 21}{0^{m.q}.00000531 \times 0^{m}.000472} = 8\ 777\ 809\ 696^{kil}.$$

Dans cette expérience, l'allongement total maximum du fil s'est élevé à $0^{m}.00978$ ou à $\dfrac{0^{m}.00978}{21} = \dfrac{1}{2149} = 0.000466$ de sa longueur totale, sans que son élasticité fût altérée.

35. Influence des variations de température. — Pour reconnaître si la prolongation de l'action de la charge de 20 kilogr. augmenterait l'allongement de ce fil, l'on a pris les précautions nécessaires pour que, pendant 48 heures consécutives, personne ne pût toucher le fil et les instruments d'observation, et l'on a reconnu qu'au lieu de s'être abaissé, le repère inférieur était remonté d'une très-faible quantité.

Cette circonstance ayant coïncidé avec un abaissement notable de la température, ce fait montra que les effets de dilatation et de contraction produits par les variations ordinaires de la température, sont au moins du même ordre que les petits allongements qui paraissent quelquefois subsister après l'enlèvement des charges, et dès lors, afin d'arriver à des conclusions encore plus précises que celles que l'on pourrait déduire d'observations faites à des intervalles de temps assez grands, l'on a cru devoir répéter quelques-unes des observations précédentes, en tenant note de la température pendant la durée des expériences et en s'assurant qu'elle était restée à très-peu près constante.

TROISIÈME EXPÉRIENCE SUR LE FIL DE CUIVRE ROUGE N° 2.

CHARGES. CHARGE initiale et constante 4k.65	COTE D'OBSERVATION sur le repère inférieur.	ABAISSEMENT DU REPÈRE inférieur.	COTE D'OBSERVATION sur le repère supérieur.	ABAISSEMENT DU REPÈRE supérieur.	ABAISSEMENT réel du repère inférieur ou allongement total par charge.	ALLONGEMENT par KILOGRAMME de charge.	ALLONGEMENT par KILOGRAMME et par mètre.	DIFFÉRENCE de LONGUEUR entre les repères après chaque charge.	DIFFÉRENCE DE LONGUEUR ou allongement permanent par mètre après chaque charge.
kil.	mill.	mill.	mill.	mill.	mill.	mill.	mill.	mill.	mill.
1		0.64		0.12					
2		—0.04		+0.04	0.52	0.520		0.08	0.0040
1		1.78		0.16					
4		»		+0.06	1.62	0.540	0.0257	0.06	0.0030
1		2.98		0.20					
6		—0.04		+0.12	2.78	0.556	0.0265	0.16	0.0076
1		4.02		0.24					
8		—0.04		+0.08	3.78	0.540	0.0257	0.12	0.0057
1		5.14		0.28					
10		—0.06		+0.10	4.86	0.540	0.0257	0.16	0.0076
1		6.26		0.36					
12		—0.10		+0.10	5.90	0.536	0.0255	0.20	0.0095
1		7.34		0.36					
14		—0.12		+0.10	6.98	0.536	0.0255	0.22	0.0105
1		8.44		0.46					
16		—0.18		+0.10	7.98	0.532	0.0253	0.28	0.0133
1		9.50		0.56					
18		—0.16		+0.10	8.94	0.526	0.0250	0.26	0.0124
1		10.54		0.52					
20		—0.20		+0.10	10.02	0.527	0.0251	0.30	0.0143
1					Moyennes..........	0.535			

Nota. Avant cette expérience le fil était resté pendant 48 heures chargé de 20 kil., sans que l'on ait pu constater aucune augmentation d'allongement.

36. Conséquences des résultats consignés dans le tableau précédent. — Dans cette expérience, où la charge s'est élevée jusqu'à 20 kilogr., ou $3^{kil}.77$ par millimètre carré de section du fil, les allongements permanents ont paru aller en croissant, et se sont élevés successivement à

$0^{mill}.08$, $0^{mill}.06$, $0.^{mill}16$, $0^{mill}.12$, $0.^{mill}16$, $0^{mill}.20$, $0^{mill}.22$, $0^{mill}.28$, $0.^{mill}26$, $0^{mill}.30$.

moyenne, $0^{mill}.184$,

ou, par mètre,

$$\frac{0^m.000184}{21^m} = 0^m.0000088 = \frac{1}{112903}.$$

Les allongements par kilogramme de charge ont été très-concordants, puisqu'ils n'ont varié que de $0^{mill}.520$ à $0^{mill}.556$, sans présenter d'accroissement ou de diminution continus. Leur valeur moyenne, $0^{mill}.535$, fournit pour le coefficient d'élasticité la valeur

$$E = \frac{PL}{AI} = \frac{1 \times 21}{0.00000531 \times 0.000535} = 7\,394\,366\,197^{kil}.$$

L'allongement par mètre et par kilogramme paraît éprouver une légère diminution, mais elle est tellement faible que l'on ne sait si l'on doit l'attribuer à un accroissement graduel de la résistance du fil ou à un effet de légère variation de température.

37. Résumé des expériences sur les fils de cuivre N° 1 et N° 2. — Si nous réunissons les résultats généraux de ces expériences, nous trouvons d'abord que les allongements permanents observés sous l'action des charges sur ces fils, imparfaitement redressés à l'origine, ne se sont élevés qu'aux proportions suivantes :

Désignation du fil.	Numéros des expériences.	Allongements permanents en fractions de la longueur primitive.
Fil n° 1......	1...........	$\frac{1}{29585}$
	2...........	$\frac{1}{116666}$
	3...........	$\frac{1}{285715}$

Désignation du fil.	Numéros des expériences.	Allongements permanents en fractions de la longueur primitive.
Fil n° 2......	1...........	$\dfrac{1}{150000}$
	2...........	négatif
	3...........	$\dfrac{1}{112903}$

quantités évidemment négligeables et qu'il est certainement permis de regarder comme nulles par rapport à l'influence des moindres variations de température, puisque, d'après les résultats des expériences de MM. de Laplace et Lavoisier, une différence d'un seul degré du thermomètre centigrade produit une dilatation ou un raccourcissement de la longueur égal à $\dfrac{1}{58400}$.

Quant aux valeurs du coefficient d'élasticité, qui sont aussi influencées par les variations de température, elles ont eu les valeurs suivantes :

Désignation des fils.	Numéros des expériences.	Valeurs du coefficient d'élasticité E.
Fil n° 1......	1...........	6 909 971 309^{kil}
	2...........	7 118 354 507
	3...........	6 521 770 186
	Moyenne...	6 850 003 001^{kil}
Fil n° 2......	1...........	7 310 170 535^{kil}
	2...........	8 777 809 696
	3...........	7 374 366 197
	Moyenne...	7 827 448 809^{kil}
	Moyenne générale.....	7 338 740 405^{kil}

Ces valeurs sont toutes bien inférieures à celles qui étaient fournies par les anciennes expériences, et qui étaient pour

le fil de cuivre rouge étiré................	12 000 000 000^{kil}
le fil de cuivre rouge recuit..............	10 500 000 000
Moyenne..........	11 250 000 000^{kil}

Si l'on se rappelle que la densité des fils n° 1 et n° 2 n'a été trouvée, d'après les mesures et les pesées directes, que de 5.36 et 5.54, tandis que la densité indiquée pour les fils anciennement expérimentés était égale à 8.54, l'on serait porté à penser que, pour les métaux de même nature, la densité a une grande influence sur la résistance à l'allongement, ou, ce qui revient au même, sur la valeur du coefficient d'élasticité. En effet, tandis que les densités des fils récemment éprouvés au Conservatoire sont à la densité des fils anciennement essayés dans les rapports de

$$\frac{5.36}{8.54} = 0.628 \qquad \text{et} \qquad \frac{5.54}{8.54} = 0.648,$$

les coefficients d'élasticité sont respectivement dans les rapports

$$\frac{6850}{11250} = 0.60\text{I}, \qquad \frac{7339}{11250} = 0.652.$$

L'on voit donc que les coefficients d'élasticité paraissent, pour un même métal, suivre le rapport des densités.

Ce fait serait important à vérifier, mais il est difficile sans doute de faire varier les densités dans des limites aussi étendues que celles qui nous ont été naturellement fournies par les fils que nous avons éprouvés.

58. EXPÉRIENCES SUR UN FIL DE FER FIN. — Les résultats des expériences précédentes pouvaient sans doute suffire pour montrer que les fils de cuivre soumis à des efforts de tension qui n'altèrent pas sensiblement leur élasticité, n'éprouvent que des allongements permanents nuls, ou tout au moins négligeables, bien inférieurs à ceux que peuvent produire les moindres variations de température.

Mais, pour nous assurer encore mieux de l'exactitude de cette conséquence, nous avons répété des expériences analogues sur un fil de fer très-fin, afin d'atténuer la difficulté du redressement observé sur les fils de cuivre de $2^{\text{mill}}.58$ de diamètre, et d'accroître au contraire l'influence relative des allongements.

A cet effet, l'on a pris un fil de fer du genre de ceux que, dans le commerce, l'on nomme fils d'acier, à cause du poli qu'on leur donne, mais qui, en réalité, n'étant pas susceptibles de se tremper, ne sont que du fer très-pur, durci et écroui par l'étirage. Le mètre courant de ce fil pesait 0^{gr}.158, ce qui, en admettant que la densité fût de 7.8, conduirait à un diamètre de 0^{mill}.16, tandis que le mesurage direct au cathéthomètre a donné 0^{mill}.20. Malgré le soin apporté à cette mesure, nous pensons devoir adopter pour le calcul des résultats des expériences, la valeur 0^{mill}.16 déduite de la densité connue du fer, et cette dimension conduit, pour l'aire de la section transversale A, à la valeur

$$A = 0^{mq}.020096.$$

Les résultats de la première expérience sont consignés dans le tableau suivant :

PREMIÈRE EXPÉRIENCE SUR UN FIL DE FER DE 0^{mill}.16 DE DIAMÈTRE, PESANT 0^{gr}.1581 PAR MÈTRE COURANT.

CHARGES. — CHARGE initiale, 123gr.	ABAISSEMENT du repère inférieur.	ABAISSEMENT du repère supérieur.	ALLONGEMENT réel du fil.	ALLONGEMENT par kilogramme de charge.	ALLONGEMENT par kilogramme de charge et par mètre.	DIFFÉRENCE de longueur entre les repères après le déchargement
gr.	mill.	mill.	mill.	mill.	mill.	mill.
0	»	»				
50	3.34	+0.22	3.56	71.20	2.84	
0	— 0.04	+0.09				0.13
100	6.66	+0.11	6.77	67.70	2.71	
0	— 0.10	+0.10				0.20
150	9.76	—0.01	9.75	65.13	2.60	
0	— 0.22	+0.09				0.31
200	13.32	—0.32	13.00	65.00	2.60	
0	— 0.78	—0.17				0.61
250	16.52	—0.28	16.24	64.96	2.60	
0	— 0.84	—0.31				0.53
300	19.92	—0.67	19.25	63.16	2.53	
0	— 0.98	—0.54				0.44
350	26.22	—0.69	25.53	63.82	2.55	
0	1.32	—0.67				0.65
400	32.36	—0.78	31.58	63.16	2.52	
0	— 1.47	—0.63				0.84
450						
		Moyennes..	....	64.37	2.565	

Nota. Pendant le cours de cette expérience, la température a été de $16°.80$ vers l'extrémité supérieure du fil, et de $12°$ à la partie inférieure.

59. Conséquences des résultats consignés dans le tableau précédent. — L'on voit d'abord, par ce tableau, que l'allongement permanent observé ne s'est élevé au plus qu'à $0^{mm}.84$ sur 25 mètres de longueur. On a

$$\frac{0^m.00084}{25} = \frac{1}{29\,762}$$

de la longueur primitive.

La valeur moyenne de l'allongement par kilogramme de charge étant de $0^m.06437$ sur une longueur totale de 25 mètres, et pour une aire de section transversale, $A = 0^{mq}.0000020096$. Le coefficient d'élasticité de ce fil est

$$\mathrm{E} = \frac{\mathrm{PL}}{\mathrm{AI}} = \frac{1 \times 25}{0^{mq}.000000020096 \times 0^m.06437} = 19\,326\,210\,980^{kil},$$

quantité qui est presque exactement celle que l'on trouve pour les meilleurs fers.

Cette expérience, comme celles de M. Leblanc, rapportées au n° **19**, sur des fils de fer de différentes longueurs, montre que la résistance des fils de fer est indépendante de leur longueur, et que le seul désavantage des fils longs ne serait relatif qu'aux chances de rebut qu'ils pourraient présenter à la réception. Ils offrent, au contraire, l'avantage de diminuer le nombre des ligatures, des assemblages plus ou moins solides, et dont l'existence même devient souvent une cause de diminution de la résistance. Cette observation s'applique surtout à l'emploi du fil de fer dans la construction des ponts suspendus.

40. 2e Expérience sur un fil de fer de $0^{mill}.16$ de diamètre. — Les expériences précédentes ont été répétées sur le même fil dans des conditions analogues, et elles ont conduit aux résultats consignés dans le tableau suivant :

DEUXIÈME EXPÉRIENCE SUR UN FIL DE FER DE $0^{mill}.16$ DE DIAMÈTRE
PESANT $0^{gr}.1581$ PAR MÈTRE COURANT.

CHARGES. — CHARGE initiale $0^{gr}.123$.	ABAISSEMENT du repère inférieur.	ABAISSEMENT du repère supérieur.	ALLONGEMENT réel du fil.	ALLONGEMENT par kilogramme (calculé).	ALLONGEMENT par kilogramme et par mètre.	DIFFÉRENCE de longueur entre les repères après le déchargement
gr.	mill.	mill.	mill.	mill.	mill.	mill.
0						
50	3.36	—0.04	3.32	66.40	2.66	
0	— 0.04	+0.01			2.59	+0.05
100	6.56	—0.08	6.48	64.80		
0	— 0.10	—0.07				+0.03
150	9.70	—0.16	9.54	62.48	2.49	
0	— 0.28	—0.02				+0.26
200	12.66	—0.10	12.56	62.80	2.51	
0	— 0.14	—0.02				+0.12
250	15.80	—0.16	15.64	62.56	2.50	
0	— 0.06	—0.06				0.00
300	18.88	—0.16	18.72	62.34	2.49	
0	— 0.20	—0.12				+0.08
350	21.94	»	»			
0						
400						
		Moyennes..	....	62.996		0.09

41. Conséquences des résultats consignés dans le tableau
précédent. — Dans cette seconde expérience, où le redressement du fil a été plus complet par l'effet préalable de la première, la moyenne des allongements permanents observés ne
s'élève qu'à $0^{mill}.09$ sur 25 mètres de longueur. On a

$$\frac{0^m.000.09}{25} = \frac{1}{277\,777}.$$

L'allongement moyen par kilogramme, abstraction faite de
la première observation, paraît être de $62^{mill}.996$, et conduit,
pour le coefficient d'élasticité, à la valeur

$$E = \frac{PL}{AI} = \frac{1 \times 25}{0^{mq}.000000020096 \times 0^m.062996} = 19\,747\,235\,387^{kl}.$$

42. 3e Expérience sur le fil de fer de $0^{mill}.16$ de diamètre.
— Dans la crainte d'altérer l'élasticité de ce fil avant d'avoir
terminé les observations que l'on se proposait de faire sur ses

allongements, l'on avait limité les charges notablement au-dessous de celles qu'il pouvait supporter. Une troisième expérience a paru nécessaire, et elle a fourni les résultats consignés dans le tableau suivant :

TROISIÈME EXPÉRIENCE SUR LE FIL DE FER DE $0^{mill}.16$ DE DIAMÈTRE, PESANT $0^{gr}.1581$ PAR MÈTRE COURANT.

CHARGES. — CHARGE initiale, $0^{gr}.123$.	ABAISSEMENT du repère inférieur.	ABAISSEMENT du repère supérieur.	ALLONGEMENT réel du fil.	ALLONGEMENT par kilogramme calculé.	ALLONGEMENT par kilogramme et par mètre.	DIFFÉRENCE de longueur entre les repères après le déchargement
gr.	mill.	mill.	mill.	mill.	mill.	mill.
0	»	»				
50	3.16	»	3.16	63.20	2 53	
0	+ 0.08	+0.06	»			—0.02
100	6.34	+0.06	6.40	64.00	2.56	
0	+ 0.02	+0 22				+0.20
150	9.58	»	9.58	63.80	2.55	
0	+ 0.04	»				—0.04
200	12.56	—0.06	12.50	62.50	2.50	
0	— 0.04	—0.02				+0.02
250	15.72	—0.02	15.70	62.80	2.51	
0	»	—0.02				—0.02
300	18.84	—0.18	18.66	62.11	2.48	
0	— 0.12	—0.05				+0.07
350	22.06	—0.20	21.86	62.30	2.49	
0	— 0.22	—0.20				+0.02
400	25.14	—0.08	25.06	62.53	2 50	
0	— 0.18	»				»
450	28 20	—0.14	28 06	62.29	2.48	
0	— 0.34	—0.12				+0.22
500	31.30	—0.19	31.11	62.22	2.48	
0	— 0.30	—0.06				+0.24
550	34.40	—0.20	34.20	62.18	2.48	
0	— 0.30	—0.10				+0.20
600	37.36	—0.21	37.15	61.89	2.46	
		Moyennes.		62.65		0.08*

* Moyenne prise sur les 11 observations.

45. Observations sur les résultats contenus dans le tableau précédent. — Dans cette expérience, l'allongement total s'est élevé à $0^m.03715$ ou à $\frac{1}{673} = 0^m.00148$ par mètre, sans que l'élasticité fût sensiblement altérée, puisque la moyenne des allongements permanents n'a été que de $0^{mill}.08$ sur 25 mètres, ou

$$\frac{0^m.00008}{15} = \frac{1}{312\,500}.$$

La valeur moyenne des allongements rapportés au kilogramme de charge a été égale à $0^m.06265$, et conduit, pour le coefficient d'élasticité, à la valeur

$$E = \frac{P \times L}{AI} = \frac{1 \times 25}{0^{m.q}.000000020096 \times 0^m.06265} = 19\,857\,029\,388^{kil},$$

très-peu différente des précédentes.

La charge maximum supportée par ce fil a été de $0^{kil}.600$, ou, par millimètre carré, de

$$\frac{0.600}{0^{mill}.020096} = 29^{kil}.85,$$

sans que son élasticité ait été altérée, et quoique l'allongement total ait atteint $0^m.03715$, ou $\frac{0^m.03715}{25} = \frac{1}{673}$ de sa longueur, l'allongement moyen permanent observé ne s'est élevé qu'à $\frac{1}{312\,500}$ de sa longueur, et la valeur maximum de cet allongement qu'il a été possible d'observer n'a pas excédé $0^{mill}.24$, ou

$$\frac{0^m.00024}{25} = \frac{1}{104\,167}$$

de sa longueur.

D'après ces résultats, dont la petitesse dépasse de beaucoup les limites de l'exactitude de toutes les observations connues jusqu'à ce jour sur cette question, et surtout celle de la précision dont on a besoin dans les arts, nous croyons pouvoir conclure que tant que l'élasticité des fils n'est pas altérée, il ne se produit pas d'allongement permanent notable.

44. OBSERVATION SUR LES ALLONGEMENTS TOTAUX. — La précision apportée aux expériences sur un fil de fer fin, dont il vient d'être question, semblerait avoir permis de reconnaître qu'à mesure que l'on se rapproche des charges sous l'action desquelles, l'élasticité serait altérée, ces allongements diminuent d'une petite quantité, mais ce décroissement est si peu sensible, qu'il ne paraît pas nécessaire d'en tenir compte.

45. Valeur moyenne du coefficient d'élasticité du fil de fer de $0^{mill}.16$ de diamètre. — Les trois expériences dont on vient de voir les résultats fournissent, à très-peu près, la même valeur du coefficient d'élasticité, car elles ont donné

la 1re $E = 19\,326\,210\,980^{kil}$,
la 2^e $E = 19\,747\,235\,387$,
la 3^e $E = 19\,857\,029\,388$,

moyenne $E = 19\,643\,458\,585^{kil}$,

valeur très-peu différente, comme on le verra, de celle que l'on déduit des expériences sur la flexion des fers de la meilleure qualité, auxquels se rapportent les fers susceptibles de supporter un aussi grand étirage que ceux dont nous venons de nous occuper.

Cet accord est remarquable en ce qu'il montre que les conclusions de toutes les expériences directes sur l'extension des fils métalliques peuvent être appliquées avec confiance aux effets de la flexion. C'est d'ailleurs ce que nous aurons l'occasion de faire remarquer plus d'une fois par la suite.

46. Expériences sur un fil de fer recuit. — Des observations analogues aux précédentes ont été faites sur un fil de fer recuit, afin de reconnaître l'influence de l'opération du recuit sur la résistance des fils de fer.

Un fil de $2^{mill}.066$ de diamètre, ou de $3^{mill.q}.257$ de section, pesant $25^{gr}.65$ par mètre, ce qui correspond à une densité de 7.657, et ayant, entre les deux lignes de repère, une longueur de 25 mètres, a été soumis à l'expérience.

Ce fil supportait une charge initiale constante de $6^{kil}.65$, et les charges additionnelles se sont élevées à 18 kilog., de sorte qu'il n'a supporté au maximum qu'une charge de $7^{kil}.57$ par millimètre carré.

Les résultats des expériences sont consignés dans le tableau suivant :

EXPÉRIENCE SUR UN FIL DE FER RECUIT DE 2^{mill}.066 DE DIAMÈTRE, PESANT 25^{gr}.65 LE MÈTRE COURANT.

CHARGES. — CHARGE initiale, 6^{kil}.6.	ABAISSEMENT du repère inférieur.	ABAISSEMENT du repère supérieur.	ALLONGEMENT réel du fil.	ALLONGEMENT par kilogramme de charge.	ALLONGEMENT par kilogramme et par mètre.	DIFFÉRENCE de longueur entre les repères après le déchargement
kil.	mill.	mill.	mill.	mill.	mill.	mill.
0						
2	1.12	—0.08	1.04	0.520	0.0208	
0	—0.02	»	»	»		+0.02
4	2.38	—0.22	2.16	0.560	0.0216	
0	—0.20	—0.12	»	»		+0.08
6	3.22	—0.26	2.96	0.493	0.0192	
0	—0.18	—0.22	»	»		—0.04
8	4.10	—0.32	3.78	0.472	0.0188	
0	—0.20	—0.16	»	»		+0.04
10	5.00	—0.36	4.64	0.464	0.0186	
0	—0.10	—0.24	»	»		—0.14
12	5.82	—0.38	5.44	0.453	0.0181	
0	—0.16	—0.20	»	»		—0.04
14	6.68	—0.41	6.27	0.448	0.0179	
0	—0.16	—0.22	»	»		—0.06
16	7.66	—0.45	7.21	0.451	0.0180	
0	—0.28	—0.22	»	»		+0.06
18	8.48	—0.47	8.01	0.445	0.0179	
0	—0.22	—0.28	»	»		—0.06

47. OBSERVATIONS SUR LES RÉSULTATS CONSIGNÉS AU TABLEAU PRÉCÉDENT. — L'on remarquera d'abord que les différences de longueur entre les repères ont été tantôt positives, tantôt négatives, et qu'abstraction faite des erreurs de l'observation, elles sont toujours restées assez petites soit pour pouvoir être négligées, soit pour être attribuées à de légères variations de température. La somme des allongements permanents est en effet 0^{mill}.20, et la somme des raccourcissements 0^{mill}.34, différence 0^{mill}.14 en raccourcissement.

Par conséquent, la variation permanente de longueur éprouvée par ce fil par suite des expériences, peut être regardée comme nulle ou négligeable. Sa plus grande valeur 0^{mill}.14 n'est que

$$\frac{0^m.00014}{25} = \frac{1}{178000}$$

de la distance entre les repères à l'origine.

Quant aux allongements totaux produits par les charges, en les rapportant au kilogramme de charge ils ont les valeurs suivantes :

$$0^{mill}.520, \ 0^{mill}.540, \ 0^{mill}.493, \ 0^{mill}.472, \ 0^{mill}.464, \ 0^{mill}.463,$$
$$0^{mill}.448, \ 0^{mill}.551, \ 0^{mill}.445.$$

Moyenne, $\qquad 0^{mill}.487.$

Ce qui conduit, pour le coefficient d'élasticité, à la valeur

$$E = \frac{PL}{AI} = \frac{1 \times 25}{0^{m \cdot q}.000003257 \times 0^{m}.000487} = 15\ 762\ 925\ 545^{kil},$$

valeur bien inférieure à celle que nous avons trouvée pour le fil de fer non recuit et à celle qui résulte, comme on le verra plus tard, des expériences sur la flexion des fers de bonne qualité.

L'on remarquera encore que ce fil a fourni pour l'allongement, par kilogramme de charge, des valeurs qui paraissent aller en décroissant mais de quantités tellement faibles qu'elles peuvent être négligées dans toutes les applications.

48. EXPÉRIENCES SUR UNE BARRE D'ACIER FONDU DE MM. JACKSON, PÉTIN ET GAUDET. — Pour constater si les valeurs du coefficient d'élasticité de l'acier déduites des expériences sur l'allongement par traction directe étaient les mêmes que celles que l'on conclut des observations sur la flexion, j'ai fait couper à la machine et raboter à la dimension exacte de 10 millimètres de côté une des barres d'acier fondu de MM. Jackson, Pétin et Gaudet, qui était marquée S et qui m'avait servi pour des expériences sur la résistance à la flexion, dont les résultats seront rapportés plus loin. La barre ainsi enlevée,

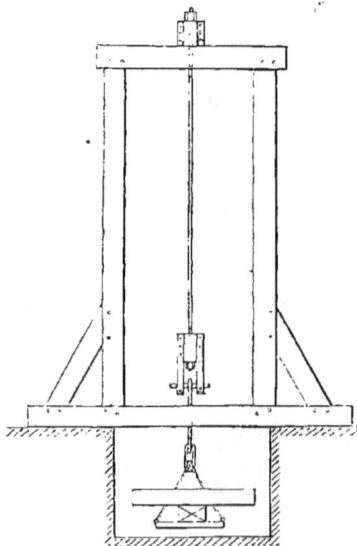

sans qu'aucune opération de chauffage ou d'étirage soit intervenue pour en modifier la texture, avait 2^m.60 de longueur et une section carrée de 10 millimètres de côté, et il était possible d'observer sur une longueur suffisante les allongements qu'elle prendrait sous des charges assez fortes. Ses deux extrémités ont été saisies entre les mâchoires de deux pinces, fortement serrées contre ses surfaces latérales, et pour augmenter la résistance que le frottement dû à la pression exerçait, l'on a été conduit, dans la seconde des expériences dont il est ici question, à fileter les deux bouts et à y fixer un écrou, qui reposait sur les deux mâchoires supérieure et inférieure. A l'aide de ce dispositif, l'on est parvenu à éviter le glissement de la barre entre les mâchoires.

La charge suspendue à la barre en expérience était formée par des boulets placés dans des caisses posées sur un madrier suspendu à l'anneau de la mâchoire inférieure, et ces boulets étaient déposés un à un, avec le plus de précautions possible, pour éviter les efforts brusques.

Deux lignes de repère très-fines avaient été, au préalable, tracées sur la barre à une distance de 2^m.328, et les variations de distance entre ces repères ont été observées à l'aide de cathéthomètres, comme il a été dit pour les expériences précédentes.

Malgré toutes les précautions prises, la grandeur des charges, les oscillations dans le sens longitudinal et dans le sens transversal, qu'il n'était pas possible de prévenir d'une manière absolue, puisqu'il était nécessaire de laisser un peu de liberté à la barre, l'on n'a pu éviter quelques irrégularités dans les résultats, mais cependant, pour des expériences faites avec d'aussi fortes charges, ces résultats semblent offrir une régularité remarquable [*].

---

[*] D'autres expériences analogues, sur des tôles d'acier destinées à la fabrication des chaudières, s'exécutent en ce moment au Conservatoire des arts et métiers, à la demande de la commission centrale des machines à vapeur. Elles semblent conduire à des résultats analogues très-favorables à l'emploi des tôles d'acier dans la construction des chaudières.

PREMIÈRE EXPÉRIENCE DE TRACTION SUR UNE BARRE D'ACIER FONDU, DE MM. JACKSON, PÉTIN ET GAUDET. MARQUÉE S, DE 10 MILLIMÈTRES DE SECTION CARRÉE OU 100 MILLIMÈTRES CARRÉS DE SECTION.

CHARGES.	ABAISSEMENT du repère inférieur.	ABAISSEMENT du repère supérieur.	ALLONGEMENT réel de la barre.	ALLONGEMENT par 100 kil. de charge.
kil.	mill.	mill.	mill.	mill.
0	»	»	»	»
200	0.76	0.70	0.06	0.030
400	1.32	1.12	0.20	0.050
600	1.96	1.48	0.48	0.080
800	2.70	1.84	0.86	0.108
1000	3.24	2.24	1.00	0.100
1200	5.80	2.70	1.10	0.091
1400	4.32	3.06	1.32	0.094
1600	4.92	3.44	1.48	0.092
1800	5.46	3.78	1.68	0.093
2000	6.00	4.08	1.92	0.096
2200	6.74	4.48	2.26	0.103
2400	7.28	4.88	2.40	0.100
2600	7.84	5.18	2.66	0.102
2800	8.32	5.52	2.80	0.100
				0.098

Nota. La charge constante initiale provenant du poids du plateau et de ses armatures s'élevait, dans cette expérience, à 180 kilogr., qu'il convient d'ajouter aux charges variables pour avoir la tension totale supportée par la barre.

49. CONSÉQUENCES DES RÉSULTATS CONSIGNÉS DANS LE TABLEAU PRÉCÉDENT. — En négligeant les trois premiers allongements, évidemment trop faibles et influencés par quelque circonstance inconnue, la moyenne générale des allongements observés, produits par une augmentation de charge de 100 kilogr., est de $0^{mil}.098$. Elle conduit, pour le coefficient d'élasticité de cette barre, à la valeur

$$E = \frac{PL}{Al} = \frac{100^{kil} \times 2^m.328}{0^{m \cdot q}.0001 \times 0^m.000098} = 21\,816\,326\,530^{kil}.$$

Dans cette expérience, la charge maximum a été de

$$8200^{kil} + 180^{kil} = 2980^{kil},$$

ce qui revient à $29^{kil}.80$ par millimètre carré, et l'allongement proportionnel par mètre s'est élevé à $\dfrac{2^m.328}{0^m.0028} = 0^m.0012$ sans que l'élasticité ait paru altérée.

Une seconde expérience a été faite sur cette barre d'acier fondu, et elle a signalé la nécessité de quelques précautions spéciales pour les épreuves de ce genre, sur lesquelles il n'est pas inutile d'appeler l'attention des observateurs.

Les résultats de cette seconde expérience sont consignés dans le tableau suivant :

DEUXIÈME EXPÉRIENCE DE TRACTION SUR UNE BARRE D'ACIER FONDU, DE MM. JACKSON, PÉTIN ET GAUDET, MARQUÉS S, DE 10 MILLIMÈTRES DE CÔTÉ OU DE 100 MILLIMÈTRES CARRÉS DE SECTION.

CHARGES.	ABAISSEMENT du repère inférieur.	ABAISSEMENT du repère supérieur.	ALLONGEMENT réel de la barre.	ALLONGEMENT par charge.	ALLONGEMENT par 100 kilogr. de charge.
kil.	mill.	mill.	mill.	mill.	mill.
200	0.68	0.40	0.28		
400	1.30	0.78	0.52	0.24	0.130
600	1.88	1.16	0.72	0.20	0.120
800	2.48	1.56	0.92	0.20	0.115
1000	3.04	1.86	1.18	0.26	0.118
1200	3.60	2.21	1.39	0.21	0.116
1400	4 14	2.54	1.60	0.21	0.114
1600	4.72	2.84	1.88	0.28	0.117
1800	5.18	3.20	1.98	0.10	0.110
2000	5.74	3.54	2.20	0.22	0.110
2200	6.26	3.80	2.46	0.26	0.114
2400	6.78	4.10	2.68	0.22	0.112
2600	7.28	4.44	2.84	0.16	0.109
2800	7.82	4.72	3.10	0.26	0.111
3000	8.32	5.06	3.26	0.16	0.109
3200	8.82	5.30	3.52	0.26	0.110
3400	9.80	5.80	4.00	0.48	0.117
3600	10.42	6.16	4.26	0.26	0.118
3800	11.08	6.68	4.40	0.14	0.116
4000					
			Moyennes..	... .	0.1135

Nota. La charge constante était, dans cette expérience, de 180 kilogr., et la charge maximum s'est ainsi élevée à 4180 kilogr., sous l'action desquels la barre a glissé entre les mâchoires. C'est alors que, pour augmenter sa résistance à ce mouvement, l'on a fileté les extrémités supérieure et inférieure et qu'on y a adapté un écrou qui s'appuyait sur les mâchoires.

50. CONSÉQUENCES DES RÉSULTATS CONSIGNÉS DANS LE TABLEAU PRÉCÉDENT. —Si nous laissons de côté les deux premières valeurs

de l'allongement correspondant à un accroissement de 100 kil.
de charge, l'on voit que toutes les autres diffèrent fort peu de la
valeur moyenne 0^{mill}.1135, et, comme la distance des repères
dans cette expérience était de 2^m.544, la valeur du coefficient
d'élasticité que l'on en déduit est

$$E = \frac{PL}{Al} = \frac{100^{kil} \times 2^m.544}{0^{m.q}.0001 \times 0.0001135} = 22\ 414\ 096\ 916^{kil},$$

valeur très-peu différente de la précédente.

Dans cette expérience, la charge maximum a été de 4180 kil.,
ce qui correspond à 41^{kil}.80, sans altération de l'élasticité, et
peut-être eût-on été plus loin si un glissement brusque de la
barre entre les mâchoires qui la maintenaient n'eût obligé à
cesser l'expérience.

Cette charge de 41^{kil}.80 se rapproche d'ailleurs beaucoup,
comme on le verra plus loin, de celle qui a été trouvée dans les
expériences sur la flexion pour la limite de celle que peuvent
supporter les fibres du même acier.

Une troisième expérience ayant pour but de pousser les
charges jusqu'à la rupture a été faite sur la même barre, et elle
a conduit aux résultats suivants :

TROISIÈME EXPÉRIENCE DE TRACTION SUR UNE BARRE D'ACIER FONDU, DE
MM. JACKSON, PÉTIN ET GAUDET, MARQUÉE S. DE 10 MILLIMÈTRES DE
CÔTÉ OU DE 100 MILLIMÈTRES CARRÉS DE SECTION.

CHARGES.	ABAISSEMENT du repère inférieur.	ABAISSEMENT du repère supérieur.	ALLONGEMENT réel de la barre.	ALLONGEMENT par charge.	ALLONGEMENT par 100 kilogr. de charge.
kil.	mill.	mill.	mill.	mill.	mill
400	1.54	1.12	0.42		0.105
800	3.78	»			
1200	5.26	3.58	1.68		0.140
1600	6.44	4.38	2.06	0.32	0.129
2000	7.68	5.10	2.58	0.52	0.129
2400	8.90	5.82	3.08	0.50	0.128
2800	10.22	6.60	3.62	0.54	0.129
3200	11.58	7.38	4.20	0.58	0.130
3600	13.30	8.16	5.14	0.74	0.143
4000	15.02	9.10	5.92	0.78	0.148
4400	17.54	10.04	7.50	1.58	0.170
4800	23.56	11.98	11.58	4.08	0.241
5200	32.70	15.20	17.50	5.92	0.336
5600	»	rupture.			

Nota. La charge initiale constante était toujours de 180 kilogr., de sorte que la rupture a eu lieu sous un effort de traction de 5780 kilogr. ou de 57^{kil}.80 par millimètre carré de section.

51. Conséquences des résultats contenus dans le tableau précédent. — L'examen des allongements par 100 kilogr. de charge montre que, par suite de la secousse éprouvée par cette barre dans l'expérience précédente, où les armatures avaient glissé, l'élasticité avait été sensiblement altérée. L'on voit, en effet, que ces allongements ont, presque dès la première charge, dépassé ceux de la deuxième expérience, et qu'ils ont toujours été en croissant jusqu'à la rupture. Il n'y a donc pas lieu de chercher à déduire des chiffres du tableau précédent une valeur du coefficient d'élasticité, et il faut se borner à celle du coefficient de résistance à la rupture, qu'elle nous fournit, quoique cette valeur ait pu aussi être influencée par la même cause.

52. Conséquence générale des expériences sur cette barre d'acier fondu. — En résumé, les expériences que l'on vient de rapporter donnent, pour le coefficient d'élasticité déduit des allongements produits par des efforts de traction directe, les valeurs suivantes :

1re Expérience............... $E = 21\,816\,326\,630^{kil}$
2e Expérience............... $E = 22\,414\,096\,716$

Moyenne............... $E = 22\,115\,211\,723^{kil}$

L'on verra plus loin que la valeur du même coefficient déduit d'après des observations sur la flexion, pour la barre d'acier d'où l'on avait extrait ce barreau de 1 centimètre carré, a été très-peu différente de celle que l'on vient d'obtenir par traction directe.

53. Expériences sur la résistance des fers spéciaux a la traction. — Je ferai connaître plus loin les résultats des expériences qui ont été exécutées récemment au Conservatoire des arts et métiers sur la résistance des fers à double T à la flexion, mais il ne sera pas inutile de rapporter ici les résultats des expériences de résistance à la rupture par traction directe, qui ont été faites dans les ateliers de MM. E. Gouin et Cie, sur des barreaux extraits, à la machine à raboter, dans des fers dits cornières, ou dans des fers à double T. J'emprunte le tableau suivant des résultats de ces expériences à l'ouvrage de M. Love.

RÉSULTATS DES EXPÉRIENCES EXÉCUTÉES CHEZ MM. E. GOUIN ET Cie, SUR LA RÉSISTANCE DES FERS SPÉCIAUX A LA TRACTION.

DÉSIGNATION DES FERS.	AIRE de LA SECTION transversale.	CHARGE DE RUPTURE par millimètre carré.	MOYENNES
	cent. carr.	kil.	kil.
Barreaux extraits d'une cornière d'Hayange de 60 millimètres sur 60 millimètres..........	1.738 1.770 1.760 1.770	38.14 41.07 39.67 36.72	38.90
Barreaux extraits d'une cornière d'Ars-sur-Moselle de 100 milli-mètres sur 100 millimètres ...	4.34 2.97	29.90 34.64	32.27
Barreaux extraits de fers à T d'Ars-sur-Moselle...........	2.97 2.75 2.71 2.71 3.13 2.78	36.63 39.63 36.90 36.20 36.29 32.28	37.31
Fers plats d'Hayange..........	2.70 2.73 2.71 2.85	34.92 38.20 36.16 35.09	36.09
Fers plats d'Ars-sur-Moselle....	2.39 3.36 3.39 3.25 3.32 3.27	32.08 36.33 40.14 39.85 37.50 35.62	36.92
Moyenne générale................			36.30

Les résultats de ces expériences prouvent que, quand les fers employés sont de bonne qualité et bien soudants, l'étirage qu'on leur fait subir pour leur donner la forme de cornière ou de fers à T, n'altère pas leur résistance à la rupture par traction. L'on verra plus loin qu'il en est de même pour leur résistance à la flexion.

54. Expériences de M. Pronier. — Cet habile ingénieur, auquel l'on doit un beau travail qu'il a publié et rédigé en com-mun avec M. Molinos, sur la construction des ponts en fer, a exécuté aussi des expériences sur la résistance comparative à la rupture par traction des fers et des aciers employés à la confection des bandages.

Des échantillons de divers bandages ayant été ramenés, à l'aide des machines-outils, à une section commune de 100 millimètres carrés, l'on a obtenu, pour leur résistance à la rupture par traction et par millimètre carré, les valeurs suivantes :

Bandages...
- en fer de Belgique (fer au coke)..... 32^{kil}
- en acier puddlé (fer au coke)........ 44
- en fer français (fonte au bois, puddlés) 44
- en acier puddlé (fonte à la houille)... 65

Résistance des tôles et de leurs assemblages.

55. RÉSISTANCE DE LA TÔLE A L'EXTENSION. — M. Ed. Clark rapporte des expériences faites sur la résistance de la tôle à l'extension, soit dans le sens du laminage, soit dans le sens perpendiculaire. Les échantillons employés avaient la forme indiquée par la figure 7 (pl. I), et le corps rétréci de la pièce a toujours eu une section d'un pouce carré ou 6$^{c.q}$,45, bien que l'épaisseur et la largeur aient varié dans des limites étendues de 12^{mill}.7 à 17^{mill}.5 pour l'épaisseur, et de 35 à 177 millimètres pour la largeur.

EXPÉRIENCES SUR LA RÉSISTANCE DES TÔLES POUR CHAUDIÈRES A LA RUPTURE PAR EXTENSION.

Nature du fer.	Charge de rupture par millimètre carré en kilogrammes. kil.
1. Tôle de 17^{mill}.5 d'épaisseur sur 35^{mill}.2 de largeur au collet, choisie comme mauvais fer, à cassure brillante et cristalline, se rompant brusquement par un coup de marteau.	34.64
2. Même fer.	33 07
3. Tôle de 12^{mill}.7 d'épaisseur sur 15^{mill}.2 de largeur au collet, choisie comme mauvais fer, contenant deux feuilles de fer cristallin formant $\frac{1}{3}$ de l'épaisseur.	28.34
4. Tôle de 12^{mill}.7 sur 127^{mill} de largeur au collet, choisie comme bon fer, présentant un aspect cristallin sur $\frac{1}{10}$ de son épaisseur.	29.92
5. Tôle de 12^{mill}.7 sur 108^{mill} de largeur au collet. Fer parfaitement homogène et fibreux. Il a supporté la charge pendant 15 minutes.	33.07
6. Tôle de 17^{mill}.5 d'épaisseur sur 127^{mill} de largeur. Bon fer; $\frac{1}{15}$ de la section cristallisé.	29.92
7. Tôle de 12^{mill}.7 d'épaisseur sur 127^{mill} de largeur; fer fibreux, excepté sur $\frac{1}{30}$ de la section.	28.34
Tôle de 12^{mill}.7 d'épaisseur sur 127^{mill} de largeur	30.86
Tôle de 15^{mill}.9 d'épaisseur sur 127^{mill} de largeur	30.39
Tôle de 12^{mill}.7 d'épaisseur sur 177^{mill} de largeur	30.86
Tôle de 12^{mill}.7 d'épaisseur sur 177^{mill} de largeur	31.81
Tôle de 12^{mill}.7 d'épaisseur sur 127^{mill} de largeur	29.45
Moyenne générale	30.89

Il est remarquable que la résistance à la rupture ait été sensiblement constante, quoique ces tôles provinssent de différentes forges du Staffordshire, du Derbyshire et du Shropshire.

L'allongement extrême, correspondant à la rupture, a été au contraire très-irrégulier, et quelques-uns des fers brillants, cristallins, choisis comme de mauvaise qualité, qui se rompaient sans éprouver de grands allongements, ont en réalité supporté des charges plus grandes que les fers les plus fibreux et les plus ductiles. La même chose a été remarquée par d'autres observateurs sur les fers en barres, ainsi que nous l'avons indiqué précédemment.

Le meilleur fer de rognures fabriqué par MM. Marc à leur usine de Londres, dont la qualité est exceptionnellement bonne, et la fracture belle et fibreuse, se rompt sous une tension moyenne de 24 tonnes par pouce carré, ou de 37^{kil}.78 par millimètre carré, la longueur de la barre étant alors accrue d'un huitième de sa grandeur primitive. Cette observation a aussi été faite depuis longtemps à Guérigny, dans la fabrication des fers doux destinés aux câbles de la marine, qui s'allongent quelquefois de plus d'un cinquième de leur longueur avant de se rompre.

56. COMPARAISON DE LA RÉSISTANCE DES TÔLES DANS LE SENS DU LAMINAGE OU DANS LE SENS TRANSVERSAL. — Dans tous les exemples précédents, la tension était exercée dans le sens des fibres. Pour reconnaître si cette circonstance avait de l'influence, on a pris dans deux plaques deux échantillons de la même forme que les précédents. Un échantillon de chaque paire était tiré dans le sens des fibres, l'autre dans le sens perpendiculaire. Ils étaient pour le reste complétement semblables.

Résistance des tôles à la rupture par traction, par millim. carré.	1re Expérience.	2e Expérience.
Dans le sens des fibres......................	30^{kil}.96	31^{kil}.81
Dans le sens perpendiculaire aux fibres........	26 .66	30 .30

Ainsi, la résistance dans le sens des fibres étant en moyenne de 31^{kil}.38 par millimètre carré, celle que le fer présente dans le sens transversal au laminage ne serait que de 28^{kil}.48; différence, 10 pour 100 en faveur de la résistance dans le sens de la direction des fibres.

57. Expériences de M. Fairbairn. — Ce célèbre ingénieur de Manchester a fait aussi, sur la résistance de la tôle, des expériences analogues aux précédentes, qui l'ont conduit à conclure qu'il n'y a pas de différence sensible dans la résistance des tôles à la traction dans le sens des fibres ou dans le sens perpendiculaire.

Ces expériences ont été faites sur quatre espèces de tôles de provenances différentes, mais tirées de forges renommées par la qualité de leurs produits. L'épaisseur de ces tôles, qui était de 6 à 8 millimètres, montre d'ailleurs qu'elles étaient corroyées.

Les résultats des expériences sont résumés dans le tableau suivant :

ORIGINE DES TOLES.	CHARGE DE RUPTURE	
	dans le sens des fibres par millimètre carré.	perpendiculairement aux fibres par millimètre carré.
	kil.	kil.
Yorkshire, Lowmoor...............	40 58	43.29
Id. *id.*...............	35.84	41.01
Derbyshire.......................	34.14	27.37
Shropshire.......................	30.95	31.49
Staffordshire....................	30.80	33.08
Moyenne.....................	34.46	35.25

Les différences des résultats partiels sont tantôt dans un sens, tantôt dans l'autre, et les moyennes générales diffèrent assez peu pour avoir conduit M. Fairbairn à conclure qu'il n'y a pas de différence sensible entre la résistance des tôles dans le sens des fibres et dans le sens perpendiculaire.

58. Observation relative aux résultats obtenus en France. — Des expériences faites en France, il y a déjà plus de trente ans, par M. le colonel d'artillerie Fabert, avaient porté à conclure que la tôle offrait moins de résistance dans le sens perpendiculaire que dans le sens parallèle au laminage, et c'est aussi ce que sembleraient indiquer les résultats suivants d'expériences assez nombreuses rapportées par M. Love, à qui nous les empruntons.

59. Expériences exécutées dans les ateliers de MM. E. Gouin et Cie. — Depuis que l'emploi de la tôle et du fer de petit échantillon s'est propagé de plus en plus dans les grandes constructions, la connaissance exacte de la résistance des matériaux qu'on y employait est devenue d'une plus grande importance pour les ateliers, et les expériences s'y sont multipliées.

Il a été fait, dans ces dernières années, dans les ateliers de MM. E. Gouin et Cie, d'assez nombreuses expériences sur la rupture par traction des tôles de diverses provenances. Nous en emprunterons les résultats, ainsi que ceux de quelques autres expérimentateurs, à l'ouvrage de M. Love, en les résumant dans le tableau suivant.

Nous appellerons l'attention sur ce fait assez remarquable signalé par M. Love, que les tôles provenant de fontes obtenues avec du coke et bien fabriquées, paraissent offrir une résistance supérieure à celle des tôles provenant de fontes au bois. Mais il faut dire que l'art de travailler le fer a fait de tels progrès, les moyens de le comprimer, de le souder, de le corroyer en tous sens sont devenus si puissants, qu'ils améliorent beaucoup la qualité des produits. La fabrication de l'acier puddlé, qui, par le corroyage, devient le métal le plus ductile et le plus pur, en est un exemple non moins frappant.

La grande supériorité qu'avaient autrefois les fers fabriqués au charbon de bois sur ceux qui l'étaient à la houille a donc diminué, quoique les fers provenant de fontes obtenues avec le charbon de bois aient encore, en général, l'avantage, et que l'industrie continue à estimer à un prix notablement plus élevé les fers exclusivement fabriqués au charbon de bois. Cette préférence est d'ailleurs justifiée par cette circonstance qu'il n'y a que des minerais avec lesquels on soit sûr d'obtenir des fers de première qualité qui puissent supporter l'excédant de dépense qu'occasionne l'emploi du combustible végétal.

RÉSULTATS DES EXPÉRIENCES EXÉCUTÉES CHEZ MM. E. GOUIN ET Cie,
SUR LA RÉSISTANCE DES TÔLES A LA TRACTION.

DÉSIGNATION DES TÔLES.	CHARGES de rupture par millimètre carré.	MOYENNE.	ALLONGEMENT au moment de la rupture.	OBSERVATIONS.
	kil.	kil.	kil.	
Tôle d'Imphy, au coke, parallèlement au sens du laminage.....	43.40 32.40 36.62 37.01 36.44 33.63	36.57	5.75 2.80 4.90 5.10 5.06 3.07	Expériences de M. Lavalley
Même tôle tirée perpendiculairement au sens du laminage.....	28.86 29.57 30.02 27.78	29.06	1.17 1.30 1.30 0.76	
Tôle d'Imphy, au bois, parallèlement au sens du laminage.....	37.31 33.06 32.60 32.24 32.16 30.83	33.13	3.87 5.50 4.06 5.10 4.60 4.30	
Même tôle tirée perpendiculairement au sens du laminage.....	32.63 32.90 30.72 33.36	32.40	2.50 2.22 1.80 2.07	
Tôles d'Imphy, provenant d'un mélange de fonte au bois et de fonte au coke, affinées à la houille.	» » »	»	»	
Dans le sens du laminage.....	»	33.99	»	
Dans le sens perpendiculaire au laminage..................	»	31.92	»	
Tôles de Montataire...........	32.82 35.17	34.00	»	Expériences de M. Colas.
Tôles de Commentry n° 2	37.93 35.23	36.58	»	Expériences de M. Houlbrar. Tôles employées pour les ponts du chem. du Midi.
Dans le sens du laminage......	37.74 37.48 36.36 38.82 37.51 31.98	36.81	4.70 4.80 3.06 3.33 1.90 0.83	Expériences de M. Lavalley
Mêmes tôles tirées dans le sens perpendiculaire au laminage.....	30.68 32.44 34.93 39.93 32.81 29.84 30.23	34.50 30.96	1.38 1.38 2.77 3.70 » » »	
Tôles de Commentry n° 1, parallèlement au laminage........	33.49 30.85 31.09 29.88 32.28 31.02	31.42	1.60 2.40 1.10 0.71 0.38	Soudure imparfaite.
Mêmes tôles perpendiculairement au laminage	34.82 32.50 36.02	34.44	» » »	Soudure assez bonne.
Tôles d'Hayange.............	36.44 33.39 34.79	34.87	» » »	

La moyenne générale des résistances trouvées pour les tôles tirées :

Dans le sens du laminage est de................ $34^{kil}.43$ par mill. carré.
Dans le sens perpendiculaire au laminage est de... 31 .76

L'ensemble de ces expériences semble indiquer qu'il y a réellement une différence assez sensible dans la résistance de la tôle à la rupture par traction, selon qu'elle est tirée parallèlement ou perpendiculairement au sens du laminage. Cependant on remarquera que parmi les tôles de Commentry, celles qui portent la marque n° 1 ont donné des résultats contraires à cette conclusion.

Je serais assez porté à croire que, pour les tôles très-bien fabriquées avec des fers qui se soudent bien, la différence de résistance dans les deux sens doit être fort peu sensible.

60. IRRÉGULARITÉ DES ALLONGEMENTS CORRESPONDANTS A LA RUPTURE. — Ainsi que nous l'avons fait remarquer à l'occasion des expériences de M. Ed. Clark (n° 55), les allongements au moment de la rupture sont fort irréguliers pour une même tôle, et c'est une preuve de plus que dans les instants qui précèdent la rupture, les phénomènes cessent de présenter la régularité que l'on observe dans les premiers allongements pour lesquels il est plus facile de reconnaître dans ces phénomènes une marche soumise à des lois.

61. RÉSISTANCE DU FER FEUILLARD. — A l'occasion de la construction d'un pont suspendu à Suresnes, MM. Flachat et Pétiet ont fait sur la résistance à la rupture par traction de ce genre de fer des expériences qui sont rapportées dans un mémoire de ces habiles ingénieurs, inséré au tome III de la 2ᵉ série des *Annales des ponts et chaussées*, année 1842. Il convient de remarquer que cette fabrication, dans laquelle le fer est soumis à des laminages multipliés, et subit un étirage considérable ou plusieurs chaudes successives, ne peut être faite qu'avec des fers naturellement ductiles et d'assez bonne qualité.

Les résultats des expériences de MM. Flachat et Pétiet sont consignés dans le tableau suivant :

RÉSISTANCE DES FERS FEUILLARDS OU EN RUBANS A LA RUPTURE
PAR TRACTION.

	DÉSIGNATION DES FERS ESSAYÉS.	NOMBRE de RUBANS.	SECTION DES CHARGES de rubans en rupture		ALLONGEMENT.
			millimètres carrés.	par millimètre carré.	
			mill.	kil.	
1	Fer ordinaire d'Abainville, 1834.	1	92	28	»
2	Idem	1	92	32	»
3	Idem	1	92	30	»
4	Idem (corroyé). .	1	77	38	$\frac{1}{16}$
5	Idem	1	77	38.6	»
6	Ruban en fer ordinaire. . . .	2	40	32.5	»
7	Idem . . . . : .	2	60	35.7	$\frac{1}{18}$
8	Idem	2	91	31.0	$\frac{1}{20}$
9	Idem	2	148	31.5	$\frac{1}{800}$
10	Idem	2	170	33.5	$\frac{1}{17}$
11	Idem	2	170	35.7	$\frac{1}{26}$
12	Faisceau à trois boîtes de fonte pour l'assemblage des rubans.	6	159	29.0	»
13		6	159	30	»
14	Câble entier de 12 rubans. .	12	»	32	»
15	Ruban en fer corroyé.	1	312	34	»
16	Idem	1	312	34	»

L'on ne peut guère prendre de moyenne entre tous ces résultats, dont les uns correspondent à des fers ordinaires, et les
autres à des fers corroyés. Mais si l'on examine d'abord à part
ceux des expériences 6, 7, 8, 9, 10 et 11, dans lesquelles l'aire
de la section transversale des rubans a varié de 40 à 170 ou de
1 à 4.5, l'on reconnaît *que la résistance est proportionnelle à l'aire
de la section transversale du ruban.*

L'on voit aussi que la résistance des rubans en fer corroyé
est un peu supérieure à celle des rubans en fer ordinaire,
puisque la première varie de 34 à 38 kilog. par millimètre
carré; moyenne, 36 kilog., tandis que la moyenne de la résistance des rubans en fer ordinaire (expériences 6 à 11) ne
s'élève qu'à 33^{kil}.3 par millimètre carré, et est même descen-
due un peu au-dessous, à 32 kilog. pour les trois premières
expériences.

En résumé, l'on voit que les bons fers à rubans, appelés aussi fers feuillards, présentent à la rupture par traction une résistance qui a pour valeur moyenne pour

Les fers ordinaires..... 32 à 33 kilog. par mill. carré.
Les fers corroyés...... 36 kilog.

Ces derniers offrent donc la même résistance par millimètre carré que les bonnes tôles corroyées.

62. Résistance des rivets et des boulons a un effort transversal. — Les rivets qui réunissent les plaques de tôle, les rivets d'assemblage des chaînes plates, ceux des poulies, des palans, etc., sont exposés à être rompus par glissement ou par *cisaillement* transversal des fibres.

Cet effet se produit en occasionnant d'abord, dans la partie du rivet ou du boulon où agit l'effort, une flexion en forme de col de cygne, dont la courbure même indique que le métal a été fortement allongé dans cette partie, ce qui explique la grande analogie que l'on trouve, quant à l'intensité de la résistance, entre la traction et le cisaillement.

Dans les palans et dans les chaînes articulées, le nombre des lieux de rupture dépend de celui des plaques assemblées. Ainsi deux plaques n'en offriront qu'un, trois plaques deux, quatre plaques trois, et en général n plaques présenteront $n — 1$ points de cisaillement (pl. I, fig. 8, 9, 10, 11).

En admettant que le boulon ou rivet soit bien ajusté dans son logement, l'expérience conduit aux conclusions suivantes :

1° La résistance à l'arrachement par glissement ou par cisaillement transversal est proportionnelle à l'aire de la section transversale du boulon.

2° Cette résistance est à peu près la même que celle d'une barre de même section que le boulon, exposée à la traction longitudinale.

C'est en effet ce que montre le tableau suivant qui donne à peu près la même charge pour le cisaillement que celle que l'on a obtenue pour la rupture par traction des fers de bonne qualité, tels que ceux que l'on doit toujours employer pour des rivets et des boulons.

EXPÉRIENCES SUR LE CISAILLEMENT DES BARRES EN FER ROND POUR RIVETS.

Diamètre du fer, 22^{mill},3.	Résistance par millim^e carré de section.

		kil.
	1re barre	41.09
	Même barre	37.62
A simple portée :	Moyenne de quatre barres............	41.09
	Moyenne de six barres..............	40.77
	Moyenne..........	40.15

		kil.
	1re barre	36.05
	2e barre........................	34.03
A deux portées :	3e barre.........................	34.03
	4e barre.........................	34.03
	5e barre.........................	34.03

Diamètre du fer, 21^{mill}.4.

A deux portées :	1re barre	35.42
	2e barre	35.42
	Moyenne..............	34.62

La moyenne de ces résultats donne 36^{kil}.69 par millimètre carré pour la charge capable de couper un rivet, un boulon, une cheville de fer. La résistance du fer à la rupture par extension ayant été trouvée de 36 kilogr. à 40 kilogr. par millimètre carré, l'on voit qu'il y a peu de différence entre ces deux résistances.

D'où l'on a conclu que pour proportionner les rivets ou les boulons à la force des tôles qu'ils doivent unir, il faut que la somme des sections des rivets d'un joint soit égale à l'aire de la tôle conservée entre les trous. Mais cette règle fait abstraction du frottement que produit la rivure, et qui augmente considérablement la résistance de l'assemblage.

65. EXPÉRIENCES DE M. FAIRBAIRN.— Ce célèbre ingénieur, à qui la marine anglaise doit la construction des premiers bâtiments en tôle de fer de grandes dimensions qui aient été faits pour le service de mer, s'était occupé, dès l'année 1838, de recherches comparatives sur la force des tôles et des boulons employés à en réunir les feuilles.

Il a successivement soumis à l'expérience des rivures simples

formées par le recouvrement des feuilles à réunir avec un seul
rang de rivets, des rivures doubles à deux rangs de rivets disposés en quinconce, et des rivures dans lesquelles les feuilles à
réunir étaient rapprochées bout à bout sans se recouvrir, et assemblées au moyen de rivets par des plaques de recouvrement
simples ou doubles, fixées soit par un, soit par deux rangs de
rivets (pl. I, fig. 12, 13, 14 et 15).

L'usage des plaques de recouvrement qui forment saillie à
l'extérieur n'est pas admissible dans tous les cas où cette saillie
gênerait, et en particulier pour les bateaux à vapeur, parce
qu'elle augmenterait la résistance qu'ils éprouvent de la part de
l'eau; mais lorsqu'il n'y a pas d'inconvénient, l'emploi de semblables plaques, surtout quand elles sont doubles, a l'avantage d'éviter
la courbure des feuilles qui se produit avec les rivures simples.

Le défaut que présentent, en effet, ces rivures simples, consiste principalement en ce que les feuilles réunies n'étant pas
dans le prolongement l'une de l'autre, elles tendent à s'y mettre
par l'effet de la traction, et alors les feuilles elles-mêmes ou les
plaques de recouvrement se courbent, la traction sur les rivets
devient oblique et les têtes s'arrachent.

Les rivures doubles ou à deux rangées s'opposent à cette
flexion, et par suite les joints sont beaucoup plus solides.

L'expérience montre que ces joints présentent la même solidité par unité de section que les feuilles elles-mêmes.

Les résultats des expériences de M. Fairbairn sont résumés
dans le tableau suivant :

RÉSISTANCE DES TÔLES par millimètre carré de section.	RÉSISTANCE DES JOINTS SIMPLES, à un rang de rivets, par millimètre carré de section.	RÉSISTANCE DES JOINTS DOUBLES, à deux rangs de rivets, par millimètre carré de section.
kil.	kil.	kil.
40.65	32.90	37.65
41.33	26.33	33.53
49.99	29.73	41.92
35.83	31.29	39.36
35.93	28.94	38.75
35.63	31.16	38.75
30.78	27.34	
34.63		
38.09	29.67	38.38

Ce qui montre que les joints faits avec des rivets disposés sur deux rangs présentent autant de résistance qu'une feuille de tôle de même surface que la section faite par les centres des trous.

64. Observations sur l'effet du percement des tôles. — Mais il ne faut pas perdre de vue que le percement affaiblit les tôles de toute la quantité de métal enlevée ; or, l'expérience ayant montré que les rivets sont aussi forts que la tôle qu'ils traversent, il s'ensuit que pour les joints à simple rivure, il faut, si l'on néglige l'influence du frottement, percer les tôles en laissant autant de plein que de vide, de sorte que si le nombre des rivets est n, le nombre des intervalles restants de la tôle sera $n + 1$; et si le diamètre des boulons est désigné par d, la largeur totale des sections résistantes sera $(n + 1)d$, tandis que la largeur de la feuille sera $(2n + 1)d$.

Le métal est donc, par la rivure, affaibli dans le rapport de $\dfrac{(n+1)d}{(2n+1)d} = \dfrac{n+1}{2n+1} = 0,50 + \dfrac{1}{2(2n+1)}$, ce qui, en général, différera peu de 0,50, surtout pour les longs joints. Ainsi, les rivures simples réduisent la résistance des tôles assemblées à la moitié environ de celles des feuilles elles-mêmes.

Pour les joints à double rivure, en supposant qu'on n'emploie que le même nombre de rivets, en se bornant à en reporter un sur deux d'un rang à l'autre, on voit facilement que le nombre des rivets restant égal à n est impair, le rang inférieur qui en conserve le plus en aura $\left(\dfrac{n-1}{2}\right) + 1$, et que la largeur totale du métal conservée sera

$$d\left[2n + 1 - \left(\dfrac{n-1}{2}\right) \right] = \dfrac{3n+1}{2}\, d.$$

Le métal ne sera donc affaibli par le percement que dans le rapport de

$$\dfrac{3n+1}{2(2n+1)} = 0,75 - \dfrac{0,50}{(4n+2)},$$

ou environ 0,75 pour les longs joints.

65. INFLUENCE DU FROTTEMENT. — Lorsque les rivures sont bien faites, le retrait du rivet sur lui-même produit une pression et par suite un frottement considérable, qui en général s'ajoute à la résistance du rivet, parce qu'alors les trous sont exactement remplis. Quelques expériences, citées par M. E. Clark, tendraient à faire estimer le frottement produit par un seul rivet de 21 à 22 millimètres à 5000 ou 6000 kilogr.; ce qui l'a conduit à conclure que les solides formés avec des tôles ainsi assemblées étaient aussi forts que s'ils étaient d'une seule pièce.

Cette conclusion semble exagérée, mais comme en réalité les charges que l'on fait supporter, d'une manière permanente, aux solides ne sont qu'une fraction égale à $\frac{1}{4}$ et très-souvent à $\frac{1}{6}$ de celle qui produirait la rupture des tôles, et, par conséquent, à $\frac{1}{2}$ ou $\frac{1}{3}$ de celles qui amèneraient l'arrachement des joints à simple rivure, on voit que dans les limites des charges que nous admettons, on peut, quant aux flexions, considérer les solides ainsi formés comme étant d'une seule pièce.

Mais ces observations doivent engager les constructeurs à diminuer la valeur du coefficient pratique R à appliquer au calcul de ces solides en tôle, ainsi qu'on le verra plus loin.

Enfin, nous ajouterons que si les rivets sont longs, il faut avoir soin d'en refroidir le corps en les mettant en place, pour que le retrait et la tension qui en résultent ne soient pas trop considérables, ce qui amènerait l'arrachement de la tête ou de la rivure.

66. EXPÉRIENCES DE MM. GOUIN ET Cie. — MM. Gouin et Cie, chargés de la reconstruction du pont de Clichy, ont fait récemment quelques expériences pour vérifier les résistances données par les auteurs anglais pour les rivets. Les résultats de ces expériences sont consignés dans les comptes rendus des travaux de la Société des ingénieurs civils, séance du 18 juin 1852.

Voici comment on a opéré :

On a fait tourner de petites tringles en fer corroyé, dit extra-martelé de Grenelle, à des diamètres de 8, 10, 12 et 16 millimètres. Ces tringles étaient insérées en guise de goupilles dans deux pièces en acier trempé, l'une d'elles plate et recouverte par les deux branches de la fourchette par laquelle l'autre se trouvait terminée à son extrémité ; le trou destiné à recevoir la tringle était parfaitement alésé, et, au moyen de poids convenablement placés, on tirait les deux pièces en sens contraires, jusqu'au complet cisaillement des petites tringles. Les poids, suspendus au moment de la rupture, ont été divisés par le nombre de centimètres compris dans les deux surfaces de séparation, et l'on a trouvé les résultats suivants :

Diamètres des broches.	Poids produisant la rupture par cent. carré.			
8^{mil}	3270^{kil},	moyenne de	10	expériences.
10	3155	»	10	»
12	3148	»	10	»
16	3183	»	10	»

Le même fer, tiré longitudinalement, ne se rompait que sous une charge de 4000 kilogr. par centimètre carré.

Des expériences exécutées avec le même appareil, en introduisant les broches chaudes et en les rivant sur les deux faces extérieures de la fourchette, ont donné, au lieu du chiffre de 3183 kilogr. indiqué dans le tableau, celui de 3255 kilogr., dont la différence avec le premier donne en quelque sorte la mesure du surcroît de résistance obtenu par le rapprochement des surfaces.

67. Expériences de M. Fairbairn sur la résistance des boulons et rivets qui réunissent les plaques des boîtes a feu dans les chaudières de locomotives. — M. Fairbairn vient aussi de publier des expériences qui permettent de comparer les différents modes d'assemblage des plaques avec lesquelles l'on forme ces boîtes à feu.

Pour y parvenir, il a formé des boîtes carrées de $0^m.56$ de côté et de $0^m.076$ d'épaisseur, dont l'un des fonds était en tôle de fer de $12^{mill}.7$ d'épaisseur, et l'autre en tôle de cuivre de $9^{mill}.5$ d'épaisseur. Ces fonds étaient réunis dans l'une des boîtes par 9 boulons espacés de $5^{po.ang} = 0^m.127$, et dans l'autre par 16 boulons espacés de $4^{po.ang} = 0^m.102$. Dans les deux boîtes, les boulons étaient simplement vissés dans les plaques.

Si l'on considère les boulons qui se trouvaient dans l'une et l'autre disposition au sommet commun de quatre carrés, il est facile de voir que ces boulons devaient résister à la pression totale exercée sur chacun des carrés, et que par conséquent leur fatigue croissait comme le carré de leur écartement. Ils doivent donc être proportionnés en conséquence.

Les expériences ont montré que ces boîtes cédaient par l'arrachement des boulons dans les écrous, et que par conséquent ce mode de liaison n'était pas suffisamment solide.

M. Fairbairn s'est alors occupé de le consolider, et a déterminé la résistance comparative des boulons en fer ou en cuivre simplement vissés, et des boulons vissés et rivés soit dans des plaques de cuivre, soit dans des plaques de tôle de fer.

Les résultats de ces expériences sont résumés dans le tableau suivant.

NATURE		RÉSISTANCE par millimètre carré.	RAPPORT des résistances.	MODE d'assemblage.	MODE de rupture.
des boulons.	de la tôle.				
Fer.	Fer.	kil. 43.67	1 à 1	Vissés et rivés	Le boulon a été rompu au milieu, sa tête et sa plaque restant intactes.
Fer.	Cuivre.	29.60	1 à 0.648	Vissés.	Les filets de la tôle de cuivre ont été arrachés.
Fer.	Cuivre.	37.15	1 à 0.856	Vissés et rivés	La tête du rivet a été forcée et le boulon arraché à travers la tôle de cuivre.
Fer.	Cuivre.	25.29	1 à 0.576	Vissés et rivés	Le boulon a été rompu.

Ces chiffres montrent la supériorité des tôles et des boulons en fer vissés et rivés, et indiquent que, quand on sera obligé d'employer des tôles de cuivre, il conviendra de se servir de boulons en fer vissés et rivés.

68. DES TÔLES EN ACIER FONDU. — Les progrès réalisés dans ces dernières années dans la fabrication de l'acier ont permis d'obtenir des tôles de grandes dimensions en acier fondu, susceptibles d'être employées dans la fabrication des chaudières de machines à vapeur.

Une chaudière de ce genre a été présentée à l'Exposition universelle de Paris, en 1855, et soumise depuis à un service régulier dans les ateliers de MM. Cail et Cie; le métal dont elle était formée a été l'objet d'expériences spéciales pour déterminer sa résistance à la rupture par extension.

La tôle de cette chaudière avait 6 millimètres d'épaisseur. Des bandes du métal ont été découpées dans les parties qui avaient été exposées au coup de feu du foyer et dans la partie supérieure, et de manière à déterminer la résistance de ces tôles tant dans le sens transversal que dans le sens longitudinal du laminage.

La pièce à éprouver était suspendue à une grue au moyen de laquelle on soulevait le plateau contenant la charge d'épreuve. Par ce moyen, la tension se produisait graduellement, et après chaque épreuve l'on faisait redescendre le plateau pour augmenter la charge, jusqu'à ce que la tôle cédât, soit pendant le soulèvement de la charge, soit quelques instants après l'avoir soutenue.

Comparativement à ces expériences sur la tôle d'acier fondu, l'on en a exécuté d'autres, avec le même appareil et les mêmes soins, sur des tôles en fer fabriquées au coke et sur des tôles des forges d'Audincourt fabriquées au charbon de bois.

Les résultats officiels de ces expériences, exécutées sous la direction de MM. Combes et Gorieux, inspecteurs généraux des mines, et de M. Couche, ingénieur en chef des mines, sont consignés dans le tableau suivant.

L'on remarquera, dans ces tableaux, l'égalité de résistance que les tôles en acier fondu ont présentée dans le sens du laminage et dans le sens transversal. Elle provient évidemment de ce que la matière soumise à l'action des laminoirs, après avoir ou non subi celle du marton-pilon, a été rendue, par la fusion, aussi homogène que possible, et que, dans les premiers passages, l'on a le soin de produire l'étirage dans les deux sens, tant que la longueur de la pièce le permet.

ÉPREUVES DE RÉSISTANCE

TOLES D'ACIER FONDU
DE LA CHAUDIÈRE DES ATELIERS DE GRENELLE.

EMPLACEMENT de l'échantillon	CHARGES directes d'épreuve.	SECTION de la tôle.	CHARGES par millimètre carré.	LONGUEUR DE LA TOLE			ALLONGEMENT.
				avant l'épreuve.	pendant l'épreuve.	après l'épreuve.	
	kil.	mill.c.	kil.	mill.	mill.	mill.	mill.
COUP DE FEU. — En travers.	2400	60.20	39.86	204.00	205.50	204.00	»
	2700	»	44.85	204.00	206.00	205.50	1.50
	3000	60.00	50.00	205.50	208.00	207.50	3.50
	3098	59.40	52.10	207.50	208.65	208.25	4.25
	3378	»	56.30	208.25	211.50	211.50	7.50
	3564	58.50	60.00	211.50	214.00	214.00	10.00
	3802	58.00	65.50	214.00	224.00	224.00	20.00

Rupture après soulèvement de la charge.

EMPLACEMENT	CHARGES	SECTION	CHARGES	avant	pendant	après	ALLONG.
COUP DE FEU. — En long.	2544	63.60	40.00	202.00	203.50	203.00	»
	3150	»	50.00	203.00	205.50	206.00	4.00
	3272	59.50	55.00	206.00	208.00	207.50	5.50
	3540	59.00	60.00	207.50	210.00	210.00	8.00
	3840	58.50	65.50	210.00	222.00	222.00	20.00

Rupture pendant le soulèvement de la charge.

EMPLACEMENT	CHARGES	SECTION	CHARGES	avant	pendant	après	ALLONG.
DESSUS. — En travers.	2544	64.70	39.30	202.50	206.00	205.50	3.00
	3150	64.00	49.20	202.50	210.00	210.00	7.50
	3272	59.50	55.00	210.00	211.50	211.50	9.00
	3540	59.00	60.00	211.50	217.50	217.50	15.00
	3731	57.40	65.00	217.50	221.00	221.00	18.50
	3878	55.40	70.00	221.00	226.00	226.00	23.50

Rupture pendant l'enlèvement de la charge.

ES TOLES A LA TRACTION.

TOLES EN FER PUDDLÉ
ET TOLES FINES DES FORGES D'AUDINCOURT.

ESPÈCES des tôles et is des fibres.	CHARGES directes d'épreuve.	SECTION de la tôle.	CHARGES par millimètre carré.	LONGUEUR DE LA TOLE			ALLONGEMENT.
				avant l'épreuve.	pendant l'épreuve.	après l'épreuve.	
	kil.	mill.c.	kil.	mill.	mill.	mill.	mill.
PUDDLÉE au coke. — ongueur.	1400	63	22.00	202.00	202.00	202.00	»
	2010	»	32.00	202.00	»	»	»

Rupture après enlèvement de la charge.

	1452	66	22.00	201.00	201.00	201.00	»
	1050	»	25.00	202.00	202.00	202.00	1.00
PUDDLÉE au coke. — a travers.	1848	»	28.00	202.00	202.00	202.00	1.00
	1980	»	30.00	202.00	202.25	202.00	1.00
	2112	»	32.00	202.00	203.00	202.00	1.00
	2244	»	34.00	202.00	204.00	204.00	3.00
	2310	»	35.00	204.00	»	»	»

Rupture sans enlèvement de la charge.

BOIS FIXE. — ongueur.	2310	66	35.00	202.00	212.00	212.00	10.0
	2508	65	35.50	212.00	»	»	»

Rupture sans enlèvement de la charge.

BOIS FIXE. — u travers.	2208	69	32.00	200.00	207.00	207.00	7.00
	2312	»	34.00	207.00	209.00	209.00	9.00
	2380	68	35.00	209.00	212.00	212.00	12.00
	2442	66	37.00	212.00	»	»	»

Rupture sans enlèvement de la charge.

69. CONSÉQUENCES DES RÉSULTATS CONSIGNÉS DANS LE TABLEAU PRÉCÉDENT. — Il résulte de ces expériences :

1º Que la tôle d'acier fondu employée dans cette chaudière, mise en service pendant trois ans, offrait la même résistance à la rupture par extension dans le sens du laminage et dans le sens transversal;

2º Que cette résistance était de 65 à 70 kilogr. par millimètre carré de section;

3º Que les tôles de fer puddlé fabriqué au coke, essayées comparativement, offraient aussi, à très-peu près, la même résistance dans le sens du laminage et dans le sens transversal; mais que cette résistance n'était que de 32 à 35 kilogr. par millimètre carré de section;

4º Que les tôles fines d'Audincourt, fabriquées au charbon de bois, ont aussi présenté à peu près la même résistance dans les deux sens, mais que cette résistance était de 35.5 à 37 kilogr. par millimètre carré de section, chiffre supérieur à celui qui a été déduit jusqu'ici des expériences connues et citées plus haut.

Ces expériences sur la résistance à la rupture par traction prouvent donc que les tôles d'acier fondu présentent une résistance double de celle des tôles en fer de la meilleure qualité, et que, par conséquent, l'on peut réduire les épaisseurs à donner aux tôles d'acier fondu employées à la construction des chaudières à la moitié de celle que l'on donne aux tôles de fer destinées au même usage.

70. EXPÉRIENCES SUR LE CISAILLEMENT DES RIVETS EN ACIER FONDU. — La même commission a fait quelques expériences sur la résistance au cisaillement des rivets en acier fondu, et elle a constaté que des rivets de 0^m.016 de diamètre, ayant une section transversale de 200 millimètres carrés, après avoir supporté successivement des charges de 6000, 7000, 8000, 9000 et 10000 kilogr. sans déformation sensible, n'avaient commencé à se cisailler, mais sans se rompre, que sous une charge de 11 000 kilogr., correspondant à un effort transversal de 55 kilogr. par millimètre carré de section, inférieur par conséquent d'un sixième au plus à celui qui produirait la rupture par extension.

Résistance de la fonte à l'extension.

71. EXPÉRIENCES DE MM. MINARD ET DESORMES. — Ces savants ingénieurs ont fait, en 1815, des expériences sur la résistance de la fonte à la rupture par traction, en opérant sur des barreaux cylindriques dont l'aire de section transversale a varié de 3.63 à 1.65 centimètres carrés.

Les résultats de ces expériences sont consignés dans le tableau suivant, extrait de l'ouvrage de M. Navier sur la résistance des matériaux :

NUMÉROS des EXPÉRIENCES.	TEMPÉRATURE.	AIRE DE LA SECTION transversale.	CHARGE PRODUISANT LA RUPTURE	
			totale.	par millimètre carré.
		mill. c.	kil.	kil.
1	— 6°	330	3392	10.30
2	— 5	346	3542	10.23
3	— 5	363	3092	8.51
4	— 15	363	3720	10.27
5	+ 60	353	4020	11.39
16*	+ 72	346	3100	8.96
17*	+ 5	346	2720	7.86
18	+ 5	346	3670	10.60
6	+ 3	147	1920	13.06
7	+ 5	165	1920	11.63
8	+ 5	165	2140	13.89
9	+ 5	165	2360	14.30
10*	+ 5	165	1620	9.81

Ces résultats sont classés d'après l'ordre de grandeur des surfaces des sections transversales, et si l'on en écarte les expériences n°⁵ 10, 11 et 12, dont les échantillons ont présenté des soufflures à la cassure, l'on trouve que la résistance moyenne par millimètre carré a été, pour la section transversale de 346 à 363$^{\text{mill·q}}$, égale à 10^{kil}.22; pour la section transversale de 147 à 165$^{\text{mill·q}}$, égale à 13^{kil}.22; ce qui indiquerait que, pour la fonte, la résistance à la rupture ne croît pas proportionnellement à la section transversale.

Ces expériences, faites à une époque où l'art de la fonte du fer était bien peu avancé, ne peuvent guère servir de bases à des déductions bien établies, mais cependant la différence qu'elles signalent dans la résistance se reproduit dans les grandes pièces de fonte par des motifs sur lesquels nous reviendrons plus loin.

La moyenne générale des valeurs trouvées pour la résistance de la fonte à la rupture par traction, par MM. Minard et Desormes, en laissant de côté les expériences 10, 11 et 12, est de

$$11^{kil}.42 \text{ par millimètre carré.}$$

72. EXPÉRIENCES DE M. HODGKINSON. — Ce savant observateur a exécuté sur la fonte de fer des expériences analogues à ses expériences sur le fer, tant pour déterminer sa résistance à l'extension ainsi que celle qu'elle oppose à la compression. Nous nous occuperons d'abord des premières.

Ces expériences ont été faites sur quatre espèces de fonte, savoir : de Lowmoor n° 2, de Blaenavon n° 2, de Gastsherrie et d'un mélange par parties égales de fonte de Leeswood n° 3 et Glengarnock n° 3.

Les barres avaient $6^{c.q}.45$ de section et $15^m.25$ de longueur totale, formée par l'assemblage de barres de $3^m.05$ chacune, réunies par des écrous à deux pas contraires.

Le tableau suivant donne les résultats déduits de la moyenne générale des observations faites sur ces quatre espèces de fontes.

L'on peut faire encore à ces expériences la même observation qu'à celles du même auteur sur la fonte. L'assemblage de plusieurs barres de $3^m.05$, à l'aide des écrous, pour en former une seule, a pu donner lieu à des tassements, à des compressions qui ont eu de l'influence sur les valeurs trouvées pour les allongements totaux, mais surtout pour celles des allongements permanents.

On remarquera dès à présent que la décroissance graduelle du coefficient d'élasticité, et surtout l'infériorité de ses valeurs par rapport à celle que l'on a trouvée pour le fer, montrent, contrairement à des idées vulgaires, que la fonte est beaucoup plus extensible et beaucoup moins rigide que le fer. Les variétés considérables que présentent les fontes de diverses provenances, et parfois celles du même haut fourneau, sont une autre cause d'incertitude dans l'appréciation de sa résistance, tandis qu'il n'en est pas de même pour le fer, ainsi qu'on le verra par les résultats d'expériences que nous exposerons plus loin.

TABLE DONNANT LES PRINCIPAUX RÉSULTATS DÉDUITS DE LA MOYENNE GÉNÉ-
RALE DES OBSERVATIONS FAITES SUR LES QUATRE ESPÈCES DE FONTES
DÉSIGNÉES CI-DESSUS.

CHARGES PAR CENT. CARRÉ en kilogr. P.	ALLONGEMENT PAR MÈTRE DE LONGUEUR		COEFFICIENT D'ÉLASTICITÉ par mètre carré.
	total.	permanent.	
kil.	m.	millim.	kil.
73.955	0.000075	»	9 855 670 000
111.005	0.000114	0.00183	9 774 670 000
148.142	0.000155	0.00454	9 563 690 000
220.630	0.000239	0.00891	9 231 000 000
296.206	0.000426	0.01460	9 096 500 000
370.282	0.000416	0.02200	8 892 550 000
444.336	0.000551	0.03100	8 703 850 000
517.436	0.000611	0.04300	8 464 900 000
592.450	0.000715	0.05590	8 281 800 000
666.508	0.000828	0.07030	8 044 070 000
740.555	0.000946	0.08840	7 827 850 000
814.619	0.001068	0.10880	7 624 200 000
886.676	0.001206	0.13390	7 541 170 080
962.787	0.001392	0.17460	6 931 110 000
1039.621	0.001548	0.20070	6 723 130 000

75. Discussion des résultats de ces expériences. — Pour représenter graphiquement les résultats de ces expériences, on a
pris comme précédemment les allongements pour abscisses à
l'échelle de 40 millimètres pour 1 millimètre (pl. I, fig. 4 et 5),
et les charges pour ordonnées à l'échelle de 20 millimètres pour
1 kilogr. L'on a reconnu qu'entre des limites assez étendues et
jusqu'à la charge d'environ 6 kilogr. par millimètre carré, les
allongements totaux sont sensiblement proportionnels aux
charges, ainsi que les allongements élastiques.

Sous des charges plus grandes, les allongements croissent
plus rapidement que les charges, mais néanmoins assez len-
tement.

En calculant le rapport des charges par mètre de surface aux
allongements par mètre, on trouve que la valeur de ce rapport,
qui exprimerait le coefficient d'élasticité, va sans cesse en diminuant depuis la plus faible charge essayée, $0^{kil}.74$ par millimètre carré, jusqu'à la plus forte, qui a été de $10^{kil}.39$.

Entre les limites de $0^{kil}.74$ à $5^{kil}.92$, correspondant à un allongement de $0^m.000715$ par mètre ou $\frac{1}{1400}$, elle a pour valeur moyenne :

$$E = 9\,096\,070\,000^{kil}$$

en la rapportant au mètre carré et l'allongement au mètre de longueur, mais cette valeur moyenne diffère de $\frac{1}{12}$ environ de la plus forte ou de la plus faible.

Il résulte donc de ces expériences que la loi de la proportionnalité des charges aux allongements qu'elles produisent est moins exacte encore pour la fonte que pour le fer forgé.

74. Résultats particuliers sur la résistance de la fonte a la rupture par traction. — M. E. Hodgkinson a fait des expériences spéciales * pour déterminer la différence de résistance à la rupture par extension que la fonte pouvait présenter selon qu'elle était produite par des hauts fourneaux soufflés à l'air chaud ou à l'air froid ; nous en résumerons les résultats dans le tableau suivant :

ESPÈCES DE FONTE.		AIRE de LA SECTION transversale.	CHARGE DE RUPTURE	
			par millimᵉ carré.	moyenne.
		cent. c.	kil.	kil.
Fonte de Carron (Écosse).	N° 2, à l'air chaud.	26.07 / 11.12 / 10.99	9.763 / 9.133 / 9.578	9. 49
	N° 2, à l'air froid..	11.01 / 10.51	11.727 / 11.662	11.724
	N° 3, à l'air chaud.	10.98 / 10.72	11.835 / 13.121	12.478
	N° 3, à l'air froid..	10.47 / 10.76	9.828 / 10.317	10.145
Fonte de Bufferie.	N° 1, à l'air chaud.	24.80	9.441	9.441
	N° 1, à l'air froid..	26.48	12.274	12.274
Fonte de Coel-Talon (Galles).	N° 2, à l'air chaud.	10.23 / 10.61	11.441 / 12.000	11.720
	N° 2, à l'air froid..	9.90 / 10.12	13.780 / 12.720	13.250
Lowmoor (Yorkshire).................		9.94	10.215	10.220
Fontes mélangées..................		»	11.599	11.600
Moyenne générale.................				kil. 11.234

* IIᵉ et VIᵉ vol. des *Rapports de l'Association britannique pour l'avancement de la science*, et *Recherches expérimentales sur la force de la fonte*, par E. Hodgkinson. 1846.

. Ces résultats s'accordent avec ceux des expériences que MM. Minard et Desormes ont faites en 1815 sur la résistance de la fonte à la rupture par extension, et qui ont donné pour valeur moyenne de la charge par millimètre carré qui produit la rupture 11^{kil}.325.

On voit de plus que la résistance est, comme le supposent les considérations générales du n° **2**, proportionnelle à l'étendue de la section transversale, et que l'influence de l'emploi de l'air chaud ou froid pour la ventilation des fourneaux n'agit pas toujours dans le même sens, même pour des fontes provenant des mêmes minerais.

Ainsi, pour les fontes n° 2 de Carron en Écosse, la résistance paraît avoir été notablement plus grande quand elles avaient été fabriquées au vent froid, et l'inverse a lieu pour les fontes n° 3 de la même usine.

75. INFLUENCE DU MODE D'ACTION DE LA TRACTION. — Les circonstances diverses du mode d'action de la force de traction ne sont pas sans influence sur la résistance des pièces, à la rupture. En effet, en soumettant à l'expérience des barreaux de fonte, de manière que la traction fût dans un cas dirigée dans le sens de l'axe de figure de la pièce, et dans l'autre le long de l'une des faces dans la direction de l'une des arêtes, M. E. Hodgkinson a trouvé que pour la fonte essayée la charge de rupture était dans le premier cas de 12^{kil}.043 par millimètre carré, et dans le second de 4^{kil}.124 seulement. Il est donc nécessaire de disposer les armatures par lesquelles les efforts de traction sont transmis, de façon que ces efforts agissent dans le sens de l'axe de figure des solides, quand ils sont de forme symétrique.

76. EXPÉRIENCES SUR LA RUPTURE DE LA FONTE PAR TRACTION LONGITUDINALE EXÉCUTÉE SUR DES FONTES FRANÇAISES DE DIVERSES PROVENANCES. — M. Love, habile ingénieur de chemins de fer, rapporte, dans son ouvrage sur la résistance de la fonte, du fer et de l'acier, divers résultats d'expérience obtenus sur des fontes françaises dans des usines qui ont la réputation de travailler avec soin; nous résumerons ici quelques-uns de ces résultats, en distinguant ceux qui sont relatifs aux fontes de 1re fusion de ceux qui se rapportent aux fontes de 2e fusion.

RÉSISTANCE DES FONTES A LA RUPTURE PAR TRACTION.

DÉSIGNATION DES USINES.	SECTION transversale des barreaux.	RÉSISTANCE par millimètre carré.	MOYENNES.	OBSERVATIONS.
	mill. c.	kil.	kil.	
		1ʳᵉ FUSION.		
Fontes des Landes et de la Gironde....	326.8	13.50 13.46 13.20 11.05	12.80	Fontes grises.
Gironde..........	217.0 219.0 220.0 283.0	13.33 13.94 13.00 11.13	13.42	Presque tous ces barreaux se sont rompus à la naissance du congé de raccordement de la tige avec le renflement ménagé pour l'anneau.
Buglose (Landes)..	221.0 218.0 218.0 218.0	15.64 15.75 14.90 15.91	15.55	Même observation.
Beaulac (Gironde).	217.0 218.0 218.0 218.0	13.92 14.98 14.09 14.09	14.24	Même observation.
Mazières (Cher)..	333.3 323.0 333.3 323.6	14.10 15.12 13.74 14.89	14.46	
Torteron (Nièvre).	124.0 135.0 125.0 118.0 121.0 135.0 121.0	16.60 18.54 21.82 25.20 19.29 18.45 25.74	20.80	Ces résultats diffèrent du plus faible au plus fort, de 0.55 du plus faible.
Montluçon	232.0 248.0 238.7 232.5 238.7 225.0	13.98 14.84 19.68 17.80 17.99 18.78	14.41 18.56	
Commentry	256.0 240.0	14.71 14.21	14.46	
		2ᶜ FUSION.		
Bességes (Gard)..	404.0 404.0 420.2 406.0 731.3 410.0 406.0 410.1 410.1 213.1 412.1 406.0 416.15 406.0	14.80 20.05 19.04 20.24 15.61 15.78 14.78 14.53 16.48 15.85 21.23 21.94 22.34 19.95	18.00	Ces résultats diffèrent du plus faible 14.53 au plus fort 22.34, de 7.81 ou 53 % du plus faible, à section transversale égale. Fonte à grain fin et serré couleur grisâtre.
Fonderie de MM. E. Gouin et Cⁱᵉ........	647.1 637.9 685.0 665.5	16.62 16.14 14.25 14.57	15.40	

Les résultats consignés dans les tableaux précédents montrent quelles divergences peuvent offrir à la rupture par traction des fontes de même provenance et de même coulée, soit en 1re, soit même en 2e fusion. On voit en effet que, dans les expériences sur les fontes de Torteron, la résistance, à section égale ou à peu près, a varié de 16^{kil}.60 à 25^{kil}.74 par millimètre carré, ou de 0.55 de sa plus faible valeur, et que, dans celles qui ont été faites avec les fontes de 2e fusion du Bességes, la variation a été de 14^{kil}.53 à 22^{kil}.34, ou de 0.53 de sa plus faible valeur.

Les expériences sur les fontes de 1re fusion de Torteron semblent indiquer que la résistance, même pour de petits barreaux, n'est pas proportionnelle aux sections, puisqu'elle a été trouvée en moyenne de 20^{kil}.60 par millimètre carré pour des barreaux de 118 à 135 millimètres carrés, et seulement de 14^{kil}.41 pour des barreaux de 232 à 248 millimètres carrés de section.

Mais les expériences faites sur les fontes de 2e fusion du Bességes semblent au contraire indiquer qu'au moins pour de petites surfaces de section, la résistance resterait proportionnelle à l'aire de la section transversale. Ainsi la résistance d'un barreau de 731$^{mill.q}$.3 de section a été trouvée égale à 15^{kil}.78 par millimètre carré, tandis que celle de plusieurs barreaux ayant de 404 à 410 millimètres carrés de section, a varié de 14^{kil}.78 à 14^{kil}.53.

A travers ces divergences offertes par des expériences faites avec soin, il est difficile de reconnaître des lois générales, et encore plus d'apprécier la valeur de la résistance moyenne à la rupture par traction, non-seulement de la fonte en général ni d'une classe de fontes, mais même des fontes d'une même usine et d'un même fourneau, de 1re ou de 2e fusion.

Si les phénomènes de la rupture par traction offrent aussi peu de régularité, ceux de la rupture par flexion, qui sont, comme nous le verrons plus tard, beaucoup plus complexes, et soumis pour les grosses pièces à bien plus de chances d'irrégularité, ne nous paraissent pas de nature à servir de base à la détermination des dimensions qu'il convient de donner aux solides pour les mettre en état de résister aux efforts auxquels ils doivent être soumis.

77. Observation relative a la qualité des fontes françaises. — Sous la réserve de ces réflexions, nous ferons remarquer que les fontes françaises sur lesquelles ont été faites les expériences que nous venons de citer, et qui sont de provenances très-diverses, sont en général plus résistantes à la traction que les fontes anglaises essayées par M. Hodgkinson, car la moyenne générale de la résistance à la rupture par traction de ces fontes françaises est de $15^{kil}.64$, tandis que la moyenne des résistances des fontes anglaises a été trouvée égale à $11^{kil}.234$ par M. Hodgkinson. (Voir au tableau du n° **74.**)

Résistance des cylindres et des sphères.

78. Résistance des cylindres a la rupture par l'effet d'une pression intérieure. — Lorsqu'un cylindre est soumis intérieurement à une pression qui tend à le faire augmenter de diamètre ou à le faire éclater, et que d'ailleurs il a la même épaisseur dans toute l'étendue d'une même section faite suivant son axe, il est facile d'établir la relation d'équilibre entre les forces extérieures et les résistances moléculaires. Soient en effet :

P la pression par mètre carré, qui s'exerce de dedans en dehors à l'intérieur du cylindre ;

D' le diamètre extérieur ;

D'' le diamètre intérieur ;

R_r la résistance du métal à la rupture, qui tend à se faire ici par extension, rapportée au mètre carré.

Il est facile de voir (pl. I, fig. 6) que si l'on calcule la résistance qu'opposera la section résistante formée par un plan quelconque EM passant par l'axe du cylindre, on trouvera que sur un élément ab de la surface du cylindre ayant pour largeur 1 mètre, et par conséquent pour surface $ab \times 1$ mètre carré, la pression normale sera

$$P \times ab \times 1^{m \cdot q}.$$

Or, pour chaque élément ab, il existe, dans la même moitié de

la circonférence, un autre élément $a'b'$ égal et situé symétriquement, sur lequel la pression normale sera

$$P \times a'b' \times 1^{m \cdot q};$$

et si l'on décompose les deux pressions normales chacune en
deux autres, l'une parallèle au plan LM et l'autre perpendiculaire à ce plan, il est évident d'abord que les deux composantes
parallèles seront égales, de sens contraire et directement opposées l'une à l'autre, et que, par conséquent, elles se détruiront.

Quant aux composantes perpendiculaires au plan LM, elles
seront évidemment égales à

$$P \times ab_1 \times 1^m \quad \text{et à} \quad P \times a'b'_1 \times 1^m,$$

les longueurs ab_1 et $a'b'_1$ étant égales entre elles et à la projection des arcs égaux ab et $a'b'$ sur le plan LM.

Il en serait de même pour tous les éléments de la surface intérieure de la moitié du cylindre située à droite du plan LM, et
la somme de toutes les composantes, normales à ce plan, des
pressions exercées sur la surface intérieure pour une longueur
de 1 mètre, sera évidemment égale au produit de la pression
par unité de surface et de l'aire du rectangle, dont le diamètre
D″ serait la hauteur, et dont la longueur ou la base serait égale
à 1 mètre. Cette somme de toutes les pressions élémentaires
sera donc égale à

$$P \times D'' \times 1^{m \cdot q}.$$

La surface qui résiste à l'arrachement est évidemment égale à

$$(D' - D'') \times 1^{m \cdot q} = 2 \cdot E \times 1^{m \cdot q},$$

en appelant E l'épaisseur du métal, et sa résistance à l'arrachement est

$$R_r(D' - D'') \times 1^{m \cdot q} = 2 R_r E \times 1^{m \cdot q}.$$

On a donc, pour l'équilibre entre la force qui tend à produire la
rupture et la résistance, la relation

$$PD'' = R_r(D' - D'') = 2 R_r E.$$

Pour que le tuyau résiste d'une manière permanente, il faut

donner à R_r une valeur bien inférieure à celle qui produirait la rupture par extension.

Comme application de la formule précédente, nous rapporterons les expériences suivantes, dues à M. Fairbairn :

79. RÉSISTANCE DES TUYAUX EN PLOMB A UNE PRESSION INTÉRIEURE. — M. Fairbairn rapporte les deux expériences suivantes, qui prouvent que la résistance des tuyaux cylindriques à une pression intérieure est indépendante de leur longueur.

RÉSISTANCE DES TUYAUX EN PLOMB A LA RUPTURE PAR PRESSION INTÉRIEURE.

DIAMÈTRE.	LONGUEUR.	ÉPAISSEUR.	Pression de rupture par centimètre carré.	Résistance du plomb par centimètre carré.
mill.	mill.	mill.	kil.	kil.
0.0762	0.3683	0.00635	26.283	157.70
0.0762	0.7874	0.00635	25.581	153.49

Ces résultats montrent avec évidence que la résistance des tuyaux à la rupture par une pression intérieure est indépendante de leur longueur, puisqu'ici la longueur a varié dans le rapport de 1 à 2.138, sans que les résistances aient différé notablement.

Si nous comparons ensuite les résistances ou les pressions qui ont produit la rupture avec les dimensions, au moyen de la formule n° **78** :

$$P = R \cdot \frac{2E}{D},$$

l'on en déduit, pour la résistance R du plomb à l'arrachement dans le sens transversal, les valeurs inscrites dans la 5ᵉ colonne du tableau ci-dessus, et dont la moyenne est

$$R = 155^{kil}.54$$

par centimètre carré, résultat qui ne s'éloigne pas beaucoup de la valeur moyenne

$$R = 135^{kil},$$

admise pour le plomb laminé au tableau général que nous donnerons plus loin.

80. Résistance des tubes en tole a une pression intérieure. — M. Fairbairn a fait aussi quelques expériences sur la
résistance que des tubes en tôle, assemblés par des rivets,
offrent à une pression intérieure qui tend à les faire éclater.
Il a fait varier les longueurs de ces tubes dans le rapport de 1 à
4, les diamètres et les épaisseurs restant les mêmes.

Les résultats assez irréguliers de ces expériences n'ont pas
montré que la longueur eût aucune influence sur la résistance
des tubes, mais ils ont fait voir que c'était toujours par la rivure
que la rupture avait lieu. Tous ces tubes étaient d'ailleurs assemblés par simple recouvrement à un seul rang de rivets.

Ces résultats sont d'accord avec ceux que le même ingénieur a
obtenus en essayant directement la résistance des assemblages
des tôles par des rivets.

81. Expériences de M. Tresca. — Le procédé de conservation des bois par injection forcée exigeant des cylindres de
grandes dimensions et susceptibles de résister à des pressions
intérieures considérables, M. Tresca a bien voulu calculer, pour
un propriétaire qui se proposait d'appliquer ce procédé, les dimensions d'un grand cylindre en tôle sur lequel il a fait ensuite
les observations suivantes :

Ce cylindre est en tôle des forges de Montataire, de 0m.014
d'épaisseur; il a 1m.83 de diamètre et 10m.55 de longueur; les
feuilles ont 1m.30 de largeur, et il y en a huit dans la longueur
du cylindre. Chaque feuille suffit pour faire le tour du cylindre,
et n'a ainsi qu'un seul joint dans le sens des arêtes et deux joints

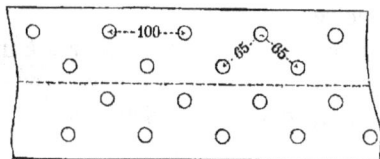

latéraux. Ces joints sont
faits avec des plaques de recouvrement placées à l'extérieur et fixées par quatre
rangs de rivets, comme l'indique la figure ci-contre. Les
rivets ont 0m.022 de dia-
mètre; ils sont espacés de 0m.110 dans le sens du joint et de
0m.065 de centre en centre.

L'on a eu soin de faire alterner les joints longitudinaux de
deux en deux en les plaçant à 90 degrés l'un de l'autre.

Le nombre total des rivets employés pour le cylindre seul était réparti ainsi qu'il suit :

Joints longitudinaux..................... 384
Joints transversaux. 1000
Total...... 1384

Les fonds en tôle étaient renforcés par des nervures très-solides disposées avec habileté, et ont parfaitement résisté à une pression intérieure de 14 atmosphères, sous laquelle le volume du cylindre s'est momentanément augmenté de $0^{m \cdot c}.136$, ainsi qu'on l'a constaté en recueillant le volume d'eau expulsé par le retrait du cylindre, lorsque la pression a cessé d'agir.

Le volume primitif, qui était...................
$$3.14 \times \overline{0.915}^2 \times 10^m.55 = 27^{m \cdot c}.736$$
ayant été augmenté, par la pression, de.......... $0^{m \cdot c}.136$

il était devenu............................... $27^{m \cdot c}.872$

Si l'on admet que, dans sa dilatation, le cylindre soit resté dans tous les sens semblable au cylindre primitif, les volumes auront varié comme les cubes des rayons, et, en appelant R le rayon primitif et R' le rayon pendant la pression, l'on devra avoir la relation

$$\frac{R'^3}{R^3} = \frac{27.872}{27.736}, \quad \text{d'où} \quad \frac{R'}{R} = 1.001.$$

Par conséquent, dans cette expérience, les circonférences se sont allongées de 0.001 de leur longueur, et les feuilles de tôle qui les composent de $0^m.001$ par mètre.

D'une autre part, la somme des efforts perpendiculaires à un même diamètre, et qui par mètre de longueur a pour expression $P \times D \times 1$ mètre (n° **78**), a, dans l'expérience actuelle, pour valeur

$$P \times D \times 1^m = 10330^{kil} \times 14 \times 1^m.83 \times 1^m = 264656^{kil},$$

tandis que la section résistante A a pour surface

$$A = 2 \times 0^m.014 \times 1^m = 0^{m \cdot q}.028,$$

et l'allongement proportionnel subi par les fibres dans l'expérience étant $i = 0^m.001$, la formule du n° **6** nous donne, pour la valeur du coefficient d'élasticité qu'elle fournit,

$$E = \frac{P}{A\,i} = \frac{264656}{0.028 \times 0.001} = 9\,452\,000\,000^{kil}.$$

Cette valeur est beaucoup plus faible que celle que l'on trouve pour le fer en barres et la tôle en feuilles ; mais il faut remarquer que l'allongement observé comprend implicitement une partie des quantités dont les rivures ont cédé ou glissé, ce qui en a augmenté la valeur apparente.

Quoi qu'il en soit, l'on voit que l'effort maximum supporté par les fibres de la tôle dans cette expérience a atteint par mètre carré de section la valeur

$$\frac{P}{A} = E i = 9\,456\,000^{kil},$$

ce qui revient à $9^{kil}.456$ par millimètre carré de section, sans que l'élasticité ait paru altérée.

82. LIMITES DES PRESSIONS D'ÉPREUVE DE LA FONTE POUR LES CYLINDRES. — On trouvera dans un tableau général (n° **115**) les valeurs de R, que l'on peut adopter avec sécurité dans les cas ordinaires ; mais, lorsque l'épaisseur est considérable, il faut remarquer que l'effort intérieur est exercé latéralement, et les expériences de M. Hodgkinson, rapportées au n° **77**, montrent que dans ce cas la résistance à la rupture est beaucoup moindre que lorsque la traction a lieu dans la direction de l'axe de figure de la section. Ainsi, la résistance à la rupture était réduite à $4^{kil}.124$ par millimètre carré, pour une fonte qui ne se serait rompue que sous un effort de $12^{kil}.043$, dirigé selon l'axe de figure de la section. Il y a, il est vrai, quant aux cylindres, une différence assez notable entre leur mode de résistance et celui d'une pièce tirée latéralement, comme celles que M. Hodgkinson a éprouvées ; mais la prudence doit engager à tenir compte des observations précédentes.

Au surplus, la pratique ordinaire est en cela d'accord avec ces considérations, car les constructeurs anglais sont dans l'usage de ne pas pousser la pression intérieure des cylindres pour les presses hydrauliques au delà de 3 tonnes par pouce circulaire, ou 6^{kil}.01 par millimètre carré, ce qui est déjà trop.

En France, on va même beaucoup moins loin, et je pense qu'il convient de ne pas dépasser, dans le calcul des proportions à donner à ces cylindres, la valeur R = 4 000 000 kilogr. par mètre carré. Mais on verra plus loin qu'il en résulte des difficultés pour les cylindres des presses d'une grande puissance.

85. Tuyaux de conduite. — Pour les tuyaux de conduite des eaux et du gaz, à l'épaisseur déterminée pour résister à la pression intérieure connue, on ajoute une épaisseur constante qui a pour objet de les mettre à l'abri des accidents et des chocs résultant du transport et de la pose.

En appelant E' cette épaisseur additionnelle, la formule précédente devient

$$E = \frac{PD''}{2R_r} + E' = \frac{n \times 10330\,D''}{2R_r} + E',$$

en désignant par n le nombre d'atmosphères qui équivaudrait à la pression P par mètre carré que doit supporter le tuyau, soit à l'épreuve, soit en service.

L'expérience a conduit à adopter, pour les conduites d'eau, les proportions suivantes, selon que l'on emploie :

	kil.	m.
Le fer......................	R = 6 000 000	E = $0.00086nD'' + 0.0030$
La fonte....................	R = 3 000 000	E = $0.0016\ nD'' + 0.0080$
La fonte coulée {horizontalement.	R = 2 170 000	E = $0.00238nD'' + 0.0085$
{verticalement...	R = 3 000 000	E = $0.0016\ nD'' + 0.0080$
Le cuivre laminé.............	R = 3 500 000	E = $0.00147nD'' + 0.0040$
Le plomb....................	R = 213 000	E = $0.00242nD'' + 0.0050$
Le zinc.....................	R = 833 000	E = $0.00620nD'' + 0.0040$
Le bois.....................	R = 160 000	E = $0.03230nD'' + 0.0270$
Les pierres naturelles.........	R = 1 400 000	E = $0.00363nD'' + 0.0300$
Les pierres factices..........	R = 960 000	E = $0.00538nD'' + 0.0400$

Pendant longtemps, le service des eaux de la ville de Paris a adopté, pour la détermination des épaisseurs des tuyaux en fonte, la formule

$$E = 0^m.00238\,nD'' + 0^m.0085,$$

qui correspondait à la valeur R = 2 170 000 kilogr. Mais depuis

quelques années, le perfectionnement de la fabrication des
fontes et la condition de les couler debout ont permis de réduire beaucoup les épaisseurs, tout en conservant aux tuyaux
une résistance suffisante, et en obtenant un métal d'un grain
assez fin et assez homogène pour éviter les fuites d'eau, qui se
produisent avec les fontes poreuses à gros grains, surtout dans
brusques.

Un autre moyen, applicable à certains cas, pour augmenter
beaucoup la résistance des cylindres en fonte, tout en ne leur
donnant que des épaisseurs relativement faibles, consiste dans
le cerclage à chaud, que, dès 1834, nous avons employé avec
succès pour les récepteurs en fonte des pendules balistiques, et
que l'on applique aujourd'hui avec avantage à consolider la
partie de l'âme des canons en fonte qui reçoit la charge. Sans
entrer ici dans des détails qui ne seraient pas à leur place, nous
ferons remarquer que la grande flexibilité de la fonte et son
peu d'extensibilité avant la rupture étant évidemment les causes de son peu de résistance, l'emploi d'un métal plus rigide,
moins extensible, tel que le fer ou l'acier, pour la confection
des cercles, est éminemment rationnel. ·

Malgré les perfectionnements que nous venons d'indiquer, le
service des eaux de la ville de Paris n'a pas encore cru pouvoir
admettre des tuyaux plus légers que ceux dont les épaisseurs
sont réglées par la formule

$$E = 0^m.0016\,nD'' + 0^m.0080,$$

qui revient à prendre R $= 3\,000\,000$ kilogr., et dans laquelle on
fait $n = 10$ atmosphères, ce qui la réduit à

$$E = 0^m.016\,D + 0^m.008.$$

L'application de cette formule conduit aux épaisseurs consignées dans le tableau suivant qui donne les dimensions actuellement adoptées dans le service des eaux de la ville de
Paris.

DIMENSIONS DES TUYAUX EN FONTE.

OBSERVATIONS		unité	* Les tuyaux courbes ne diffèrent des tuyaux droits que par leur épaisseur. Les longueurs et les largeurs des emboîtements, brides et cordons restent les mêmes.												
	Nombre de trous		3	4	5	»	6	6	6	»	6	8	8	9	10	12	14
BRIDES	Fruit		0.003	0.003	0.003	»	0.003	0.003	0.003	0.003	0.003	0.003	0.003	0.003	0.003
	Épaisseur à la jonction des tuyaux	mill.	0.0165	0.017	0.017	»	0.0175	0.018	0.0185	0.020	0.021	0.0215	0.0215	0.0225	0.024	0.026
	Diamètre extérieur	mill.	0.224	0.253	0.280	0.317	0.347	0.377	0.411	0.474	0.499	0.528	0.582	0.682	0.786
EMBOÎTEMENTS	Diamètre intérieur	mill.	0.12	0.148	0.175	0.203	0.232	0.259	0.298	0.350	0.376	0.401	0.453	0.556	0.660
	Épaisseur	mill.	0.0135	0.014	0.014	0.0145	0.015	0.0155	0.017	0.018	0.0185	0.019	0.0195	0.021	0.023
	Longueur	mèt.	0.11	0.11	0.11	»	0.11	0.11	0.11	»	»	»	»	»	»
ÉPAISSEUR normale	Courbes	mill.	0.0115	0.0115	0.012	0.012	0.0115	0.014	0.0145	0.015	0.016	0.016	0.017	0.018	0.020 / 0.022
	Droits	mill.	0.0095	0.0095	0.010	0.010	0.0095	0.0105	0.011	0.0115	0.012	0.013	0.0135	0.014 / 0.0145	0.016 / 0.018
CORDONS	Diamètre sur l'emboîtement	mill.	»	»	»	0.02	»	»	»	»	»	0.04	»	»	»
	Saillie sur le fût	mill.	»	»	»	0.006	»	»	»	»	»	0.008	»	»	»
	Largeur	mill.	»	»	»	0.016	»	»	»	»	»	0.036	»	»	»
FILETS	Saillie sur le fût fixant la surépaisseur de l'emboîtement	mill.	»	»	»	0.004	»	»	»	»	»	0.005	»	»	»
	Largeur	mill.	»	»	»	0.086	»	»	»	»	»	0.087	»	»	»
LONGUEUR TOTALE des tuyaux droits	à deux brides	mèt.	»	»	»	2.50	»	»	»	»	»	2.76	»	»	»
	à deux emboîtements	mèt.	»	»	»	2.72	»	»	»	»	»	2.76	»	»	»
	à bride et cordon	mèt.	»	»	»	2.50	»	»	»	»	»	2.63	»	»	»
	à emboîtement et bride	mèt.	»	»	»	2.61	»	»	»	»	»	2.63	»	»	»
	à emboîtement et cordon	mèt.	»	»	»	2.61	»	»	»	»	»	2.63	»	»	»
DIAMÈTRES INTÉRIEURS		mill.	0.081	0.108	0.135	0.162	0.190	0.216	0.250	0.300	0.325	0.350	0.400	0.500	0.600

POIDS DES TUYAUX ET DE LEURS PRINCIPALES PARTIES.

TUYAUX DROITS.

Désignation													
POIDS DU MÈTRE LINÉAIRE du corps du tuyau. (kil.)	20	28	35	43	52	62	75	97	108	121	143	196	264
A DOUBLE bride. Poids — total. (kil.)	59	80	99	122	148	176	210	274	307	341	402	547	732
A DOUBLE bride. Poids — du corps du tuyau. (kil.)	47	64	79	98	120	142	170	220	247	275	324	445	598
A DOUBLE bride. Poids — des brides. (kil.)	12	16	20	24	28	34	40	54	60	66	78	102	134
A DOUBLE emboîtement. Poids — total. (kil.)	65	86	105	131	160	186	240	306	343	380	446	605	810
A DOUBLE emboîtement. Poids — du corps du tuyau. (kil.)	47	64	79	99	120	142	170	220	247	276	324	445	600
A DOUBLE emboîtement. Poids — des emboîtements. (kil.)	18	22	26	32	40	44	70	86	96	104	122	160	210
A BRIDE et cordon. Poids — total. (kil.)	55	75	92	115	140	166	200	260	292	324	382	522	700
A BRIDE et cordon. Poids — du corps du tuyau. (kil.)	49	67	82	103	126	149	180	233	262	291	343	471	633
A BRIDE et cordon. Poids — de la bride. (kil.)	6	8	10	12	14	17	20	27	30	33	39	51	67
A EMBOÎTEMENT et bride. Poids — total. (kil.)	62	83	102	126	154	181	225	290	325	360	424	576	770
A EMBOÎTEMENT et bride. Poids — de la bride. (kil.)	6	8	10	12	14	17	20	27	30	33	39	51	67
A EMBOÎTEMENT et bride. Poids — du corps du tuyau. (kil.)	47	64	79	98	120	142	170	220	247	275	324	415	538
A EMBOÎTEMENT et bride. Poids — de l'emboîtement. (kil.)	9	11	13	16	20	22	35	43	48	52	61	80	100
A EMBOÎTEMENT et cordon. Poids — total. (kil.)	58	78	96	119	146	171	215	276	310	343	404	451	738
A EMBOÎTEMENT et cordon. Poids — du corps du tuyau. (kil.)	49	67	83	103	126	149	180	233	262	291	343	471	633
A EMBOÎTEMENT et cordon. Poids — de l'emboîtement. (kil.)	9	11	13	16	20	22	35	43	48	52	61	80	105
DIAMÈTRES. (mill.)	0.081	0.108	0.135	0.162	0.190	0.216	0.250	0.300	0.325	0.350	0.400	0.500	

84. Cas où les fontes sont de qualité supérieure. — Lorsque la fonte est de très-bonne qualité, d'un grain fin et homogène, elle donne pour le coefficient d'élasticité la valeur

$$E = 12\,000\,000\,000^{kil},$$

et peut subir, avant que son élasticité ne s'altère, un allongement proportionnel $i = 0^m.00083$ par mètre (voir le tableau récapitulatif à la fin de cette première partie, n° **108**), ce qui correspond à un effort (n° **6**)

$$P = Ei = 12\,000\,000\,000 \times 0^m.00083 = 9\,960\,000^{kil}$$

par mètre carré.

Si donc l'on admettait que la charge d'épreuve ne dût pas dépasser notablement la moitié de ces efforts et que R pût être pris égal à

$$R = 5\,000\,000^{kil},$$

la formule pour les tuyaux fabriqués avec ces fontes de qualité supérieure et coulés debout, serait

$$E = 0^m.001033\,nD'' + 0^m.007,$$

en réduisant aussi d'un millimètre l'épaisseur constante destinée à résister aux chocs accidentels.

La fonderie de Fourchambault paraît avoir été plus loin encore, d'après ce que rapporte M. Love, dans une fourniture de tuyaux destinés à la ville de Madrid, puisqu'elle n'a donné que $0^m.016$ d'épaisseur à des tuyaux de $0^m.92$ de diamètre, destinés à être éprouvés à une pression de 14 atmosphères, tandis que la formule ci-dessus conduirait à une épaisseur

$$E = 0.001033 \times 14 \times 0^m.92 + 0^m.007 = 0^m.020,$$

et celle du service des eaux de la ville de Paris à l'épaisseur

$$E = 0.0016 \times 14 \times 0^m.92 + 0^m.008 = 0^m.028.$$

Mais, jusqu'à ce qu'une longue expérience ait prononcé, je ne pense pas qu'il soit prudent, même en employant des fontes de très-bonne qualité, d'employer des épaisseurs inférieures à celles que fournirait la formule

$$E = 0.001033\,nD'' + 0^m.007,$$

que l'on peut réduire à

$$E = 0.01\,D'' + 0.007,$$

en y supposant la pression d'épreuve égale à 10 atmosphères et celle de l'atmosphère à 10 000 kilogr. par mètre carré.

85. Observations sur les conditions de service des conduites d'eau.

— Les tuyaux employés dans les services de distribution d'eau dans les villes et dans les établissements publics et particuliers doivent satisfaire à certaines conditions spéciales qui obligent à leur donner une épaisseur qui dépasse en apparence ce qui serait nécessaire pour les mettre en état de résister aux pressions normales qu'ils doivent supporter.

La circulation de l'eau y est souvent interrompue assez brusquement pour donner lieu à des chocs qu'on nomme *coups de bélier* et qui occasionnent alors des efforts d'autant plus considérables que la vitesse de la masse d'eau ainsi arrêtée dans son mouvement était plus grande. Il arrive souvent alors que des tuyaux en fonte grise un peu poreuse laissent suinter l'eau, quelquefois même par petits jets, mais le danger le plus grand est celui de la rupture par suite de la fermeture brusque. On le diminue, dans les conduites bien établies, en disposant les appareils de manœuvre, les vannes, les robinets, de manière que leur fermeture soit nécessairement graduelle. Ces précautions et les perfectionnements introduits dans la fabrication des fontes ont permis la réduction d'épaisseur admise par la ville de Paris, et autorisent, je crois, à aller plus loin, comme il est indiqué au numéro précédent.

86. Cas où l'on peut réduire de beaucoup les épaisseurs.

—Lorsque les conduites d'eau ne sont destinées qu'à établir une communication continue entre deux réservoirs, sans robinets ni appareils de fermeture, on peut réduire les épaisseurs, attendu que les tuyaux une fois posés ne sont alors exposés à aucun choc.

La formule

$$E = 0^m.001\,nD'' + 0^m.007$$

pourra encore être employée, mais au lieu d'y faire $n = 10$ atmosphères, comme pour les distributions d'eau, il suffira d'y donner à n une valeur correspondante à la pression motrice ou résistante la plus considérable que puisse avoir à supporter la conduite; alors il arrivera souvent que la portion de l'épaisseur cherchée, qui correspond à cette pression et qui est exprimée par le terme 0.001 nD'', sera très-faible et que l'épaisseur ne sera déterminée que par le terme constant $0^m.007$, et limitée ainsi à ce qui est nécessaire pour que le tuyau supporte le transport et les accidents de la pose. D'un autre côté le minimum d'épaisseur dépend aussi de la nature des fontes, du diamètre et de la longueur des tuyaux, de sorte qu'il ne peut plus être déterminé par le calcul, mais seulement par l'art du fondeur.

Il ne sera peut-être pas inutile de faire connaître le poids des tuyaux de descente des différents diamètres fabriqués par l'un de nos plus habiles fondeurs, M. Ducel, à Pocé (Indre-et-Loire).

POIDS MOYEN DES TUYAUX DE DESCENTE DES USINES DE POCÉ
(INDRE-ET-LOIRE).

DIAMÈTRE.	LONGUEUR.	POIDS du tuyau.
mill.	mill.	kil.
0.040	1.000	5.00
0.054	1.000	6.50
0.067	1.000	7.50
0.081	1.000	10.00
0.094	1.000	12.00
0.108	1.000	15.00
0.135	1.000	17.50
0.162	1.000	22.50
0.189	0.644	17.50
0.216	0.650	20.00
0.243	0.650	23.00
0.270	0.643	27.00
0.320	0.650	33.00

87. CHAUDIÈRES A VAPEUR. — D'après une ordonnance royale, l'épaisseur des chaudières à vapeur en tôle de fer est réglée par la formule suivante :

$$E = 0.0018 nD'' + 0^m.003,$$

ce qui revient à faire

$$R = 3\,000\,000^{kil}.$$

88. Résistance du fond des cylindres. — En conservant les notations précédentes, il est facile de voir que la pression totale qui tend à arracher le fond d'un cylindre est

$$\frac{PD''^2}{1.273}.$$

La résistance de la surface annulaire qui s'oppose à l'arrachement est

$$R_r . \frac{D'^2 - D''^2}{1.273}.$$

On a donc, pour l'équilibre entre ces efforts :

$$PD''^2 = R_r(D'^2 - D''^2).$$

Si l'on compare la résistance que présente la base d'un cylindre à l'arrachement à celle qu'offre sa surface latérale, on voit que la pression capable de produire la rupture est, dans le premier cas,

$$P = R_r . \frac{D'^2 - D''^2}{D''^2} = R_r . \frac{D' - D''}{D''} . \frac{D' + D''}{D''},$$

et dans le second, n° 80,

$$P = R_r . \frac{D' - D''}{D''}.$$

La première valeur est évidemment plus grande que la seconde, puisque le facteur $\frac{D' + D''}{D''}$ est plus grand que 2, D' étant toujours supérieur à D''.

Par conséquent, un cylindre fait d'une seule pièce et d'épaisseur uniforme, présente toujours, s'il est sans défaut, plus de résistance à la rupture par son fond que par sa surface cylindrique. C'est pour cela que les formules ne donnent que l'épaisseur de cette dernière paroi.

89. Cas ou le fond d'un cylindre est assemblé avec le corps par des boulons. — Pour les chaudières à vapeur et les réservoirs en fonte ou en fer, le fond est souvent assemblé par des boulons dont les dimensions et le nombre doivent être calculés de manière à résister à la pression intérieure, qui tend à les rompre par traction longitudinale.

La formule $P . \dfrac{D''^2}{1,273}$ exprimant la pression totale, si l'on se donne le diamètre d des boulons à employer, l'aire de la section transversale de chacun d'eux sera $\dfrac{d^2}{1,273}$, et si l'on admet que le fer puisse être soumis, d'une manière permanente, à un effort de 6 000 000 de kilogr. par mètre carré, chaque boulon devra supporter un effort de traction exprimé par

$$6\,000\,000 \times \frac{d^2}{1.273}.$$

Le nombre des boulons à employer étant désigné par x, on devra avoir la relation

$$x \times 6\,000\,000 \times \frac{d^2}{1,273} = P . \frac{D''^2}{1,273},$$

d'où

$$x = \frac{P}{6000000}\left(\frac{D''}{d}\right)^2.$$

Ainsi, par exemple, pour une pression de 6 atmosphères on a

$$P = 61980^{kil},$$

et si

$$D'' = 1^m.00, \quad d = 0^m.02, \quad \frac{D''}{d} = \frac{1,00}{0,02} = 50,$$

$$x = \frac{61980}{6000000} \times \overline{50}^2 = 25.8, \text{ soit } 26;$$

ils seront placés à $0^m.12$ environ d'axe en axe.

Si le fond devait être fixé par des rivets, on calculerait de même le nombre de ceux-ci, en se rappelant que, d'après les expériences de M. Fairbairn, dont il sera parlé plus loin, la résistance des rivets dans le sens transversal est à très-peu près la même que leur résistance longitudinale.

90. DÉFAUTS QUE PRÉSENTENT QUELQUEFOIS LES CYLINDRES COULÉS. — Lorsque l'on coule des cylindres de presses hydrauliques, des mortiers, etc., quelques fondeurs disposent le moule de façon que le fond du cylindre soit en dessus et le surmontent d'une masselotte considérable pour fournir la quantité de métal rendue nécessaire par le retrait. Il arrive alors quelquefois que les parois du cylindre étant solidifiées quand le fond ne l'est pas encore, celui-ci, en se contractant plus tard, se sépare du corps du cylindre dans les angles rentrants. Ce retrait produit entre le fond et le corps du cylindre une légère solution de continuité qui, bien qu'imperceptible à la vue, n'en est pas moins réelle et détermine la rupture. Les accidents de ce genre sont plus particuliers à la fonte de fer qu'au bronze, et la rupture de l'un des cylindres de presse qui avait été coulé, le fond en dessus, pour l'élévation de l'un des tubes du pont de Britannia, ainsi que celle d'un mortier-éprouvette en fonte par l'explosion du coton-poudre, en ont montré l'existence.

Dans tous les cas, il convient d'arrondir avec soin les angles rentrants intérieurs des cylindres en fonte exposés à de grandes pressions. Quelques fondeurs ont même pris le parti de donner à ce fond la forme d'une calotte sphérique. En outre, il paraît convenable de couler le cylindre en plaçant le fond en dessous et en donnant à la masselotte une grande hauteur, afin que son refroidissement soit très-lent, et qu'elle puisse longtemps alimenter les vides formés par le retrait. S'il y a quelques défauts à la partie supérieure du cylindre, ils auront généralement des conséquences moins graves que s'ils étaient au fond.

91. Précautions à prendre pour les cylindres de presses hydrauliques. — Puisque nous avons parlé des presses hydrauliques, il n'est pas inutile d'indiquer un autre accident auquel les cylindres en fonte sont sujets par l'effet du retrait du métal.

Lorsque les parties de la surface qui forment les parois intérieures et extérieures du cylindre se refroidissent, les premières se solidifient et n'ont plus la faculté de se contracter assez pour suivre l'effet de retrait qu'éprouve le métal de l'intérieur, quand il se refroidit à son tour. Si de plus, ainsi que cela arrive souvent, l'alimentation du métal par la masselotte n'est pas suffisante, il se forme vers le milieu de l'épaisseur un vide annulaire et parfois presque continu tout autour du cylindre. Mais, dans tous les cas, le métal du milieu sera moins dense que celui des surfaces extérieures et très-souvent poreux. C'est un effet qui se produit déjà quand l'épaisseur dépasse $0^m.10$ à $0^m.12$, et qui, s'accroissant avec cette dimension, présente aux fondeurs une grande difficulté pour l'exécution des cylindres des grandes presses.

Quand on perce le canal par lequel l'eau refoulée par la pompe doit pénétrer dans le cylindre, l'outil traverse cette partie poreuse, et lorsque l'eau fortement pressée est injectée dans le cylindre, elle s'introduit dans l'épaisseur du métal, remplit les vides des pores ou les chambres et peut produire la rupture du cylindre.

On diminue les inconvénients de ce défaut de la fonte en insérant dans le canal de passage un tuyau de cuivre rouge, maté à l'intérieur et à l'extérieur du cylindre, et sur lequel se visse le tuyau de refoulement de l'eau.

92. APPLICATION DES FORMULES À L'UNE DES PRESSES À FOUR-RAGE DE L'ALGÉRIE.—Cette difficulté d'obtenir des pièces épaisses de fonte bien pleines et bien saines à l'intérieur a conduit les fondeurs à donner aux cylindres des grandes presses des épaisseurs trop faibles et à chercher à compenser le défaut de dimension par la qualité des mélanges; mais les plus habiles même nous paraissent avoir été trop loin et avoir adopté des dimensions trop faibles. Nous en citerons pour premier exemple les grandes presses à fourrage employées en Algérie et qui ont été construites par MM. Fawcett et Preston, de Liverpool.

La force maximum de ces presses, calculée d'après la charge de la soupape de sûreté, est de 650 tonnes anglaises ou $650 \times 1015^{kil}.6 = 660140$ kilogr. Le piston a $0^m.2795$ de diamètre ou $0^{m\cdot q}.0512$ de surface; par conséquent, la pression par mètre carré à l'intérieur du cylindre peut s'élever à

$$\frac{660140^{kil}}{0^{m\cdot q}.0612} = 10\,786\,601^{kil}.$$

D'une autre part, le diamètre intérieur du cylindre est

$D'' = 0^m.309$, et l'épaisseur est $E = \dfrac{D' - D''}{2} = 0^m.1515$, d'où $D' - D'' = 0^m.3030$.

L'effort moyen de traction capable de produire la rupture de la fonte est généralement estimé à

$$R = 12\,500\,000^{kil}.$$

Par conséquent, la pression de rupture de ces cylindres devait être (n° **80**)

$$P = \frac{12500000^{kil} \times 0^m.303}{0^m.309} = 12\,260\,518^{kil}.$$

L'on voit donc qu'en travaillant habituellement à la force nominale de 650 tonnes, on se rapprochait beaucoup trop de la charge capable de produire la rupture.

Aussi est-il arrivé qu'après un certain temps de service, l'une des six presses semblables établies en Algérie a eu son cylindre rompu brusquement de haut en bas et séparé en deux parties, suivant un plan passant par l'axe. Si les autres et celui que l'on a fait en remplacement ont résisté, c'est que les fondeurs ont apporté le plus grand soin au choix et au mélange des fontes; mais il n'en est pas moins vrai que l'épaisseur n'est pas suffisante, et comme en l'augmentant on risque de voir se produire ou s'aggraver les défauts que nous avons signalés plus haut, l'on peut en conclure que de semblables cylindres pour d'aussi fortes presses doivent être faits en fer forgé, ce qui est possible avec le marteau pilon à vapeur.

93. APPLICATION AUX GRANDES PRESSES EMPLOYÉES À L'ÉLÉVATION DES TUBES DU PONT BRITANNIA. — Si nous faisons la même application à la grande presse qui a servi à élever les tubes du pont Britannia, on voit par les données rapportées dans l'ouvrage de **M. E. Clark**, qu'elle a soulevé un poids de 1144 tonnes anglaises, ou $1144 \times 1015^{kil}.6 = 1\,161\,500$ kilogr.

Le diamètre intérieur $D'' = 0^m.56$; le piston avait $0^m.510$ de diamètre et par conséquent $0^{m\cdot q}.2043$ de surface.

La pression par mètre carré était donc égale à

$$\frac{1161500^{kil}}{0^{m\cdot q}.2043} = 5\,687\,000^{kil}.$$

L'épaisseur du métal était $E = \dfrac{D' - D''}{2} = 0^m.153$, d'où $D' - D'' = 0^m.306$; on a donc, pour calculer la pression de rupture, en supposant $R_r = 12\,500\,000$ kilogr.

$$P = \frac{12500000 \times 0^m.306}{0^m.56} = 6\,830\,400^{kil}.$$

On voit que ce cylindre aurait été exposé à une pression bien voisine de celle qui en aurait produit la rupture, s'il n'avait été fait avec un mélange de fontes choisies avec le plus grand soin et composé de fontes

De Blaenavon, n° 3, à l'air froid........	10 tonnes.
De Pentypool, n° 3, *id.*..........	3
D'anciens canons de Woolwich, probablement faits avec des fontes au bois..	4
De Glengarnock, fonte fluide.........	4
	21 tonnes.

Dans la composition de ce mélange, l'on s'est attaché à choisir des fontes très-peu carburées, et le cylindre devait très-probablement être d'une fonte truitée analogue à celle que l'on préfère en France pour la fabrication des canons. On verra d'ailleurs plus loin que la résistance de semblables fontes peut s'élever jusqu'à 15 et 18 millions de kilogr. par mètre carré.

Malgré ces soins, l'on reconnaîtra cependant qu'un défaut caché aurait pu occasionner un accident d'une telle gravité qu'on ne devrait pas imiter l'exemple que nous venons de citer.

94. PRESSES À QUATRE CYLINDRES DE MM. HICK DE BOSTON. — Ces habiles constructeurs avaient exposé en 1851, à Londres, des presses hydrauliques d'une grande puissance, dans la construction desquelles ils avaient évité les inconvénients que présente la fonte coulée sous de fortes épaisseurs, en employant quatre cylindres au lieu d'un.

Dans ce dispositif la pression totale à produire étant donnée, il faut que la surface des quatre pistons soit égale à celle qu'aurait un piston unique. En nommant d le diamètre de chacun des quatre pistons, l'on doit donc avoir la relation

$$4 \cdot \frac{d^2}{1.273} = \frac{D''^2}{1.273},$$

d'où l'on déduit

$$d = \frac{D}{2};$$

par conséquent l'épaisseur de chacun des quatre cylindres pour résister à une même pression par mètre carré, qui est donnée par la formule

$$E = \frac{P \cdot d}{2R},$$

serait moitié moindre que celle qu'il faudrait adopter pour un cylindre unique.

Cette disposition présente aussi l'avantage que le plateau de la presse est très-bien guidé dans sa montée et dans sa descente, et permet au besoin d'employer la presse à exercer directement des efforts de traction.

Le Conservatoire des arts et métiers possède une presse de ce genre, dont la force totale s'élève à 200 000 kilogr., et dont les cylindres ont un diamètre de 0^m.075.

Cette presse, d'un poids très-modéré, peut être facilement déplacée et transportée d'un lieu à un autre. Elle est beaucoup plus légère et plus facile à manœuvrer qu'une presse ordinaire de même force, et présente, sous ce rapport, un grand avantage.

Si l'on joignait à l'emploi de quatre cylindres celui de l'acier de très-bonne qualité, pour toutes les pièces qui sont soumises à de grands efforts, il n'est pas douteux qu'on ne puisse encore l'alléger davantage et la rendre tout à fait portative. L'on conçoit d'ailleurs que les quatre pistons pouvant être réduits à deux, séparés par un intervalle assez grand, cette disposition faciliterait beaucoup l'application de la presse hydraulique à certaines opérations industrielles.

95. EMPLOI DE L'ACIER FONDU POUR LES CYLINDRES DES PRESSES HYDRAULIQUES. — Les perfectionnements récemment apportés dans la fabrication de l'acier fondu, dans la Prusse rhénane, par M. F. Krupp, et un peu plus tard en France, par MM. Pétin et Gaudet, de Rive-de-Gier, permettent aujourd'hui d'obtenir, avec ce métal, des cylindres de presses hydrauliques des plus grandes puissances, et offrant toutes les conditions désirables de sécurité.

Des expériences nombreuses et précises, qui seront rapportées plus loin à l'occasion de la résistance à la flexion, ainsi que celles sur la résistance à la traction, qui sont relatées aux nᵒˢ **47** et suivants, ont montré que l'acier fondu ainsi obtenu peut supporter, sans altération de son élasticité, un effort de traction de 40 à 50 kilogr. par millimètre carré. Il en résulte qu'en employant ce métal pour la fabrication des cylindres de presses hydrauliques, l'on pourrait, sans crainte de voir son élasticité s'altérer, faire

$$R = 25\,000\,000^{\text{kil}}.$$

En introduisant cette valeur dans la formule

$$E = \frac{PD''}{2R},$$

et l'appliquant aux grandes presses employées à mettre en place les tubes du pont Britannia, pour lesquelles on avait, nᵒ **95**,

$$P = 5\,687\,000^{\text{kil}}, \qquad D'' = 0^{\text{m}}.56,$$

l'on en déduit

$$E = 0^{\text{m}}.063;$$

épaisseur qui aurait offert toute sécurité, puisque le métal n'aurait été soumis qu'à un effort bien inférieur à celui par lequel son élasticité aurait été altérée, tandis que l'épaisseur de $0^{\text{m}}.153$ employée pour le cylindre en fonte était encore beaucoup trop faible, comme on l'a vu au nᵒ **95**.

Je pense donc qu'en pareil cas il sera bon de recourir à l'emploi de l'acier fondu, que l'on peut obtenir d'ailleurs en masses aussi considérables qu'on le désire.

96. Résistance d'une sphère à la rupture. — En raisonnant d'une manière analogue à celle que nous avons suivie au nᵒ **80**, pour la résistance des cylindres, il est facile de voir qu'en considérant comme plan possible de rupture un plan méridien quelconque, la somme des composantes des pressions perpendiculaires à ce plan est égale à la pression P par unité de surface, multipliée par la surface du grand cercle intérieur de diamètre D″. Cette force totale, qui est l'effort qui tend à produire l'arrachement, sera donc exprimée par

$$P . \frac{D''^2}{1.273}.$$

Quant à la résistance, elle est celle que présente la section annulaire dont la surface est

$$\frac{D'^2 - D''^2}{1.273},$$

et par conséquent exprimée par

$$R_r . \frac{D'^2 - D''^2}{1.273}.$$

Donc, pour l'égalité entre les deux forces, on doit avoir la relation

$$P . D''^2 = R_r (D'^2 - D''),$$

d'où l'on tire

$$P = R_r . \frac{D'^2 - D''^2}{D''^2}.$$

Cette expression, identique à celle que l'on a trouvée pour un cylindre d'un diamètre égal à celui de la sphère, montre que la sphère creuse offre la même résistance que le cylindre creux de même diamètre.

97. APPLICATION AUX PROJECTILES CREUX. — Les projectiles creux employés par l'artillerie contiennent une charge de poudre à laquelle le feu est communiqué par une fusée qui s'allume, soit au moment du départ, soit par le choc à l'arrivée, et qui produit leur éclatement.

Si nous prenons pour exemple une bombe de $0^m.32$ de diamètre extérieur, pour laquelle on a $D' = 0^m.32$, $D'' = 0^m.23$, coulée en fonte fine assez dure, en admettant que le coefficient de rupture soit

$$R_r = 13\,500\,000^{kil},$$

on trouve, pour la pression développée par le gaz au moment de l'explosion,

$$P = 13\,500\,000 \cdot \frac{\overline{0.32}^2 - \overline{0.23}^2}{\overline{0.23}^2} = 12\,681\,900^{kil}$$

par mètre carré, ou

$$\frac{12681900}{10330} = 1228^{atm}.$$

98. OBSERVATIONS SUR L'ÉNERGIE DES EFFORTS DE DILATATION. — On sait que, si l'on remplit d'eau une semblable sphère et qu'on en ferme solidement l'œil par une vis, puis qu'on la laisse exposée à la gelée, l'eau, dont le volume augmente en se solidifiant, détermine la rupture de la bombe, ce qui montre qu'elle exerce par sa force de dilatation un effort qui s'élève au moins à une pression de 1228 atmosphères.

Résistance du bronze à l'extension et à la rupture qui en résulte.

99. EXPÉRIENCES FAITES À LA FONDERIE DE DOUAI. — Il a été exécuté à Douai, en 1858, à l'occasion d'un alliage nouveau proposé pour la fabrication des canons, des expériences comparatives sur la résistance du bronze à la rupture par extension.

Parmi les échantillons sur lesquels on a opéré, les uns avaient été pris dans la masselotte d'un canon obusier de 12, près de la tranche de la bouche, et étaient à section carrée de 3 millim. de côté sur 300 millim. de longueur. Les autres, de mêmes dimensions, avaient été tirés de lingots obtenus en faisant refondre des buchilles provenant de la même bouche à feu, afin de constater si le bronze perdait ou gagnait en ténacité par une nouvelle fusion.

Le bronze essayé avait la composition suivante :

Cuivre.................... 89.96
Étain.................... 9.79
Plomb.................. 0.25
_____
100.00

RÉSULTATS DES EXPÉRIENCES FAITES A LA FONDERIE DE DOUAI SUR LA
RÉSISTANCE DU BRONZE DES CANONS A LA RUPTURE PAR EXTENSION.

NUMÉROS des BARREAUX.	BRONZE NEUF. CHARGES DE RUPTURE		BRONZE REFONDU. CHARGES DE RUPTURE	
	totale.	par millimètre carré.	totale.	par millimètre carré.
	kil.	kil.	kil.	kil.
1	142.30	15.81	192.30	21.37
2	157.30	17.48	187.30	20.81
Moyennes.	149.80	16.64	189.80	21.09

Ces expériences, assez concordantes entre elles, montrent
que la résistance du bronze neuf à la rupture par extension est
d'environ 16^{kil}.64 par millimètre carré, et que celle du bronze
refondu est supérieure et égale à 21^{kil}.09.

Les expériences antérieures portaient à estimer cette résistance à 23 kilogr. par millimètre carré de section transversale.

100. Expériences faites au Conservatoire des arts et métiers. — D'autres expériences ont été faites sur des barreaux à
section carrée, de 15 millim. sur 15 millim. environ de côté, et
de 2^m.085 à 2^m.138 de longueur, qui avaient été pris dans un
canon de 24 destiné à être refondu, et enlevés à la machine à
raboter dans la partie inférieure de l'âme, qui, offrant moins
de parties en saillie, devait, selon les probabilités, présenter la
répartition la plus uniforme de l'étain.

Ces barreaux ayant été disposés verticalement dans le bâti représenté au n° **48**, l'on a d'abord cherché à observer la loi des
allongements qu'ils éprouvaient sous des charges régulièrement

croissantes. Les résultats de ces premières observations sont consignés dans le tableau suivant :

EXPÉRIENCE SUR LA RÉSISTANCE DU BRONZE A LA TRACTION, FAITES AU CONSERVATOIRE DES ARTS ET MÉTIERS.

CHARGES.	ABAISSEMENT DU REPÈRE		ALLONGEMENTS dus aux charges.	ALLONGEMENT par 10 kil. de charge.
	supérieur.	inférieur.		

Expérience du 20 novembre 1860.
Distance entre les repères, 2^m.085 ; section transversale, 15^{mill}.2 sur 15^{mill}.2 = 231$^{mill.c}$

kil.	mill.	mill.	mill.	mill.
400	2.22	2.68	0.46	0.115
800	6.20	6.52	0.32	0.040
1200	7.40	8.16	0.76	0.065
1600	8.32	9.76	1.44	0.090
2000	9.20	11.26	2.06	0.103
2332	rupture.			

Résistance à la rupture par millimètre carré $\dfrac{2332}{231} = 10^{kil}.09$.

Expérience du 11 décembre 1860.
Distance entre les repères, 2^m.138 ; section transversale, 15^{mill}.0 sur 15^{mill}.3 = 229$^{mill.c}$.5.

kil	mill.	mill.	mill.	mill.
200	1.06	2.36	1.30	»
400	3.00	4.30	1.30	»
600	5.08	5.74	0.66	0.110
800	7.58	8.16	0.58	0.070
1000	9.78	10.44	0.66	0.066
1200	10.12	11.48	0.76	0.063
1600	11.82	13.10	1.28	0.080
2000	12.68	14.96	2.28	0.114
2380	rupture.			

Résistance à la rupture par millimètre carré $\dfrac{2380}{229.5} = 10^{kil}.37$.

L'examen des résultats consignés dans ce tableau montre que les allongements ne suivent aucune marche régulière dans le métal des canons, ce qui tient à l'inégale répartition de l'étain dans ce métal, qui n'est point un alliage à proportions définies, mais un simple mélange de deux métaux inégalement fusibles, qui se séparent par le seul effet du refroidissement.

En regardant à la loupe une tranche coupée à la machine à raboter sur toute la partie inférieure de l'âme de ce canon, qui avait d'ailleurs fait un bon service, l'on y découvre une multitude de cristallisations, de petites géodes d'étain ou plutôt de cet alliage dur d'étain en grande proportion avec le cuivre, qui constitue seul un alliage stable et à proportions définies.

Il ne faut donc pas s'étonner si, dans le tir, la chaleur des gaz de la poudre qui s'échappent au-dessus du projectile, dans cet espace en forme de croissant, qui provient de la différence de diamètre de l'âme et de ce projectile et qu'on nomme le *vent*, produit la fusion de l'étain surabondant et détermine des égrènements très-considérables.

Quant à la résistance à la rupture par traction offerte par les échantillons que nous avons essayés, elle a été trouvée,

dans la 1re expérience, de........ $10^{kil}.09$ par millim. carré,

dans la 2e, de.................. $10^{kil}.37$

ou en moyenne, de............ $10^{kil}.43$

valeur bien inférieure à celle qui a été fournie par les expériences faites à la fonderie de Douai, dont il a été parlé plus haut. Mais il faut remarquer que les échantillons essayés à Douai n'avaient que 3 millimètres de côté, et que s'ils avaient présenté, comme ceux sur lesquels nous avons opéré, des cristallisations d'étain, ils eussent probablement été rejetés. D'ailleurs ils avaient été pris les uns dans la masselotte d'une pièce de petit calibre (obusier de 12), les autres dans de petits lingots coulés exprès. La promptitude du refroidissement mettant obstacle à la séparation de l'étain, l'on comprend facilement pourquoi elle est bien plus générale dans les pièces de gros calibre que dans celles des petits, et qu'elle peut être à peine sensible dans de petits lingots.

Si donc les résultats des expériences de Douai peuvent être admis pour de petits calibres, je pense que pour les gros, il y a lieu d'adopter ceux du Conservatoire, et de classer ainsi qu'il suit les valeurs de la résistance du bronze à la rupture par traction :

Bronze en petits lingots.................. 21^{kil}

Bronze des canons de petits calibres........ 16

Bronze des canons de gros calibres......... 10

Résistance du bois à l'extension.

101. EXPÉRIENCES DE M. RONDELET SUR LA RÉSISTANCE DES BOIS À LA RUPTURE PAR EXTENSION. — M. Rondelet a fait sur des tringles de bois de chêne, d'une densité de 861 kilogr. au mètre cube, de différentes longueurs et dimensions, des expériences pour déterminer la résistance à la rupture par extension. Les résultats de ces expériences peuvent se résumer ainsi qu'il suit :

LONGUEUR des ÉCHANTILLONS.	COTÉ de la SECTION CARRÉE.	RÉSISTANCE A LA RUPTURE par centimètre carré.
m.	cent.	kil.
0.027	0,226	984.2
0.054		971.3
0.217	0,451	961.8
0.325		973.8
0.217		979.7
0.305	0,677	981.0
0.487		902.0
Moyenne générale.......		976,3

Il résulte de ces expériences, dans lesquelles les aires des sections ont varié dans le rapport de 1 à 9, et les longueurs dans celui de 1 à 18 :

1° Que la résistance du chêne à la rupture par extension est proportionnelle à la section transversale des pièces;

2° Que cette résistance est indépendante de la longueur des pièces, quand celle-ci est assez faible pour que le poids propre du solide ne doive pas entrer en ligne de compte;

3° Qu'elle est moyennement de 976^{kil}.2 par centimètre carré de section, ou de 9^{kil}.762 par millimètre carré.

On remarquera que ces expériences n'ont été faites que sur la résistance à la rupture par extension, et que l'on n'a pas mesuré les allongements produits par diverses charges; aussi ne les citons-nous que faute d'expériences spéciales sur la résistance du bois à l'allongement par traction longitudinale.

102. Expériences de MM. Chevandier et Wertheim. — Nous classerons à part les résultats des expériences de MM. Chevandier et Wertheim sur la résistance du bois. De ce travail important, les auteurs ont tiré les conclusions principales suivantes :

1° La densité du bois paraît varier fort peu avec l'âge.

2° Le coefficient d'élasticité diminue au contraire au delà d'un certain âge; il dépend aussi de la sécheresse et de l'exposition du terrain dans lequel les arbres ont poussé : ainsi les bois venus aux expositions nord, nord-est, nord-ouest, et dans les terrains secs, ont toujours un coefficient élevé et d'autant plus fort que ces deux conditions se trouvent réunies, tandis que les arbres venus dans les terrains fangeux présentent les coefficients les plus faibles.

3° L'âge et l'exposition influent sur la cohésion.

4° Les coefficients d'élasticité des hêtres venus dans le grès vosgien sont tous plus forts, pour des arbres comparables, que ceux des hêtres venus dans les grès bigarrés et dans le muschelkalk.

5° Les arbres coupés en pleine sève et ceux coupés avant la sève n'ont pas présenté de différences sensibles sous le rapport de l'élasticité.

6° L'épaisseur des couches ligneuses des bois ne paraît avoir d'influence sur la valeur du coefficient d'élasticité que pour le sapin, qui a fourni des valeurs d'autant plus grandes que les couches étaient plus minces.

7° Dans les bois, il n'y a pas, à proprement parler, de limite d'élasticité, et il se produit toujours un allongement permanent en même temps qu'un allongement élastique.

Il résulterait de cette circonstance que la limite d'élasticité n'existerait pas pour les bois expérimentés par MM. Chevandier et Wertheim; mais pour se conformer aux idées admises jusqu'à ce jour, et rattacher le résultat de leurs expériences à ceux de leurs prédécesseurs, les auteurs ont donné pour la valeur de la limite d'élasticité la charge sous laquelle il se produit déjà un allongement permanent très-faible. La limite qu'ils indiquent dans le tableau suivant, pour la charge sous laquelle l'élasticité du bois commence à s'altérer, correspond à un allongement permanent de $0^m.00005$ par mètre.

103. LIMITE D'ÉLASTICITÉ OU CHARGE PAR MILLIMÈTRE CARRÉ DE SECTION TRANSVERSALE SOUS LAQUELLE L'ÉLASTICITÉ DU BOIS COMMENCE A S'ALTÉRER D'UNE MANIÈRE SENSIBLE D'APRÈS MM. CHEVANDIER ET WERTHEIM.

ESSENCE DES BOIS.	BOIS VERTS.	BOIS DESSÉCHÉS	
		dans un local clos.	à l'air et au soleil.
	kilogr.	kilogr.	kilogr.
Acacia........................	»	3.175	3.188
Sapin.........................	»	1.597	2.153
Charme........................	1.282	»	»
Bouleau.......................	0.761	»	1.617
Hêtre.........................	»	2.018	2.317
Chêne à glands sessiles.......	»	1.936	2.349
Pin silvestre................	»	1.391	1.633
Orme..........................	0.987	»	1.842
Sycomore......................	1.647	»	2.303
Frêne.........................	1.726	»	2.029
Aune tremble..................	1.449	»	1.809
Tremble.......................	2.302	»	3.082
Érable........................	»	»	2.715
Peuplier......................	»	1.200	1.484

On voit par ce tableau que cette limite s'élève avec la dessiccation, et que les bois très-humides prennent plus facilement que les bois secs des allongements permanents.

Dans les bois fortement desséchés à l'étuve, la limite d'élasticité coïncide presque avec la charge qui détermine la rupture, c'est-à-dire que ces bois ne peuvent presque pas prendre d'allongement permanent. On voit aussi que cette dessiccation artificielle et accélérée des bois augmente beaucoup leur résistance à la flexion

Il n'est pas inutile de faire remarquer que les résultats obtenus sur des bois desséchés dans des étuves doivent être très-influencés par la nature du procédé employé et par la manière dont il est pratiqué : ce qui peut expliquer la diversité des opinions émises sur les avantages et les inconvénients de ces procédés, ainsi que sur ceux que peuvent offrir les divers procédés d'imprégnation des bois.

Le tableau suivant contient les résultats moyens des expériences de MM. Chevandier et Wertheim.

ESPÈCES.	DENSITÉ.	COEFFICIENT D'ÉLASTICITÉ rapporté au millimètre carré.	LIMITE D'ÉLASTICITÉ ou charge par millimètre carré, correspondant à cette limite.	COHÉSION ou charge par millimètre carré capable de produire la rupture.
		kilogr.	kilogr.	kilogr.
Acacia.....................	0.717	1261.9	3.188	7.93
Sapin.....................	0.493	1113.2	2.153	4.18
Charme....................	0.756	1085.3	1.282	2.99
Bouleau...................	0.812	997.2	1.617	4.30
Hêtre.....................	0.823	980.4	2.317	3.57
Chêne à glands pédonculés....	0.808	977.8	»	6.49
Chêne à glands sessiles.......	0.872	921.8	2.349	5.66
Pin silvestre................	0.559	564.1	1.633	2.48
Orme.....................	0.723	1165.3	1.842	6.99
Sycomore..................	0.692	1163.8	1.139	6.16
Frêne.....................	0.697	1121.4	1.246	6.78
Aune.....................	0.601	1108.1	1.121	4.54
Tremble...................	0.602	1075.9	1.035	7.20
Érable....................	0.674	1021.4	1.068	3 58
Peuplier..................	0.477	517.2	1.007	1.97

Les mêmes observateurs ont aussi déterminé le coefficient d'élasticité et la cohésion des bois, dans le sens du rayon et dans le sens de la tangente aux couches ligneuses.

Bien que l'on ne puisse guère soumettre au calcul les dimensions à donner aux diverses parties des assemblages des bois, comme les formes obligées de ces assemblages forcent toujours à des entailles qui coupent le fil du bois, il était utile de constater la différence qui peut en résulter dans la résistance.

L'examen du tableau suivant, dans lequel sont consignés les chiffres comparatifs des expériences, montre que la résistance dans le sens du rayon est toujours plus grande que la résistance dans le sens de la tangente aux couches ligneuses; le rapport entre les coefficients d'élasticité dans les deux cas varie en moyenne de 3 à 1.15; pour le chêne et le sapin, qui sont les bois usuels, ces rapports sont respectivement 1.46 et 2.76. Ce n'est que pour le pin silvestre qu'il est plus considérable, et en général la différence est surtout sensible pour les bois résineux à couches ligneuses très-marquées.

104. RÉSULTATS MOYENS DES EXPÉRIENCES DE MM. CHEVANDIER ET WERTEHIM.

ESPÈCES.	DANS LE SENS DU RAYON.		DANS LE SENS de la TANGENTE AUX COUCHES.	
	Coefficient d'élasticité E par millimètre carré.	Cohésion ou charge par millimètre carré capable de produire la rupture.	Coefficient d'élasticité E par millimètre carré.	Cohésion ou charge par millimètre carré capable de produire la rupture.
	kilogr.	kilogr.	kilogr.	kilogr.
Charme..........	208 4	1.007	103 4	0.608
Tremble..	107.6	0.171	43.7	0.414
Aune	93.3	0.329	59.4	0 175
Sycomore.	134.9	0.522	80.5	0.610
Érable.	157.1	0.716	72.7	0.371
Chêne...........	188.3	0 582	129.8	0.406
Bouleau.........	81.1	0.823	155.2	1.063
Hêtre	269.7	0.885	159.3	0.752
Frêne...........	111.3	0.218	102.0	0.468
Orme...........	122.6	0.345	63.4	0.366
Peuplier.........	73.3	0.146	38.9	0.214
Sapin...........	94.5	0.220	34.1	0.297
Pin silvestre.	97.7	0.256	28.6	0.196
Acacia..........	170.3	»	152.2	1.231

Résistance des câbles.

105. PROPORTION COMPARATIVE DES CABLES EN CHANVRE GOUDRONNÉ ET DES CABLES-CHAINES EN USAGE DANS LA MARINE ANGLAISE. — L'usage des câbles en chaînes, à peine introduit depuis 25 à 30 ans dans la marine, s'y est tellement répandu, qu'il est utile de connaître les rapports de résistance que l'expérience a permis de constater. La perfection des procédés de fabrication du fer rend l'emploi de ce métal de plus en plus général, par suite de la plus grande sécurité qu'il offre; mais il y a cependant bien des circonstances où l'on est encore obligé de recourir aux câbles en chanvre.

Le tableau suivant, extrait de l'ouvrage de M. P. Barlow, contient sur les câbles en chanvre et en fer forgé, tels qu'ils sont employés en Angleterre, diverses indications, parmi lesquelles on trouvera les dimensions comparatives de ces deux genres de câbles appliqués aux bâtiments de même genre.

RANG des BATIMENTS.	CABLES EN CHANVRE de 183m,000 de longueur de 1re qualité.			NOMBRE DE FILS de caret.	TENSION de rupture.		DIAMÈTRE et poids des câbles en fer substitués aux câbles en chanvre.	TENSION d'épreuve.
	circonférence.	diamètre.	poids.		totale.	par millimètre carré.		
	m.	m.	kil.					
1er rang { grand....	0.635	0.202	3240	607				
moyen...	0.610	0.194	2988	566		kil.	D=0m.053 1110kil.	kil. 82000
petit.....	0.594	0.189	2736	525	116000	4.43		
2e rang...........	0.594	0.189	2736	525				
3e rang { grand....	0.594	0.189	2736	525		3.64		
petit.....	0.560	0.178	2520	457	90500	4.04	D=0.0508 967kil.	73000
4e rang { de 60 can.	0.532	0.169	2208	416				
de 58 can.	0.483	0.154	1872	344			D=0.0465 887kil.	64000
de 50 can.	0.470	0.149	1764	334				
5e rang { de 48 can.	0.458	0.146	1656	347	64000	3.64	D=0.0444 774kil.	56000
de 46 can.	0.445	0.142	1584	284				
de 42 can.								
6e rang de 25 can..	0.368	0.117	1080	202	40000	3.72	D=0.0348 467kil.	34500
Sloop............	0.343	0.109	936	172			D=0.0318 413kil.	28400
Brick.. { grand....	0.343	0.109	936	172			D=0.0285 317kil.	23300
petit.....	0.280	0.069	612	166				
					Moyenne.	3.89		

Il semblerait, d'après ce tableau, que la résistance moyenne à la rupture des câbles en chanvre goudronné employés, par la marine anglaise, serait de $3^{kil}.89$ par millimètre carré, valeur inférieure à celle qui est admise dans la marine française.

La règle commune, en France, est de calculer la force des cordages goudronnés par la formule

$$35 C^2,$$

C étant la circonférence exprimée en centimètres; ce qui revient à $345 D^2$, D étant le diamètre en centimètres, ou $3.45 D^2$, en exprimant D en millimètres.

La surface étant égale à

$$\frac{D^2}{1.273},$$

cette règle revient à

$$3.45 \times 1.273 = 4^{kil}.39$$

par millimètre carré de section.

Les résultats des expériences faites en France sur les cordages goudronnés employés dans la marine sont représentés plus exactement par la formule

$$(45 - 0.25\,C)\,G^2,$$

C étant exprimé en centimètres.

106. FORCE DES CABLES EN FER. — Des expériences directes, faites par le capitaine Brown, ont donné, pour la force des anneaux de fer à câbles du diamètre de $0^m.0381$, la tension de 77 000 kilogr. L'aire de section étant

$$2 \times \frac{\overline{38.1}^2}{1.273} = 2280^{\text{mill.q}},$$

la résistance par mètre carré de section est de

$$\frac{77000}{2280} = 33^{\text{kil}},89.$$

L'essai comparatif de la résistance du fer employé a donné pour ce fer 40 kilogr. par millimètre carré. Ainsi la force du fer transformé en chaîne est réduite dans le rapport de 40 à 30 kilogr.

Mais les câbles essayés n'avaient pas d'étançons en fonte au milieu, comme on le pratique ordinairement, et par l'addition de ces étais, qui s'opposent à l'allongement des anneaux en même temps qu'ils empêchent la chaîne de se nouer, on a obtenu pour les chaînes à peu près la même résistance que pour une barre de fer de même section que les deux côtés réunis de l'anneau.

Il n'est pas inutile de dire que les expériences, dont on vient de citer les résultats, ont été faites à la presse hydraulique, et que les tensions indiquées ayant été déduites de l'observation de la charge des soupapes ou de celle d'un tube manométrique, elles peuvent avoir été estimées un peu haut.

107. PROPORTIONS ADOPTÉES EN FRANCE POUR LES CORDAGES EN CHANVRE ET LES CHAINES EN FER. — La force d'épreuve des câbles-chaînes en fer pour le service de la marine est de

17 kilogr. par millimètre carré de la double section du fer pour les chaînes à étais de 16 millimètres de diamètre et au-dessus, et de 14 kilogr. par millimètre carré pour les chaînes en fer de moins de 16 millimètres de diamètre, auxquelles on ne donne pas d'étais.

Cette force d'épreuve, exprimée en fraction du diamètre, revient à

$$26^{kil}.7\,D^2 \text{ pour les chaînes à étais,}$$

et $\qquad 22^{kil}.0\,D^2$ pour les chaînes sans étais,

D étant le diamètre en millimètres.

Lorsque l'on a introduit dans la marine française l'usage des câbles-chaînes en fer, pour les substituer aux câbles en chanvre, on n'a évalué la résistance du fer qu'à 27 kilogr. par millimètre carré, ou plutôt on a supposé la surface résistante du fer diminuée d'un quart de sa valeur réelle, ou à une fois et demie celle d'une seule section transversale du fer dont la qualité était telle, que sa résistance à la rupture par millimètre carré était égale à 36 kilogr.

D'après cette base, en exprimant les dimensions et la résistance du câble en chanvre par la formule

$$(45 - 0.25\,C)\,C^2,$$

C étant la circonférence en centimètres, celle du câble-chaîne en fer le serait par

$$2 \times 27 \times \frac{D^2}{1.273} = 42.4\,D^2,$$

D exprimant en millimètres le diamètre du fer employé.

Depuis l'adoption des chaînes, quelques dimensions employées se sont un peu écartées de cette règle; mais les écarts ont peu d'importance. Au surplus, la concordance des câbles en chanvre ou en fer admise par le règlement actuel est indiquée dans le tableau suivant :

PROPORTIONS COMPARATIVES DES CABLES EN CHANVRE, GOUDRONNÉS, ET DES CABLES-CHAINES EN FER EN USAGE DANS LA MARINE FRANÇAISE.

RANG DES BATIMENTS.	CABLES EN CHANVRE.			CABLES-CHAINES EN FER.		
	Circonférence en centimètres.	Diamètre en centimètres.	Poids de 100ᵐ. de longueur.	Diamètre en millimètres.	Poids. de 100ᵐ. de longueur.	Force d'épreuve.
			kil.		kil.	kil.
Vaisseaux de 1ᵉʳ et 2ᵉ rang....	66	21,0	3500	54	6576	77000
Vaisseaux de 3ᵉ rang (nouveau).	65	20,7	3392	52	5863	71500
Vaisseaux de 4ᵉ rang.........	60	19,1	2895	42	5043	61000
Frégates de 1ᵉʳ rang.......						
Frégates de 2ᵉ rang........	48	15,3	1852	46	4700	56000
Frégates de 3ᵉ rang........	46	14,6	1700	42	3851	46500
Corvettes de 1ʳᵉ classe.......	40	12,7	1288	38	3187	38500
Corvettes de 2ᵉ classe.......	38	12,1	1161	34	2502	31000
Bricks de 1ʳᵉ classe.......	35	11,1	985	32	2379	27000
Bricks de 2ᵉ classe........	29	9,1	676	28	1797	21000
Canonnières, bricks, goëlettes de 6...........	23	7,6	426	24	1392	15500
Goëlettes de 4.........	20	6,4	322	20	953	10500

Le poids des câbles en chanvre peut varier de 7 pour 100 environ, en plus ou en moins, selon le mode de commettage adopté. Leur longueur habituelle est de 200 mètres, et on en réunit quelquefois deux par une épissure.

Les câbles en fer ont actuellement 360 mètres de longueur pour les vaisseaux et les frégates, et environ 300 mètres pour les autres bâtiments.

En comparant ce tableau avec celui du nᵒ 105, relatif aux câbles adoptés par la marine anglaise, l'on voit qu'il y a une concordance à peu près complète entre les dimensions adoptées par les deux nations.

Nous ajouterons que pour les chaînes de dimensions inférieures à celles du tableau et sans étais, le diamètre du fer employé est ordinairement le dixième de la circonférence du cordage en chanvre correspondant.

Charges limites ou permanentes.

108. Manière de déterminer les charges limites ou l'effort de traction que l'on peut faire supporter aux corps d'une manière permanente. — Les données fournies par l'expérience faisant connaître, pour les différents matériaux employés dans les constructions, la limite de la charge qu'une pièce donnée peut supporter par chaque centimètre carré de section transversale, on pourrait être conduit à penser qu'après avoir calculé l'effort de traction auquel cette pièce doit être soumise, il suffirait de lui donner les dimensions nécessaires pour qu'elle soit simplement capable de résister à cet effort, sans altération de son élasticité; mais pour les cas ordinaires de la pratique, et afin de se mettre à l'abri de l'effet des surcharges et des efforts accidentels, il est prudent de s'imposer la condition que la charge permanente soit telle, que l'allongement ne dépasse pas la moitié de celui qui correspond à la limite d'élasticité. Alors en nommant i' la valeur de l'allongement toléré et R_e la charge capable de le produire, on aura $R_e = E i'$ pour déterminer la charge que l'on peut faire supporter au corps d'une manière permanente, ou ce qu'on nomme simplement la *charge permanente.*

L'on verra, par la discussion des expériences sur la flexion, que nous rapporterons plus loin, que cette méthode rationnelle conduit à des règles qui sont d'accord avec la pratique des bonnes constructions.

Les résultats des expériences directes sont malheureusement encore trop peu nombreux; nous insérons ceux qui sont connus et les valeurs de E, de R_e et de i correspondant à la limite d'élasticité, que l'on en déduit, dans le tableau suivant :

DÉSIGNATION des CORPS.	ALLONGEMENT relatif à la limite d'élasticité naturelle.	CHARGE par millim. c. correspondant à cette limite.	VALEUR du coefficient E d'élasticité par millim. q.
	mill.	kil.	kil.
Chêne........................	$\frac{1}{600}$=0.00167	2.00	1200
Sapin jaune ou blanc...........	$\frac{1}{850}$=0.00117	2.17	1854
Sapin rouge ou pin.	$\frac{1}{470}$=0.00210	3.15	1500
Mélèze ou larix................	$\frac{1}{520}$=0.00192	1.73	900
Hêtre rouge...................	$\frac{1}{570}$=0.00175	1.63	930
Frêne......................	$\frac{1}{885}$=0.00113	1.27	1200
Orme........................	$\frac{1}{414}$=0.00242	2.35	970
Fers doux passés à la filière, de petite dimension	$\frac{1}{1250}$=0.00080	14.75	18000
Fers en barres	$\frac{1}{1520}$=0.00066	12.205	20000
Fers du Berry étirés**.........	»	»	20869
Fers du Berry recuits**.........	»	»	20784
Acier d'Allemagne, de très-bonne qualité*, recuit à l'huile......	$\frac{1}{835}$=0.00120	25.00	21000
Acier fondu, très-fin, recuit à l'huile, trempé...............	$\frac{1}{4500}$=0.00222	66.00	30000
Acier fondu de MM. Jackson, Petin et Gaudet, en barres***...	»	»	22115
Acier fondu....... { étiré**....	»	»	19549
{ recuit**....	»	»	19561
Acier anglais en fil { étiré**....	»	»	18809
{ recuit**....	»	»	17278
Acier ordinaire recuit au blanc**.	»	»	18045
Fonte de fer, à grains fins	$\frac{1}{1200}$=0.00083	10.00	12000
Fonte grise ordinaire, anglaise, bonne qualité...............	$\frac{1}{1470}$=0.00078	6.00	9096
Cuivre rouge étiré en fil***.....	»	»	7339
Fils de cuivre étirés	»	»	12000
Fils de cuivre recuits**........	»	»	10500
Fils de laiton recuits..........	$\frac{1}{742}$=0.00135	15.00	10000
Laiton fondu.................	$\frac{1}{1370}$=0.00076	4.80	6450
Bronze de canon fondu.........	$\frac{1}{1580}$=0.00063	2.00	3200
Fils de plomb de coupelle, étiré à froid, de 4 millim. de diamètre.	$\frac{1}{1490}$=0.00067	0.40	600
Fils de plomb impur, du commerce, étiré à froid, de 6 mill. de diam..	$\frac{1}{2000}$=0.00050	0.40	800
Plomb fondu ordinaire.........	$\frac{1}{477}$=0.00210	1.00	500
Étain.......................	»	»	3200
Zinc**......................	»	»	9600
Or étiré**	»	»	8131
Or recuit**	»	»	5585
Argent étiré..................	»	»	7358
Argent recuit**	»	»	7140
Platine fil moyen**............	»	»	17044
Platine fil moyen recuit**......	»	»	15518

* D'après les expériences sur la flexion.
** Expériences de M. Wertheim.
*** Expériences faites au Conservatoire des arts et métiers.

109. INFLUENCE DU RECUIT. — D'après ce tableau, qui sera complété plus tard par d'autres données déduites des expériences sur la flexion, il semble que le recuit n'altère pas l'élasticité du fer et de l'acier*; mais il n'en est pas de même du cuivre, de l'or, du platine et de l'argent.

Il convient d'ailleurs d'ajouter que le recuit, tel qu'on le donne pour de semblables expériences ou à des pièces de petites dimensions, ne dure qu'un instant, tandis que pour les grosses pièces de fer, telles que les essieux, pour lesquels cette opération dure beaucoup plus longtemps, l'action prolongée et lente d'une température, même assez basse, paraît exercer sur l'arrangement des molécules du fer une action particulière, et peut être différente selon la nature des fers.

110. INFLUENCE D'UN COURANT ÉLECTRIQUE SUR L'ÉLASTICITÉ. — Il résulte aussi des expériences de M. Wertheim qu'un courant électrique diminue un peu la valeur du coefficient d'élasticité, et par conséquent la résistance des métaux, mais que cette diminution cesse avec le courant électrique.

111. APPLICATION ET USAGE DU TABLEAU PRÉCÉDENT. — Si, par exemple, on veut, à l'aide de ce tableau, calculer l'allongement éprouvé par une barre de fer rond de 25 millimètres de diamètre sur 8 mètres de longueur, sous un effort de traction de 4000 kilogr., on trouve d'abord que l'effort supporté par chaque millimètre de section sera égal à

$$\frac{4000 \times 1.273}{\mathstrut \mid (25)^2} = 8^{\text{kil}}.15.$$

La charge correspondant à la limite d'élasticité, pour le fer en barre étant, d'après le tableau, $12^{\text{kil}}.205$, et l'allongement

---

* En écrivant ces mots, j'ai sous les yeux un morceau de fer des Pyrénées qui, en sortant de la forge, était doux et nerveux. Après avoir subi, pendant cinq mois et douze jours, un recuit modéré et continu, il est passé à l'état de fer cristallisé, offrant des facettes de 4 à 5 millimètres d'étendue.

correspondant égal à 0^m.00066, on aura l'allongement cherché par la proportion

$$12^{kil}.205 : 0^m.00066 :: 8^{kil}.15 : x,$$

d'où
$$x = \frac{0.00066 \times 8.15}{12.205} = 0^m.00044.$$

L'allongement total pour une barre de 8 mètres serait donc

$$0^m.00044 \times 8 = 0^m.00352 ;$$

il dépasserait par conséquent la moitié de celui pour lequel l'élasticité commence à s'altérer; l'effort de 4000 kilogr. serait trop grand s'il devait être permanent.

112. APPLICATION AUX CHAINES QUI ONT SERVI A ÉLEVER LES PONTS TUBULAIRES SUR LE DÉTROIT DE MENAI. — Une des opérations les plus hardies des ingénieurs anglais a été la mise en place des ponts tubulaires du détroit de Menai; et, sans entrer dans des détails descriptifs que l'on trouvera dans les ouvrages de MM. Fairbairn et Edwin Clark, il est bon d'examiner si les proportions adoptées pour les différentes parties des appareils étaient telles qu'elles puissent offrir toute sécurité.

Deux presses hydrauliques étaient placées au sommet de chacune des piles qui devaient supporter les ponts. Le diamètre intérieur de leur cylindre était de 20^{po} = 0^m.508; celui du piston creux était, extérieurement, de 18^{po} = 0^m.457; l'épaisseur du métal du cylindre, 8^{po}.75 = 0^m.222. Le tuyau pour forcer l'eau dans la presse était en fer forgé de 0^{po}.50 = 0^m.0127 de diamètre et de 0^m.00635 d'épaisseur. Le chapeau de la presse était guidé verticalement au moyen de deux tiges en fer de 0^m.127 de diamètre, assemblées dans une traverse fixée sur la maçonnerie.

Pour chaque course totale du piston de la presse le tube était élevé de 1^m.830, en 30 à 45 minutes.

Les chaînes avaient été percées et rabotées avec un très-grand soin par MM. Howard et Ravenhill. Chaque brin des chaînes consistait alternativement en 8 et en 9 plaques de 1^m.83 de longueur, de centre en centre. L'aire de section était la même sur toute la longueur de la chaîne. L'épaisseur de chacune des plaques des séries de 8 était de 0^m.0317, et celle des plaques des séries de 9 était de 0^m.0279. La largeur de chaque plaque était de 0^m.178.

L'aire de chaque maillon de 8 plaques était donc de 452 centimètres carrés ; son poids, de 842^{kil}.44.

L'aire de chaque maillon de 9 plaques était de 445 centimètres carrés, et son poids de 839^{kil}.74.

L'aire des quatre chaînes qui élevaient le tube était de 1780 centimètres carrés, et la plus grande charge à laquelle elles étaient soumises était de 8^{tonnes}.3 par pouce carré, ou 1366^{kil}.6 par centimètre carré, soit 13^{kil}.66 par millimètre carré. Les épaulements des maillons ont supporté jusqu'à 10 tonnes par pouce carré, ou 1574^{kil}.2 par centimètre carré, soit 15^{kil}.74 par millimètre carré.

Ces charges, pour des opérations aussi importantes et aussi périlleuses, me semblent excessives, et dépassent beaucoup trop la limite de 6 à 7 kilogr. que l'on adopte généralement en France.

Aussi les chaînes s'allongèrent-elles, sous la charge, de 0^{po}.225 pour 3 pieds, ou de $\frac{1}{160}$, et conservèrent-elles un allongement permanent de 9^{po}.175, ou de $\frac{1}{205}$ de leur longueur, tandis que les allongements permanents correspondant à la limite d'élasticité qu'il convient de faire supporter au fer forgé ne doivent être au plus que de $\frac{1}{1250}$ à $\frac{1}{1520}$.

Il y a lieu de croire que l'on a reconnu le danger qu'il y avait eu à dépasser ainsi les limites de l'élasticité, car pour l'élévation des tubes du pont Britannia, qui pesaient, avec tous les apparaux, 1914 tonnes, tandis que ceux de Conway en pesaient 1260, on employa d'un côté les deux presses qui avaient servi au pont de Conway, et de l'autre une presse beaucoup plus forte. De sorte que la tension des chaînes des deux premières presses fut moindre pour ce second cas et réduite dans le rapport de 1260 à $\frac{1914}{2} = 957$, ou de 4 à 3, et par conséquent à 11^{kil}.95 environ par millimètre carré, ce qui est encore bien considérable, même pour des manœuvres temporaires.

113. Observations relatives aux applications. — S'il convient en général, pour des constructions permanentes, de borner les charges par millimètre carré à la moitié de celles qui correspondent à la limite d'élasticité, on peut néanmoins, dans des cas particuliers, lorsqu'il s'agit de pièces pour lesquelles la légèreté serait une condition de rigueur, et si l'on n'avait pas à craindre des efforts accidentels très-supérieurs aux efforts moyens, élever ces efforts aux trois quarts de ceux qui sont relatifs à cette limite; tel est le cas des colonnes en fer forgé des presses hydrauliques, qui ne supportent que momentanément l'effort maximum limite auquel elles sont soumises, et que l'on peut, par conséquent, exposer aux $\frac{2}{3}$ de la charge capable d'altérer l'élasticité, ou à 9 kilogr. par millimètre carré de section.

Au contraire, pour les pièces qui peuvent accidentellement être exposées à des efforts supérieurs à la valeur moyenne sur laquelle on a compté, il sera prudent de donner un excès de solidité.

C'est au constructeur à examiner avec attention les circonstances dans lesquelles il se trouve placé.

114. OBSERVATIONS SUR LES EFFORTS DE TRACTION AUXQUELS IL CONVIENT D'EXPOSER LES CORPS EMPLOYÉS DANS LES CONSTRUCTIONS. —Nous avons dit que presque toutes les constructions étant exposées à des vibrations ou à des chocs qui peuvent accidentellement augmenter de beaucoup les efforts moyens auxquels les corps sont habituellement exposés, il était prudent de calculer leurs dimensions en ne les soumettant qu'à des efforts égaux à la moitié de ceux qui produisent les allongements, au delà desquels l'élasticité commence à s'altérer. C'est ainsi que pour le fer doux en barres, dont la limite d'allongement par mètre est de 0^m.00066 (n° **108**) sous un effort de traction longitudinale de 12^{kil}.205 par millimètre carré de section, il conviendra de limiter les efforts moyens à 6 kilogr.

Cette base de la proportion des charges, par la considération des limites de l'allongement élastique, indiquée par M. Poncelet, est parfaitement rationnelle et se lie, autant qu'on peut le désirer, à l'observation des faits; mais malheureusement les expériences sur l'élasticité des corps sont beaucoup moins nombreuses que celles qui ont été exécutées sur la rupture, parce

que l'on a longtemps considéré à tort l'observation des phénomènes de la rupture comme la plus importante pour l'art des
constructions.

115. Résultats d'observations sur la résistance des corps
a la rupture par extension. — Faute de documents assez
complets sur l'élasticité des corps, nous sommes donc forcés de
recourir aux expériences sur la rupture, quoique celles-ci offrent beaucoup moins de précision et de régularité que les premières.

De l'ensemble des faits observés, on a conclu que, quand un
solide prismatique ou cylindrique est soumis à un effort de
traction longitudinale, sa résistance à la rupture est à peu près
proportionnelle à l'aire de sa section transversale. On a vu, aux
n^{os} **10** et suivants, que les expériences citées de M. E. Hodgkinson et de Rondelet confirment à peu près cette conclusion.

L'observation des bonnes constructions a conduit aussi à admettre que les efforts permanents auxquels on peut soumettre
les prismes ou les cylindres ne doivent pas excéder :

Pour les bois, les pierres et les mortiers $\frac{1}{10}$ ⎰ de la charge
Pour les métaux................... $\frac{1}{6}$ ⎱ de rupture.

C'est d'après cette base qu'a été formé le tableau suivant, qui
indique les charges capables de produire la rupture par traction et celles que l'on peut faire supporter aux corps avec sécurité et d'une manière permanente, pour la plupart de ceux qui
sont employés dans les constructions..

L'on trouvera plus loin, dans la partie de cet ouvrage où nous
traitons de la flexion des solides, que pour les métaux les résultats de l'expérience confirmant les principes de la théorie,
permettent de justifier aussi complétement que la pratique peut
le désirer la réduction un peu arbitraire, en apparence, que l'on
fait subir aux efforts capables de produire la rupture par extension, pour en déduire ceux qu'on peut faire supporter d'une
manière permanente.

TABLE DES EFFORTS DE TRACTION LONGITUDINALE CAPABLES DE PRODUIRE LA RUPTURE ET DE CEUX QUE L'ON PEUT FAIRE SUPPORTER AUX DIFFÉRENTS CORPS AVEC SÉCURITÉ.

DÉSIGNATION DES CORPS.	EFFORT PAR MILLIMÈTRE CARRÉ	
	capable de produire la rupture.	qu'on peut faire supporter au corps avec sécurité.
BOIS.	kilogr.	kilogr.
Chêne dans le sens des fibres, fort........................	8.00	0.800
Chêne dans le sens des fibres, faible.....................	6.00	0.600
Tremble dans le sens des fibres...........................	6 a 7	0.60 à 0.70
Sapin, *idem*...	8 à 9	0.80 à 0.90
Sapin des Vosges, *idem*..................................	4.00	0.40
Pin silvestre des Vosges, *idem*..........................	2.48	0.240
Frêne...	12.00	1.20
Frêne des Vosges, *idem*..................................	6.78	0.678
Orme..	10.40	1.04
Orme des Vosges, *idem*...................................	6.99	0.699
Hêtre, *idem*...	8.00	0.800
Teak. *idem*, employé aux constructions navales...........	11.00	1.100
Buis, *idem*..	14.00	1.400
Poirier, *idem*...	6.90	0.690
Acajou, *idem*..	5.60	0.560
Tremble des Vosges, *idem*................................	7.20	0.720
Tremble, latéralement aux fibres, par glissement..........	0.57	0.057
Sapin, *idem*...	0.42	0.042
Chêne, perpendiculairement aux fibres.....................	1.60	0.160
Peuplier, *idem*..	1.25	0.125
Larix, *idem*...	0.94	0.094
Chêne ou sapin { Pièces droites formées de morceaux assemblés par entailles ou crémaillères........	4.00	0.400
{ Arcs en planches de champs, ou en bois plié	3.00	0.300
MÉTAUX.		
Fer forgé ou étiré, { le plus fort, de petit échantillon...........	60.00	10.00
{ le plus faible, de très-gros échantillon.....	25.00	4.16
Fers en barres, moyen....................................	40.00	6.66
Fer ou tôle laminée, { tiré dans le sens du laminage.............	41.00	7.00
{ tiré dans le sens perpendiculaire.........	36.00	6.00
Tôles fortes, corroyées dans les deux sens...............	35.00	6.00
Fer dit *ruban*, très-doux...............................	45.00	7.50
Fil de fer non recuit, { moyen, de 1 à 3 millimètres de diamètre....	60.00	10.00
{ de l'Aigle, de 0mill,23 de diamètre.........	90.00	15.50
{ le plus fort, de 0mill,5 à 1 millimètre de diamètre....................................	80.00	13.33
{ le plus faible, d'un grand diamètre.........	50.00	8.33
Fil de fer en faisceau ou câble...........................	30.00	5.00
Chaînes en fer doux, { ordinaires, à maillons oblongs.............	24.00	4.00
{ renforcées par des étançons.............	32.00	5.33
Fonte de fer grise, { la plus forte, coulée verticalement........	13.50	2.25
{ la plus faible, coulée horizontalement......	12.50	2.17
Acier....... { fondu ou de cémentation étiré au marteau, en petits échantillons...................	100.00	15.76
{ le plus mauvais, en gros échantillons, mal trempé.................................	36.00	6.00
{ moyen...................................	75.00	12.50
Bronze de canons, moyennement............................	13.00 à 23.00	3.83

DÉSIGNATION DES CORPS.	EFFORT PAR MILLIMÈTRE CARRÉ	
	capable de produire la rupture.	qu'on peut faire supporter au corps avec sécurité.
	kilogr.	kilogr.
Cuivre rouge { laminé, dans le sens de la longueur........	21.00	3.50
idem, de qualité supérieure	26.00	4.33
battu....................................	25.00	4.17
fondu	13.40	2.33
Cuivre jaune ou laiton fin......................	12.60	2.10
Arcs ou pièces d'assemblage en fer forgé ou en fonte grise......................................	25.20	4.20
Cuivre rouge en fil non recuit, { le plus fort, au dessous de 1 millimètre de diamètre.........................	70.00	11.76
moyen, de 1 à 2 millimètres de diamètre....	50.00	8.33
idem, le plus mauvais	40.00	6.67
Cuivre jaune en fil non recuit, { le plus fort, au-dessous de 1 millimètre de diamètre.............................	85.00	14.16
moyen, *idem*	50.00	8.38
Fil de platine { écroui, non recuit de $0^{mill}.127$ de diamètre	116.00	19.33
écroui, recuit	34.00	5.67
Étain fondu...................................	3.00	0.50
Zinc fondu....................................	6.00	1.00
Zinc laminé...................................	5.00	0.833
Plomb fondu...................................	1.28	0.213
Plomb laminé...................................	1.35	0.225
Fil de plomb de coupelle, fondu, passé à la filière, de 4 millimètres de diamètre........................	1.36	0.227
CORDES.		
Aussières et grelins en chanvre de Strasbourg, de 13 à 14 millimètres de diamètre.....................	8.80	4.40
Idem, en chanvre de Lorraine..................	6.50	3.25
Idem, en chanvre de Lorraine ou de Strasbourg, de 23 millimètres de diamètre.....................	6.00	3.00
Idem, de Strasbourg, de 40 à 54 millimètres de diamètre...................................	5.50	2.75
Cordages goudronnés...........................	4.40	2.20
Vieille corde, de 23 millimètres de diamètre............	4.20	2.10
Courroie en cuir noir...........................	»	0.20
PIERRES.		
Basalte d'Auvergne	77.00	7.70
Calcaire de Portland...........................	60.00	6.00
Calcaire blanc à grains fins et homogènes.............	14.40	1.44
Idem, à tissu compacte, lithographique................	30.80	3.08
Idem, à tissu arénacé, sablonneux	22.90	2.29
Idem, à tissu oolithique	13.70	1.37
Briques..... { de Provence, très-bien cuites.............	19.50	1.95
ordinaires, faibles.....................	8.00	0.80
Plâtre....... { gâché, ferme..........................	11.70	1.17
gâché, moins ferme....................	5.80	0.58
fabriqué à la manière ordinaire...........	4.00	0.40
Mortiers .... { en chaux grasse et sable de quatorze ans...	4.20	0.42
idem, mauvais	0.75	0.075
en chaux hydraulique ordinaire et sable....	9.00	0.90
en chaux éminemment hydraulique	15.00	1.50
ciment de Pouilly, d'un an	9.60	0.96

L'usage de ce tableau ne présente aucune difficulté ; et quand on connaîtra la charge de traction à faire supporter à un corps, on en déduira facilement l'aire superficielle de sa section transversale en millimètres carrés. Si par exemple il s'agit d'une corde destinée à soutenir un poids ou une tension de 600 kilogr., la charge qu'on peut lui faire supporter avec sécurité étant de $3^{kil}.25$ par millimètre carré pour les diamètres moyens, l'aire de sa section devra être de $\dfrac{600}{3.25} = 185$ millimètres carrés, et le diamètre, $d = \sqrt{185 \times 1.273} = 15^{mill}.3$. Mais si la corde est longue, on devra prendre des précautions pour qu'elle ne se détorde pas, ce qui peu à peu l'affaiblirait et pourrait amener sa rupture.

Résistances vives d'élasticité et de rupture.

116. RÉSISTANCE VIVE D'ÉLASTICITÉ. — Puisque les corps s'allongent sous l'action des forces qui les tirent dans le sens de leur longueur, leur résistance à cet allongement développe, pour chaque élément de l'allongement total, une quantité de travail mesurée par le produit de l'effort exercé et de cet allongement.

La quadrature des courbes analogues à celles qui sont représentées pl. I, fig. 1, dont les ordonnées sont les efforts exercés et dont les abscisses sont les allongements ou les chemins parcourus dans la direction de ces efforts, nous donnerait la valeur de ce travail pour un allongement donné.

Cette quadrature, effectuée depuis le commencement des allongements jusqu'à celui qui correspond à la limite d'élasticité, donne le travail développé dans cet intervalle par la résistance du corps. M. Poncelet a donné à ce travail le nom de *résistance vive d'élasticité*, et il le désigne par la lettre T_e.

Si l'on pousse la quadrature jusqu'à l'effort ou à l'allongement qui a lieu au moment de la rupture, on aura le travail total qui a été nécessaire pour rompre le corps, travail que le même auteur nomme *résistance vive de rupture*, et qu'il représente par la lettre T_r pour le mètre de longueur et l'unité de section superficielle.

On remarquera de suite que le travail T_e, ou la résistance vive d'élasticité, est donné par l'aire du triangle dont la base est l'allongement par mètre correspondant à la limite d'élasticité, multiplié par la longueur L du corps, et dont la hauteur est l'effort correspondant à cette limite, ce qui donne pour chaque millimètre carré le travail

$$\tfrac{1}{2}PiL = \tfrac{1}{2}ELi^2,$$

à cause de $P = Ei$, et pour la section A, exprimée en mètres carrés,

$$T_e = \tfrac{1}{2}EALi^2.$$

On voit que plus ce produit sera considérable, plus le corps sera susceptible de conserver son élasticité sous l'action des efforts qui tendent à l'allonger.

Un coup d'œil jeté sur les courbes de la figure 1 (pl. I) montre que les fers durs offrent une résistance vive d'élasticité beaucoup plus considérable que les fers tendres.

117. Résistance vive de rupture. — Si l'on étend la quadrature à la surface totale des courbes limitées par l'ordonnée qui correspond à la rupture, on voit que cette surface, qui représente le travail développé pour produire la rupture, est beaucoup plus considérable pour les fers doux que pour les fers durs, ce qui montre l'avantage et la sécurité qu'offrent les fers doux pour tous les cas où les pièces sont exposées à des chocs ou à des efforts accidentels.

118. Application des considérations précédentes. — Pour montrer par un exemple l'utilité des considérations précédentes, si nous en faisons l'application aux trois séries d'expériences représentées par les courbes Aaaa, Abbb, Accc (pl. I, fig. 1), respectivement relatives aux fers doux, très-ductiles, au fer dur recuit et au fer dur non recuit, nous trouvons que les allongements du premier étant proportionnels aux efforts de traction jusqu'à la charge de 16 kilogr. au plus par millimètre de section, et l'allongement par mètre courant étant $i = 0^m.00086$, le travail de la résistance élastique, ou sa résistance vive d'élasticité, a pour valeur par millimètre carré de section :

$$T_e = \tfrac{1}{2} P i = \tfrac{1}{2} \times 16^{kil} \times 0^m.00086 = 0^{km}.00688.$$

S'il s'agissait d'une barre de fer rond de 6 mètres de longueur et de $0^m.030$ de diamètre, ou de 707 millimètres carrés de section, le travail, ou sa résistance vive, serait

$$T_e AL = 0^{km}.00688 \times 6 \times 707 = 29^{km}.18496.$$

Par exemple, si un corps du poids Q, tombant d'une hauteur H, devait dans sa chute être brusquement arrêté par cette barre, le travail développé sur ce corps par la pesanteur, ou la moitié de sa force vive, $\tfrac{1}{2}\dfrac{Q}{g}v^2 = QH$, devant être détruit par la résistance de cette barre, il faudrait, pour que l'élasticité de celle-ci ne fût pas altérée, que le produit QH n'excédât pas $29^{km}.18$. Ainsi un poids de 1000 kilogr., tombant d'une hauteur de $0^m.02918$, développerait le travail au delà duquel l'élasticité de cette barre serait altérée.

La quadrature de la surface totale, limitée par la courbe A*aaa*, ou la résistance vive de rupture, donnerait $T_r = 4^{km}.497$ par mètre de longueur et par millimètre carré de section, ce qui montre que pour le fer ductile employé dans l'expérience de M. Bornet, la résistance vive de rupture a été égale à plus de 650 fois sa résistance vive d'élasticité.

L'application à la barre de 6 mètres de long sur $0^m.030$ de diamètre donnerait, pour la résistance vive de cette barre à la rupture, la valeur

$$T_r AL = 4^{km}.497 \times 707^{mill} \times 6 = 19076^{km}.27 ;$$

d'où résulte qu'un poids de 1000 kilogr. devrait tomber de $19^m.076$ pour produire la rupture de cette barre. On voit par cet exemple que le fer doux ne se rompt qu'après avoir détruit une force vive ou avoir développé un travail résistant bien supérieur à celui qui suffirait pour altérer son élasticité.

119. En faisant la quadrature analogue pour les fils de fer durs recuits et non recuits, M. Poncelet a trouvé :

Pour le fer dur recuit.. $T_e = 0^{km}.00662, \quad T_r = 0^{km}.500$;

Pour le fer non recuit. $T_e = 0^{km}.00585, \quad T_r = 0^{km}.6810$.

Ce qui montre que pour les fers durs non recuits le travail correspondant à la rupture est beaucoup plus voisin du travail correspondant à l'altération de l'élasticité que pour les mêmes fers recuits, et surtout pour les fers doux, et que, par conséquent, si les fers durs présentent l'avantage de conserver leur élasticité plus longtemps ou sous de plus fortes charges que les fers doux, ils offrent l'inconvénient d'être beaucoup plus fragiles par l'effet des chocs.

On doit en effet se rappeler que toute force vive est égale au double du travail nécessaire pour la produire ou pour l'éteindre, et que l'effort susceptible de développer ce travail est d'autant plus faible que le chemin parcouru dans sa direction propre est plus grand. De là résulte évidemment que les corps extensibles, tels que les fers doux, présentent, pour la résistance à des chocs, plus de sécurité que les corps durs et rigides: C'est ainsi que pour les chaînes d'attelage, les câbles en fer de la marine, etc., on doit préférer les fers les plus doux aux fers les plus durs.

DEUXIÈME PARTIE.

RÉSISTANCE DES CORPS SOLIDES
A LA COMPRESSION.

120. Les effets qui sont produits sur les corps solides par des efforts de compression dépendent essentiellement de la constitution de ces corps et de leurs proportions. S'ils sont grenus, comme les pierres calcaires compactes ou la fonte, ils s'écrasent en se fendillant, et les expériences de Coulomb sur les pierres, ainsi que celles de M. Vicat sur le plâtre, montrent que, dans ce cas, les cubes se partagent en pyramides dont la base est la face inférieure du cube, et dont le sommet se trouve à son centre. La fonte même, d'après les expériences de M. Hodgkinson, présente des formes de rupture analogues. Mais quand il s'agit de corps fibreux, tels que les bois comprimés dans le sens de la longueur des fibres, il faut distinguer le cas où ils sont courts et celui où leur longueur excède huit à dix fois le côté de la base : dans le premier, les fibres refoulées s'écartent, le corps se renfle en tous sens vers le milieu sans fléchir; dans le second, il y a d'abord compression, quelquefois aussi gonflement, mais au delà d'un certain terme le corps fléchit, cède et se rompt.

La plupart des expériences entreprises par les ingénieurs qui se sont occupés de cette matière, ne sont, en général, relatives qu'à la résistance à la rupture, et non pas à la mesure de la compression éprouvée par les corps. Sous ce rapport elles sont donc incomplètes, et ce n'est qu'à défaut d'autres expériences plus concluantes que nous les reproduirons ici. Cependant il a été fait récemment, sur la compression de la fonte et du fer, de très-intéressantes recherches dues à M. E. Hodgkinson; nous en discuterons plus loin les résultats.

Résistance des bois à la compression.

121. EXPÉRIENCES SUR LA RÉSISTANCE DES BOIS A LA COMPRESSION DANS LE SENS DE LA LONGUEUR DES FIBRES. — Rondelet dit que d'après un grand nombre d'expériences, dont il ne rapporte pas les éléments, un cube de bois de chêne chargé debout, c'est-à-dire comprimé dans le sens de la longueur de ses fibres, ne s'écrase que sous une charge de 384^{kil}.7 à 471^{kil}.6 par centimètre carré de superficie, et un cube de sapin sous une charge de 438^{kil}.6 à 461^{kil}.6.

Il ajoute que des cubes de chacun de ces bois mis en expérience ont diminué de hauteur, en se refoulant sans se désunir, ceux en bois de chêne de plus d'un tiers, ceux en sapin de moitié.

La résistance des supports en bois diminue dès qu'ils commencent à plier, parce qu'alors, outre la compression longitudinale, l'effort auquel ils sont soumis tend à exercer, autour de celles de leurs extrémités qui est fixe, un mouvement de rotation dont le bras de levier est d'autant plus grand que la flexion s'accroît elle-même davantage.

Rondelet fixe ainsi qu'il suit le décroissement de la résistance dont sont susceptibles les poteaux à mesure que leur hauteur augmente, en prenant pour unité la résistance du cube :

Rapport de la hauteur au côté de la base.......	1	12	24	36	48	60	72
Rapport des résistances..	1	$\frac{5}{6}$	$\frac{1}{2}$	$\frac{1}{3}$	$\frac{1}{6}$	$\frac{1}{12}$	$\frac{1}{24}$

En partant ainsi de la charge d'écrasement, estimée à 420 kilogr. par centimètre carré pour le chêne et le sapin de la meilleure qualité, et en proportionnant les solides de hauteurs différentes d'après la règle posée par Rondelet, on forme le tableau suivant :

Rapport de la hauteur à la dimension transversale...............	1	12	24	36	48	60	72
Rapport des résistances..	1	$\frac{5}{6}$	$\frac{1}{2}$	$\frac{1}{3}$	$\frac{1}{6}$	$\frac{1}{12}$	$\frac{1}{24}$
Résistances à l'écrasement pour le chêne et le sapin, en kil., par cent. carré...............	20	350	210	140	70	35	17.5

On a représenté graphiquement (pl. I, fig. 17) ces éléments en prenant pour abscisses les rapports des longueurs ou hauteurs à la plus petite dimension et pour ordonnées les charges de rupture, puis on a fait passer par tous les points ainsi déterminés une courbe représentant la loi continue qui les lie.

A l'aide de cette courbe, régularisée dans la partie supérieure, on a modifié les chiffres qui résultent de la règle de Rondelet et obtenu les résultats suivants :

Rapport des hauteurs à la plus petite dimension......	1	12	14	16	18	20	22	24	28	32	36	40	48	60	72
Charges de rupture en kilogrammes par centimètres carrés d'après Rondelet.........	420	310	292	276	258	243	227	212	183	156	132	108	72	33	17.5

Pour passer de ces données relatives à la rupture des poteaux en bois par compression, à la détermination des charges qu'on peut leur faire supporter avec sécurité d'une manière permanente, Rondelet, admettant que dans certaines circonstances les charges supportées peuvent s'élever au double ou au triple de la charge normale, donnait pour règle qu'il n'est pas prudent de charger un poteau de chêne, d'une hauteur égale à deux fois le côté de sa base, de plus de 48 kilogr. par centimètre carré de sa base, et un poteau d'une hauteur égale à quinze fois le côté de sa base de plus de $38^{kil}.10$ par centimètre carré.

En comparant ces charges avec celles de rupture par compression que l'on déduit du tracé et qui seraient respectivement égales à 330 kilogr. et à 285 kilogr. par centimètre carré, on voit que le célèbre architecte admettait que les charges permanentes des poteaux en bois pouvaient s'élever à $\frac{1}{7}$ environ de celles de rupture par compression.

Si l'on adoptait cette proportion pour des bois de bonne qualité, d'essence de chêne ou de sapin, on pourrait, d'après ce qui a été dit plus haut, en prenant le septième des charges d'écrasement, déterminer les charges permanentes à faire supporter aux poteaux en bois et en former le tableau suivant :

POIDS DONT ON POURRAIT, D'APRÈS RONDELET, CHARGER AVEC SÉCURITÉ
LES POTEAUX EN BOIS.

Rapp^t de la hauteur à la plus petite dimension $\frac{l}{b}$	12	14	16	18	20	22	24	28	32	36	40	48	60	72
Charges en kilogr. par cent. carré........	44.3	42.0	39.4	37.0	35.0	32.7	36.0	26.0	22.0	26.1	15.4	10.2	5.4	2.5

Mais l'on verra plus loin que cette gradation des charges doit être modifiée.

122. Expériences de M. E. Hodgkinson sur la résistance des bois a l'écrasement. — Ce savant expérimentateur a soumis à des efforts de compression douze cylindres en bois de teak de $\frac{1}{2}$, 1 et 2 pouces anglais de diamètre et de hauteur double de leur diamètre; savoir quatre de chaque dimension, les huit derniers étant pris dans la même pièce de bois; la pression était exactement dirigée dans le sens des fibres.

Les résultats de ces expériences sont consignés dans le tableau suivant :

CHARGES D'ÉCRASEMENT DES CYLINDRES EN BOIS DE TEAK.

DIAMÈTRE DES CYLINDRES 0^m.0127.			DIAMÈTRE DES CYLINDRES 0^m.0254.			DIAMÈTRE DES CYLINDRES 0^m.0508.		
CHARGES			CHARGES			CHARGES		
obser-vées.	moyen-nes.	en kil. par cent. q.	obser-vées.	moyen-nes.	en kil. par cent. q.	obser-vées.	moyen-nes.	en kil. par cent. q.
liv.	liv.	kil.	liv.	liv.	kil.	liv.	liv.	kil.
2.335			10.507			39.909		
2.543	2.439	872.83	9.499	10.171	900.78	38.721	40.304	910.65
2.543			10.507			41.294		
2.335			10.171			41.294		

On voit par ces résultats que les charges d'écrasement ont varié à très-peu près entre elles comme les surfaces des bases des cylindres, puisque la moyenne générale des résistances par centimètre carré, égale à 894^{kil}.75, ne diffère des moyennes partielles que de $\frac{1}{40}$ à $\frac{1}{60}$ de sa valeur. Elles sont d'ailleurs beaucoup plus fortes que celles qu'indique Rondelet.

Le même observateur rapporte dans le XLe volume des *Transactions philosophiques* les résultats suivants d'un grand nombre d'autres expériences sur la résistance des bois de diverses essences, façonnés en cylindre de 25^{mil}.4 de diamètre sur 50^{mil}.8 de hauteur, à bases plates. Les premiers chiffres sont relatifs à l'état moyen de dessiccation et les seconds à l'état de sécheresse auquel les échantillons étaient parvenus après deux mois de séjour dans une espèce d'étuve.

RÉSISTANCE DES BOIS A L'ÉCRASEMENT

ESSENCE DES BOIS.	CHARGE PAR CENTIMÈTRE CARRÉ qui produit l'écrasement.	
	Bois à l'état ordinaire de sécheresse.	Bois très-sec.
	kil.	kil.
Aune................................	480.065	489.130
Frêne................................	610.218	658.000
Laurier..............................	528.346	528.346
Hêtre................................	543.455	658.000
Bouleau d'Amérique.................	»	819.645
Bouleau d'Angleterre................	231.705	449.916
Cèdre...............................	398.754	412.035
Pommier sauvage....................	456.733	502.343
Sapin rouge.........................	403.955	462.847
Sapin blanc.........................	476.550	512.545
Sureau..............................	523.637	700.877
Orme................................	»	726.036
Sapin de Prusse.....................	456.733	479.222
Horn beam..........................	318.568	512.252
Acajou..............................	576.134	576.134
Chêne de Québec....................	297.344	421.102
Chêne anglais.......................	455.679	706.850
Chêne de Dantzick très-sec..........	»	543.315
Pin résineux........................	477.184	477.184
Pin jaune rempli de térébenthine....	377.740	382.600
Pin rouge...........................	379.147	528.346
Peuplier............................	218.372	360.101
Prunier sec.........................	256.794	»
Prunier sec.........................	579.152	737.420
Sycomore...........................	497.705	»
Teak................................	»	850.357
Larix...............................	224.958	391.304
Noyer...............................	426.092	507.895
Saule...............................	202.961	430.660

Les résultats de ces expériences sont nombreux et importants, et ils montrent, comme Rondelet l'avait observé, que le sapin et le chêne, à l'état de dessiccation ordinaire, offrent à très-peu près la même résistance à l'écrasement. Mais on remarquera que la résistance du sapin ne paraît pas augmenter avec l'accroissement de la dessiccation, tandis que celle du chêne devient, au contraire, beaucoup plus considérable, ce qui en définitive doit faire préférer le chêne pour les piliers ou poteaux destinés à des constructions permanentes.

123. EXPÉRIENCES DE M. G. RENNIE. — D'après cet ingénieur anglais, la résistance d'un cube de bois debout à l'écrasement est pour :

le chêne anglais.........	$271^{kil}.3$	par centimètre carré,
le sapin blanc.........	134 .8	*id.*
le pin d'Auvergne.......	112 .8	*id.*
l'orme...........	90 .24	*id.*

Ces résultats sont bien inférieurs à ceux que Rondelet a obtenus; mais les expériences de M. E. Hodgkinson montrant l'énorme influence de l'état de siccité des bois, l'on ne doit pas s'étonner de semblables divergences, et l'accord du chiffre $271^{kil},3$, obtenu par M. Rennie, avec celui de 297 kilogr. que M. Hodgkinson a déduit de ses expériences sur le chêne de Québec incomplétement desséché, donne lieu de penser que les bois éprouvés par M. Rennie étaient dans ce dernier cas.

124. EXPÉRIENCES DE M. E. HODGKINSON SUR LES POTEAUX EN BOIS. — Les expériences de ce savant observateur sur la résistance des poteaux en bois sont malheureusement bien moins nombreuses que celles qu'il a exécutées sur la fonte, quoique la grande flexibilité de cette substance pût permettre de mieux observer la marche des flexions par rapport aux charges, et d'en déduire des conséquences utiles.

D'après la comparaison des résultats de ses essais avec les équarrissages et les longueurs des supports à section carrée et à bases plates, l'auteur conclut que ces résultats, relatifs au chêne de Dantzick, sont représentés par la formule

$$P^{il_r} = 25\,313 . \frac{b^4}{l^2},$$

dans laquelle b est le côté de la section carrée exprimé en pouces, et l la hauteur en pieds anglais.

En traduisant cette formule en mesures métriques, elle devient

$$P^{kil} = 2565.\frac{b^4}{l^2},$$

b étant exprimé en centimètres, et l en décimètres.

Dans le cas où les poteaux ne seraient pas à section carrée, en nommant a la plus grande dimension transversale, et b la plus petite, la formule serait

$$P^{kil} = 2565.\frac{ab^2}{l^2}.$$

Si nous calculons par cette formule la résistance de ceux des échantillons soumis à l'expérience par M. E. Hodgkinson, qui étaient sans défaut et dont les bases planes étaient bien posées sur leur lit, nous trouvons, entre les résultats de la formule et ceux de l'expérience, un accord assez satisfaisant, comme on peut le voir au tableau suivant.

EXPÉRIENCES SUR DES POTEAUX EN BOIS DE CHÊNE DE DANTZICK, A BASES PLATES, PRIS DANS UNE PIÈCE DE CHOIX COUPÉE DEPUIS NEUF MOIS ENVIRON.

HAUTEUR.	CÔTÉ du CARRÉ.	CHARGE DE RUPTURE	
		OBSERVÉE.	CALCULÉE.
décim.	centim.	kilogr.	kilogr.
15.37	4.45	4360	4257
11.70	2.59	793	843
11.70	3.81	3560	3948

Malgré l'accord que ces résultats paraissent présenter entre la formule et l'expérience, l'on ne doit pas se dissimuler que ces expériences sont encore bien peu nombreuses.

On remarquera d'ailleurs que ces résultats se rapportent à des bois de petite section transversale, dont la hauteur a varié de 30 à 45 fois leur équarrissage.

125. Formules pratiques pour les poteaux en bois. — Si l'on admettait que les poteaux en bois ne dussent pas être chargés de plus du dixième du poids capable de les rompre par flexion, la formule deviendrait pour les poteaux en chêne :

à section carrée, $$P = 256.5 \cdot \frac{b^4}{l^2},$$

à section rectangulaire, $$P = 256.5 \cdot \frac{ab^3}{l^2}.$$

126. Application au magasin aux blés de la Villette. — Il existe à Paris, au bassin de la Villette, un vaste magasin construit par M. Vuignier, habile ingénieur civil, pour recevoir des blés, et qui peut nous offrir une comparaison intéressante avec les résultats de ces formules.

Ce magasin a 56^m.5 de longueur sur 34 mètres de largeur dans œuvre, et 21 mètres de hauteur sous l'entrait. Il est partagé en sept étages y compris le rez-de-chaussée. Chaque étage a une superficie de 1921 mètres carrés, excepté le rez-de-chaussée, dans lequel pénètre un canal qui permet l'arrivée des bateaux chargés au centre de l'édifice. Mais il faut déduire de la surface de chaque étage environ 400 mètres pour les passages, ce qui la réduit à peu près à 1500 mètres disponibles pour recevoir le blé.

Les travées ont 3^m.80 d'entr'axe, et les poteaux sont disposés sur des lignes distantes aussi de 3^m.80 : de sorte que la surface de chaque étage est soutenue par 144 poteaux, qui portent la charge indépendamment des murs.

Le blé y est déposé en tas de 1^m.20 au plus de hauteur, à raison de 12996 kilogr. ou 173^{hect}.28 au maximum par poteau, ou environ 12 hectolit. par mètre carré; de sorte que ce magasin peut recevoir, et a effectivement contenu, à certaines époques, 18 000 hectolitres de blé par étage, et dans ses six étages superposés, environ 90 000 à 100 000 hectolitres. Chacun des poteaux est maintenu à sa base entre deux poutres moisées avec lesquelles il est fortement boulonné, et son extrémité repose sur la face supérieure d'un chapeau en fonte qui coiffe le poteau inférieur. Ce chapeau emboîte la tête des poteaux, et est fortement relié avec les poutres de l'étage supérieur.

Il résulte de cet assemblage simple et très-solide (pl. 1, fig. 18), que tous les supports, du haut en bas du bâtiment, et toutes les poutres qui les maintiennent, sont parfaitement reliés et ne peuvent dévier, les premiers de la verticale, les autres de l'horizontale.

La charge des poteaux du cinquième étage, qui portent l'étage supérieur, se compose ainsi qu'il suit :

Blé..............................	12 996 kilogr.
Poids du plancher en chêne........:	421
Poids des solives..................	582
Deux poutres jumelles moisées.....	260
	14 259 kilogr.

L'équarrissage de ces poteaux est de $0^m.22$ sur $0^m.22$, mais leurs arêtes sont chanfreinées sur une largeur de $0^m.03$, ce qui réduit leur section transversale à 475 centimètres carrés. La charge, par centimètre carré, est donc de $\dfrac{14250}{475} = 30$ kilogr.

La hauteur des poteaux étant de $2^m.50$ environ ou 11.4 fois l'équarrissage, on voit que d'après le tableau du n° **121**, ils sont peu chargés et auraient pu être plus faibles.

Ceux du quatrième étage, qui supportent deux fois la même charge, plus le poids du poteau supérieur évalué à 100 kilogr. environ avec ses ferrures, sont chargés de

$$2 \times 14\,259^{kil} + 100^{kil} = 28\,618 \text{ kilogr.}$$

Leur équarrissage est de $0^m.24$ sur $0^m.24$, mais leurs arêtes sont chanfreinées sur $0^m.05$ de largeur, ce qui réduit leur section transversale à 551 centimètres carrés. La charge par centimètre carré est donc de $\dfrac{28\,618^{kil}}{551} = 52$ kilogr. environ.

Leur hauteur étant aussi d'environ $2^m.50$ ou 10.4 fois l'équarrissage, on voit qu'ils sont plus chargés que le tableau du n° **121** ne l'indique.

Les poteaux du rez-de-chaussée ont à supporter la charge des six étages supérieurs ou

$$6 \times 14\,259^{kil} + 600^{kil} = 86\,200 \text{ kilogr.}$$

Ils ont $0^m.35$ sur $0^m.35$ d'équarrissage, mais leurs arêtes sont chanfreinées sur $0^m.06$ de largeur, ce qui réduit leur section transversale à 1189 centimètres carrés. La charge par centimètre carré est donc de $\dfrac{86200}{1189} = 72.5$ kilogr.

Leur hauteur est de $3^m.20$ ou 9.1 fois d'équarrissage. La charge admise par Rondelet pour des poteaux d'une hauteur égale à deux fois seulement le côté de leur base n'étant que de 48 kilogr., on voit que ces poteaux ont pu supporter sans accident une charge bien supérieure à celle qu'indique ce constructeur.

127. APPLICATION DE LA FORMULE DU N° **125** AUX POTEAUX DU MAGASIN DE LA VILLETTE. — Pour comparer les résultats donnés par ces formules avec la construction remarquable et éprouvée du magasin de la Villette, nous calculerons d'abord les charges que les poteaux de ces magasins pourraient porter et ensuite les dimensions qu'il aurait suffi de leur donner d'après les charges réelles maximum auxquelles ils peuvent être soumis.

5e étage. — Les poteaux ont les dimensions suivantes : $a = b = 22^{cent}$, $l = 25^{dec}$; on en déduit,

$$P = 256.5 \times \frac{22^4}{25^2} = 96\,139 \text{ kilogr.}$$

La charge maximum n'est que de 14 250 kilogr. — Les poteaux de cet étage sont donc plus forts qu'il n'était nécessaire.

Au 4e étage on a : $a = b = 24^{cent}$, $l = 25^{dec}$; et par suite,

$$P = 256.5 \times \frac{24^4}{22^2} = 133\,070 \text{ kilogr.}$$

La charge maximum n'est que de 28 618 kilogr.

Au rez-de-chaussée l'on a : $a = b = 35^{\text{cent}}$, $l = 32^{\text{dec}}$.

$$P = 256.5 \times \frac{35^4}{22^2} = 298\,650 \text{ kilogr.}$$

La charge maximum ne s'est élevée qu'à 86 200 kilogr.

Si nous calculons les dimensions que l'on eût pu se contenter de donner aux poteaux de ces trois étages, nous trouvons pour

Le 5ᵉ étage $\qquad b^4 = \dfrac{14259 \times 25^2}{256.5}$, d'où $b = 13^{\text{cent}}.6$;

Le 4ᵉ étage $\qquad b^4 = \dfrac{28678 \times 25^2}{256.5}$, d'où $b = 16^{\text{cent}}.25$;

Le rez-de-chaussée $\quad b^4 = \dfrac{86200 \times 32^2}{256.5}$, d'où $b = 24^{\text{cent}}.22$.

Les formules pratiques, déduites des expériences de M. E. Hodgkinson, conduisent donc à des charges supérieures à celles qui ont été supportées dans ce magasin ; mais il faut remarquer que les besoins du commerce pouvaient forcer à emmagasiner d'autres denrées, des farines, par exemple, et donner lieu à des charges plus fortes que celles sur lesquelles nous avons basé les calculs précédents.

128. Expériences sur des poteaux de sapin rouge. — Le même auteur a exécuté quelques expériences sur des pièces de sapin rouge, ayant toutes $14^{\text{dec}}.74$ de longueur, et dont la section transversale avait les dimensions suivantes :

1ʳᵉ pièce, $a = b = 5^{\text{cent}}.08$; charge de rupture, $P = 5440^{\text{kil}}$;

2ᵉ pièce, $a = 7^{\text{cent}}.2$, $b = 3^{\text{cent}}.6$ . . . . $P = 3490^{\text{kil}}$;

3ᵉ pièce, $a = 8^{\text{cent}}.82$, $b = 2^{\text{cent}}.94$ . . . . $P = 1975^{\text{kil}}$.

Les deux dernières pièces se sont rompues par flexion, perpendiculairement au côté le plus large.

En comparant les charges de rupture avec les dimensions a, b et l, au moyen de la formule

$$P = K.\frac{ab^3}{l^2},$$

dans laquelle K serait un coefficient constant, on trouve, pour les valeurs de K :

Pour la première pièce............. $K = 2234^{kil}.3,$
la deuxième pièce............ $K = 2276 \ .2,$
la troisième pièce............ $K = 1914 \ .6,$
Moyenne................. $K = 2141 \ .7 ;$

de sorte que les résultats de ces expériences seraient représentés par la formule

$$P = 2142.\frac{ab^3}{l^2} \quad \text{ou} \quad P = 2142.\frac{b^4}{l^2};$$

selon que les pièces seraient à section rectangulaire ou à section carrée.

Ces expériences vérifient donc aussi la loi exprimée par la formule du n° **125**, et montrent que le sapin rouge, employé comme poteau ou pour résister à la compression, est moins fort que le chêne dans le rapport de 2142 à 2565, ou de 0.84 à 1.00, tandis que l'on avait admis jusqu'ici que le sapin rouge résistait plus que le chêne. On remarquera que, dans ces expériences, le rapport de la longueur des pièces à leur plus petite dimension transversale a varié depuis 29 jusqu'à 50.

En continuant à admettre que les charges permanentes ne doivent pas excéder le dixième de celles de rupture, les formules pratiques à employer pour calculer les dimensions des poteaux en sapin rouge seraient, pour les pièces à section :

carrée, $\qquad P = 214^{kil},2 \ . \ \dfrac{b^4}{l^2};$

rectangulaire, $\qquad P = 214^{kil},2 \ . \ \dfrac{ab^3}{l^2};$

dans lesquelles a et b sont toujours exprimés en centimètres et l en décimètres.

Si d'ailleurs l'on se reporte au tableau du n° **122**, on verra qu'il n'y a pas de différence notable entre la résistance à l'écrasement du sapin rouge et du sapin blanc, celui-ci paraissant même un peu plus fort. Il en est de même du pin résineux, de sorte que les formules ci-dessus pourront être adoptées pour ces différents bois.

Il y a cependant une différence notable entre les sapins des Vosges et certaines espèces de chênes qui sont moins résistants que d'autres bois de même essence; et il y a lieu d'en tenir compte.

129. FORMULES PRATIQUES POUR LES POTEAUX EN BOIS. — D'après ces considérations, l'on établirait les formules pratiques suivantes :

NOMS DES BOIS.	PIÈCES A SECTION	
	CARRÉE.	RECTANGULAIRE.
Chêne fort..............	$P = 256.5 \cdot \dfrac{b^4}{l^2}.$	$P = 256.5 \cdot \dfrac{ab^3}{l^2}.$
Chêne faible...	$P = 180 \cdot \dfrac{b^4}{l^2}.$	$P = 180 \cdot \dfrac{ab^3}{l^2}.$
Sapin rouge et blanc fort et Pin résineux............	$P = 214.2 \cdot \dfrac{b^4}{l^2}.$	$P = 214 \cdot \dfrac{ab^3}{l^2}.$
Sapin blanc faible et Pin jaune.................	$P = 160 \cdot \dfrac{b^4}{l^2}.$	$P = 160 \cdot \dfrac{ab^3}{l^2}.$

130. COMPARAISON DES RÉSULTATS FOURNIS PAR LES RÈGLES DÉDUITES DES DONNÉES DE RONDELET ET DES EXPÉRIENCES DE M. É. HODGKINSON. — Pour chercher à déduire de ce qui précède des règles pratiques que l'on puisse employer avec sécurité, si nous appliquons la formule relative au chêne fort à un poteau de 15 centimètres d'équarrissage, par exemple, en faisant varier sa hauteur, nous formerons le tableau suivant :

Rapport de la hauteur des poteaux carrés à leur équarrissage....	12	14	16	18	20	24	28	32	36	40	48	60	72
Charge par centimètre carré en kilogrammes..........	178	131	100	79	64	44.5	32.8	25	19.8	16.0	11.1	7.1	4.9

Prenant ensuite les rapports des hauteurs à l'équarrissage pour abscisses, comme au n° **121**, et les charges par centimètre carré pour ordonnées, nous tracerons, sur la figure 19 (pl. I),

la courbe qui représentera la loi exprimée par la formule déduite des expériences de M. E. Hodgkinson.

Or, l'examen de cette courbe, comparée à celle que nous
avons tirée des données de Rondelet, montre d'abord qu'elles
s'accordent à très-peu près entre les limites 30 et 45 du rapport
des hauteurs aux équarrissages, et que pour des valeurs ou des
hauteurs plus grandes, la formule donne des charges encore à
peu près les mêmes que celles de Rondelet. Il n'y a que pour
des hauteurs notablement inférieures à 30 fois l'équarrissage, que la formule du n° **125** donne des charges bien plus
grandes que celles de la règle déduite des données de Rondelet.

En effet, si l'on reporte à l'application que nous avons faite aux
n°ˢ **126** et **127** de la formule aux poteaux du rez de-chaussée
du magasin de la Villette, qui, avec un équarrissage de 35 centimètres sur 35 centimètres, et une hauteur de 32 décimètres,
ont supporté à plusieurs reprises, depuis plus de douze ans et
pendant des temps assez longs, une charge de $72^{kil}.5$ par centimètre carré, on voit que la formule nous a donné pour ces
poteaux une charge de 298 650 kilog., ou environ 244 kilog.
par centimètre carré.

On remarquera que les poteaux d'une si faible hauteur, par
rapport à leur équarrissage, se rencontrent rarement dans les
constructions, et l'on pourra sans doute admettre que les formules du n° **129** peuvent être employées avec sécurité quand le
rapport de la hauteur à la plus petite dimension de l'équarrissage sera compris entre 12 et 60.

Mais il ne faut pas perdre de vue que les formules ci-dessus,
déduites des expériences de M. E. Hodgkinson, ne doivent être
regardées que comme des règles empiriques, représentant les
résultats de l'observation entre certaines limites seulement, et
qu'elles ne peuvent être étendues à des proportions qui s'éloignent beaucoup de celles avec lesquelles on a opéré. La charge
qu'elles indiquent augmente trop rapidement quand la hauteur
devient trop petite.

151. Usage des formules du n° **129**. — Les formules pratiques du n° **129** sont d'un emploi trop facile pour qu'il soit

nécessaire d'entrer à ce sujet dans aucun détail. Il suffira d'en donner une application.

Supposons, par exemple, qu'il s'agisse de déterminer l'équarrissage d'un poteau à section carrée, en chêne fort, devant avoir 5 mètres de hauteur, et destiné à supporter une charge de 12 000 kilogr.

La formule à employer est alors

$$P = 256,5 . \frac{d^4}{l^2},$$

dans laquelle $P = 12\,000$ kilogr., $l = 50$ décimètres.

Elle donne :

$$d^4 = \frac{12\,000 \times \overline{50}^2}{256,5} = 116\,960 ; \quad \text{d'où} \quad d = 18^{\text{cent}}.5.$$

Nous ne saurions d'ailleurs trop insister sur l'avantage qu'offrent, pour la solidité et la stabilité des constructions, les bons assemblages et les moyens de liaison invariable des différentes parties des charpentes.

132. PILOTS. — Les pilots, contenus de tous côtés par le sol dans lequel ils sont enfoncés, et assemblés par leur tête dans des chapeaux qui les rendent solidaires, ne peuvent être regardés comme des supports isolés. On adopte, pour calculer leur nombre ou leurs dimensions, la règle suivante donnée par Rondelet.

L'équarrissage des bois à employer étant le plus souvent indiqué d'avance par la facilité plus ou moins grande que les localités offrent pour se les procurer, on calcule le nombre des pilots par cette règle, *que l'on peut charger chaque centimètre carré de leur section de 30 à 35 kilogr.*

Supposons, par exemple, qu'il s'agisse d'un édifice dont le poids total doive être de 15 000 000 kilogr., et qu'on veuille le fonder sur des pilots de 30 centimètres de diamètre.

La charge que l'on pourra faire porter à chacun des pilots sera $\frac{(30)^2}{1,273} \times 35^{\text{kil}} = 24\,745$ kilogr.; et par conséquent leur nombre sera de $\frac{15\,000\,000}{24\,745} = 606$.

On aura soin de les répartir de manière qu'ils supportent des portions à peu près égales de la charge totale.

133. RÉSISTANCE DES BOIS A LA COMPRESSION PERPENDICULAIRE A LA LONGUEUR DES FIBRES. — M. Gauthey recommande, pour la solidité et la conservation des assemblages, et pour éviter le refoulement des fibres des joints, de ne pas leur faire supporter des charges de plus de 160 kilogr. par centimètre carré, perpendiculaire à la longueur des fibres, et de 200 kilogr. parallèlement à cette longueur. Les charges indiquées précédemment étant inférieures à ces limites, il y a peu à s'occuper de ce refoulement. On sait d'ailleurs aujourd'hui que l'emploi des armatures en fonte ou en fer consolide beaucoup les assemblages, en évitant les mortaises profondes et en répartissant la pression sur une plus grande surface.

Résistance des pierres à la compression.

134. EXPÉRIENCES DE RONDELET SUR L'INFLUENCE DE LA HAUTEUR DES SUPPORTS EN PIERRE, SUR LEUR RÉSISTANCE A L'ÉCRASEMENT. — Rondelet rapporte dans la troisième édition de son *Traité de l'art de bâtir*, quelques expériences qu'il a faites pour constater l'influence de la hauteur des piliers en pierre de plusieurs assises; et quoiqu'elles soient incomplètes, puisqu'il n'a employé que trois assises cubiques dans chaque cas, nous en rapporterons une partie.

NATURE DES PIERRES.	NOMBRE de CUBES.	POIDS qui produit L'ÉCRASEM[t].
		kilogr.
Pierres de liais fort dure......................	1	8851
	2	5411
	3	4780
Pierre dure du fond de Bayeux	1	6650
	2	4223
	3	3890
Roche dure de Châtillon	1	5138
	2	4010
	3	3850

Si l'on représente graphiquement (pl. I, fig. 20) ces résultats, en prenant le nombre d'assises ou de cubes pour abscisses, et les charges qui produisent l'écrasement pour ordonnées, on voit que la résistance à l'écrasement décroît d'abord très-rapidement à mesure que le nombre des assises augmente, mais que dès qu'il est égal à trois, il semblerait que la courbe qui représente la loi de cette résistance tend à devenir à peu près parallèle à la ligne des abscisses, ce qui indiquerait que la résistance devient constante et indépendante de la hauteur. Elle serait alors égale à un peu plus de la moitié de la résistance d'une seule assise, ou d'un cube, à l'écrasement. Cette conclusion ne saurait évidemment s'appliquer qu'à des hauteurs très-limitées, attendu que dans les constructions il y a presque toujours des poussées horizontales, qui exercent une influence spéciale souvent plus dangereuse que les charges verticales.

155. Expériences de M. Vicat sur la résistance des solides a la rupture par compression. — Les expériences de ce savant ingénieur, publiées dans les *Annales des ponts et chaussées* pour l'année 1833, 2ᵉ semestre, sont particulièrement relatives aux phénomènes physiques, qui précèdent et accompagnent la rupture ou l'affaissement des solides grenus ou compactes, tels que les pierres, le plâtre, le mortier, les briques, etc.

L'auteur, qui a reconnu, comme Rondelet et Coulomb, la formation de six pyramides dans la rupture des matières tendres ou granuleuses, fait remarquer que cette subdivision est précédée par une première désorganisation qui altère complétement la constitution du corps, et dont la division en pyramides n'est que la conséquence. Il fait observer que cette désorganisation se fait graduellement, et qu'elle est déjà en partie opérée avant que des fentes ou des éclats viennent l'annoncer. Il cite entre autres exemples de cet effet, celui des piliers du Panthéon de Paris, qui n'offraient, en 1780, que 96 fentes ou éclats, tandis qu'on en comptait 650 en 1797. Cette remarque, qui a aussi été faite par d'autres observateurs, montre que quand la pression devient suffisante pour écraser les corps solides, elle se transmet, si ce n'est en tous sens, comme dans les liquides, au moins dans toute leur étendue, puisque toutes les molécules sont désagrégées.

Les expériences de M. Vicat ont été faites avec soin, mais sur des solides de très-petites dimensions. Il en conclut que pour les prismes et pour les cylindres semblables, c'est-à-dire dont les hauteurs sont entre elles dans le même rapport que les côtés ou les diamètres des bases : *les résistances à l'écrasement sont proportionnelles à l'aire des sections horizontales ou des bases;* c'est ce que justifient les résultats suivants extraits du tableau qu'il a donné de ses expériences.

DÉSIGNATION DES MATÉRIAUX.			RÉSISTANCE à l'écrasem^t.	RAPPORT DES	
				Résistances.	Surfaces des bases.
Plâtre ordinaire, cube ayant pour côté............		cent. 1.00 7.20 2.00	kil. 42.21 58.47 169.82	1.00 1.39 4.02	1.00 1.44 4.00
	CÔTÉS cent.	HAUT^r. cent.			
Prismes quadrangulaires ayant pour côtés et pour hauteurs respectives..............	1.00 1.00 2.00 1.00 2.00	2.00 5.00 4.00 0.50 1.00	41.95 39.09 165.20 46.30 172.46	1.00 » 3 94 1.00 3.73	1.00 » 4.00 1.00 4.00
PLATRE.					
Cube de 2^c.00 de côté....................			169.82	1.26	1.273
Cylindre inscrit, chargé debout......			134.00	1.000	1.000
Cube de 2^c.00 de côté...................			457.51	1.250	1 273
Cylindre inscrit, chargé debout...........			366.00	1.000	1.000
BRIQUE CRUE.					
Cube de 2^c.00 de côté....................			139.79	1.250	1.273
Cylindre inscrit, chargé debout...........			107.50	1.000	1.000
CALCAIRE.					
Cube de 2^c.00 de côté....................			979.84	1.275	1.273
Cylindre inscrit, chargé debout...........			782.89	1.000	1.000

136. Résistance des pyramides semblables. — Les expériences du même ingénieur montrent que les pyramides tronquées semblables suivent la même loi que les prismes, c'est-à-dire que leurs résistances à la rupture sont proportionnelles aux carrés des côtés homologues ou à la surface de leurs bases.

137. Résistance des cylindres employés comme rouleaux.

— Voici comment s'exprime M. Vicat sur la rupture des cylindres et des sphères :

« Les cylindres chargés sur leurs arêtes ou employés comme rouleaux pressés entre deux plans horizontaux, commencent par se déprimer sur les lignes de contact ; bientôt deux coins abc, $a'b'c'$ (pl. I, fig. 21) se forment sur les faces de dépression ; chacun a pour côtés deux plans qui se coupent à angle droit, suivant une horizontale contenue tout entière dans le plan vertical qui passe par l'axe du cylindre. Le tranchant c du coin supérieur est éloigné du tranchant c' du coin inférieur des $\frac{2}{3}$ du diamètre du cylindre.

« Au moment où la décomposition que l'on vient de décrire se décide, la rupture a lieu ; les deux coins, en se rapprochant, fendent le reste du cylindre, dont les deux moitiés sont projetées à droite et à gauche. Tel est le mode de rupture offert constamment par les solides cylindriques à texture arénacée, terreuse ou grenue, tels que pierres, briques et mortiers. Les fragments séparés par les coins ne paraissent pas altérés dans leur cohésion intime, mais les coins sont presque pulvérulents.

« L'expérience prouve que les résistances à la rupture des cylindres employés comme rouleaux sont proportionnelles aux produits des axes par les diamètres. D'où il suit que pour des cylindres semblables, ces forces sont comme les carrés des diamètres, et pour les cylindres de même longueur, comme les diamètres seulement. »

138. RÉSISTANCE DES SPHÈRES. — « Une sphère (pl. I, fig. 21) étant pressée entre deux plans horizontaux, se déprime aux points de contact : bientôt il se forme deux cônes abc, $a'b'c'$ dont chacun a pour base la surface circulaire déprimée. La sphère sollicitée par les efforts de ces deux cônes, dont les sommets c et c' regardent le centre, se fend en deux, ou en trois, ou en quatre, et il ne reste des petits cônes que leurs débris.

« Si un instant avant la rupture on dégage la sphère pour en examiner l'état, on trouve les espaces occupés par les cônes remplis d'une matière pulvérulente fortement comprimée. Ainsi les cônes ne commencent à agir avec efficacité que lorsque la matière dont ils sont composés a passé par la pulvérulence, pour se constituer ensuite dans un nouvel état de densité plus convenable à l'effet qu'elle doit produire.

« L'expérience prouve de plus que les résistances des sphères à la rupture par écrasement sont entre elles comme les carrés de leurs diamètres. »

De nombreuses observations que nous avons recueillies à Metz, M. Piobert et moi, sur la rupture des projectiles brisés par le choc, ont montré que quand un boulet choque un corps dur tel que la fonte, sa partie choquante forme, aux vitesses moyennes, la base d'une pyramide à cinq faces, et qu'aux grandes vitesses cette pyramide se change en un cône à génératrice curviligne, qui est presque toujours multiple ou formé de plusieurs autres cônes conaxiques, et dont l'axe diminue de longueur, à mesure que la vitesse du choc augmente. Lorsqu'un boulet est choqué par un autre, le point choqué devient le plus ordinairement le sommet déprimé d'une pyramide à cinq faces.

159. INFLUENCE DE LA HAUTEUR DES SÚPPORTS OU DU NOMBRE DES ASSISES. — La grande diminution de résistance des supports composés de plusieurs assises, observée par Rondelet, est attribuée par M. Vicat, pour la majeure partie, à l'influence du dégauchissement imparfait des assises et à l'absence du mortier ou du ciment, qui aurait fait disparaître ou du moins aurait beaucoup atténué cette différence. Il cite à l'appui de cette opinion plusieurs expériences exécutées sur des prismes en plâtre, dans lesquelles il a trouvé que, la résistance d'un prisme monolithe de hauteur h étant représentée par l'unité, on a pour celles des prismes

à deux assises et de hauteur   h...... 0.930
à quatre assises et de hauteur 2h...... 0.861
à huit assises et de hauteur   4h...... 0.834

même sans interposition de mortier. Il pense donc que la subdivision d'un pilier en assises, dont chacune est monolithe et dont les joints bien dressés sont convenablement garnis de mortier, ne diminue pas sensiblement sa résistance à l'écrasement;

mais il indique qu'il n'en est pas de même quand les assises sont subdivisées par des joints verticaux.

De l'ensemble de ses expériences il conclut que : « les solides semblables d'une seule pièce ou composés semblablement d'un même nombre de pièces, étant semblablement chargés, résistent dans le rapport des carrés de leurs côtés homologues. »

140. CONCLUSIONS PRATIQUES. — L'auteur croit pouvoir conclure de ses dernières expériences, que la charge qu'on peut faire porter aux corps soumis à des efforts de compression d'une manière permanente, est 0.30 de celle qui produirait l'écrasement; mais il ajoute qu'il faudrait encore faire la part des malfaçons dans la pose et dans la taille, celle des défauts invisibles, etc.; il n'indique pas le rapport auquel il pense que l'on devrait s'arrêter pour obtenir la sécurité convenable.

141. EXPÉRIENCES FAITES AU PONT BRITANNIA SUR LA RÉSISTANCE A L'ÉCRASEMENT DE MAÇONNERIES DE BRIQUES OU DE PIERRES. — L'appareil employé dans ces expériences se composait d'un plateau sur lequel on plaçait les poids formant la charge, et il reposait immédiatement sur une plaque de fonte qui appuyait sur la maçonnerie à essayer, par l'intermédiaire d'une planche de sapin destinée à répartir uniformément la pression. Une plaque semblable, recouverte aussi d'une planche, recevait cette maçonnerie à la partie inférieure.

Quatre guides cylindriques maintenaient le parallélisme des plaques de fonte, et la pression de la charge était transmise au milieu de la plaque supérieure par une forte tige de fer forgé liée au plateau.

La maçonnerie de briques à essayer était, ainsi que les pierres, disposée en cubes. Celle des briques était faite avec du ciment et à joints croisés.

Les briques employées n'étaient pas très-dures et avaient été, suivant l'usage anglais, fabriquées sur place et cuites en tas, à l'air, avec de la houille.

Les grès rouges soumis aux expériences étaient les uns secs et les autres humides, ce qui paraît exercer une grande influence sur la résistance.

EXPÉRIENCES SUR LA RÉSISTANCE DE LA MAÇONNERIE DE BRIQUES ET DE PIERRES A L'ÉCRASEMENT.	RÉSISTANCE par centimètre carré en kilogr.
MAÇONNERIE DE BRIQUES.	kilogr.
Cubes de 0ᵐ,23 de côté, en briques cimentées, placés entre des planches..	38.791 43.059 31.927 39 993 29.373
Moyenne...................	36.625
Cette résistance moyenne équivaut au poids d'une hauteur de maçonnerie de briques de 190 mètres.	
GRÈS.	
Cube de grès rouge de 0ᵐ 076 de côté, complétement sec, entre des planches, densité, 2160...............................	143.580
Cube de grès de 0ᵐ.076, un peu humide, posé sur un ciment. densité, 2580...	90.306
Cube de grès de 0ᵐ.076, très-humide, posé sur un ciment, densité, 2150...............................	76.252
Cube de grès de 0ᵐ.152, posé sur ciment, densité, 2675.......	275.581
Moyenne......................	153.550
Cette résistance moyenne équivaut à une hauteur de maçonnerie de la même pierre de 760 mètres.	
PIERRE CALCAIRE.	
Cube de 0ᵐ.076, en pierre calcaire de l'île d'Anglesey, placé entre des planches*, densité, 2750.....................	465.09
Cube de 0ᵐ.076, placé entre des planches, densité, 2420......	564.96
Cube de 0ᵐ.076. densité, 2420............................	541.34
Trois cubes séparés de 0ᵐ.0254 chacun, disposés en triangle entre des planches...,......................	452.72
Moyenne......................	532.63
Cette résistance moyenne équivaut à une hauteur de maçonnerie de la même pierre de 2100 mètres.	

* Cette pierre présentait au pourtour de nombreuses fentes et des éclats, mais les deux tiers de sa surface étaient intacts.

142. Expériences faites au Conservatoire des arts et métiers. — Des expériences faites à l'aide de la presse à quatre cylindres de MM. Hick à laquelle on avait adapté un manomètre de M. Galy Casalat, ont été exécutées au Conservatoire et ont donné les résultats consignés au tableau suivant :

RÉSULTATS DES EXPÉRIENCES FAITES AU CONSERVATOIRE DES ARTS ET MÉTIERS SUR LA RÉSISTANCE DES PIERRES A L'ÉCRASEMENT.

NOMS des carrières.	POIDS du mètre cube.	FORME des blocs.	DIMENSIONS de leur base.	PRESSION totale produisant		PRESSION par centim. produisant	
				des fissures.	l'écrasement.	des fissures	l'écrasement.

PIERRES CALCAIRES.

	kil.			kil.	kil.	kil.	kil.
Roche de Bagneux	2777	cubique	0m,06 sur 0m,06	22.482	26.316	674	731
Laversine	2546	»	»	14.051	20 608	362	572
Vitry	2453	»	»	8.430	17.423	234	484
Moulin	2296	»	»	6.681	8.992	213	249
Saint-Non	»	»	»	7.494	15.550	202	432
Forgel	2245	»	»	5.620	8.805	156	244
Marly-la-Ville	2065	»	0m,082sur0m,082	14 051	16.486	209	246
Vergelé-Ferré	1887	»	»	7.119	8 430	106	125
Abbaye Duval	1727	»	»	2.991	4.309	44.7	64.3
Banc-Royal de Merry	1722	»	»	2.622	4.121	39.1	61.5
Vergelé-fin	1497	»	»	2.445	2.810	36.4	41.9
Lambourde	1696	»	»	1.873	2.445	27.9	36.4

GRÈS BIGARRÉ DES VOSGES.

Niederwiller	2170	cubique	0m,08 sur 0m,08	29.561	31.375	461	490
Witzbourg	»	»	»	25.753	26.378	402	412
Niederwiller	»	»	»	23.7.8	27.566	371	430
Bréménil	»	»	»	21 945	23.577	342	368
Kibolo	»	»	»	20.318	26.832	317	419
Arscheviller	»	»	»	19.949	27.566	311	430
Artzwiller	»	»	»	18.136	25 390	283	396
Bréménil	»	»	»	17.792	33.090	278	517
Arscheviller	»	»	»	17.230	19.406	269	303
Merwiller	»	»	»	17.129	18.861	267	294
Hanneavé	»	»	»	10.882	un angle seul portait	170	»
Arscheviller	»	»	»	10.882	22.671	170	352
					Moyenne générale.		392

NOTA. Ces grès, de couleur rose ou blanche, d'un grain fin, faciles à tailler et à sculpter, que l'on peut obtenir en gros blocs, méritent l'attention des constructeurs.

PIERRE CALCAIRE DE CAUMONT (EURE).

Caumont	2020	cubique	0m,08 sur 0m,08	13.395	15.295	372	424

NOTA. Aucun des échantillons ne s'est fissuré sous une pression inférieure à 287 kilogr. par centim. carré. — L'écrasement complet n'a jamais eu lieu sous une pression inférieure à 342 kilogr.

143. Expériences de M. Michelot sur la résistance des briques à l'écrasement. — L'on trouve, dans le tome IV de la 2ᵉ série du *Bulletin de la Société d'encouragement*, année 1857, le résultat de quelques expériences sur la résistance des briques à l'écrasement, dues à M. Michelot, ingénieur des ponts et chaussées. Nous les reproduisons dans le tableau suivant :

RÉSISTANCE DES BRIQUES A L'ÉCRASEMENT.

ORIGINE et NATURE DES BRIQUES.	CHARGE par CENTIMÈTRE CARRÉ sous laquelle la brique commence à se rompre.		OBSERVATIONS.
	kil.		
Brique réfractaire de Paris, cuite par les briques combustibles..	169.00	»	
Brique réfractaire de Bourgogne.	142.63	162.23	
Brique réfractaire de Paris......	95.15	92.51	
Brique d'Herblay.............	37.19	38.15	
Brique de Sarcelles............	28.09	28.15	
Brique ordinaire, cuite par les briques combustibles........	29.00	24.00	
Brique dite combustible*.......	31.00	26.00	

* L'on nomme ainsi des briques composées, par M. Tiger, de 16 kilogr. de détritus de charbon, 83 kilogr. de terre à brique sèche en poudre malaxée avec une dissolution de 800 grammes d'alun et de 200 grammes de nitrate de potasse. Ces briques servent de combustible pour la cuisson des autres briques, et conservant leur forme, peuvent être employées dans les constructions.

144. Quantité d'eau absorbée par les briques de diverses provenances. — Il peut être utile de connaître la quantité d'eau que peuvent absorber les briques, et des expériences dues à M. Salvetat nous donnent à ce sujet quelques renseignements consignés dans le tableau suivant :

QUANTITÉS D'EAU ABSORBÉES PAR DES BRIQUES.

PROVENANCE et NATURE DE LA BRIQUE.	POIDS de la brique sèche.	POIDS de la brique mouillée.	PROPORTION d'eau absorbée pour 100 de briques sèches
	kil.	kil.	
Brique blanche de Bourgogne réfractaire............... C.D.	2.600	2.820	8.46
Brique de Bourgogne...... M.C.	2.550	2.860	11.76
Brique grise de Pont-s.-Yonne.J.B.	2.065	2.980	12.45
Brique rouge tendre de Villeneuve-s.-Yonne.............	2.710	3.120	15.12
Brique dite grésée de Flipon.....	2.105	2.380	13.06
Brique tendre Idem........	1.195	2.560	16.63
Brique dite violette. Idem......	2.095	2.400	14.55
Brique des Moulineaux..........	2.490	2.790	12.05
Brique rouge de Chaville........	2.450	2.750	12.24
Brique combustible. Moyenne..	1.665	1.859	13.11

145. EXPÉRIENCES SUR DES PIERRES CALCAIRES DES DÉPARTEMENTS DE LA MARNE, DE LA MEUSE ET DE L'AISNE. — Le développement considérable des constructions civiles à Paris et dans ses environs a donné lieu à des exploitations assez importantes des carrières de ces départements pour qu'il ait paru utile de constater par des expériences spéciales la résistance de ces pierres à l'écrasement. M. E. Cordier, architecte à Épernay, en a envoyé au Conservatoire des arts et métiers un certain nombre d'échantillons, sur lesquels ont été faites les observations consignées dans le tableau suivant.

Toutes ces pierres étaient sous la forme d'un décimètre cube, de sorte que la surface comprimée avait 100 centimètres carrés.

EXPÉRIENCES SUR LES PIERRES CALCAIRES DES DÉPARTEMENTS
DE LA MARNE, DE LA MEUSE ET DE L'AISNE.

DÉSIGNATION des LIEUX DE PROVENANCE.	MARQUES et DENSITÉS.	PRESSION TOTALE produisant		PRESSION par CENT. CARRÉ produisant		OBSERVATIONS.
		des fissures.	l'écrasement.	des fissures.	l'écrasement.	
		kil.	kil.	kil.	kil.	kil.	
Vanderesse (Aisne), arr¹ de Laon..............	A 2500	13500	30000	135.00	300.00	
	A 2500	45000	51000	450.00	510.00	La pierre se réduit en poussière.
Reffroy (Meuse), arr¹ de Commercy	B 2140	2250	9000	22.50	90.00	
	B 2140	5250	12750	52.50	127.50	
Brauvilliers (Meuse), arr¹ de Bar-le-Duc	C¹ 2300	7500	18750	75.00	187.50	
	E² 1980	1500	3000	15.00	30.00	
Œuville (Meuse), arr¹ de Commercy	D³ 2460	12000	12750	120.00	127 50	
	»	3000	17250	30.00	172.50	
Verdun (Meuse).........	V 2260	»	4500	»	45.00	
	V 2260	4500	6000	45.00	60.00	
Brauvilliers (Meuse), arr¹ de Bar-le-Duc	E 1980	3000	6932	30.00	69.38	
Meulière dure de Chêne-la-Reine (Marne)......	D 1517	6000	7500	60 00	75.00	Cette pierre très-poreuse se comprime beaucoup avant de se déformer.
	D 1517	750	1500	7.50	15.00	
Meulière tendre de Chêne-la-Reine (Marne)......	T 1175	»	6375	»	63.75	
	T 1175	»	3000	»	30.00	
Craie d'Épernay, de Bar-Jard (humide)........	O 1800	1875	2437	18.75	24.37	
	O 1800	1500	1875	15.00	18.75	
Craie d'Épernay du haut du faubourg.........	P 1625	1875	3000	18.75	30.00	
	P 1625	2625	3750	26.25	37.50	

¹ Dure. — ² Tendre. — ³ Dure.

146. Conséquences des expériences précédentes. — L'on voit, par les résultats consignés dans le tableau ci-dessus, qu'à l'exception de la pierre de Vanderesse, qui peut être classée parmi les pierres dures, et celles de Brauvilliers et d'Œuville, qui peuvent être regardées comme moyennement dures, toutes les autres doivent être regardées comme des pierres tendres.

147. Expériences sur des pierres factices. — L'on a essayé récemment de fabriquer des pierres factices formées de plâtre silicaté gâché avec ou sans cailloux, et des expériences sur la résistance de ces matériaux à l'écrasement ayant été faites au Conservatoire, il m'a paru utile d'en faire connaître les résultats.

Les pierres essayées étaient des cubes de $0^m.20$ de côté, les uns pleins, les autres évidés de manière à réduire la surface résistante, et le volume de matière employée dans le rapport de 400 à 310 ou de 4 à 3.

L'on a observé la marche progressive des pressions et des dégradations produites par la presse hydraulique.

EXPÉRIENCES SUR LA RÉSISTANCE A L'ÉCRASEMENT DES PIERRES ARTIFICIELLES A BASE DE PLATRE SILICATÉ.

FORME DES BLOCS.	DIMENSION et SURFACE pressée.	PRESSION PAR CENTIMÈTRE CARRÉ, produisant			OBSERVATIONS.
		les premières fissures.	de nombreuses fissures.	l'écrasement.	
		kil.	kil.	kil.	
Cubes pleins.	$0^m.20$ sur $0^m.20$	»	36.00	49.50	Plâtre silicaté sans cailloux.
	$400^{cent.q}$......	20.25	54.00	64.32	Plâtre silicaté avec cailloux.
Cubes évidés.	$0^m.20$ sur $0^m.20$	33.67	41,80	58.38	Plâtre silicaté sans cailloux.
	$310^{cent.q}$......	37.74	46.45	66.77	Plâtre silicaté avec cailloux.
Moyenne générale de la résistance à l'écrasement...				47.72	

Les expériences de M. Vicat sur la résistance du plâtre lui ont donné, pour la charge qui produisait les premières fissures, $31^{kil}.92$, et pour celle qui amenait l'écrasement, $59^{kil}.74$, ce qui indiquerait que les pierres en plâtre silicaté n'offrent pas plus de résistance que celles qui seraient faites en bon plâtre ordinaire. Mais il convient d'ajouter que ces matériaux, exposés à l'air depuis près de deux ans, se sont beaucoup mieux conservés que des blocs de plâtre ordinaire placés dans les mêmes circonstances.

148. CONCLUSIONS DES EXPÉRIENCES SUR LES PIERRES ET LES MAÇONNERIES. — Outre les expériences que nous venons de citer sur la résistance des pierres et des maçonneries, il en a été exécuté beaucoup d'autres dont les conséquences généralement admises sont :

1° Que les qualités physiques des pierres, telles que la dureté, la pesanteur spécifique, la couleur, ne peuvent servir d'indice pour juger exactement de la résistance. Il est nécessaire de recourir à des expériences spéciales sur chaque espèce de matériaux.

2° Que dans une même carrière, les pierres qui proviennent du ciel ou *toit* et du fond ou *mur* des couches, qui sont en général moins denses, sont aussi moins résistantes que celles du milieu.

3° Que pour des figures semblables, la résistance est proportionnelle à l'aire des sections transversales.

4° Que pour une même nature de pierre, la résistance est la plus grande possible quand l'échantillon a la forme cubique.

5° Que la résistance d'un cube étant représentée par l'unité, celle du cylindre inscrit posé sur sa base sera 0.80, celle du même cylindre posé sur une arête sera 0.32, et celle de la sphère inscrite 0.26.

6° Que les pierres dures cèdent fort peu à la pression et se divisent tout à coup en lames et en aiguilles sans consistance, qui se réduisent facilement en poussière.

7° Que les pierres tendres se partagent, dans les premiers instants de la rupture, en pyramides ou en cônes, ayant pour bases les faces supérieures et inférieures.

8° Que la résistance des supports diminue d'autant plus qu'ils sont composés d'un plus grand nombre de parties.

9° Que dans les constructions ordinaires, on ne doit charger les maçonneries en pierres de taille et les maçonneries en moellons que du vingtième du poids que pourraient supporter sans s'écraser les matériaux dont elles sont composées.

C'est d'après ces résultats généraux des expériences directes et de l'observation des bonnes constructions existantes, que l'on a formé le tableau qui donne les poids dont on peut charger avec sécurité les supports en maçonnerie de différentes natures soumis à des efforts de compression.

POIDS DONT ON PEUT CHARGER LES SUPPORTS DE MAÇONNERIE AVEC
SÉCURITÉ, PAR CENTIMÈTRE CARRÉ DE SURFACE.

DÉSIGNATION DES CORPS.	POIDS du décimètre cube.	POIDS dont on peut charger les corps avec sécurité, le rapport de la longueur à la plus petite dimension étant 12.
PIERRES VOLCANIQUES, GRANITEUSES, SILICEUSES ET ARGILEUSES.	kilogr.	kilogr.
Basalte de Suède et d'Auvergne	2.95	200. »
Lave dure du Vésuve	2.60	59. »
Lave tendre de Naples	1.97	23. »
Porphyre	2.87	247. »
Granit vert des Vosges.....................	2.85	62. •
Granit gris de Bretagne	2.74	65. »
Granit de Normandie, dit gatonas............	2.66	70. »
Granit gris des Vosges.....................	2.64	42. »
Grès très-dur blanc ou roussâtre.............	2.50	87. »
Grès bigarré des Vosges		20.1
Grès tendre..............................	2.49	00.40
Pierre de porc ou puante (argileuse)..........	2.66	68. »
Pierre grise de Florence (argileuse à grains fins).	2.56	42. »
PIERRES CALCAIRES.		
Marbre noir de Flandre....................	2.72	79. »
Marbre blanc veiné, statuaire et marbre turquin.	2.69	31. »
Pierre noire de Saint-Fortunat, très-dure et co-quilleuse	2.65	63. »
Roche de Châtillon, près Paris, pure et un peu coquilleuse	2.29	17. »
Liais de Bagneux, près Paris, très-dur à grain fin.	2.44	44. »
Roche douce —	2 08	13. »
Roche d'Arcueil, près Paris.................	2.30	25. »
Pierre de Saillancourt, près Pontoise 1re qualité.	2.41	14. »
2e —	2.29	12. »
3e —	2.10	9. »
Pierre ferme de Conflans, employée à Paris ...	2.07	9. »
Pierre tendre (lambourde vergelée) employée à Paris, résistant à l'eau	1.80	6. »
Calcaire dure de Givry, près Paris...........	2.36	31. »
Calcaire tendre, idem........	2.07	12. »
Calcaire jaune oolithique de Jaumont, près Metz {	2.20	1. »
	2.00	12. »
Idem d'Armanvilliers, près Metz............ {	2.00	12. »
	2.00	10. »
Roche vive de Saulny, près Metz.............	2.55	30. »
Roche de Bagneux*.........................	2.78	36.55
Laversine*................................	2.55	28.60

Les résultats marqués d'une* sont déduits des expériences faites au Conservatoire des
arts et métiers.

DÉSIGNATION DES CORPS.	POIDS du décimètre cube.	POIDS dont on peut charger les corps avec sécurité, le rapport de la longueur à la plus petite dimension étant 12.
	kilogr.	kilogr.
Vitry*..................................	2.45	24.20
Moulins*................................	2.30	12.45
Saint-Non*..............................	»	21.60
Forgel*.................................	2.24	12.20
Marly-la-Ville*.........................	2.06	12.30
Vergelé ferré*..........................	1.89	6.25
Abage-Duval*............................	1.73	3.21
Banc royal de Merry*....................	1.72	3.75
Vergelé fin*............................	1.50	2.95
Lambourde*..............................	1.70	1.82
Caumont (Eure)*.........................	2.02	21.20
Roche jaune de Rozérieulles près Metz...	2.40	18. »
Calcaire bleu à gryphites, donnant la chaux hydraulique de Metz......................	2.60	20. »
Lambourde de qualité inférieure résistant mal à l'eau.................................	1.56	2. »
Vanderesse (Aisne)*.....................	2.50	15.00
Beffroy (Meuse)*........................	2.50	4.50
Brauvilliers (Meuse)*...................	2.30	9.30
	1.98	1.50
Meulière tendre (Marne)*................	1.50	1.50
Meulière dure (Marne)*..................	1.50	0.75
Craie d'Épernay*........................	1.80	0.90
Plâtre silicaté*........................	»	2.38
BRIQUES.		
Brique dure très-cuite..................	1.56	15. »
Brique rouge............................	2.17	6. »
Brique rouge pâle.......................	2.09	4. »
Brique de Hammersmith...................	»	7. »
Brique de Hammersmith brûlée ou vitrifiée.....	»	10. »
Briques anglaises ou flamandes tendres........	»	1. 8
PLATRE ET MORTIERS.		
Plâtre gâché à l'eau (M. Vicat).........	»	2.99
Plâtre silicaté*........................	»	2.70
Plâtre silicaté avec cailloux*..........	»	3.28
Mortier ordinaire en chaux et sable.....	»	3.50
Mortier en ciment et tuileaux pilés.....	»	4.80
Mortier en grès pilé....................	»	2.90
Mortier en pouzzolane de Naples et de Rome...	»	3.70
Béton en bon mortier, de 18 mois........	»	4. »

Les résultats marqués d'une * sont déduits des expériences faites au Conservatoire des arts et métiers.

Avant de terminer cette revue des principaux résultats de l'expérience, il ne sera pas inutile de rapporter quelques données relatives à l'usure des pierres et à la cohésion des mortiers.

149. Résistance des différentes sortes de pierres à l'usé. — Pour le dallage des édifices, il importe d'employer des pierres qui s'usent peu sous le frottement répété des chaussures des passants. Rondelet rapporte, page 298 du premier volume de son *Traité de l'art de bâtir*, des expériences dont il a déduit le classement suivant des différentes pierres essayées, comparées au granit antique, dont la résistance est représentée par 1000.

DÉSIGNATION DES PIERRES.	RÉSISTANCE RELATIVE A L'USÉ.
Granit antique..............................	1000
Granit vert des Vosges........................	952
Granit feuille morte...........................	923
Granit gris..................................	889
Granit de Bretagne...	857
Granit gris de Normandie......................	800
Marbre bleu turquin..........................	125
Marbre blanc veiné...........................	100
Pierre de liais..............................	87

Rondelet fait d'ailleurs remarquer qu'il n'y a pas de rapport direct entre la résistance à l'usé et la résistance à l'écrasement.

Il serait à désirer que des expériences semblables fussent faites sur les différentes matières dont on recouvre les trottoirs et autres passages publics depuis quelques années.

Cohésion et adhérence des mortiers.

150. Expériences sur la résistance et l'adhérence du mortier et du plâtre. — M. Rondelet rapporte (page 218, Ier vol.) diverses expériences exécutées de 1783 à 1802 sur la résistance du mortier et du plâtre. De ces expériences, faites en écrasant

des briques de mortier de 0ᵐ.15 de longueur, 0ᵐ.10 de largeur
et 0ᵐ.04 d'épaisseur, dix-huit mois après leur fabrication, au
moyen d'un levier de pression chargé de poids, il a conclu que :

1° La massivation, ou l'action de battre le mortier, augmente
sa force, qui croît dans le rapport de 1 à 1.3 environ par le
battage.

2° Les sables les plus arides ou les plus dépourvus de matières
terreuses ne sont pas toujours les meilleurs.

3° Le bon plâtre cuit, gâché à point, a la force moyenne du
mortier de chaux grasse, et le plâtre gâché avec du lait a une
force supérieure au mortier ordinaire.

En répétant, en 1802, les mêmes expériences sur des briques
de mortier de la même fabrication, c'est-à-dire quinze ans après,
il a reconnu que la résistance primitive étant 1000, celle des
différents mortiers avait acquis, après ce laps de temps, les valeurs suivantes :

DÉSIGNATION DES MORTIERS.	RÉSISTANCE RELATIVE, la résistance primitive supposée égale a 1000.
Mortier de chaux et sable de rivière...................	1125
Mortier de ciment pur	1250
Mortier de ciment et sable..........................	1111
Mortier de poudre de grès..........................	1011
Mortier de poudre de pierre de Conflans...............	1400
Mortier de pouzzolane de Rome.....:................	1143
Mortier de pouzzolane grise de Naples.................	1333
Mortier de pouzzolane blanche	1286
Mortier de pouzzolane d'Écosse	1055

151. FORCE AVEC LAQUELLE LE MORTIER UNIT LES PIERRES. —
Le même auteur rapporte les expériences qu'il a faites pour
déterminer l'effort qu'il faut exercer normalement à une surface de joint pour séparer deux pierres scellées avec du mortier
de chaux et sable fin, fait avec soin, après six mois de dessiccation. Les surfaces scellées n'avaient que 0ᵐ ᑫ.00293 d'étendue, et en admettant ce que d'autres expériences, dont il sera
parlé plus loin, tendent à établir, que la résistance à la sépa-

ration soit proportionnelle à l'étendue de la surface, on en déduit pour la résistance par mètre carré de surface les valeurs suivantes :

DÉSIGNATION DES PIERRES. SCELLÉES EN MORTIER.	RÉSISTANCE PAR MÈTRE CARRÉ.
	kil.
Pierre de liais à surfaces polies au grès...............	10692
Pierre de liais à surfaces moins polies................	11699
Pierre d'Arcueil.....................................	12030
Pierre de Saint-Leu.................................	15180
Pierre de Vergelée..................................	15870
Pierre de Conflans..................................	18040
Pierre meulière	20380
Brique de Bourgogne................................	23050
Tuileaux	23560

152. FORCE AVEC LAQUELLE LE PLÂTRE UNIT LES PIERRES. — M. Rondelet a fait des expériences analogues avec le plâtre, en scellant deux cubes semblables aux précédents et en déterminant après six mois l'effort nécessaire pour les séparer.

DÉSIGNATION DES PIERRES.	RÉSISTANCE PAR MÈTRE CARRÉ.
	kil.
Pierre de liais.......................................	20716
Pierre dure d'Arcueil	21216
Pierre dure du faubourg Saint-Marceau...............	15035
Pierre de Saint-Leu..................................	24726
Pierre de Conflans..................................	27872
Pierre de Vergelée	24057
Pierre meulière	31575
Briques	33580

Rondelet fait remarquer que la force de cohésion et de réunion du mortier croît avec le temps, au lieu que celle du plâtre diminue, surtout lorsqu'il est exposé à l'air et à l'humidité. Jusqu'à sept ou huit ans, la liaison du plâtre est plus forte que celle du mortier ordinaire; après dix ou douze ans, celle du mortier est plus grande.

153. COMPARAISON ENTRE LA FORCE DE COHÉSION ET LA RÉ-

SISTANCE À L'ÉCRASEMENT. — En comparant ces deux résistances, Rondelet a trouvé que la première était à la seconde dans les rapports suivants :

DÉSIGNATION DES SUBSTANCES.	RAPPORT entre LA RÉSISTANCE à la rupture par traction et la résistance à l'écrasement.
Mortier de chaux et de sable de 16 ans..............	1 : 12
Plâtre..	1 : 9.5
Brique en ciment.................................	1 : 7.5
Briques en pouzzolane............................	1 : 8
Mortiers antiques................................	1 : 8

Résistance de la fonte à la compression.

154. EXPÉRIENCES DE M. E. HODGKINSON[*]. — On doit encore à ce physicien des expériences précises et nombreuses sur la compression de la fonte, dans lesquelles il a mesuré les compressions élastiques et les compressions permanentes.

Les barres soumises à l'expérience avaient $3^m.05$ de longueur sur $6^{cent.q}.45$ de section. Elles étaient contenues dans un bâti en fer qui les empêchait de fléchir. On avait soin de les graisser pour diminuer leur frottement latéral dans les guides, et on les frappait de temps à autre avec un marteau pour éviter l'adhérence.

La fonte provenait de la même coulée que les barres employées aux expériences sur l'extension du même métal, rapportées au n° **15**.

Les résultats moyens d'une expérience, rapportés aux mesures métriques, sont insérés dans le tableau suivant :

---

[*] *Rapport des commissaires de l'enquête sur l'emploi du fer.*

RÉSISTANCE DE LA FONTE A LA COMPRESSION.

CHARGE par CENTIMÉT. CARRÉ.	COMPRESSION PAR MÈTRE DE LONGUEUR		COEFFICIENT D'ÉLASTICITÉ rapporté au mètre carré.
	totale.	permanente.	
kil.	m.	mill.	kil.
145.105	0.00015605	0.003914	9 292 781 000
290.209.	0.00032396	0.01882	8 986 080 000
439.315	0.00049784	0.03331	8 744 071 000
580.419	0.00065625	0.05371	8 845 800 000
725.525	0.00082808	0.07053	8 761 470 000
870.644	0.00100253	0.09053	8 684 430 000
1015.535	0.0011795	0.11700	8 611 720 000
1160.840	0.0013606	0.14258	8 531 780 000
1305.945	0.0015411	0.17085	8 474 260 000
1451.050	0.0017175	0.20685	8 448 391 000
1741.256	0.0020785	0.36810	8 376 781 000
2032.171	0.0024733	0.45810	8 216 480 000
2326.661	0.0029432	0.50768	7 887 180 000

155. Représentation et conséquences de ces expériences. —
En représentant les résultats de ces expériences par une construction graphique, dans laquelle les abscisses sont les raccourcissements ou compressions à l'échelle de 40 millim. pour
1 millim., et dont les ordonnées sont les charges à l'échelle de
5 millim. pour 1 kilogramme par millimètre carré, on a obtenu, pour représenter la relation des charges aux compressions totales, une ligne qui, jusqu'aux charges de 14^{kil}.50, et
même 17^{kil}.41 par millimètre carré, est sensiblement droite.
(Voy. la fig. 1, pl. II, réduite sur la gravure à demi-grandeur.)

Si des compressions totales on retranche les compressions
permanentes, les restes, qui sont les compressions élastiques,
sont exactement proportionnels aux charges jusqu'à celles de
23^{kil}.27 par millimètre carré de section.

Il résulte de là que les compressions, soit totales, soit élastiques, sont, entre des limites très-étendues, proportionnelles
aux charges. Quant aux valeurs absolues des compressions permanentes, elles sont, jusqu'à des charges de 10 à 12 kilogr. par
millimètre carré, tellement faibles, que dans la pratique on
peut les négliger.

Le rapport des charges par mètre carré aux compressions

exprimées en mètres, par mètre de longueur, a pour valeur moyenne depuis les plus petites charges jusqu'à celle de $17^{kil}.41$ par millimètre carré

$$E = 8\,804\,764\,000^{kil},$$

et cette valeur moyenne ne diffère au plus que de $\frac{1}{22}$ de celle qui s'en écarte le plus.

On voit d'ailleurs qu'elle est à peu près la même que la valeur relative à l'extension, de sorte que, pour les faibles variations de longueur, il est, au moins pour la pratique, à peu près exact de regarder les résistances de la fonte à l'extension et à la compression comme égales entre elles, ce qui est la base de la théorie de la résistance à la flexion, que nous exposerons plus tard. Mais il doit être bien entendu que cela ne peut être admis qu'entre des limites étroites. Alors, en prenant la moyenne des valeurs trouvées au n° **16** et au précédent, on a

$$E = 9\,096\,070\,000^{kil} \text{ pour l'extension;}$$
$$E = 8\,804\,764\,000 \quad \text{pour la compression;}$$

valeur moyenne $E = 8\,950\,417\,000^{kil}$ pour le coefficient d'élasticité de la fonte.

D'après l'ensemble des expériences antérieures à celles de M. E. Hodgkinson, on admettait pour la fonte grise à grain fin :

$$E = 12\,000\,000\,000^{kil}.$$

Mais il ne faut pas perdre de vue qu'il y a une différence considérable entre la résistance des fontes selon le degré de finesse et la nature de leur grain, la qualité du métal, etc.

156. Expériences de M. Eaton Hodgkinson sur la résistance à l'écrasement des pièces courtes en fonte de fer. — Antérieurement aux expériences que nous venons de citer, le même observateur en avait fait d'autres sur la résistance de la fonte à la rupture par compression, sur des échantillons plus courts, en se bornant à déterminer les charges d'écrasement[*]. L'auteur

---

[*] *Experimental researches on the strength and the other properties of cast iron*, by Eaton Hodgkinson. 1842. — *Philosophical transactions*, année 1840.

indique que tous les soins convenables avaient été pris pour s'assurer que les bases des cylindres ou des prismes soumis à la compression étaient exactement parallèles entre elles, perpendiculaires à l'axe de figure des solides et pressées entre deux surfaces parallèles, de façon que la pression s'exerçait également sur tous les éléments de ces bases.

Le tableau suivant contient les résultats des expériences faites sur des cylindres et des prismes de fonte n° 2 des fonderies de *Carron*, en Écosse.

HAUTEUR des échantillons.	CYLINDRES.				Prismes droits à base triangulaire équilatérale. Aire = 0mq.0002095.	Prismes droits à bases carrées de 0m.0127 de côté. Aire = 0mq.00016129.	Prismes droits à base rectangulaire de 0m.0254 sur 0m.000637. Aire = 0mq.00016193.
	Diamètre = 0m.00635. Aire = 0mq.00003168.	Diamètre = 0m.009525. Aire = 0mq.00007127.	Diamètre = 0m.0127. Aire = 0mq.0001267.	Diamètre = 0m.0163. Aire = 0mq.0002087.			
m.	kil.	kil.	kil.	kil.	kil.	kil.	kil.
0.00318	12505.30 / 11658.03	12002.94	10960.00	»	»	»	»
0.00635	9758.58	10467.06	9709. »	»	»	»	»
0.00953	9393.70	8736.24	9504.50	»	»	»	»
0.01270	9018.70	8673.91	8709.20	»	7702. »	7230.40	8540.70
0.01588	9030.14	9003.37	»	8456.30	»	»	»
0.01905	8559.24	9577.70	8443.10	7847.80	7247. »	6800.30	»
0.02223	»	»	»	7847.80	»	»	»
0.02540	8298.75	9461.94	8228. »	»	6792. »	67.3260	7041.90
0.03175	»	9088.59	8699.20	»	»	»	»
0.03810	»	9001.46	8439.01	»	»	»	»
0.05080	»	8777.35	7854.10	»	»	»	»

157. Conséquences de ces expériences. — La comparaison de ces résultats montre que les échantillons les plus courts supportent généralement, à diamètre égal ou à dimensions égales de la base, des charges plus fortes que les échantillons les plus longs. Dans les plus courts, la rupture se produit par l'écrasement du milieu de la pièce et son élargissement, de sorte qu'il rompt, déchire et arrache les parties qui l'entourent. C'est ce qui arrive généralement quand les dimensions latérales du prisme ou le diamètre du cylindre sont assez grands par rapport à sa hauteur.

Quand ces dimensions sont égales ou peu inférieures à la hauteur, la rupture se produit par la division oblique du corps suivant plusieurs directions.

Dans le cas des prismes en fonte, la flexion est nulle ou très-petite avant la rupture, et alors celle-ci a lieu par la formation de deux cônes ou pyramides, dont les bases sont les extrémités du corps, et qui rompent et écartent les côtés, ou bien, ainsi que cela arrive généralement pour les cylindres, la rupture se produit par le glissement d'une sorte de coin partant de l'une des bases qui forme la sienne, et dont l'angle est constant pour une même espèce de matériaux et variable d'une espèce à l'autre.

Pour la fonte, cet angle est tel que la hauteur du coin est un peu moindre qu'une fois et demie le diamètre. Dans cette fracture, la partie du cylindre dont le coin se détache, se renfle vers le milieu et se trouve raccourcie, surtout avec la fonte douce.

Le mode de fracture est le même, et la force de la pièce mise en essai reste sensiblement la même, à dimensions latérales égales, quand la hauteur augmente, pourvu que cette dimension soit comprise entre une fois et 4 à 5 fois le diamètre pour les cylindres, ou la moindre dimension latérale pour les autres formes de solides.

Mais, au delà de cette proportion, la résistance diminue d'autant plus que la hauteur croît davantage.

Les expériences n'ont signalé qu'une assez faible différence entre la résistance de la fonte obtenue à l'air froid et celle qu'on obtient à l'air chaud.

Enfin, la comparaison des résultats du tableau précédent montre que *la résistance de la fonte à l'écrasement est sensiblement proportionnelle à l'aire de la section transversale.* Ainsi, les cylindres de 0^m.0127 de diamètre supportent à peu près 4 fois la charge de ceux de 0^m.0063 : les différences assez légères que présentent les échantillons de plus grandes dimensions, peuvent être attribuées à ce qu'ils étaient pris dans des masses plus grandes, et par conséquent d'un métal plus doux.

Il faut en effet avoir égard à l'influence notable qu'exerce la différence d'arrangement des molécules à la surface et à l'intérieur. Par l'effet du refroidissement du métal après la coulée, la surface extérieure a le grain plus fin, plus serré que l'intérieur, et elle est plus résistante. Il arrive même, pour les gros échantillons, que la différence que présente la cassure est très-grande, et qu'en même temps celle de la résistance est aussi considérable. C'est ce que l'on a vérifié en comparant la résistance d'échantillons de même dimension, dont les uns étaient coulés directement, et dont les autres étaient pris dans des masses plus considérables.

158. RÉSISTANCE DE LA FONTE À L'ÉCRASEMENT PAR UNITÉ DE SURFACE. — Pour rapporter la résistance des fontes éprouvées précédemment à l'unité de surface, il convient de se borner à comparer entre elles les expériences faites sur les échantillons dont la hauteur était à peu près comprise entre 1 fois et 2 fois la hauteur du coin qui glissait, ce qui revient à une hauteur comprise entre 1.50 et 3 fois le diamètre. On laisse ainsi de côté les prismes trop courts, dont la résistance est plus grande, parce que le coin de rupture ne peut se former, et les prismes trop longs qui pourraient fléchir.

Les tableaux suivants contiennent séparément les résultats relatifs à la fonte obtenue à l'air chaud et à l'air froid*.

---

* *Transactions ot the British association for*, etc. vo¹. VI.

RÉSISTANCE DE LA FONTE A L'AIR CHAUD A L'ÉCRASEMENT
(fonte de Carron, n° 2).

DIMENSIONS DE LA BASE de l'échantillon.	NOMBRE d'expériences.	VALEUR OBSERVÉE de la charge d'écrasement.	CHARGE MOYENNE d'écrasement		MOYENNE GÉNÉRALE	
			par pouce carré.	par cent. carré.	par pouce carré.	par cent. carré.
Cylindres droits.		liv.	liv.	liv.	liv. ang.	kilogr.
Diamètre en pouces anglais, ⎰ 0.25	3	6 426	130 909	9199.95	du cylindre.	
0.33	4	14 542	131 665	9253.08	121 685 liv.	
0.50	5	22 110	112 605	7913.40	=54ᶜ6 ½ cw	8551.65
0.64	1	35 888	111 560	7840.15		
Prisme droit, 0ᵖ.50×0ᵖ.50	3	25 104	100 416	7057.14	des prismes. 100 739 liv.	
1ᵖ.0×0 26.	2	26 276	101 062	7102.37	=44ᶜ19 ½ cw	7079.75
Moyenne générale..	»	»	»	»	114703 liv.	8061.01

RÉSISTANCE A L'ÉCRASEMENT DE LA FONTE A L'AIR FROID
(fonte de Carron, n° 2).

DIMENSIONS DE LA BASE.	NOMBRE d'expériences.	VALEUR OBSERVÉE de la charge d'écrasement.	CHARGE MOYENNE d'écrasement		MOYENNE GÉNÉRALE	
			par pouce carré.	par cent. carré.	par pouce carré.	par cent. carré.
Cylindres droits.		liv.	liv.	liv.	liv. ang.	kilogr.
Diamètre en pouces anglais, ⎰ 0.25	2	6 088	124 063	8718.83		
0.33	4	14 190	128 478	9029.10	118 211 liv.	
0.50	7	24.290	123 708	8693.88	=52ᶜ15 ½ cw	8308.25
0.45	2	15 369	96 634	6791.19		
Triangle équilatéral de 0ᵖ 866 de côté.	2	32 398	99 769	7011.51	101 964 liv.	
Carré de 0ᵖ.50×0ᵖ.5	2	24 538	98 152	6897.87	=45ᶜ10 ½ cw	7165.77
Rect. de 1ᵖ×0ᵖ.243	3	26 237	107 971	7587.92		
Moyenne générale..	»	»	»	»	111248 liv.	7818.61

On voit d'abord que la résistance à l'écrasement ne présente que bien peu de différence selon que la fonte a été obtenue à l'air chaud ou à l'air froid.

La diminution de résistance fournie par les derniers échantillons de chacun de ces tableaux peut être attribuée à ce qu'ils avaient été pris dans des masses plus grandes, dont l'intérieur était en métal plus doux et plus tendre que celui des petits cylindres.

159. AUTRES RÉSULTATS D'EXPÉRIENCES. — Le tableau suivant donne la résistance à l'écrasement de fontes anglaises et écossaises de diverses autres origines, et pour des solides de diverses formes. L'influence du mode de traitement à l'air froid ou à l'air chaud ne s'y fait non plus remarquer par aucune différence bien sensible dans la résistance moyenne par centimètre carré.

RÉSISTANCE DE LA FONTE A L'ÉCRASEMENT.

ORIGINE DES FONTES.	FORME DES ÉCHANTILLONS.	RÉSISTANCE moyenne à l'écrasement par cent. carré.
		kil.
Devon (Écosse), n° 3, air chaud.....	Cylindre.	10220.80
Buffery (près Birmingham), n° 1, air chaud.	»	6071.76
Id. air froid...	»	6562.84
Coel-Talon (Galles), n° 2, air chaud.	»	5814.33
Id. air froid...	»	5746.58
Carron (Écosse), n° 2. air chaud.	Cylindres et prismes.	8061.03
Id. air froid...	»	7818.22
Carron *Id.* n° 3. air chaud.	Prismes.	9377.82
Id. air froid...	»	8112.96
Low-Moor (Yorkshire), n° 3, air froid...	Cylindres et prismes à bases rectangulaires.	8145.92
Mélange de fontes, le même que dans les expériences sur la résistance à l'extension, n° 74................	Cylindres de 0ᵖ.508 sur 0ᵖ.6 de diamètre.	7287.30 7031.18
	Prismes pris dans les solives.	8555.50
Moyenne générale...........		7600.48

160. COMPARAISON DE LA RÉSISTANCE DE LA FONTE À LA RUPTURE PAR EXTENSION ET À LA RUPTURE PAR COMPRESSION. — L'on peut maintenant, à l'aide des expériences déjà citées, comparer les efforts nécessaires pour écraser et pour arracher des surfaces égales de fonte et de fer, et former le tableau suivant.

On voit, par ce tableau, que la résistance de la fonte à la rupture par écrasement est de 4.337 fois à 8.493 fois aussi grande que sa résistance à l'extension. Le rapport moyen de ces résistances est 6.595. M. E. Hodgkinson croit cette moyenne un peu faible, et pense que le véritable rapport entre les deux résistances serait compris entre 7 et 8, si tous les échantillons avaient été pris, deux à deux, dans les mêmes pièces de fonte.

TABLEAU COMPARATIF DE LA RÉSISTANCE DE LA FONTE DE FER A LA RUPTURE PAR ÉCRASEMENT ET PAR TRACTION.

DÉSIGNATION DES FONTES.	RÉSISTANCE à l'écrasement		RÉSISTANCE à l'extension		RAPPORT des deux RÉSISTANCES.
	par pouce c.	par cent. c.	par pouce c.	par cent. c.	
	liv.	kil.	kil.	kil.	
Fonte de Devonshire n° 3, air chaud.	145 435	10 220	21 907	1539	6.686 : 1
Fonte de Buffery n° 1, air chaud.	86 397	6 072	13 434	944	6.431 : 1
n° 1, air froid..	93 385	6 563	17 466	1227	5.346 : 1
Fonte de Coel-Talon n° 2, air chaud.	82 734	5 814	16 676	1175	4.961 : 1
n° 2, air froid..	81 770	5 747	18 855	1325	4.337 : 1
Fonte de Carron n° 2, air chaud.	114 703	8 054	13 505	946	8.493 : 1
n° 2, air froid..	111 248	7 818	16 683	1772	6.668 : 1
n° 3, air chaud.	133 440	9 378	17 755	1248	7.715 : 1
n° 3, air froid..	115 442	8 113	14 200	998	8.129 : 1
Fonte de Low-Moor. n° 3, air froid..	109 801	7 717	14 5	1021	7.554 : 1
Mélanges de fontes, employés dans les expériences sur les solives.	110 908	7 794	17 136	1204	6.472 : 1
Moyenne générale.........		7 577		1164	6.594 : 1

161. OBSERVATIONS SUR LES RÉSULTATS PRÉCÉDENTS. — Les valeurs moyennes déduites du tableau pour la résistance de la fonte à l'extension et à l'écrasement sont inférieures à celles qui ont été trouvées (n° **73**) pour des fontes françaises fabriquées au bois, tandis que les fontes anglaises sont faites au coke et généralement très-carburées.

162. EXPÉRIENCES COMPARATIVES SUR LA RUPTURE DE LA FONTE PAR EXTENSION ET PAR COMPRESSION. — Une comparaison analogue à la précédente, entre la résistance de la fonte à la rupture par allongement et par écrasement, a été faite par le même auteur entre des fontes d'origines diverses. Les résultats en sont consignés dans le tableau suivant :

RÉSULTATS D'EXPÉRIENCES SUR LA RÉSISTANCE A LA RUPTURE PAR EXTEN-
SION ET PAR COMPRESSION DE DIVERSES ESPÈCES DE FONTE.

(Tous les échantillons soumis à l'écrasement étaient courts et de petits diamètres.)

NATURE DES FONTES.	RÉSISTANCE à la rupture PAR EXTENSION		HAUTEUR des échantillons en cent.	RÉSISTANCE à la rupture PAR COMPRESSION		RAPPORT entre la résistance à l'extension et la résistance à la compression.
	en tonn⁵ par pouce carré.	en kilog. par cent. carré.		en tonn⁵ par pouce carré.	en kilog. par cent. carré.	
	tonn⁵.	kilogr.	cent.	tonn⁵.	kilog.	
Low Moor nº 1..	5.667	8 924	1.90 / 3.82	28.809 25.198	4536.6 3964.8	1:4.765
Low Moor nº 2..	6.901	1086.7	1.90 3.82	44.430 41.219	6996.4 6490.8	1:6.205
Clyde nº 1......	7.198	1133.4	1.90 3.82	41.459 39.616	6528.5 7728.0	1:5.631
Clyde nº 2......	7.949	1250.7	1 90 3.82	49.103 45.549	7732.3 7172.6	1:5.953
Clyde nº 3......	.10 477	1649.8	1.90 3.81	47.855 46.821	7537.3 7372.9	1:4.518
Blaenavon nº 1..	6.222	979.8	1.90 6.82	40.562 35.964	6387.3 5663.3	1:6.149
Blaenavon nº 2..	7.466	1175.7	1.90 3.82	52.502 45.717	8267.5 7199.1	1:6.577
Blaenavon nº 3..	6 380	1005.7	1.90 3.81	30.606 30.594	4820.5 4817.7	1:4.796
Calder nº 1... ..	6.131	965.5	1.90 3.81	32.229 33.921	5075 1 5341.5	1:5.394
Coltness nº 3....	6.820	1073.9	1.90 3.81	44.723 45.460	7042.5 7158.6	1:6.611
Brayenbo nº 1...	6.440	1014.1	1.90 3.81	33.399 33.784	5299.3 5319.9	1:5.216
Brayenbo nº 3...	6.923	1041.1	1.90 3.81	33.988. 34.356	5352.1 5410.1	1:4.936
Bowling nº 2....	6.032	949.9	1.90 3.81	33.967 33 028	5351.9 5202.5	1:5 555
Ystalyfera nº 2.. (Anthracite.)	6.478	1020.1	1.90 3.81	44.610 42.660	7024 8 6717.7	1:6.735
Ystscedwin nº 1. (Anthracite.)	6.228	980.7	1.90 3.81	37.281 35.115	5870.6 5529.6	1:5.811
Ystscedwin nº 2. (Anthracite.)	5.959	938.4	1.90 3.81	34 430 33.646	5421.7 5298 2	1:5.712
Stirling 2ᵉ qual..	11.502	1811.2	1.90 3.81	55.952 53.329	8810.3 8397.7	1:4.751
Stirling 3ᵉ qual..	10.474	1649.3	1.90 3.81	70.827 57.980	11153 0 9130.6	1:6.149
Moyenne...		1163ᵏ65			6320.85	

Rapport moyen... 1:5.64

163. OBSERVATIONS SUR LES RÉSULTATS PRÉCÉDENTS. — Ce tableau montre combien les résistances des fontes, soit à l'extension, soit à la compression, sont différentes, et de quelle importance il peut être, dans les grandes constructions, de s'assurer au préalable de la nature du mélange et de la qualité des fontes que l'on emploie. Ainsi l'on voit, par exemple, que les résistances à l'extension et à la rupture des fontes de Stirling en Écosse, fabriquées par M. Morries, sont doubles de celles des fontes de Low Moor dans le Yorkshire.

Le diamètre de la plupart des cylindres écrasés dans ces expériences était de $0^m.019$; et l'on voit que quand la hauteur est comprise entre 1 et 2 fois le diamètre, ces expériences semblent indiquer que la résistance à l'écrasement est à peu près la même.

Enfin, il faut rappeler que tous les échantillons essayés étant de petite dimension, la résistance qu'ils ont offerte est plus grande que ne serait, à proportion, celle de grosses pièces de fonte.

De l'ensemble de ces expériences, on déduit, pour les valeurs moyennes des résistances :

Résistance à la rupture par extension, $R_r = 11\,636\,500^{kil}$ par mètre carré.

Résistance à la rupture par compression, $R_r = 63\,208\,600^{kil}$ par mètre carré.

En prenant la moyenne générale des résultats consignés dans les tableaux des n⁰ˢ **75** et suivants et **155** et suivants, on trouve pour la fonte :

La résistance à la rupture par extension, $R_r = 11\,640\,000^{kil}$;
La résistance à la rupture par compression, $R_r = 75\,000\,000^{kil}$.

Le rapport moyen de ces deux résistances est celui de 1 à 6.

Mais l'on observera que la qualité des fontes varie beaucoup et qu'en particulier celles de première fusion très-carburées qui cristallisent en larges facettes, offrent une résistance à l'écrasement qui atteint à peine $45\,000\,000$ kilogr., tandis que, pour certaines fontes fines à grains serrés, peu carburées, cette même résistance s'élève de 100 à 110 millions de kilogrammes par mètre carré.

Enfin, toutes les expériences ont été faites sur des échantillons de petites dimensions, d'une contexture homogène, et n'offrant pas, comme on l'observe presque toujours dans les pièces de grosses dimensions, des parties devenues plus ou moins poreuses à l'intérieur par suite des effets du retrait.

164. DÉTERMINATION DE LA CHARGE DE COMPRESSION QUE L'ON PEUT FAIRE SUPPORTER D'UNE MANIÈRE PERMANENTE A LA FONTE. — Si l'on se reporte à ce que l'on a vu au n° **154**, où l'on a montré que jusqu'à des charges de 2327 kilogr. par centimètre carré, les compressions élastiques sont restées proportionnelles aux charges et n'ont atteint alors que la valeur

$$i = 0^m.0029432 - 0^m.0005077 = 0^m.0024355,$$

et qu'au moyen de la valeur du coefficient d'élasticité déduite des expériences de M. Hodgkinson,

$$E = 8\,804\,764\,000^{kil},$$

on calcule la valeur de la charge R_{ce}, correspondant à cette limite de la compression élastique, on trouve :

$$R_{ce} = 8\,804\,764\,000^{kil} \times 0^m.0024355 = 21\,444\,000^{kil}.$$

Et si l'on s'impose la condition que les charges n'atteignent jamais la moitié de celles qui altéreraient l'élasticité par compression, ce qui convient pour tous les ponts et pour les constructions exposées à des vibrations comme les maisons des villes, on aura pour la valeur du coefficient pratique de la résistance des supports en fonte exposés à la compression, la valeur

$$R_c = 10\,722\,000^{kil}.$$

Les constructeurs qui se basent exclusivement sur les résultats relatifs à la rupture qui a lieu, en moyenne, sous une charge de

$$75\,000\,000^{kil},$$

admettent généralement que, par prudence, la charge ne doit pas dépasser celle qui correspondrait au quart ou au sixième de celle de rupture, ce qui les conduit à adopter pour la pratique

$$R_c = 18\,750\,000^{kil} \quad \text{ou} \quad R_c = 12\,500\,000^{kil}.$$

La première de ces valeurs se rapproche beaucoup de la charge correspondante à la limite d'élasticité, et il sera plus prudent de n'adopter que la seconde

$$R_c = 12\,500\,000^{kil},$$

ainsi que nous le ferons dans le calcul des dimensions à donner aux colonnes de fonte.

165. Détermination de la charge de compression que l'on peut faire supporter d'une manière permanente au fer forgé. — Si pour le fer nous faisons le même raisonnement et un calcul analogue, nous trouvons que les expériences de M. Hodgkinson ayant montré que des barres de $3^m.05$ pouvaient éprouver un raccourcissement de $2^{mill}.54$ ou de $0^{mill}.00083$ par mètre, sans que la proportionnalité des compressions aux efforts qui les produisaient cessât d'exister et ayant donné pour valeur du coefficient d'élasticité du fer dans le cas de la compression, la valeur

$$E = 16\,295\,000\,000^{kil};$$

il en résulte pour la charge limite de compression au delà de laquelle l'élasticité serait altérée, la valeur

$$R_{cc} = 16\,295\,000\,000^{kil} \times 0^m.00083 = 13\,524\,850^{kil},$$

de sorte que si, par prudence, on admet que les charges permanentes ne doivent pas excéder la moitié de celle-ci, on trouvera pour le coefficient pratique de résistance à la compression

$$R_c = 6\,762\,825^{kil},$$

La pratique générale conduit à limiter cette valeur à

$$R_c = 6\,000\,000^{kil},$$

comme pour l'extension, et l'on voit que les considérations précédentes s'accordent sensiblement avec elle.

Les constructeurs qui se basent sur les expériences de rupture par compression admettent que le fer s'écrasant sous une charge de 25 000 000 de kilogr. environ par mètre carré, on peut prendre pour valeur pratique le quart ou le sixième de cette charge, ce qui conduirait à faire

$$R_c = 6\,250\,000^{kil} \quad \text{ou} \quad R_c = 4\,166\,666^{kil}.$$

L'on voit qu'en conservant pour R_c la valeur

$$R_2 = 6\,000\,000^{kil},$$

nous ne nous éloignerons pas beaucoup des proportions déduites de ce point de vue. L'on remarquera d'ailleurs que cette valeur de R_c est la même que celle qui convient pour les efforts d'extension.

Résistance du fer comparée à celle de la fonte.

166. COMPARAISON DE L'EMPLOI DE LA FONTE ET DU FER FORGÉ POUR LES PIÈCES SOUMISES A DES EFFORTS DE COMPRESSION. — Les expériences sur la résistance de la fonte et du fer à la compression, montrent qu'à la limite où la rupture a lieu, la fonte supporte des charges plus considérables que le fer forgé. Cela est hors de doute; mais s'ensuit-il que dans les constructions, et quand il s'agit de pièces exposées à des efforts de compression, où les charges permanentes doivent être limitées au-dessous de celles où l'élasticité est sensiblement altérée, on doive préférer la fonte au fer, uniquement par la raison qu'elle résiste davantage à la rupture par compression? Nous ne le pensons pas.

En effet, entre les limites où les compressions sont proportionnelles aux charges, le fer se comprime beaucoup moins que la fonte; la valeur de son coefficient d'élasticité est alors beaucoup plus grande, et presque double de celui de la fonte.

C'est ce que prouvent les expériences suivantes, analogues à celles que nous avons rapportées au n° 89, mais qui ont été faites comparativement entre la fonte et le fer.

Ces expériences exécutées sur des barres carrées de 3ᵐ.05 de longueur, ayant toutes environ 25 millimètres d'épaisseur dans le sens transversal, présentent un grand intérêt. Pour éviter la flexion de ces barres déjà longues par rapport à leurs dimensions transversales, l'appareil était disposé avec tout le soin convenable; les barres en expérience étaient placées verticalement dans de fortes pièces de fonte qui les maintenaient dans toute leur longueur et qui étaient formées de deux parties assemblées entre elles par des boulons et armées de distance en distance de nervures destinées à protéger les parois immédiatement en contact avec les barres sur lesquelles la pression était exercée directement.

M. Hodgkinson a ainsi constaté que la fonte s'est comprimée sous les mêmes charges, deux fois plus environ que le fer forgé; mais il ajoute que les barres de fer cédaient déjà à un certain degré sous une charge un peu inférieure à 12 tonnes par pouce carré, ou de 18^{kil}.9 par millimètre carré, tandis que la fonte ne s'écrasait que sous une charge double et quelquefois triple.

Les résultats de ces expériences traduits en mesures françaises sont rapportés dans le tableau suivant :

EXPÉRIENCES COMPARATIVES DE M. E. HODGKINSON SUR LA RÉSISTANCE DE LA FONTE ET DU FER A LA COMPRESSION.

BARRE DE FONTE de 6^{cq},82 DE SECTION.		BARRE DE FER de 6^{cq},77 DE SECTION.		BARRE DE FONTE de 6^{cq},92 DE SECTION.		BARRE DE FER de 6^{cq},68 DE SECTION.	
Charge par centimètre carré.	Compression totale en millimètres.	Charge par centimètre carré.	Compression totale en millimètres.	Charge par centimètre carré.	Compression totale en millimètres.	Charge par centimètre carré.	Compression totale en millimètres.
kil.	mill.	kil.	mill.	kil.	mil.	kil.	mill.
336	1.37	341	0.71	333	1.18	346	0.68
487	1.93	644	1.32	627	2.08	652	1.19
637	2.59	940	1.85	773	2.59	955	1.70
792	3.19	1093	2.16	918	3.12	1262	2.26
944	3.83	1245	2.44	1210	4.22	1410	2.54
1230	4.39	1392	2.72	1360	4.80	1562	2.87
1370	5.33	1545	3.02	1505	5.38	1712	3.25
1528	6.32	1695	3.30	1800	6.45	1870	3.63
1825	7.61	1840	3.61	2095	7.66	2020	4.14
2120	9.05	1995	3.91	2360	9.01	2170	4.83
2420	10.75	2145	4.42	2680	10.5		
2720	12.75	2290	5.44	2980	12.2		
3020	14.60			3270	14.2		
3320	17.61			3560	16.9		
3620	21.95						
4200							

167. Représentation graphique de ces résultats. — En représentant graphiquement, pl. II, fig. 2, les résultats de ces expériences, en prenant les charges pour abscisses et les compressions totales pour ordonnées, on reconnaît, comme nous l'avons déjà fait, que les compressions de la fonte sont proportionnelles aux charges dans une certaine étendue, très-différente pour les deux barres de fonte, car pour l'une cette proportionnalité s'est maintenue jusque vers la charge de 1800 kilogrammes par centimètre carré, tandis que pour l'autre elle n'a pas lieu au delà de 1000 kilogrammes par centimètre carré.

Pour le fer, la proportionnalité (pl. II, fig. 2 et fig. 3) s'observe également sur l'une des barres jusqu'à la charge de 1800 kilogrammes, et pour l'autre jusqu'à celle de 1400 kilogr. par centimètre carré.

Mais le rapport des charges aux compressions est beaucoup plus grand pour le fer que pour la fonte, et si l'on calcule les valeurs du coefficient d'élasticité d'après le rapport des abscisses des droites obtenues à leurs ordonnées, en réduisant celles-ci qui représentent les compressions, au mètre de longueur et rapportant les charges au mètre carré, on trouve pour la fonte :

$$1^{re} \text{ barre.} \dots \dots \quad E = 7\,500\,000\,000 \text{ kilogr.}$$
$$2^{e} \text{ barre.} \dots \dots \quad E = 9\,160\,000\,000$$
$$\overline{\text{Moyenne} \dots \dots \quad E = 8\,333\,000\,000 \text{ kilogr.}}$$

Et pour le fer :

$$1^{re} \text{ barre.} \dots \dots \dots \quad E = 15\,640\,000\,000 \text{ kilogr.}$$
$$2^{e} \text{ barre.} \dots \dots \dots \quad E = 16\,950\,000\,000$$
$$\overline{\text{Moyenne} \dots \dots \quad E = 16\,295\,000\,000 \text{ kilogr.}}$$

Ce qui montre que, dans ce cas, le coefficient d'élasticité du fer exposé à la compression a été presque double de celui de la fonte et qu'il diffère assez peu du coefficient d'élasticité du fer exposé à l'extension, puisque celui-ci varie de $18\,000\,000\,000$ à $20\,000\,000\,000$ de kilogr.

On voit donc qu'en effet quand les charges permanentes

seront inférieures à celles qui altèrent l'élasticité, c'est-à-dire à 14 kilogr. environ par millimètre carré, le fer se comprimera moins que la fonte.

Ainsi, bien que la rupture par compression arrive plus tard ou sous de plus fortes charges pour la fonte que pour le fer, comme la fonte se déforme davantage à charge égale, il y a en général lieu de préférer le fer à la fonte, même dans ce cas, à moins que l'économie n'ait une grande importance.

C'est donc avec raison que dans la construction des ponts tubulaires du détroit de Menai, M. Fairbairn a insisté pour l'emploi exclusif du fer.

168. Disposition qu'il convient de donner aux plaques de tôle destinées a résister a des efforts de compression. — Dans ce cas il est de la plus grande importance de répartir la matière de façon à diminuer le plus possible la flexion qui joue un rôle important dans les déformations par compression.

Aussi, quand on sera forcé d'employer des feuilles minces de tôle, il faudra les canneler en lignes ondulées et opposer l'une à côté de l'autre deux feuilles semblables en les réunissant par des rivets.

Lorsqu'il s'agit de pièces destinées à supporter de grands efforts, et pour lesquelles on emploie des tôles épaisses, une bonne disposition, par suite de la grande facilité des assemblages, est celle qui a été proposée par M. Fairbairn et adoptée par M. Stephenson pour les ponts tubulaires. Elle consiste à composer la partie du support exposée à la compression en cellules quadrangulaires, dont les angles sont garnis de cornières assemblées aux feuilles par des rivets.

Dans ce cas la résistance des pièces de longueur moyenne, ou qui sont disposées de manière à ne pouvoir guère prendre de flexion générale, ainsi que cela arrive pour les grandes poutres en tôle, paraît indépendante de leur longueur et simplement proportionnelle à l'aire de la section transversale.

Nous aurons occasion de revenir sur ce sujet en nous occupant des expériences sur les ponts tubulaires, et d'indiquer la règle pratique suivie dans ce cas.

Colonnes en fonte.

169. Colonnes et supports en fonte. — Quant aux supports isolés, tels que les colonnes en fonte et en fer, malgré les recherches théoriques des savants les plus distingués, et les expériences d'observateurs habiles, les lois qui lient la résistance et les dimensions sont encore très-peu connues. La théorie conduit à admettre que la résistance est proportionnelle à la quatrième puissance du diamètre, et en raison inverse du carré de la hauteur, mais l'on ne possède pas d'expérience qui confirme cette conclusion pour les supports en fonte. Nous nous bornerons en conséquence à la discussion des résultats des principales expériences et à l'emploi d'une formule empirique qui puisse suffire pour les cas usuels.

170. Colonnes en fonte. — M. E. Hodgkinson a publié [*] de nombreuses expériences qu'il a exécutées sur des supports en fonte de formes et de dispositions différentes. Nous en rapporterons les principales conséquences relatives aux colonnes. Les colonnes essayées étaient : des piliers cylindriques, pleins ou creux, d'un diamètre uniforme, terminés, soit par des extrémités arrondies, soit par des extrémités plates exactement perpendiculaires à la longueur, soit par des bases plates plus larges que le corps du cylindre, et des piliers cylindriques pleins, renflés vers le milieu de leur longueur.

Au moyen d'un appareil bien disposé, la compression était exercée, sur les solides à extrémités arrondies, dans le sens même de l'axe, et pour les autres, perpendiculairement aux bases.

Tous les piliers en fonte provenaient des forges de Low Moor, Yorkshire, et étaient en fonte n° 3, de bonne qualité, à grains gris assez serrés et de dureté moyenne.

De l'ensemble de ces expériences, l'auteur a conclu :

1° Que dans tous les piliers longs, à dimensions égales, la résistance à la rupture est à peu près trois fois plus grande quand

---

[*] *Transactions philosophiques*, 1840.

les extrémités sont plates et perpendiculaires à la longueur ainsi qu'à la direction de l'effort, que lorsqu'elles sont arrondies.

2° Qu'un pilier long de dimension uniforme dont les extrémités sont solidement fixées par des disques, des bases, ou de toute autre manière, présente la même résistance à la rupture par compression qu'un pilier de même section, mais de longueur moitié moindre, dont les extrémités seraient arrondies, même si l'effort était dirigé suivant l'axe.

Ce dernier résultat s'accorde avec ce que nous avons dit au n° 65, des piliers ou poteaux en bois du magasin à blé de la Villette.

3° Le renflement ou l'accroissement de diamètre des colonnes vers le milieu de leur longueur, augmente seulement leur résistance d'un septième à un huitième.

Quant au rapport de la résistance au diamètre et à la longueur ou hauteur des supports, M. E. Hodgkinson a trouvé que la théorie d'où l'on conclut que la résistance est proportionnelle à la quatrième puissance du diamètre et inversement proportionnelle au carré de la hauteur, n'est pas confirmée par les résultats de ses expériences. Mais il faut observer que l'auteur s'est principalement préoccupé de la rupture, et non des flexions qui sont renfermées dans les limites où l'élasticité n'est pas altérée. La théorie étant basée sur des hypothèses qui ne sont à peu près exactes que dans ces limites, il n'est nullement étonnant qu'elle ne soit pas d'accord avec des expériences poussées jusqu'à la rupture.

Par un mode de discussion des résultats, que nous ne reproduirons pas ici, l'auteur a été conduit à la formule empirique suivante, qui représente avec une exactitude suffisante l'ensemble de ces résultats pour des piliers dont la hauteur est comprise entre 25 et 120 fois leur diamètre.

La résistance à la rupture par compression, exprimée en tonnes anglaises, est, pour les colonnes pleines, à bases plates,

$$P = 44^{\text{ton}}.16 \frac{d^{3.6}}{l^{1.7}}$$

et pour les colonnes creuses, à bases plates,

$$P = 43^{\text{ton}}.30 \frac{d^{3.6} - d'^{3.6}}{l^{1.7}}.$$

Dans ces formules :

P exprime des tonnes anglaises ;

d et d' les diamètres extérieur et intérieur en pouces;

l la longueur ou hauteur en pieds.

Ces formules reviennent, en mesures françaises, aux suivantes :

Colonnes pleines, à bases plates, $P^{kil} = 10676 \dfrac{d^{3.6}}{l^{1.7}}$,

Colonnes creuses, à bases plates, $P^{kil} = 10676 \dfrac{d^{3.6} - d'^{3.6}}{l^{1.7}}$,

dans lesquelles d et d' sont exprimées en centimètres, et l en décimètres. On n'a point eu égard à la différence assez faible entre les coefficients relatifs aux colonnes pleines et aux colonnes creuses.

171. FORMULES PRATIQUES. — La prudence exige que de semblables supports ne soient pas chargés de plus du sixième de la charge de rupture, de sorte que les formules pratiques seraient,

Pour les colonnes pleines, à bases plates,

$$P^{kil} = 1780 \frac{d^{3.6}}{l^{1.7}},$$

Pour les colonnes creuses, à bases plates,

$$P^{kil} = 1780 \frac{d^{3.6} - d'^{3.6}}{l^{1.7}},$$

172. FORMULES PLUS SIMPLES PROPOSÉES PAR M. LOVE. — Mais les formules de M. Hodgkinson contiennent deux exposants fractionnaires qui en rendent le calcul peu commode; et pour en éviter la peine aux praticiens, nous les avions, dans la première édition de ces leçons, réduites en tables. Nous avions indiqué en outre une méthode graphique simple pour les cas où les données du problème n'auraient pas été celles des tables. M. Love, habile ingénieur, dans un Mémoire sur la résistance du fer et de la fonte, a proposé des formules beaucoup plus simples, qui représentent, avec une exactitude bien suffisante pour la pratique, les résultats des expériences de M. Hodgkinson, et qui peuvent, par conséquent, être substituées à celles de cet observateur.

Ces formules, pour les piliers pleins à bases planes et perpendiculaires à l'axe, sont :

pour la fonte
$$P^{kil} = \frac{R_c . A}{1.45 + 0.00337 \left(\frac{L}{D}\right)^2},$$

pour le fer
$$P^{kil} = \frac{R_c . A}{1.55 + 0.0005 \left(\frac{L}{D}\right)}.$$

P exprime la charge de rupture de la colonne ;

R_c, la résistance maximum du métal à l'écrasement par centimètre carré de surface ;

A, l'aire de la section transversale en centimètres carrés ;

L, la hauteur
D, le diamètre $\Big\}$ de la colonne en centimètres.

Les expériences de M. Hodgkinson ayant donné pour la valeur moyenne de la résistance à la rupture par compression :

pour la fonte, $R_c = 7500$ kil. par cent. carré ;

pour le fer, $R_c = 2500$ kil. id. id.

les formules ci-dessus deviennent, en y substituant les valeurs de R_c :

pour la fonte
$$P = \frac{7500 \times A}{1.45 + 0.00337 \left(\frac{L}{D}\right)^2},$$

pour le fer
$$P = \frac{2600 \times A}{1.55 + 0.0005 \left(\frac{L}{D}\right)^2}.$$

Si l'on remplace l'aire A de la section transversale du solide par sa valeur $A = \frac{D^2}{1.273}$, les formules deviennent :

pour la fonte

$$P = \cfrac{7500\,D^2}{1.273\left\{1.45 + 0.00337\left(\cfrac{L}{D}\right)^2\right\}} = \cfrac{7500\,D^4}{1.846\,D^2 + 0.0043\,L^2},$$

pour le fer

$$P = \cfrac{2500\,D^2}{1.273\left\{1.55 + 0.0005\left(\cfrac{L}{D}\right)^2\right\}} = \cfrac{2500\,D^4}{1.973\,D^2 + 0.00064\,L^2}.$$

Ces relations pourront servir à déterminer approximativement la charge P capable de rompre une colonne d'une hauteur et d'un diamètre donnés.

Les résultats auxquels elles conduisent cadrent assez bien avec ceux des expériences de M. Hodgkinson pour qu'on puisse les employer avec sécurité toutes les fois que, par un examen préalable des fontes, on se sera assuré qu'elles sont de bonne qualité, c'est-à-dire à grains fins, peu carburées et homogènes à la cassure.

175. FORMULES PRATIQUES. — Quant aux formules pratiques, nous avons vu au n° **164** que les valeurs du coefficient R_e de résistance à la compression admissibles avec sécurité étaient :

pour la fonte,

$$R_e = 12\,500\,000 \text{ kilogr. par mètre carré, ou } 1250 \text{ kilogr.}$$
$$\text{par centimètre carré;}$$

pour le fer,

$$R_s = 6\,000\,000 \text{ kilogr. par mètre carré, ou } 600 \text{ kilogr.}$$
$$\text{par centimètre carré;}$$

de sorte qu'en substituant ces valeurs pour R_e dans les formules proposées par M. Love, elles deviennent, pour la pratique et pour les colonnes en fonte,

$$P^{kil} = \frac{1250\,D^4}{1.85\,D^2 + 0.00043\,L^2},$$

et pour les colonnes en fer,

$$P^{kil} = \frac{600\,D^4}{1.97\,D^2 + 0.00064\,L^2}.$$

L'on déduit de ces formules la table suivante :

TABLEAU DES DIMENSIONS DES COLONNES PLEINES EN FONTE ET EN FER ET DES CHARGES QU'ON PEUT LEUR FAIRE SUPPORTER AVEC SÉCURITÉ.

DIAMÈTRE en centimètres.	HAUTEUR en centimètres.	CHARGES DES COLONNES		DIAMÈTRE en centimètres.	HAUTEUR en centimètres.	CHARGES DES COLONNES	
		en fonte.	en fer.			en fonte.	en fer.
		kil.	kil.			kil.	kil.
5	100	8 742	6 736		300	39 669	28 720
	110	7 929	6 568		350	32 679	27 070
	120	7 232	6 414		400	27 158	25 387
	130	6 569	6 244		450	32 793	23 716
	140	5 985	6 068	12	500	19 323	22 091
	150	5 463	5 891		550	16 559	20 536
	160	4 337	5 713		600	14 285	19 066
	180	4 210	5 358		650	12 442	17 689
	200	3 579	5 010		700	10 921	16 410
	220	3 086	4 674		300	78 781	60 641
	240	2 665	4 355		350	67 106	58 228
	260	2 318	4 053		400	57 306	55 667
	280	2 038	3 771		450	49 169	53 024
	300	1 803	3 509		500	42 435	50 352
6	150	9 917	9 113	15	550	36 855	47 695
	175	8 169	8 590		600	32 216	45 090
	200	6 789	8 056		650	28 339	42 562
	225	5 698	7 526		700	25 079	40 133
	250	4 830	7 010		750	22 321	37 815
	275	4 134	6 517		800	19 973	35 615
	300	3 571	6 050		400	140 056	107 816
	325	3 110	5 613		450	124 165	104 620
	350	2 730	5 207		500	110 192	101 265
8	200	17 630	16 202		550	98 003	97 799
	225	15 234	15 507		600	87 112	94 265
	250	13 228	14 797	20	650	78 224	90 703
	275	11 542	14 085		700	70 249	87 145
	300	10 130	13 379		750	63 316	83 623
	325	8 941	12 688		800	57 273	80 160
	350	7 936	12 018		850	51 991	76 775
	375	7 080	11 373		900	47 359	73 484
	400	6 349	10 756		1000	39 682	67 226
	450	5 176	9 612		400	264 758	175 739
	500	4 290	8 590		450	240 888	172 226
10	200	35 014	26 954		500	218 837	168 463
	250	27 548	25 316		550	198 730	164 491
	300	21 853	23 566	25	600	180 560	160 349
	350	17 562	21 786		650	164 238	156 078
	400	14 318	20 040		700	149 630	151 713
	450	11 839	18 371		800	124 936	142 837
	500	9 920	16 806		900	105 250	133 955
	550	8 413	15 360		1000	89 490	125 250
	600	7 212	14 038				

174. Observation sur l'emploi comparatif des colonnes en
fonte ou en fer. — L'examen de ces tables montre, et M. Love
avait déjà signalé dans son Mémoire ce fait remarquable, admis
dans la pratique des ingénieurs anglais, qu'au delà d'une hauteur égale à 30 fois environ le diamètre, les colonnes pleines en
fer peuvent supporter des charges plus lourdes que les colonnes
en fonte : ce résultat est d'ailleurs d'accord avec les expériences de M. Hodgkinson.

175. Colonnes creuses. — Les formules précédentes ne s'appliquent pas très-commodément aux colonnes creuses; et pour
calculer le diamètre de celles-ci, en admettant que la résistance
d'une colonne creuse soit égale à celle de la colonne pleine du
diamètre extérieur, diminuée de celle de la colonne pleine du
diamètre intérieur, toutes deux étant de même hauteur, l'on
sera obligé à des tâtonnements successifs pour trouver ces diamètres, lorsque la charge sera connue. L'on se guidera à l'a-
vance par les considérations suivantes.

176. Épaisseurs inférieures convenables pour les colonnes
creuses. — L'épaisseur qu'il convient de donner aux colonnes
creuses en fonte a une limite inférieure déterminée par la pratique de l'art du fondeur et indépendante des conditions de résistance. Elle dépend un peu de la nature des fontes, qui sont
plus ou moins fluides, mais elle est principalement fixée d'après
la longueur des pièces à couler, de manière à assurer l'égale répartition du métal autour du noyau et la fixité de celui-ci.
D'après ces conditions, les limites inférieures des épaisseurs du
métal des colonnes creuses sont en général réglées ainsi qu'il
suit :

Hauteurs des colonnes..........	2^m à 3^m	3^m à 3^m	4^m à 6^m	6^m à 8^m
Épaisseurs inférieures en millimèt.	12	15	20	25

Il conviendra donc de ne pas admettre d'épaisseurs moindres
que celles-ci, toutes les fois que les colonnes devront supporter
des charges un peu fortes.

177. Marche a suivre pour déterminer le diamètre intérieur des colonnes creuses. — La longueur L de la colonne,

ainsi que la charge qu'elle doit supporter, étant connues, et celle-ci étant désignée par P, l'on se donnera, selon les convenances locales et les proportions que le goût suggérera, le diamètre extérieur de la colonne; puis, d'après la formule ou la table du n° **173**, on déterminera la charge P′ qu'une colonne pleine de cette longueur et de ce diamètre pourrait supporter. Il est clair qu'en nommant P″ la charge d'une colonne pleine de même hauteur et dont le diamètre serait celui du vide cherché, on devra avoir

$$P'' = P' - P,$$

ce qui permettra de déterminer le diamètre D″ du vide ou du noyau à l'aide de la formule du n° **173**, qui devient :

$$P'' = \frac{1250\,D''^4}{1.85\,D''^2 + 0.0043\,L^2};$$

d'où l'on déduit

$$D''^4 - \frac{1.85\,P''}{1250}\,D''^2 - \frac{0.0043\,L^2 P''}{1350} = 0,$$

et par suite

$$D'' = \sqrt{\frac{1.85}{2 \times 1250}\,P'' + \sqrt{\left(\frac{1.85}{2 \times 1250}\,P''\right)^2 + \frac{0.0043\,L^2 P''}{1250}}}.$$

Quoique ce calcul ne présente pas de difficulté, on pourra s'en dispenser en recherchant dans la table des colonnes pleines pour les charges les plus voisines au-dessus et au-dessous de P″, et pour la hauteur donnée les diamètres correspondants. Puis, en prenant les diamètres pour abscisses et les charges pour ordonnées, on construira plusieurs points d'une courbe que l'on tracera. En menant ensuite à la ligne des abscisses une parallèle qui en soit distante d'une quantité qui, à l'échelle, représente la charge P″, cette ligne coupera la courbe en un point dont l'abscisse sera le diamètre D″ cherché du noyau de la colonne.

On vérifiera que la différence D — D″ du diamètre extérieur au diamètre intérieur n'est pas inférieure au double de la plus petite épaisseur que l'on puisse admettre eu égard à la hauteur de la colonne, et, s'il en est ainsi, l'on pourra adopter les dimensions trouvées. Si, au contraire, l'épaisseur trouvée était au-dessous des limites fixées, il faudrait recommencer le calcul, en donnant à la colonne un diamètre extérieur plus petit.

178. INFLUENCE DES MÊMES EFFORTS DE COMPRESSION OU DE TENSION PLUSIEURS FOIS RÉPÉTÉS. — M. Ed. Clark remarque avec raison que si, par l'action d'une certaine charge, un solide a éprouvé une compression ou un allongement permanent, et si on le soumet de nouveau à la même charge, la compression ou l'allongement total ne sera pas le même dans le second cas que dans le premier. On conçoit en effet que le solide a éprouvé dans sa constitution, dans la disposition, dans l'écartement de ses molécules, par suite de la compression ou de l'allongement permanent, des modifications qui influent sur les nouvelles déformations auxquelles l'expose la seconde épreuve. Cela est visible pour les cordes neuves, qui s'allongent beaucoup plus sous les premières tensions auxquelles on les soumet qu'elles ne le font plus tard sous les mêmes efforts, sans, pour cela, que leur résistance absolue soit changée.

Ces effets s'observent dans les métaux coulés à de grandes épaisseurs, à un degré d'autant plus sensible qu'ils forment des masses plus considérables, dans l'intérieur desquelles il y a plus de vides, par suite du retrait. Mais alors ils sont accompagnés d'altérations plus ou moins graves.

Le martelage à froid rend le fer doux, le cuivre et le bronze beaucoup plus élastiques, en changeant la disposition et la distance de leurs molécules. C'est même sur cet effet que sont fondés plusieurs procédés de fabrication.

M. Ed. Clark cite un exemple remarquable de ce genre d'effet observé sur une presse hydraulique destinée à produire des tuyaux de plomb continus par l'action d'une pression exercée sur le plomb à l'état pâteux ou demi-fluide. La pression dans le cylindre s'élevait jusqu'à 13 600 atmosphères, et l'on essaya sans succès l'emploi de cylindres en fonte de 0^m.305 d'épaisseur. Ils se déchiraient à l'intérieur, et les fentes s'accroissaient graduellement jusqu'à l'extérieur. Une augmentation d'épaisseur n'en produisit pas dans la résistance. Après avoir brisé ainsi plusieurs cylindres de fonte, MM. Easton et Amos, les constructeurs, eurent recours à un cylindre de fer forgé de 0^m.203 d'épaisseur.

Dans les premiers essais, le diamètre intérieur du cylindre s'augmenta tellement, que le piston devint trop petit. On fit un nouveau piston plus fort, qui bientôt fut aussi trop petit. Cet effet s'étant répété plusieurs fois, l'on était sur le point de renoncer aussi au cylindre de fer, lorsqu'en mesurant son diamètre extérieur l'on s'aperçut qu'il n'avait pas augmenté. L'on en conclut que le métal s'était comprimé, et que, cet effet devant avoir un terme, le cylindre pourrait remplir le but proposé. C'est en effet ce qui arriva, et, par la suite, le cylindre en fer forgé a fait très-bon usage.

Résistance des tubes à la compression.

179. RÉSISTANCE DES TUBES A LA COMPRESSION. — Les tubes employés dans les chaudières de locomotives, et autres analogues, sont soumis à des pressions extérieures considérables, qui tendent à les écraser, ainsi que cela se produit quelquefois, et il était intéressant, pour la pratique des constructions, de savoir suivant quelles lois ils résistent à cet effort de compression. L'on doit à M. Fairbairn des expériences récentes sur ce sujet important encore fort peu étudié. Les résultats de ces recherches viennent d'être publiés par leur auteur, et je crois devoir en donner ici une analyse assez détaillée.

La première série de tubes essayés par M. Fairbairn était composée de tubes faits d'une seule feuille de tôle, d'épaisseur uniforme, courbée sur un mandrin, fermés par des rivets et par une soudure. Ces tubes étaient assemblés, aux extrémités, sur des plateaux en fonte à rebords, auxquels ils étaient fixés par des rivets, et même par une soudure destinée surtout à remplir les joints.

La figure ci-contre donne une idée suffisamment complète du dispositif de l'appareil employé.

Un grand cylindre en fonte, de 2^m.44 de longueur, 0^m.711 de diamètre et 0^m.0508 d'épaisseur, ayant deux fonds solidement fixés par des boulons de 0^m.0254 de diamètre, placés à 0^m.076 l'un de l'autre, était destiné à recevoir les tubes à éprouver. Ce cylindre était disposé verticalement dans une fosse de locomotive, sous un grand bâti en charpente, à l'aide duquel on pouvait enlever, au besoin, son couvercle.

Les tubes en expérience étaient introduits dans ce grand cylindre et soutenus, à peu près au milieu de sa hauteur, en bas, par une tige K, qui se vissait dans leur fond, et en haut, par un tube creux, de 0^m.0635, qui traversait le fond et le couvercle supérieur du cylindre, auquel il était fixé par un écrou pressant sur une rondelle de caoutchouc. Ce tuyau avait pour objet de permettre l'échappement de l'air contenu dans le tube en expérience, au moment de son écrasement.

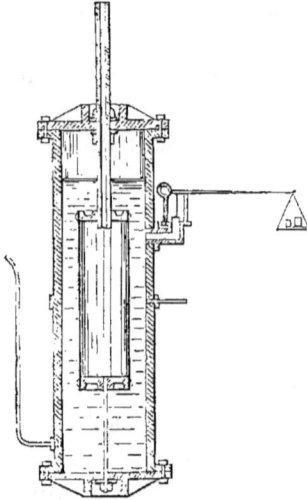

Une presse hydraulique servait à refouler de l'eau et à produire la pression nécessaire dans l'intérieur du cylindre, et la pression obtenue était observée à l'aide de deux manomètres, contrôlés au besoin par une soupape de sûreté bien ajustée. Un petit robinet permettait de faire sortir l'air contenu dans la partie supérieure, lorsqu'on voulait opérer sous de grandes pressions.

L'on voit, par cette description succincte, que le tube en essai se trouvait également comprimé sur toute sa surface cylindrique extérieure, assemblé par ses deux bouts dans des plaques très-solides, et par conséquent dans des conditions tout à fait analogues à celles des tubes de chaudière.

Passons maintenant aux résultats des expériences.

J'ai réuni et traduit en mesures françaises les données et les résultats des expériences de M. Fairbairn, et je les ai comparés à la formule

$$P = \frac{A\,E^2}{L\,D},$$

qu'il propose pour les représenter, dans laquelle

P est la pression d'écrasement en kilogrammes par centimètre carré;

A, une constante dont la valeur dépend de la nature du métal
dont les tubes sont formés;

L, la longueur du tube en mètres, ou, dans certains cas, la
longueur des parties dont on peut le regarder comme
composé;

D, le diamètre intérieur du tube en mètres;

E, l'épaisseur du métal en mètres.

Cette formule suppose, comme on le voit, que la pression
d'écrasement est proportionnelle

au facteur constant A ;
au carré de l'épaisseur E du métal ;

et inversement proportionnelle

au produit de la longueur L du tube, ou de sa partie résistante,
par son diamètre D.

Le même ingénieur a aussi fait quelques expériences sur des
tubes assemblés simplement, les uns, à recouvrement, par un
seul rang de rivets; les autres, à l'aide d'une plaque de recouvrement et deux rangs de rivets, et il en rapporte une relative
à un tube formé de plusieurs pièces de tôle assemblées entre
elles dans la longueur et dans le sens transversal. Les résultats
sont consignés dans le tableau sous le titre de 2ᵉ *série*.

MARQUES DES TUBES.	DIAMÈTRE en mètres.	LONGUEUR en mètres.	ÉPAISSEUR en mètres.	PRESSION d'écrasement en kilogr. par cent.carré.	VALEUR du COEFFICIENT $A = \dfrac{PLD}{E^2}$.	MOYENNE
	m.	m.	m.	liv.	kil.	
A		0.483		11.936	494.500	
B		0.483		9.628	398.910	
C	0.102	1.016	0.00109	4.568	398.450	412.23꜀
D		0.965		4.568	378.520	
E		1.524		3.022	395.380	
F		1.524		9.839	407.640	
CC		1.524		3.303	432.160	
DD	0.102	0.762	0.00190	13.705	»	393.52꜀
EE		0.762		6.515	427.570	
FF		0.386		10.330	359.470	
G		0.762		3.373	»	
H		0.737		3.303	»	
I	0.152	1.984	0.00109	2.249	431.270	410.95꜀
K		0.762		3.654	356.260	
L		0.762		4.568	445.320	
M		0.762		5.973	»	

TUBES EN FER A L'ÉCRASEMENT.

FORMES DES TUBES APRÈS L'ÉCRASEMENT.	OBSERVATIONS.
	Le tube F doit être regardé comme formé de 3 tubes de 0ᵐ.483 de longueur. *Anomalie.* — Ce tube s'était rempli d'eau par une fissure. Les fonds des tubes G et H s'étaient brisés sous la pression. Les fonds du tube M étaient reliés par une tige en fer.

MARQUES DES TUBES.	DIAMÈTRE en mètres.	LONGUEUR en mètres.	ÉPAISSEUR en mètres.	PRESSION d'écrasement en kilogr. par cent. carré.	VALEUR du COEFFICIENT $A = \dfrac{PLD}{E^t}$.	MOYENNE
	m.	m.	m.	kil.	liv.	
N		0.762		2.741	356.840	
O	0.203	0.991	0.00109	2.249	380.630	371.870
P		1.016		2.179	378.140	
Q		1.270		1.335	362.540	
	0.254		0.00109			370.170
R		0.762		2.319	377.800	
S		1.485		0.773	294.880	
T		1.524		0.878	443.680	
	0.305		0.00109			313.660
V		0.762		1.546	302.440	
			Moyenne...... A =		386.120	

X	0.476	1.549	0.00635	29.516	540.002*	
Y	0.229	0.940	0.00356	18.413	312.830	
Z	0.229	0.940	0.00356	26.565	451.330	
JJ	0.363	1.524	0.00317	8.784	497.050	
			Moyenne...... A =		420.403	

Nota. Dans le calcul des valeurs moyennes du coefficient A, l'on n'a pas compris les résul.

FORMES DES TUBES APRÈS L'ÉCRASEMENT.	OBSERVATIONS.

Résultat un peu fort.
Assemblage à recouvr¹.
Assemblage à plaques.
Tube formé de plusieurs
  filets assemblées dans
  la long¹ à recouvrem¹.

ués par une astérique.

Dans les expériences de M. Fairbairn, les diamètres ont varié depuis $4^{po.a} = 0^m.102$ jusqu'à $12^{po.a} = 0^m.305$, et même jusqu'à $14^{po.a}.5 = 0^m.363$; les longueurs, depuis $15^{po.a} = 0^m.383$ jusqu'à $60^{po.a} = 1^m.524$, et les épaisseurs, depuis $0^{po.a}.043 = 0^m.00109$ jusqu'à $0^{po.a}.25 = 0^m.00635$.

Quoique les limites entre lesquelles l'on a fait varier les éléments de la question fussent déjà assez étendues, il eût été à désirer que le nombre des expériences fût plus considérable, pour permettre d'écarter plus sûrement les résultats anomaux qui, dans de semblables recherches, se présentent toujours.

L'influence des diamètres à épaisseur égale de métal, et la proportionnalité de la résistance à cette dimension, ne paraît pas aussi bien établie pour les diamètres de $0^m.203$, $0^m.214$ et $0^m.305$ que pour les autres de la première série d'expériences.

Quoi qu'il en soit, et en attendant d'autres recherches sur cette question importante, je pense que l'on peut admettre, au moins comme expression approximative de la résistance des tubes à l'écrasement par pression extérieure, la formule

$$P = A \frac{E^2}{LD},$$

que sa simplicité me semble devoir préférer à d'autres plus compliquées, sans être beaucoup plus exactes.

180. CONSÉQUENCES DES RÉSULTATS CONSIGNÉS DANS LE TABLEAU PRÉCÉDENT. — L'on voit par le tableau précédent que les résultats relatifs à la première série d'expériences de M. Fairbairn, dans laquelle les diamètres et les longueurs des tubes ont seuls varié, tandis que l'épaisseur du métal est restée la même, que l'ensemble de ces résultats s'accorde pour montrer que la résistance des tubes à l'écrasement varie en raison inverse de leur diamètre et de leur longueur.

La deuxième série, dans laquelle les tubes employés étaient tous plus épais et formés de feuilles assemblées à recouvrement simple ou avec plaques, montre aussi que la résistance varie en raison inverse des mêmes dimensions, et que, de plus, elle est, à très-peu près, proportionnelle au carré de l'épaisseur du métal.

La moyenne générale de ces expériences fournit, pour la constante A de la formule

$$P = A \frac{E^2}{LD},$$

la valeur $\quad A = 403\,261^{kil}$, soit $400\,000^{kil}$;

de sorte que la formule pratique à l'aide de laquelle on pourrait calculer la résistance d'un tube en fer à l'écrasement serait

$$P = 400\,000 \frac{E^2}{LD}.$$

181. EXPÉRIENCE FAITE A MONTLUÇON. — Un tube de tôle de fer, de $1^m.70$ de diamètre intérieur, composé de feuilles de tôle de $0^m.006$ d'épaisseur, assemblées dans la longueur selon une arête, et dans le sens transversal par deux rangs de rivets, fixé également, à ses extrémités, par deux rangs de rivets, au fond d'un cylindre dans lequel il était renfermé, a été écrasé sous une pression de 5 atmosphères.

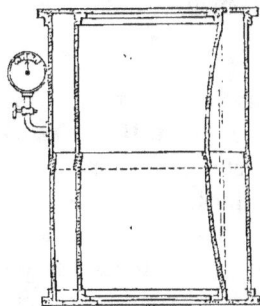

La longueur totale de ce tube était de 2 mètres; mais entre les rivures, il avait dans œuvre au plus $1^m.88$.

L'on a donc pour ce cas les données suivantes :

$$P = 5^{atm} = 5^{kil}.6815, \quad L = 1^m.88,$$

$$D = 1^m.70, \quad E = 0^m.006.$$

L'on en déduit

$$A = \frac{PLD}{E^2} = 504\,390^{kil}.$$

Si l'on fait attention que l'assemblage des tôles par deux rangs de rivets forme au milieu de la longueur une sorte d'anneau qui le renforce beaucoup, l'on ne sera pas surpris de trouver pour la constante A une valeur un peu plus forte que la moyenne déduite des expériences précédentes. Elle se rapproche d'ailleurs beaucoup de celle qu'a fournie le tube, dont la construction était analogue, mais dont le diamètre était beaucoup moindre.

Il semblerait donc, d'après ces deux expériences, que, pour les tubes tels que ceux des foyers intérieurs et les grands tubes formés de plusieurs feuilles de tôle solidement rivées les unes aux autres, la pression d'écrasement pourrait être calculée par la formule

$$P^{kil} = 500\,000\ \frac{LD}{E},$$

toutes les dimensions étant exprimées en mètres, et P en kilogrammes par centimètre carré.

182. OBSERVATIONS DE M. MANÈS, INGÉNIEUR EN CHEF DES MINES. — L'on trouve dans le XIIIe volume de la IIe série des *Annales des ponts et chaussées*, p. 332 et suiv., un rapport de M. Manès, alors ingénieur en chef des mines, dans lequel sont consignés plusieurs faits importants relatifs à l'écrasement des tubes calorifères de chaudières tubulaires. Les tubes essayés étaient en cuivre rouge, et les résultats des expériences sont résumés dans les deux tableaux suivants, dont le premier est relatif à des tubes qui ont été écrasés sous la pression à laquelle ils ont été soumis, et le second, à des tubes qui ont résisté.

TABLEAU INDICATIF DES TUBES EN CUIVRE ROUGE ÉCRASÉS PAR LA PRESSION DU DEHORS EN DEDANS PENDANT LES ÉPREUVES A L'EAU FROIDE.

LIEUX où LES CHAUDIÈRES étaient placées.	PRESSION sous laquelle LES TUBES ont cédé.		NOMBRE de TUBES aplatis.	DIMENSIONS DES TUBES.		
	atm.			mèt.	mill.	mill.
Bateau *les Éclairs*...	10	10.33	8	3.00	0.15à0.17	0.003
Bateau *la Garonne*...	10	10.33	3	3.00	0.15	0.003
Hospice de Bordeaux.	9	9.297	1	3.50	0.06	0.0015
Hospice de Bordeaux.	12	12.396	1	3.50	0.06	0.0015
	9	9.297	1	3.50	0.06	0.0015

TABLEAU INDICATIF DES TUBES EN CUIVRE ROUGE QUI ONT RÉSISTÉ AUX
ÉPREUVES A LA PRESSION DE DEHORS EN DEDANS A L'EAU FROIDE.

LIEUX où LES CHAUDIÈRES étaient placées.	PRESSION à laquelle LES TUBES ont résisté.	NOMBRE des TUBES.	DIMENSIONS DES TUBES.		
			Longueur.	Diamètre.	Épaisseur
	atm.		mèt.	mill.	mill.
Bateau *Clémence Isaure*.	15	14	2.00	0.13	0.003
	16.5	14	2.00	0.13	0.003
	25.5	14	2.00	0.13	0.003
Bateau *le Corsaire noir*.	9	45	2.70	0.06	0.0015
Bateau Idem......	15	45	2.70	0.05	0.0015

En comparant les résultats du tableau relatif aux tubes qui
ont été écrasés avec la formule

$$P = \frac{A \cdot E^2}{LD},$$

d'où l'on tire

$$A = \frac{P \cdot LD}{E^2},$$

l'on obtient les résultats suivants :

Bateau *les Éclairs*............ $A = 550\,930$

Bateau *la Garonne*........... $A = 516\,500$

Hospice de Bordeaux........ $A = 867\,720$

L'une des expériences faites sur les tubes de la chaudière de
l'hospice de Bordeaux a donné un résultat beaucoup plus fort
que les deux autres, qui ont fourni le même chiffre.

Les tubes de la chaudière du bateau *Clémence Isaure*, pour lesquels on avait

$$L = 2^m, \quad D = 0^m.13, \quad E = 0^m.003,$$

ayant résisté à une pression

$$P = 25^{atm}.5 = 26^{kil}.341$$

par centimètre carré, la valeur du coefficient de résistance A qui leur conviendrait serait supérieure à

$$\frac{PLD}{E^2} = 760\,960^{kil};$$

et les tubes du *Corsaire noir*, pour lesquels on avait

$$L = 2^m.70, \quad D = 0^m.05, \quad E = 0^m.0015,$$

ayant résisté à une pression

$$P = 15^{atm} = 15^{kil}.495$$

par centimètre carré, la valeur de A serait supérieure à

$$\frac{PLD}{E^2} = 725\,010^{kil},$$

et se rapprocherait probablement de celle

$$A = 867\,720^{kil},$$

fournie par les tubes de la chaudière de l'hospice de Bordeaux.

185. EXPÉRIENCE FAITE A MONTLUÇON, SUR UN TUBE EN LAITON. — Un tube en laiton, pour lequel on avait

$$L = 2^m, \quad D = 0^m.10, \quad E = 0^m.004,$$

a cédé sous une pression

$$P = 18^{atm} = 18^{kil}.594$$

par centimètre carré, ce qui donne, pour la constante A, la valeur

$$A = \frac{PLD}{E^2} = 929\,700^{kil}.$$

184. EXPÉRIENCES DE M. MARY. — L'on trouve dans le même numéro des *Annales des ponts et chaussées* une expérience citée par M. Combes, et faite par M. Mary, sur un tube pour lequel on avait

$$L = 8^m, \quad D = 0^m.135, \quad E = 0^m.005,$$

et qui aurait résisté à une pression de 65 atmosphères, ce qui indiquerait pour la constante A une valeur supérieure à

$$\frac{\text{PLD}}{\text{E}^2} = 2\,907\,300^{\text{kil}}.$$

Mais ce tube si long était formé nécessairement de plusieurs feuilles de tôle assemblées ; et comme on n'indique pas le mode d'assemblage, qui exerce, ainsi qu'on l'a vu, une grande influence sur les résultats, cette expérience ne nous paraît pas devoir infirmer les conséquences déduites des précédentes.

Arcs en fonte.

185. Des efforts de compression auxquels on soumet dans la pratique les arcs en fonte. — Dans la construction des ponts en fonte auxquels on donne la forme d'arcs surbaissés, dont les extrémités sont arrêtées d'une manière fixe par les culées ou les tympans des piles, et dont la principale charge est le plus souvent le poids propre du pont, les ingénieurs admettent que toutes les parties de l'arc sont également comprimées par des efforts normaux à la section transversale de l'arc. Il n'est pas sans intérêt de calculer, d'après cette hypothèse, la pression que supportent les arcs de plusieurs grands ponts. A cet effet, on suit la règle suivante :

Appelant toujours (pl. III, fig. 3) :

2P le poids total du pont, y compris une charge additionnelle ;

2C la portée ou la corde de l'arc ;

f la flèche ou montée de l'arc ;

T la compression exercée sur la section transversale, supposée la même partout ;

Q sa composante horizontale ;

En admettant que l'arc de cercle puisse, sans erreur notable, être remplacé par un arc de parabole passant par le sommet et

par les deux points d'appui sur les culées, on voit facilement
que l'on a la proportion

$$Q : P :: C : 2f, \quad \text{d'où} \quad Q = \frac{PC}{f},$$

et par suite,

$$T = \sqrt{P^2 + Q^2} = P \sqrt{1 + \frac{C^2}{4f^2}},$$

ce qui permet de calculer la pression totale P, exercée sur la
section transversale des joints de culée, et, par suite, la pression
par unité de surface.

C'est d'après cette base que l'on a formé le tableau suivant,
dont nous devons la communication à l'obligeance de M. Poirée, ingénieur en chef des ponts et chaussées.

En examinant les chiffres contenus dans ce tableau, l'on voit
les efforts de compression produits par le poids propre du pont
dépasser toujours de beaucoup ceux qui sont dus à la charge
accidentelle, même en supposant celle-ci de 200 kilogr. par
mètre carré, ou équivalente au poids d'une réunion d'hommes
à raison de 3 à peu près par mètre carré.

Ces charges sont d'ailleurs très-différentes entre elles selon
les circonstances, et elles varient beaucoup suivant la hardiesse
des constructeurs. La plus grande, de 4^{kil}.40 par millimètre, est
celle du pont d'Austerlitz, qui a plus de quarante ans d'existence, mais auquel il a fallu faire souvent des réparations de
détail. Ensuite vient la charge de 3^{kil}.30 pour le pont du chemin
de fer d'Avignon à Marseille, terminé en 1855, et qui paraît se
conserver parfaitement.

Parmi les ponts les plus chargés se trouve ensuite le pont de
Villeneuve-Saint-Georges sur le chemin de Lyon, qui paraît
jusqu'ici avoir très-bien résisté à toutes les causes de fatigue,
et qui est chargé de 2^{kil}.81 au plus par millimètre carré, ou de
2 810 000 kilogr. par mètre carré.

L'élasticité de la fonte ne s'altérant que sous des efforts de
compression de 16 à 17 kilogrammes par millimètre carré, l'on
voit que les ingénieurs restreignent dans la construction des
ponts les charges bien au-dessous de cette limite.

INDICATION des OUVRAGES.	NOMBRE D'ARCHES.	NOMBRE d'arcs par arches.	ESPACEMENTS des ARCS.	MODE de CONSTRUCTION.	POIDS D'UNE TRAVÉE tout compris en tonnes approximativement.	OUVERTURE de chaque arche.	FLÈCHES.	HAUTEUR des arcs.	SECTION DES ARCS. Ensemble par arche.	PRESSION par mill. carré sous le poids de la construction.	PRESSIONS EN AJOUTANT UNE CHARGE accidentelle au poids de la construction.
	1.	2.	3.	4.	5.	6.	7.	8.	9.	10.	11.	12.
			m.			t.	m.	m.	m.	m. q.	kil.	
Pont d'Austerlitz, à Paris.	5	7	1.95	Arcs composés de vous- soirs évidés.........	623	32.30	3.23	1.25	0.212	3.95	4k.40 avec une surcharge acciden- telle de 200k. par m. carré.
Pont du Carrousel, à Paris.	3	4	2.80	Système Polonceau, arcs en tubes elliptiques....	546	47.00	4.90	0.84	0 38	1. 9	2k.31
Viaduc du canal St-Denis (chem. de fer du Nord).	1	4	2.10 sous les voies.. 1.30 entre les voies....	Idem..........	296	31.22	3.45	0.84	0.294	1.03	1k.81 avec une surch. accident. de 600k. par m. courant du pont.
Viaduc de Villeneuve-St-Georges (chem. de fer de Lyon).........	3	7	1.34	Arcs en plaques double T.	363	15.00	1.50	0.55 à la clef. 0.70 aux naissances	0.241 0.281	1.73 1.88	2k.59 Idem. 2k.81 Idem.
Viaduc du Mée. (Idem)...	3	7	1.34	Idem........	824	40.00	5.00	1.75	0.508	1.81	2k.34 Idem.
Viaduc de la gare de Cha- renton...... (Idem)..	2	7	1.34	Idem........	700	35.00	4.00	1.00	0m.345	Id.	» Idem.
Viaduc de Bernières (ch. de fer de Troyes)......	3	6	1.13 sous les voies... 1.50 entre les voies...	Idem........	213	22.00	2.45	0.50	0m.0.22	1.19	1k.95 Idem.
Viaduc de Montereau (Id.).	4	6	1.13 sous les voies... 1.50 entre les voies...	Idem........	240	24.60	3.13	Id.	Id.	Id.	» Idem.
Viaduc de Nevers (chemin de fer du Centre)......	7	7	1.31	Idem........	800	42.00	4.55	1.15	0.50	2.00	2k.7
Viaduc du Rhône (ch. de fer d'Avignon à Marseille)..	7	8	1.25 entre les axes des arcs intermédiaires, 1.25 entre les axes des arcs intermédinira et les arcs de tête.	Idem........	1.800	60.00	5.00	1.70	1.016	2. 8	3k.36 Idem.
Viaduc de la Mulatière à Lyon (ch. de fer de St- Etienne et route du Per- rache à la Mulatière)....	4	9	1.20 sous les voies... 1.70 sous la route....	Système Polonceau, arcs en tubes elliptiques...	600	40.14	4.50	0.09	0.720	1.00	1k.44 pour les arcs correspondant aux voies en fer.

186. Effets de la dilatation dans les ponts en fonte. — Les effets de contraction et de dilatation produits par les changements journaliers de température sont encore une cause de fatigue considérable pour les ponts en général.

On conçoit en effet que quand un arc, maintenu par des culées ou des piles qui ont été construites assez solidement pour être à peu près immobiles et inflexibles, éprouve un accroissement de longueur par dilatation, il doit se produire dans ses joints des séparations, des ouvertures. Les joints inférieurs près des appuis s'ouvrent par suite d'une rotation qui se fait sur la partie supérieure de ces joints; à l'inverse, les joints supérieurs, à la clef ou dans son voisinage, s'ouvrent en dessus et se ferment en dessous. Les effets inverses se produisent dans les contractions produites par les refroidissements ou par les flexions sous les charges.

Il résulte évidemment de ces mouvements que les pressions ne sont plus réparties normalement aux surfaces des joints, ni proportionnellement à l'étendue de ces surfaces, et c'est ce qui oblige les ingénieurs à rester au-dessous des limites de l'élasticité dans les calculs établis sur l'hypothèse d'un état moyen de coïncidence des joints.

A l'appui de ces considérations, il n'est pas inutile de citer quelques exemples des exhaussements que peuvent produire à la clef des arcs, des variations données de température, pour les comparer à celles qu'occasionnent les charges accidentelles qui passent sur les ponts.

Ainsi, au pont de la gare de Charenton, une augmentation de la température de l'air de 14° a produit 14 millimètres d'exhaussement à la clef du premier arc exposé à l'ouest.

Au pont de Villeneuve-Saint-Georges on a observé un exhaussement de 9 millimètres à la clef de l'arc exposé aussi à l'ouest.

C'est ordinairement vers le soir, avant le coucher du soleil, qu'a lieu le plus grand relèvement, et le matin, avant le lever, qu'a lieu le plus grand abaissement.

Afin de se mettre à l'abri de cet inconvénient, il ne faut pas oublier d'ailleurs que dans la plupart des constructions soignées, les ingénieurs ont été conduits à adopter des dispositions telles,

que la dilatation puisse librement s'opérer, soit en permettant
un mouvement général de la construction, soit en disposant de
distance en distance des moyens de compensation dans certains
assemblages.

187. Transmission des poussées horizontales d'une arche
aux suivantes dans le cas des charges accidentelles. —
M. Poirée a aussi observé que lorsqu'une machine locomotive
ou un train s'engage sur un viaduc, les composantes horizontales ou les poussées produites sur le premier arc se trans-
mettent de proche en proche aux autres arcs par l'intermédiaire des tympans qui les séparent ; et comme ces effets se produisent alternativement dans un sens et dans l'autre, il s'ensuit
que, quand les piles ou les tympans qui les surmontent et sont
placés entre les arcs n'ont pas une épaisseur et une surface de
joints suffisantes, la cohésion des mortiers est détruite. C'est ce
qui a été remarqué entre autres sur un grand viaduc en charpente construit sur la Seine. Il importe donc, dans la prévision
de ces effets, de donner aux piles des viaducs de chemins de fer
une épaisseur plus grande souvent que celle qu'exigerait le poids
propre du viaduc. Il n'est pas moins nécessaire de donner aux
arcs et aux tympans qui les séparent une grande rigidité dans
le sens horizontal.

188. Flexions des arcs en fonte sous l'action des charges
accidentelles. — Le tableau suivant donne les résultats d'observations faites sur quelques viaducs construits en fonte.

On voit par les chiffres de ce tableau que les flexions qu'on
nomme *statiques*, c'est-à-dire relatives au cas où la charge est
au repos sur le viaduc, sont un peu plus faibles, dans presque
tous les cas, que les flexions *dynamiques*, ou qui ont lieu pendant le mouvement. Cet effet tient à des causes analogues à
celles que nous discuterons plus tard, en parlant de l'influence
de la vitesse de passage des charges sur les flexions.

La différence de ces flexions est d'ailleurs très-faible et l'avantage qu'offre sous ce rapport l'emploi des grandes masses doit
faire préférer l'emploi des ponts en pierre à celui des ponts en
métal, quand l'économie le permet.

TABLEAU DES FLEXIONS DES ARCS DE DIVERS VIADUCS.

CIRCONSTANCES DE L'EXPÉRIENCE.	Avant.	Milieu.	Arrière.	Total.	POIDS DU TENDER.	STATIQUE.	Moyenne.	Limites extrêmes.	sur l'arche en expérience.	sur l'arche suivante.	OBSERVATIONS.
Viaduc de la gare de Charenton (chemin de Lyon.)											
Machine à voyageurs seule...........	8.5	12	5	25.5	20	3.4	3.8	de 3.6 à 4.1	0	0.5	Vitesse de 20 à 60 k. à l'heure.
Id., avec train de voyageurs........	»	»	»	»	»	»	3.9	de 3.5 à 4.1	0	»	Id., de 45 kil. à l'heure.
Id., le pont étant déchargé de 200 t. de salle par arche.	»	»	»	»	»	»	4.3	de 4.1 à 4.4	0	»	id.
Machine mixte, 1re série, seule.	12	13.5	3.2	28.7	20	3.9	4.2	de 4.1 à 4.3	0	0.7	Vitesse de 25 kil. à l'heure.
Id., 2e série, avec train de voyageurs.	10.5	9	5.5	25.0	20	»	3.9	de 3.6 à 4.2	0	0.6	Vitesse de 25 à 55 kil à l'heure.
Id., le pont étant déchargé de 200 t. de sable par arche.	»	»	»	»	»	»	4.1	de 3.9 à 4.3	0	0.6	Id.
Mêmes machines avec des roues de 1m.80 au lieu de 1m.60.	»	»	»	»	»	»	4.3	de 4.0 à 4.8	0	0.6	Id., de 40 à 65.
Id., le pont étant déchargé........	»	»	»	»	»	»	4.6	de 4.5 à 4.6	0	0.6	Id., de 60.
Machine à 6 roues couplées avec train de machine....	7.2	10.2	8.8	26.2	20	»	3.7	de 5.0 à 4.0	0	0.6	Id., de 20 à 40.
Id., le pont étant déchargé.........	»	»	»	»	»	»	4.2	de 4.1 à 4.3	0	0.6	Id., de 30 à 40.
Viaduc de Montereau (chemin de Montereau à Troyes.)											
Machine à voyageurs du chemin de fer de Troyes......	3	9	6	18	9.4	»	4.0	de 3.9 à 4.0	0	0.7	Vitesse de 10 à 30 kil.
Id., de la ligne de Lyon............	8.5	12	5	25.5	20	»	5.8	de 5.6 à 6.0	0	1.0	Id., de 15 à 45.
Machine mixte, 2e série, de la ligne de Lyon.........	10.5	9	5.5	25	20	»	5.6	de 5.3 à 5.7	0	1.1	Id.
Id., 1re série.................	12	13.5	3.2	28.7	20	»	6.4	de 6.1 à 6.6	0	1.2	Id.
Une machine à voyageurs et une machine mixte, 2e série, de la ligne de Lyon, de front sur l'arche à la clef......	»	»	»	50	40	6	»	»	0	1.7	»
Les mêmes machines étant placées sur la même voie en prolongement l'une de l'autre...	»	»	»	50	40	4.5	»	»	0	non mesuré.	»
Viaduc du canal de Saint-Denis (chemin du Nord.)											
Machine à voyageurs avec train...	»	»	»	22	»	5.1	5.4	de 5.7 à 6.1	0.5	Ce viaduc n'a qu'une arche.	Vitesse de 20 kil. environ.
Machine Crampton...............	»	»	»	28	»	»	5.8	de 5.7 à 6.1	0.6		Id., de 60 kil. environ.
Viaduc de Villeneuve Saint-Georges (chemin de Lyon.)											
Machine mixte, 1re série.........	12	13.5	3.2	28.7	20	1.8	»	»	»	0.2	Vitesse de 30 kil. environ.
Machine à voyageurs.............	8.5	12	5	25.5	20	1.7	»	»	»	0.2	Id.

TROISIÈME PARTIE.

FLEXION.

Considérations générales sur la résistance des solides soumis à des efforts qui tendent à les faire fléchir perpendiculairement à leur longueur. — Bases expérimentales de la théorie.

189. Avant d'exposer la théorie de la résistance des corps solides à la flexion, et les formules auxquelles elle conduit, il est nécessaire de faire connaître les principaux effets physiques qui se produisent et qui servent de base à cette théorie. Nous commencerons donc par examiner quelques résultats d'expériences propres à jeter du jour sur la manière dont les molécules qui composent les corps se comportent, afin de donner à la théorie un point de départ conforme à la nature des phénomènes que nous voulons étudier. Puis, quand nous aurons établi les formules qui représentent ces effets, nous ferons voir, par la discussion d'autres expériences, que leurs résultats sont d'accord avec ceux de l'observation, autant qu'on peut l'espérer et le désirer pour la pratique.

190. Notions sur la manière dont se comportent les corps soumis a la flexion transversale. — Lorsqu'un solide, posé horizontalement sur deux points d'appui, fléchit sous l'action d'une charge placée en son milieu et agissant verticalement, sa face inférieure devient convexe et sa face supérieure concave. Il importe de constater par l'expérience comment les molécules ou les fibres longitudinales qu'elles forment se comportent sur ces deux faces ; de reconnaître si les unes, celles de dessous, s'allongent, et si les autres, celles de dessus, se compriment ; de sorte que ces effets opposés, allant en décroissant de l'extérieur à l'intérieur, il devrait se trouver une couche dont les fibres ne seraient ni allongées ni raccourcies, et resteraient de longueur invariable.

Galilée, dans l'essai d'une théorie de la résistance des corps à la flexion, supposait que toutes les fibres s'allongeaient, à partir de celles qui sont placées à la face concave. Cette hypothèse fut aussi admise par Mariotte et par Leibnitz.

L'expérience seule pouvant décider en pareille matière, Duhamel du Monceaux * fit des essais qui sont insérés dans les *Mémoires de l'Académie des sciences* pour l'année 1767.

Pour les exécuter il a choisi du saule, parce que ce bois est d'une densité plus uniforme que le chêne et l'orme, et que les couches annuelles sont moins distinctes dans le saule que dans les autres bois; qu'enfin il est plus liant sans être fort dur. Il fit couper des barreaux, pris dans de jeunes arbres, de façon que le cœur de l'arbre se trouvât au centre des barreaux, auxquels il donna 0^m,975 de longueur sur 0^m,040 d'équarrissage.

Ces barreaux étaient posés sur des tréteaux écartés de 0^m·935, et chargés en leur milieu d'un poids que l'on augmentait graduellement jusqu'à ce que la rupture arrivât.

Une première série de cinq barreaux, sans aucune modification, fut expérimentée pour déterminer leur force absolue. Pour une seconde série de deux barreaux, un trait de scie transversal fut pratiqué au milieu de la face supérieure de chaque pièce, et fut prolongé jusqu'au tiers de l'épaisseur de la pièce; les deux barreaux d'une troisième série furent également sciés à $\frac{1}{2}$ de leur épaisseur; ceux d'une quatrième série de six barreaux aux $\frac{3}{4}$ de leur épaisseur. Dans le trait de scie on introduisit une planchette de bois de chêne sec pour remplir le vide produit par l'épaisseur du trait. D'après les expériences, les barreaux se sont rompus sous les charges suivantes :

Barreaux entiers................ 256^{kil}.91

Barreaux sciés à $\frac{1}{3}$ d'épaisseur... 269 .71

Barreaux sciés à $\frac{1}{2}$ d'épaisseur... 265 .31

Barreaux sciés à $\frac{3}{4}$ d'épaisseur... 259 .76

---

* *Du transport, de la conservation et de la force des bois*, par M. Duhamel du Monceaux, membre de l'Académie des sciences, etc. 1767.

Il résulte évidemment de ces expériences que les traits de scie pratiqués dans ces pièces ne les ont pas affaiblies, parce qu'ils n'ont pas empêché les fibres supérieures, placées du côté de la concavité, de se comprimer contre la planchette qui remplissait le joint et de résister comme si elles n'avaient pas été interrompues. Il y a même lieu de croire que la planchette de chêne, plus dure que le saule qu'elle remplaçait, ayant offert à la compression des fibres un point d'appui plus ferme, a contribué à la légère augmentation de résistance des pièces sciées.

Quoi qu'il en soit, le mode d'action des fibres du bois dans la flexion des pièces est très-bien mis en évidence par ces expériences.

Duhamel a aussi exécuté des expériences analogues sur des pièces de pin du Nord de 0ᵐ.975 de longueur, de 0ᵐ.034 d'épaisseur, et 0ᵐ.016 de largeur, posées sur les mêmes appuis et chargées en leur milieu; les premières étaient entières et les autres sciées en quatre endroits, les unes à $\frac{1}{3}$ de leur épaisseur, les autres à $\frac{1}{2}$, les dernières aux $\frac{2}{3}$. Il a observé les flexions et les charges rapportées ci-dessous :

DÉSIGNATION DES PIÈCES.	FLEXIONS correspondant aux charges de			CHARGES produisant la rupture et les dernières flexions	CHARGES moyennes de rupture.
	24ᵏⁱˡ.475.	36ᵏⁱˡ.712.	73ᵏⁱˡ.75.	kil.	kil.
	mill.	mill.	mill.		
Pièces entières........	13.54 / 15.79	21.46 / 22.56	58.65 / 54.15	73.75 / 67.55	70.65
Pièces sciées en quatre endroits, à $\frac{1}{3}$ de leur épaisseur	19.18 / 19.18 / 23.10	33.84 / 30 61 / 37.35	71.05 / 68.79 / 66.55	69.51 / 65.59 / 58.86	64.65
Pièces sciées en quatre endroits, à $\frac{1}{2}$ de leur épaisseur	19.74 / 20.87	31.02 / 32.86	66.55 / 68.79	77.66 / 65.59	71.62
Pièces sciées en quatre endroits, aux $\frac{2}{3}$ de leur épaisseur	21.46 / 18.05	34.40 / 33.84	77.83 / 82.34	72.20 / 61.68	66.94

Ces expériences montrent que les traits de scie ont facilité la flexion des pièces, mais qu'ils n'ont pas diminué considérablement leur résistance à la rupture.

Il résulte donc de ces expériences que les fibres du bois, placées du côté de la convexité des pièces fléchies s'allongent, tandis que celles qui sont du côté de la concavité se compriment
et se raccourcissent. L'allongement et le raccourcissement étant
d'ailleurs évidemment d'autant plus grands que les fibres sont·
plus voisines des surfaces extérieures, ils vont en diminuant vers
l'extérieur, et il doit y avoir à chaque instant pour chaque section une couche de fibres qui n'éprouve ni allongement ni raccourcissement, et à laquelle on a donné pour cette raison le
nom de *couche des fibres invariables*. .

191. Expériences de M. Dupin sur la compression et l'extension des fibres. — Des expériences exécutées à Rochefort par
ce célèbre géomètre, et qui sont relatées dans son cours de mécanique industrielle, l'avaient conduit aux mêmes conclusions.

Une pièce de bois ABCD (pl. III, fig. 5) avait été posée sur
deux points opposés, éloignés de 2^m.00 l'un de l'autre. Un certain nombre de lignes droites 11, 22, 33, 44.... perpendiculaires aux faces parallèles AB et CD ayant été tracées sur les
faces verticales, on chargea la pièce de poids suspendus au
milieu de sa longueur.

La pièce fléchit sous la charge, et, en examinant les lignes
11, 22, 33, etc., M. Dupin reconnut qu'elles n'avaient pas cessé
d'être droites et normales aux deux faces AB et CD du solide.

Il en résultait nécessairement que toutes les fibres comprises
à l'origine entre les deux profils 11 et 22, par exemple, y
étaient restées comprises pendant la flexion, et qu'elles s'étaient
nécessairement allongées ou raccourcies de quantités proportionnelles à leur distance à l'axe de rotation de chacun des
plans 11, 22. Mais comme la mesure des longueurs des faces
supérieures et inférieures n'a pas été donnée, cette expérience
ne montre pas par elle-même qu'il y ait eu des fibres raccourcies, attendu que les lignes 11, 22 seraient aussi restées perpendiculaires aux faces AB et CD si la rotation avait eu lieu autour
des points 1 et 2 supérieurs.

Toutefois, cette expérience, rapprochée de celle de Duhamel,
qui constatait le fait de la compression, conduisit son auteur
à admettre l'existence d'une couche de fibres invariables.

Plus récemment, le même géomètre a fait en 1851, au Conservatoire des arts et métiers, quelques expériences pour déterminer les rapports et les valeurs des raccourcissements et des allongements qui se produisent dans la flexion des bois. Au moyen de lames d'acier très-minces et très-flexibles, il mesurait les longueurs réelles des faces supérieures et inférieures des solides avant et après la flexion; mais il n'a pas fait connaître les résultats de ces recherches.

192. Expériences de M. Duleau. — M. Duleau, dans son essai sur la résistance du fer forgé, rapporte l'expérience suivante :

« On a courbé par force, à froid, une pièce en fer carré de $0^m.02$ de côté, suivant un arc de cercle, de manière à ce que les deux faces latérales restent planes. Sur ces deux faces on avait tracé des lignes perpendiculaires à l'axe de la pièce et distantes de $0^m.025$. On a donné successivement à la pièce trois courbures telles que, sur une longueur d'arc de $0^m.30$, la flèche fût de $0^m.022$, $0^m.037$ et $0^m.058$. Les lignes tracées sur les faces planes sont restées droites et perpendiculaires à la pièce, *et l'allongement de la partie convexe s'est trouvé justement égal au raccourcissement de la partie concave.*

	^{m}	^{m}	^{m}
Pour des flèches de...........................	0,022	0,037	0,058
Cet allongement a été pour $0^m,30$ de longueur...	0,005	0,010	0,0175
Ou par mètre................................	0,0167	0,0333	0,0583

« Cette expérience prouve que les fibres du fer ont éprouvé un allongement ou un raccourcissement proportionnel à leur distance du milieu de la pièce, et par conséquent que le même poids qui agit sur une fibre parallèlement à sa longueur, soit pour la tirer, soit pour la refouler, l'allonge ou la raccourcit de la même quantité.

« Ici les fibres avaient perdu de leur force élastique; la propriété qu'elles ont présentée existe donc, à plus forte raison, lorsque l'action qu'elles ont éprouvée n'a pas détruit cette élasticité. »

Sans déduire de cette expérience des conclusions aussi absolues que l'auteur, on peut au moins en tirer la conséquence que, dans la flexion des corps, il y a extension des fibres situées à la partie convexe et refoulement de celles qui sont à la partie concave, et que nécessairement il existe à l'intérieur des corps une couche de fibres de longueur invariable.

193. Observations de plusieurs ingénieurs. — Enfin, les observations nombreuses recueillies par MM. Fairbairn, Hodgkinson, E. Clark et autres auteurs anglais, ont prouvé que des effets analogues se produisaient dans la flexion des métaux.

M. E. Hodgkinson a signalé le mode remarquable de rupture que présentent les barreaux en fonte. Au moment où ils cèdent sous la charge, il s'en détache, vers le milieu de la partie concave, une sorte de coin curviligne (pl. III, fig. 6), qui est quelquefois projeté au-dessus du solide. Sa forme et cette projection sont évidemment un effet de la compression.

Dans les nombreuses expériences faites sur des solides en tôle de fer, à profil plein ou creux, l'on a toujours remarqué que ces solides rompaient par extension des fibres de la partie convexe ou par compression de la partie concave, selon que la forme et les proportions adoptées faisaient prévaloir la résistance à la compression sur la résistance à l'extension, *et vice versa.*

L'existence d'une couche de fibres dont la longueur n'a pas varié quand un corps a pris une certaine flexion, est donc suffisamment établie par toutes les expériences que nous avons citées. Mais quelle est la position de cette couche de fibres dans le profil transversal du corps? et cette position est-elle constante ou la même pour toutes les flexions? C'est ce que nous examinerons plus tard en comparant les résultats de l'expérience et ceux de la théorie.

Passons maintenant à d'autres faits d'observation.

194. Expériences directes faites au Conservatoire des arts et métiers pour constater la compression et l'extension des solides fléchis. — J'ai rapporté dans la première édition de cet ouvrage les résultats d'une expérience qui avait été faite au Conservatoire sur la compression et l'extension des fibres des solides soumis à la flexion. Cette expérience, analogue, quant au but et aux moyens employés, à celles qui avaient été faites au commencement de 1851 par M. Ch. Dupin, et dont il vient d'être parlé au n° **119**, m'avait été proposée par M. T. Richard, savant ingénieur civil, et elle fut faite avec son concours. Elle était disposée ainsi qu'il suit :

Une pièce de bois de sapin de $0^m.0974$ sur $0^m.0973$ d'équarrissage, et de 2 mètres de longueur, a été posée horizontalement sur deux appuis distants de $1^m.803$. Elle pesait $8^{kil}.900$.

Au milieu de cette pièce, et perpendiculairement à sa longueur, on a placé un rouleau à l'axe duquel on a suspendu un plateau qui, en y comprenant un poids additionnel de $6^{kil}.910$, formait avec la charge représentant l'action du poids propre du solide, une charge constante de 50 kilogrammes.

Sur le plateau on posait successivement et avec précaution les charges variables.

Dans le sens de la longueur des faces supérieure et inférieure, on avait pratiqué sur chacune de ces faces une petite rainure dans laquelle était introduite à frottement doux une languette très-mince en bois, un peu plus longue que cette pièce, et que l'on avait graissée pour la rendre plus mobile.

La pièce étant posée librement et sans charge sur les appuis, on a marqué par des traits fins les affleurements des bouts de la pièce sur les languettes, puis on a commencé à placer doucement les charges sur le plateau.

A mesure que le solide a commencé à fléchir, on a observé que les traits marqués sur la languette supérieure dépassaient de plus en plus les extrémités de cette pièce, ce qui montrait évidemment que la surface supérieure du corps diminuait de longueur et par conséquent se comprimait. En même temps, les traits marqués sur la languette inférieure étaient recouverts par les extrémités de la pièce, ce qui prouvait que celle-ci s'allongeait ou s'étendait à la surface inférieure.

Le tableau suivant contient les résultats des observations :

CHARGES TOTALES.	FLEXIONS mesurées après 30'.	COMPRESSION totale de la face supérieure.	EXTENSION totale de la face inférieure
kilogr.	mètre.		
200	0.00525	»	»
300	0.00820	»	»
400	0.01090	»	»
500	0.01310	»	»
600	0.01530	0.0017	0.00195

L'on voit par ce tableau et par la représentation graphique des résultats (pl. III, fig. 4), que les flexions sont sensiblement proportionnelles aux charges jusque vers la charge de 400 à 500 kilogr.; or, d'après les formules pratiques ordinaires que nous ferons connaître plus loin, une semblable pièce, pour ne pas être exposée à l'altération de son élasticité, ne devrait porter d'une manière permanente qu'une charge de 205 kilogr. environ*. Par conséquent, dans les limites des charges permanentes que ces règles permettent d'employer, on voit que la proportionnalité des flexions aux charges peut être regardée comme suffisamment exacte.

Les résultats de cette expérience ont montré d'une manière incontestable que les fibres placées à la partie convexe de la pièce s'allongeaient, que celles de la partie concave se raccourcissaient, et qu'il existait par conséquent à l'intérieur du corps une couche de fibres dont la longueur n'avait pas varié, mais les moyens de mesure des allongements et des raccourcissements des fibres n'étaient pas assez précis pour permettre d'en constater la valeur avec une exactitude suffisante. Les proportions que j'avais observées et notées, et que j'ai rapportées dans la première édition de cet ouvrage ayant d'ailleurs été contestées, il m'a semblé utile de reprendre ces expériences, de les étendre à des corps de diverses natures et d'employer pour mesurer les variations de longueur des fibres allongées ou

---

* La formule est

$$2P = 2\frac{100\,000 \times \overline{0.974}^3}{0.9015} = 204^{k}.28.$$

comprimées des moyens de précision qui permissent de bien établir les conséquences de l'observation.

195. Expériences faites en 1856 au Conservatoire des arts et métiers. — A cet effet, dans l'une des caves parfaitement saines et aérées du Conservatoire, on a établi deux massifs en pierre de taille reposant sur une fondation solide, et disposés de manière à permettre d'opérer avec des portées de 4 mètres. Sur la surface bien arasée de niveau de ces massifs, l'on posait des plaques de fer bien dressées, dont les arêtes intérieures déterminaient, par leur écartement, la portée de la pièce en expérience.

L'on a successivement soumis à la flexion :

1° Une pièce de sapin de $0^m.16$ de largeur sur $0^m.20$ de hauteur et $3^m.80$ de portée.

2° Deux pièces de chêne de $0^m.15$ de largeur sur $0^m.20$ de hauteur et $3^m.80$ de portée.

3° Une poutre en fer à double T des dimensions suivantes :

$$a = 0^m.045,$$
$$b = 0^m.160.$$

Les raccordements des semelles étaient faits par des contours arrondis.

4° Une poutre en fonte à double T, à semelles égales des dimensions suivantes :

$$a = 0^m.051,$$
$$b = 0^m.242,$$
$$a' = 0^m.018,$$
$$b' = 0^m.222.$$

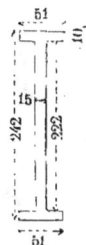

5° Une poutre en fonte à double T, à semelles inégales des dimensions suivantes :

$$a = 0^m.032, \quad b = 0^m.243, \quad a'_1 = 0^m.096,$$
$$b' = 0^m.221, \quad b_1 = b_1' = 0^m.011, \quad a_1 = 0^m.012,$$

mais de même hauteur et de même superficie, et par conséquent de même poids que la précédente.

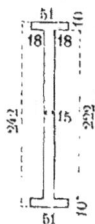

Les charges agissaient au milieu de la portée des pièces, par l'intermédiaire d'un rouleau, à l'axe duquel était suspendu un plateau qui recevait des caisses remplies de petits boulets.

Pour observer les flèches de courbure, on avait tracé très-exactement au milieu de la longueur de la portée une ligne verticale et une ligne horizontale très-fines, et l'on déterminait les abaissements de leur intersection à l'aide d'un cathétomètre donnant les centièmes de millimètre.

On s'assurait à chaque expérience que les appuis n'avaient éprouvé aucun tassement, et quand les solides en expérience avaient pu être un peu déprimés à leur contact avec les plaques d'appui, ce qui tendait à augmenter la mesure de la flexion, l'on en tenait compte.

Les faces supérieure et inférieure des pièces de bois portaient des rainures dans lesquelles s'engageaient des languettes à frottement doux, terminées par de petites bandes de fer sur lesquelles on avait tracé, avant la flexion, des lignes de repère prolongées sur le corps des pièces. A l'une des extrémités des pièces on avait fixé au-dessus et au-dessous un talon formant épaulement contre lequel on faisait buter l'extrémité de la languette correspondante, de sorte que toute sa variation de longueur se trouvait reportée à l'autre extrémité. Après la flexion et au moyen de lunettes à réticules, on s'assurait d'abord de la coïncidence des lignes de repère de l'une des extrémités, et l'on observait à l'autre la variation de longueur totale que l'on obtenait à $\frac{1}{100}$ de millimètre près.

Pour les pièces en métal, on opérait d'une manière analogue, mais au lieu de creuser des rainures à leurs surfaces supérieure et inférieure, on y avait collé un grand nombre de petits taquets évidés, sous lesquels passait une lame mince de ressort d'acier qui remplissait les fonctions de la languette des pièces de bois et permettait de mesurer exactement les allongements et les raccourcissements des faces inférieure et supérieure.

Telle est la disposition générale qui a été adoptée pour les expériences; j'ajouterai que la constance de la température et de l'état hygrométrique, l'isolement du lieu où les expériences ont été faites, nous ont mis à l'abri des influences de ces éléments, ainsi que de l'effet des ébranlements.

Toutes les observations ont été faites et enregistrées avec le plus grand soin, contrôlées par M. Tresca, sous-directeur du Conservatoire, qui en avait organisé les détails, et répétées chacune au moins deux fois. Afin d'écarter l'influence des différences d'homogénéité que pouvaient présenter les bois et même les pièces de métal, on les a retournées toutes pour mettre successivement en dessus et en dessous les deux faces opposées.

Les flexions observées ont toujours dépassé de beaucoup les limites de celles que l'on peut admettre dans la pratique, ainsi qu'on le verra dans les tableaux suivants.

Les charges agissaient exactement au milieu de la longueur des pièces, au moyen du dispositif décrit au n° **194**, et étaient formées par des caisses dans lesquelles on avait placé de petits boulets de fonte exactement pesés. On posait ces caisses avec précaution, et l'on avait soin d'attendre quelque temps avant de mesurer les flexions et les variations de longueur, afin de s'assurer que les oscillations avaient cessé.

A l'aide de ces dispositions, nous croyons donc avoir environné ces expériences de toutes les précautions propres à assurer l'exactitude des résultats qui sont rapportés dans le tableau suivant :

EXPÉRIENCES SUR LA FLEXION DES SOLIDES, ET SUR LE RACCOURCISSEMENT
ET L'ALLONGEMENT DE LEURS FIBRES. — 1856.

NUMÉROS des expériences.	DÉSIGNATION DES SOLIDES.	CHARGES agissant au milieu de la portée 2 P.	FLEXIONS		RACCOURCISSEMENT de la partie concave par 100 kil. de charge.	ALLONGEMENT de la partie concave par 100 kil. de charge.
			TOTALE.	par 100 KIL. de charge.		
1	Poutre en sapin portée 2 C = 3m.80.	kil.	mill.	mill.	mill.	mill.
		200	2.64	1.32	0.259	0.255
		400	5.40	1.36	0.255	0.248
		600	9.60	1.60	0.248	0.243
		800	10.88	1.18	0.242	0.232
		1000	13.40	1.31	0.250	0.244
		1200	16.28	1.44	0.246	0.246
		Moyenne.....		1.37	0.251	0.245
2	Même pièce retournée.....	200	2.84	1.44	0.230	0 270
		400	5.60	1.38	0.247	0.247
		600	8.12	1.26	0.233	0.233
		800	11.10	1.49	0.233	0.240
		1000	13.84	1.37	0.235	0.240
		1200	16.76	1.36	0.237	0.237
		Moyenne.....		1.38	0.236	0.244
3	Même pièce retournée.....	200	2.94	1.42	0.250	0.270
		400	5.64	1.35	0.265	0.275
		600	8.48	1.42	0.262	0.263
		800	11.24	1.38	0.246	0.250
		1000	13.92	1.34	0.235	0.248
		1200	16.80	1.44	0.260	0.266
		Moyenne.....		1.39	0.253	0.262
4	Poutre en chêne portée 2 C = 3m.80.	200	2.54	1.27	0.130	0.185
		400	5.00	1.25	0.165	0.210
		600	7.30	1.22	0.172	0.230
		800	9.42	1.18	0.177	0.215
		1000	11.92	1.19	0.178	0.210
		1200	14.12	1.18	0.175	0.212
	Bois très-sec. Cette pièce avait un gros nœud.	Moyenne.....		1.21	0.166	0.210

NUMÉROS des expériences.	DÉSIGNATION DES SOLIDES.	CHARGES agissant au milieu de la portée 2P.	FLEXIONS		RACCOURCISSEMENT de la partie concave par 100 kil. de charge.	ALLONGEMENT de la partie concave par 100 kil. de charge.
			TOTALE.	par 100 KIL. de charge.		
		kil.	mill.	mill.	mill.	mill.
1	Même pièce............	200	2.50	1.25	0.185	0.210
		400	4.90	1.22	0.192	0.210
		600	7.18	1.20	0.190	0.210
		800	9.34	1.17	0.182	0.205
		1000	11.46	1.15	0.180	0.210
		1200	13.82	1.15	0.187	0.207
		Moyenne.....		1.19	0.189	0.209
2	Même pièce retournée.....	200	2.50	1.25	0.120	0.180
		400	4.74	1.18	0.175	0.192
		600	6.88	1.15	0.168	0.200
		800	9.10	1.14	0.176	0.196
		1000	11.34	1.13	0.170	0.195
		1200	13.62	1.13	0.181	0.197
		Moyenne.....		1.16	0.165	0.196
3	Même pièce retournée.....	200	2.12	1.06	0.185	0.205
		400	4.46	1.11	0.187	0.212
		600	6.74	1.12	0.180	0.208
		800	9.00	1.12	0.192	0.210
		1000	11.32	1.13	0.171	0.207
		1200	13.64	1.14	0.187	0.212
		Moyenne.....		1.11	0.184	0.209
4	Poutre en chêne, moins sèche que la précédente, portée 2C=3m.80.....	200	3.74	1.94	0.325	0.315
		400	7.30	1.82	0.335	0.325
		600	11.02	1.84	0.320	0.330
		800	14.52	1.81	0.327	0.325
		1000	18.20	1.82	0.321	0.322
		1200	21.92	1.83	0.326	0.330
		Moyenne.....		1.84	0.325	0.324

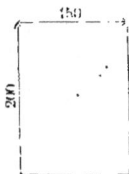

NUMÉROS des expériences.	DÉSIGNATION DES SOLIDES.	CHARGES agissant au milieu de la portée 2 P.	FLEXIONS TOTALE.	FLEXIONS par 100 KIL. de charge.	RACCOURCISSEMENT de la partie concave par 100 kil. de charge.	ALLONGEMENT de la partie concave par 100 kil. de charge.
		kil.	mill.	mill.	mill.	mill.
1	Même pièce............	200	3.84	1.92	0.320	0.325
		400	7.60	1.90	0.303	0.327
		600	11.32	1.89	0.310	0.333
		800	14.90	1.86	0.307	0.330
		1000	18.62	1.86	0.310	0.334
		1200	22.32	1.86	0.311	0.332
	Moyenne.....			1.88	0.310	0.330
2	Même poutre en chêne retournée................	200	3.32	1.66	0.270	0.295
		400	1.83	1.85	0.320	0.337
		600	1.82	1.86	0.305	0.342
		800	1.84	1.88	0.322	0.342
		1000	1.87	1.91	0 327	0.350
		1200	1.88	1.90	0.333	0.343
	Moyenne.....			1.84	0.313	0.335
3	Même pièce............	200	1.75	3.50	0.300	0.365
		400	7.32	7.32	0.320	0.370
		600	10.96	10.96	0.320	0.362
		800	14.72	14.72	0.322	0.340
		1000	18.66	18.66	0.326	0.344
		1200	22.62	22.62	0.327	0.350
	Moyenne.....			1.83	0.319	0.355
4	Poutre en fer à double T et à semelles égales. Portée 2 C = 4ᵐ.00.	200	1.46	0.73	0.088	0.096
		400	3.12	0.78	0.098	0.102
		600	4.76	0.79	0 096	0.104
		800	6.38	0.80	0.095	0.105
		1000	8.18	0.82	0.098	0.104
		1200	9.64	0.80	0.100	0.102
	Moyenne.....			0.79	0.096	0.102

NUMÉROS des expériences.	DÉSIGNATION DES SOLIDES.	CHARGES agissant au milieu de la portée 2 P.	FLEXIONS		RACCOURCISSEMENT de la partie concave par 100 kil. de charge.	ALLONGEMENT de la partie concave par 100 kil. de charge.
			TOTALE.	par 100 KIL. de charge.		
		kil.	mill.	mill.	mill.	mill.
1	Même poutre en fer.......	200	2.00	0.800	0.096	0.096
		400	3.66	0.813	0.096	0.096
		600	5.30	0.815	0.099	0.099
		800	7.04	0.828	0.098	0.107
		1000	8.64	0.822	0.100	0.104
		1200	10.64	0.850	0.096	0.102
		Moyenne.....		0.821	0.097	0.100
2	Même poutre en fer retournée..............	200	1.76	0.880	0.104	0.124
		400	3.46	0.860	0.108	0.118
		600	5.20	0.866	0.104	0.108
		800	6.86	0.857	0.104	0.108
		1000	8.50	0.850	0.105	0.110
		1200	10.04	0.837	0.104	0.106
		Moyenne.....		0.856	0.105	0.112
3	Même poutre en fer retournée..............	200	1.82	0.910	0.124	0.148
		400	3.34	0.835	0.104	0.118
		600	5.06	0.843	0.107	0.114
		800	6.80	0.850	0.103	0.111
		1000	8.35	0.835	0.104	0.108
		1200	10.04	0.833	0.104	0.107
		Moyenne.....		0.851	0.107	0.117
4	Poutre en fonte à double T et à semelles égales.	200	0.56	0.28	0.056	0.056
		400	1.34	0.33	0.056	0.052
		600	2.11	0.33	0.064	0.054
		800	2.88	0.36	0.065	0.058
		1000	3.68	0.37	0.064	0.059
		1200	4.49	0.37	0.066	0.062
		Moyenne.....		0.34	0.062	0.058

Poutre en fonte à double T et à semelles égales.

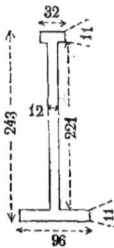

Portée 2 C = 4^m.00.

NUMÉROS des expériences.	DÉSIGNATION DES SOLIDES.	CHARGES agissant au milieu de la portée 2 P.	FLEXIONS		RACCOURCISSEMENT de la partie concave par 100 kil. de charge.	ALLONGEMENT de la partie concave par 100 kil. de charge.
			TOTALE.	par 100 KIL. de charge.		
		kil.	mill.	mill.	mill.	mill.
1	Même poutre en fonte.....	200	0.75	0.37	0.068	0.072
		400	1.47	0.37	0.068	0.068
		600	2.28	0.38	0.068	0.068
		800	3.05	0.38	0.067	0.069
		1000	3.87	0.39	0.066	0.067
		1200	4.60	0.38	0.067	0.067
		Moyenne.....		0.38	0.067	0.068
2	Même poutre en fonte retournée...........	200	0.59	0.30	0.052	0.062
		400	1.42	0.36	0.054	0.061
		600	2.22	0.37	0.066	0.066
		800	2.98	0.38	0.064	0.068
		1000	3.82	0.39	0.062	0.066
		1200	4.62	0.38	0.062	0.068
		Moyenne.....		0.36	0.060	0.066
3	Même poutre en fonte retournée............	200	0.75	0.37	0.068	0.064
		400	1.50	0.37	0.064	0.064
		600	2.18	0.36	0.064	0.060
		800	2.90	0.36	0.062	0.062
		1000	3.64	0.36	0.065	0.065
		1200	4.42	0.37	0.062	0.065
		Moyenne.....		0.36	0.064	0.064
5	Poutre en fonte à double T et à semelles inégales. Portée 2 C = 4ᵐ.00.	200	0.71	0.35	0.048	0.048
		400	1.51	0.38	0.072	0.056
		600	2.28	0.38	0.074	0.057
		800	3.06	0.38	0.076	0.055
		1000	»	»	0.077	0.057
		1200	»	»	0.078	0.058
		Moyenne.....		0.37	0.071	0.055

NUMÉROS des expériences.	DÉSIGNATION DES SOLIDES.	CHARGES agissant au milieu de la portée 2P.	FLEXIONS TOTALE.	par 100 KIL. de charge	RACCOURCISSEMENT de la partie concave par 100 kil. de charge.	ALLONGEMENT de la partie concave par 100 kil. de charge.
		kil.	mill.	mill.	mill.	mill.
1	Même poutre en fonte.....	200	0.75	0.38	»	»
		400	1.47	0.37	0.076	0.050
		600	2.28	0.38	0.074	0.050
		800	2.99	0.37	0.076	0.052
		1000	3.76	0.38	0.076	0.054
		1200	4.53	0.38	0.076	0.056
		Moyenne.....		0.38	0.076	0.052
2	Même poutre en fonte retournée. 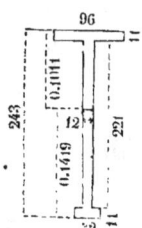 Portée 2 C = 4m.00	200	0.73	0.37	0.064	0.080
		400	1.49	0.37	0.060	0.084
		600	2.24	0.37	0.059	0.076
		800	3.08	0.38	0.056	0.079
		1000	3.82	0.38	0.059	0.079
		1200	4.74	0.39	0.057	0.080
		Moyenne.....		0.38	0.059	0.080
3	Même poutre en fonte retournée..............	200	0.76	0.38	0.064	0.072
		400	1.45	0.38	0.060	0.070
		600	2.26	0.38	0.057	0.074
		800	2.93	0.37	0.056	0.075
		1000	3.72	0.37	0.056	0.076
		1200	4.54	0.38	0.056	0.076
		Moyenne.....		0.38	0.058	0.074

196. RÉCAPITULATION DES RÉSULTATS DES EXPÉRIENCES. — Pour faciliter la discussion des résultats précédents, nous les avons récapitulés dans le tableau suivant, dans lequel nous n'avons inséré que les moyennes de chaque série :

TABLEAU RÉCAPITULATIF DES RÉSULTATS DES EXPÉRIENCES SUR LA FLEXION,
SUR LE RACCOURCISSEMENT ET SUR L'ALLONGEMENT DES FIBRES DES SOLIDES.

DÉSIGNATION DES SOLIDES.	NUMÉROS des expériences.	RAPPORT de la flexion maximum à la portée $\frac{f}{2C}$	FLEXION MOYENNE par 100 kil. de charge.	RACCOURCISSEMENT moyen par 100 kil. de charge.	ALLONGEMENT moyen par 100 kil. de charge.	RAPPORT des raccourcissements aux allongements.
			mill.	mill.	mill.	mill.
Pièce de sapin.	1	$\frac{1}{234}$	1.37	0.251	0.245	1.024
Même pièce	2	$\frac{1}{227}$	1.38	0.236	0.244	0.967
retournée.	3	$\frac{1}{226}$	1.39	0.253	0.262	0.965
	Moyenne...		1.38	0.246	0.250	0.965
Pièce de chêne	1	$\frac{1}{273}$	1.21	0.166	0.210	0.787
très-sèche.	2	$\frac{1}{275}$	1.19	0.189	0.209	0.905
Même pièce	3	$\frac{1}{273}$	1.16	0.165	0.196	0.842
retournée.	4	$\frac{1}{279}$	1.11	0.184	0.209	0.880
	Moyenne...		1.17	0.176	0.206	0.853
Pièce de chêne moins sèche que la précédente.	1	$\frac{1}{173}$	1.84	0.325	0.324	1.005
	2	$\frac{1}{171}$	1.88	0.310	0.330	0.939
Même pièce	3	$\frac{1}{167}$	1.84	0.313	0.335	0.934
retournée.	4	$\frac{1}{168}$	1.83	0.319	0.355	0.899
	Moyenne...		1.85	0.317	0.336	0.943
Poutre en fer à double T semelles égales.	1	$\frac{1}{415}$	0.79	0.096	0.102	0.941
	2	$\frac{1}{376}$	0.82	0.097	0.100	0.970
Même pièce	3	$\frac{1}{398}$	0.86	0.105	0.112	0.938
retournée.	4	$\frac{1}{398}$	0.85	0.107	0.117	0.915
	Moyenne...		0.83	0.101	0.108	0.935
Poutre en fonte à double T et à semelles égales.	1	$\frac{1}{1170}$	0.34	0.062	0.058	1.069
	2	$\frac{1}{1150}$	0.38	0.067	0.068	0.985
Même poutre	3	$\frac{1}{1150}$	0.36	0.060	0.066	0.909
retournée.	4	$\frac{1}{1110}$	0.36	0.064	0.064	1.000
	Moyenne...		0.36	0.063	0.064	0.991
Poutre en fonte à double T et à semelles inégales, posée sur la plus large.	1	»	0.37	0.071	0.055	1.291
	2	$\frac{1}{1138}$	0.38	0.076	0.052	1.461
	Moyenne...		»	»	»	1.376
Même poutre posée sur la semelle la plus étroite.	1	$\frac{1}{1150}$	0.38	0.059	0.080	0.737
	2	$\frac{1}{1141}$	0.38	0.058	0.074	0.784
	Moyenne...		0.38	»	»	0.760

197. Conséquences des résultats consignés dans les tableaux précédents. — Sans entrer pour le moment dans une discussion théorique et approfondie des résultats de ces expériences, nous ferons remarquer que les flexions y ont dépassé de beaucoup celles que la pratique admet et peut tolérer, et que, pour arriver à des rapports un peu exacts, il convient de ne comparer entre eux que les résultats relatifs aux charges qui n'ont pas produit des flexions de plus de $\frac{1}{230}$ pour les bois et $\frac{1}{400}$ environ pour les métaux, limites de beaucoup supérieures à celles que la pratique admet. D'un autre côté, pour les charges très-faibles donnant lieu à de très-petites flexions, la mesure des raccourcissements et des allongements pouvait être souvent entachée d'erreurs constantes inévitables, tout à fait comparables aux quantités à mesurer. Il convient donc de ne tenir compte que des résultats dus aux charges de 200 kilogr. et au-dessus.

La pièce de sapin essayée était très-saine, sèche et sans nœuds ; les résultats précédents montrent que les raccourcissements des fibres placées à la partie supérieure ou concave ont été à très-peu près égaux aux allongements des fibres placées à la partie convexe.

La première pièce de chêne employée avait un nœud assez fort et a donné des résultats peu réguliers qui indiquaient que les raccourcissements étaient plus faibles que les allongements dans le rapport de 853 à 1000. La seconde pièce de chêne, moins sèche et plus saine, a donné pour ces quantités un rapport plus voisin de l'unité, celui de 943 à 1000.

La poutre en fer à double T et à semelles égales a donné pour le rapport des raccourcissements aux allongements celui de 935 à 1000 peu différent de l'unité.

La poutre en fonte à double T et à semelles égales a fourni pour le même rapport la valeur moyenne de 991 à 1000.

Quant à la poutre en fonte à double T et à semelles inégales, la théorie qui sera exposée aux n°ˢ **208** et suivants admet que les raccourcissements des fibres de la face concave sont proportionnels à leurs distances respectives du plan parallèle à la face et qui passe par le centre de gravité du profil.

Or dans l'état actuel, le rapport de ces distances était égal à

1.394 quand la pièce était posée sur sa semelle inférieure, et le rapport trouvé entre les raccourcissements et les allongements a été 1.376; à l'inverse, quand la poutre était posée sur sa semelle la plus étroite, le rapport des distances des faces supérieure et inférieure au plan parallèle à ces faces qui passait par le centre de gravité était celui 1011 à 1415 égal à 0.7175, et l'on voit que le rapport des raccourcissements aux allongements a été trouvé égal à 0.760.

L'ensemble de ces résultats montre que dans les limites des flexions que la pratique peut admettre et même au delà, et lorsque les solides ont des sections transversales symétriques dans le sens vertical, de sorte que le centre de gravité de ces sections se trouve au milieu de leur hauteur, l'on peut, pour la fonte et pour le fer, regarder comme suffisamment établi par l'expérience :

1° Que les raccourcissements des fibres placées à la surface concave sont égaux aux allongements des fibres placées à la surface convexe.

2° Que les raccourcissements et les allongements sont proportionnels aux charges qui produisent les flexions.

L'expérience sur la poutre en fonte à double T et à semelles inégales montre aussi que dans ce cas les raccourcissements des fibres de la face concave et les allongements des fibres de la face convexe sont proportionnels à la distance de ces faces au plan qui leur est parallèle et qui passe par le centre de gravité du profil.

Ces mêmes conclusions peuvent aussi être appliquées aux bois avec une exactitude suffisante pour la pratique.

198. Expériences de M. Ch. Dupin sur la flexion du bois. — Dans un mémoire présenté à l'Institut en 1813, M. Ch. Dupin a exposé les résultats des expériences et des recherches auxquelles il s'était livré à Corcyre en 1811. Nous donnerons ici une analyse succincte de ce travail important.

Les bois employés étaient d'essence de chêne, de cyprès, de hêtre et de sapin, et débités sous forme de parallélipipèdes de 2 mètres de longueur, posés sur des supports dont ils mesuraient la plus courte distance, en les dépassant très-peu de chaque côté. Ils ont été chargés de poids placés au milieu de leur longueur.

L'auteur a d'abord reconnu que *les flexions sont proportion- nelles aux charges*, toutes choses étant égale. d'ailleurs ; c'est ce que prouvent les expériences suivantes, exécutées avec des pièces de 0^m.03 d'équarrissage et de 2 mètres de portée, char- gées en leur milieu de poids successivement croissants.

ESSENCE des BOIS EMPLOYÉS.	FLEXIONS PRODUITES PAR DES CHARGES DE							RAPPORT des flexions en mill. aux charges en kilog.	DENSITÉ des bois employés.
	4 kil.	8 kil.	12 kil	16 kil.	20 kil.	24 kil.	28 kil.		
	mill.	mill.	mill.	mill.	mill.	mill.	mill.		
Chêne.......	5.6	11.2	17.1	22.6	28.2	34.9	40.6	1.450	0.7324
Cyprès......	7.1	14.1	21 5	28.7	35.9	44.2	51.0	1.724	0.6640
Hêtre	8.4	16.9	25.9	34.5	43.4	54.0	63.5	2.170	0.6595
Sapin du Nord	13.0	26.2	»	»	»	»	»	3.275	0.4428

Si l'on représente ces résultats graphiquement (pl. III, fig. 7), en prenant les charges pour abscisses à l'échelle de 2^mill.50 par kilogr. et les flexions en demi-grandeur, on voit que tous les points ainsi déterminés sont situés sur les lignes droites pas- sant par l'origine des coordonnées. On remarque toutefois qu'au delà des charges capables de produire des flexions de 40 millimètres, les points correspondants sont un peu au- dessus des lignes droites, et que par conséquent les flexions étaient alors supérieures à celles qu'aurait fournies la propor- tionnalité des flexions aux charges.

Mais on doit remarquer qu'une flexion de 40 millimètres sur 2 mètres de portée ou de $\frac{1}{50}$ de la portée, est déjà excessive et dépasse ce que l'on peut tolérer dans les constructions. En effet, pour une portée de 5 mètres seulement, cela correspon- drait à 0^m.10 de flèche, ce qui n'est admissible presque dans aucun cas. De ces expériences, on est donc autorisé, avec l'au- teur, à conclure la vérification de cette loi, qu'entre les limites où l'élasticité n'est pas altérée et pour les flexions que l'on peut tolérer dans les constructions, *les flexions des parallélipipèdes posés sur deux points d'appui sont proportionnelles aux charges qui agissent en leur milieu.*

199. COMPARAISON DE LA DENSITÉ DES BOIS A LEUR RIGIDITÉ. — La flexibilité des bois est d'autant plus grande que l'accroissement de la flèche produite par un même poids ou que le rapport de la flexion totale à la charge qui la produit est plus considérable. Or, si, pour comparer ce rapport, qui est donné par la tangente géométrique de l'inclinaison des droites de la figure précédente, et dont la valeur est inscrite dans la neuvième colonne du tableau précédent avec les densités déterminées par l'auteur, on prenait celles-ci pour abscisses et les inclinaisons des droites des flexions pour ordonnées, on verrait que les points ainsi déterminés, et surtout les deux extrêmes, sont à peu près sur une ligne droite passant à une distance de l'origine égale à l'unité et telle qu'en nommant

i les inclinaisons ou le rapport des flexions aux charges,
d la densité du bois ou le poids du mètre cube en kilogr.,

on aurait entre ces quantités la relation

$$i = 5.877 \, (1 - d) \text{ millimètres},$$

relation qui, du reste, ne peut être appliquée avec sûreté qu'aux bois expérimentés par M. Dupin, et qui aurait besoin d'être vérifiée sur une échelle plus étendue.

Quoi qu'il en soit, l'on n'en doit pas moins conclure, avec cet illustre ingénieur, que la résistance des bois à la flexion croît avec leur densité. D'où il déduit cette autre conséquence importante que :

« De deux vaisseaux de même rang et dont la charpente sera d'égal volume, ou en général de deux appareils de charpente d'égal volume, celui qui sera construit avec le bois le plus pesant prendra moins d'arc que celui qui sera construit avec le bois le plus léger. » Ainsi les vaisseaux de la Baltique et de la Hollande, construits avec les sapins du Nord, doivent prendre plus d'arc que ceux de la Méditerranée, et ceux-ci plus que les vaisseaux espagnols, construits avec les bois très-pesants du nouveau monde, ou que les vaisseaux anglais, dont une partie est construite avec le bois dur qu'on appelle *African wood*.

Mais, ajoute-t-il, si au contraire on construisait deux vaisseaux sur le même plan, de manière que leur charpente eût cependant le même poids, « on verrait que le vaisseau construit avec le bois le plus léger serait celui dont l'arc serait au contraire le moins considérable et qui présenterait la plus grande solidité. »

200. Comparaison de l'effet des charges uniformément réparties a celui des charges agissant au milieu de la distance des appuis. — M. Charles Dupin a aussi cherché à comparer les flexions produites dans ces deux circonstances différentes. Les résultats de ces expériences sont consignés dans le tableau suivant, auquel nous avons joint les poids qui, placés au milieu des pièces, eussent produit la même flexion que les poids uniformément répartis, pour établir directement le rapport des charges qui, dans les deux cas, produiraient une flexion identique.

ESSENCE DES BOIS.	DIMENSIONS		La charge agissant au milieu.		La charge étant uniformément répartie.		CHARGE qui placée au milieu produirait cette flexion.	RAPPORT de ces CHARGES
	verticale.	horizontale	Charge	Flexion	Charge	Flexion		
	m.	m.	kilog.	mill.	kilog.	mill.	kilog.	
Chêne, prismatique...	0.02	0.03	6.00	33.0	9.00	32.0	5.818	0.649
	0.02	0.02	6.00	15.0	9.00	14.5	»	»
Chêne, cylindrique.....	diamè.	0.02	1.90	48.0	3.00	48.0	1.900	0.633
		0.02	4.75	123.0	7.50	123.0	4.750	0.633

Or on verra plus loin que la théorie indique que pour une même flexion, les charges placées au milieu et les charges uniformément réparties doivent être dans le rapport de 5 à 8 ou 0,625 ; si l'on remarque que les charges employées par M. Dupin n'étaient pas réellement uniformément réparties, mais bien distribuées par portions égales, on voit que ces

expériences fournissent une vérification de la théorie, bien
suffisante pour la pratique.

201. Rapport des flexions a la largeur et a l'épaisseur
des pièces. — La théorie dont il sera parlé plus tard conduit à
conclure que pour des pièces prismatiques, les flexions, à portées égales, doivent être en raison inverse des largeurs et des
cubes des épaisseurs, de sorte que si l'on appelle a la largeur
et b l'épaisseur, les flexions seront en raison inverse du produit ab^3.

D'après cela, si l'on fait fléchir la même pièce sous la même
charge en la plaçant d'abord à plat (pl. III, fig. 8), de manière
que sa dimension a soit horizontale et b verticale; puis de
champ, de manière que b soit horizontale et a verticale, les
flexions observées devront, d'après la théorie, être dans le rapport inverse de ab^3 à ba^3, ou dans celui de a^2 à b^2, c'est-à-dire
dans le rapport des carrés des dimensions; c'est ce que vérifient fort bien les expériences suivantes de M. Dupin :

EXPÉRIENCES SUR UNE PIÈCE DE SAPIN DE $0^m.03$ SUR $0^m.02$.

Charges.................	2^{kilog}	4^{kilog}	6^{kilog}	8^{kilog}	10^{kilog}
Flexions { à plat........	16^{mill}	32^{mill}	48^{mill}	64^{mill}	80^{mill}
{ de champ.....	6.80	14	21.30	28.50	37.60
Rapport des flexions....	2.36	2.28	2.25	2.24	2.13
Moyenne de ce rapport........... 2 25					

Le rapport des carrés des dimensions étant celui de 9 : 4 ou
2.25, on voit qu'il y a accord à peu près parfait entre les résultats de l'expérience et les indications de la théorie.

Une vérification semblable a été obtenue sur une autre pièce
de sapin de $0^m.05$ sur $0^m.02$ d'équarrissage.

De ces expériences résulte donc aussi la vérification de cette
conclusion de la théorie que la flexion est en raison inverse du
produit de la largeur a et du cube b^3 de l'épaisseur des pièces.

202. Flexibilité des bois en fonction de la distance des
appuis. — L'auteur a fait varier la distance des appuis sur les-

quels les pièces étaient posées, mais sans réduire la longueur de celles-ci, qui avaient un peu plus de 2 mètres; de sorte que pour toutes les portées inférieures à 2 mètres, une portion des pièces se trouvait en surplomb en dehors des appuis, et continuait à atténuer l'effet de la charge et par suite la flexion. Il est facile de tenir compte de l'effet de ces parties en surplomb; mais il a si peu d'influence sur les résultats, que cette correction semble inutile pour asseoir la conclusion que l'on en déduit.

En effet, les résultats des mesures directes sont consignés dans le tableau suivant :

Sapin du Nord. Règle prismatique de 0^m.02 sur 0^m.05 chargée de 10 kilog. en son milieu. — Poids de la règle. 1^{kil}.104.

Distances des appuis en mètres	1.00	1.125	1.250	1.375	1.500	1.625	1.750	1.875	2.000
Flexions en millim	10.0	15.5	21.9	28.7	36.7	47.0	58.0	70.0	84.0
Cubes des portées	1.000	1.424	1.953	2.600	3.375	4.291	5.859	6.591	8.000

Chêne. Règle de 0.02 sur 0.03, posée sur plat.
Poids de la règle, 0^{kil}.94.

Distances des appuis en mètres	1.00	1.10	1.20	1.30	1.40	1.50	1.60	1.70	1.80	1.90	2.00
Flexions en millim.	6.0	8.10	10.8	13.3	16.7	21.0	25.0	30.5	36.0	42.0	49.0
Cubes des portées	1.000	1.331	1.728	2.194	2.744	3.375	4.096	4.913	5.832	6.859	8.00

Si l'on prend à une échelle quelconque, comme on l'a fait (pl. III, fig. 9) pour la règle de chêne, les cubes des portées pour abscisses et les flexions pour ordonnées à une échelle suffisamment grande, on trouve que tous les points ainsi déterminés sont en ligne droite; d'où l'on conclut avec l'auteur, et conformément à la théorie, que *les flexions des pièces chargées en leur milieu sont entre elles comme les cubes des portées.*

205. Conclusions de ces expériences. — De l'analyse succincte que nous venons de donner des belles expériences de M. Ch. Dupin, l'on a conclu successivement que, toutes choses étant égales d'ailleurs, les flexions des pièces posées sur deux appuis et chargées au milieu de leur longueur sont :

1° Proportionnelles aux charges 2P qu'elles supportent ;

2° En raison inverse du produit de la largeur a et du cube de la hauteur b des pièces ;

3° Proportionnelles au cube de la portée 2C, C dans tout ce qui va suivre désignant la demi-portée ;

4° Que la flexion produite par une charge uniformément répartie est les $\frac{5}{8}$ de celle qui serait due à la même charge placée au milieu de la pièce, ou, ce qui revient au même, que la première charge équivaut aux $\frac{5}{8}$ de la seconde.

D'après cela, si l'on considère deux pièces prismatiques, du même bois, posées sur deux appuis et chargées en leur milieu, et qu'on nomme :

1° f, a, b, 2P et 2C, la flexion, la largeur, l'épaisseur, la charge et la portée de la première;

2° f', a', b', 2P' et 2C' les quantités analogues pour la seconde ;

3° f_1 la flexion d'une pièce pour laquelle l'équarrissage et la portée seraient les mêmes que pour la première et la charge égale à 2P'.

4° f_2 la flexion d'une pièce pour laquelle la charge 2P' et la portée 2C seraient les mêmes que pour la précédente, la largeur égale à a' et la hauteur égale à b',

On aura, d'après les résultats de l'expérience :

$$f : f_1 :: \text{P} : \text{P}'$$

$$f_1 : f_2 :: \frac{1}{ab^3} : \frac{1}{a'b'^3}$$

$$f_2 : f' :: \text{C}^3 : \text{C}'^3.$$

D'où l'on tire en multipliant terme à terme :

$$f : f' :: \frac{\text{PC}^3}{ab^3} : \frac{\text{P}'\text{C}'^3}{a'b'^3};$$

d'où

$$f = f' \cdot \frac{a'b'^3}{\text{P}'\text{C}'^3} \cdot \frac{\text{PC}^3}{ab^3}.$$

Lors donc que des expériences spéciales ont fait connaître

pour un prisme rectangulaire d'équarrissage connu a' et b', et d'une portée $2C'$ donnée, soumis à une charge $2P'$, la flexion f' correspondante, on voit que le facteur $f'.\dfrac{a'b'^3}{P'C'^3}$ étant connu, on en pourra déduire la flexion de tout autre solide prismatique de même matière pour lequel l'équarrissage, la portée et la charge seraient différents.

Ainsi, par exemple, pour la pièce de sapin du Nord employée par M. Charles Dupin dans les expériences rapportées au nᵒ **150**, on a

$$a' = 0^m.02, \ b' = 0^m.05, \ 2P' = 10^{kil}, \ 2C' = 2^m.00, \ f' = 0^m.084.$$

On en déduit

$$f = \frac{PC^3}{23809523\, ab^3}$$

pour calculer la flexion des bois de même nature et au même état, lorsque la portée sera $2C$ et la charge au milieu $2P$.

Notions théoriques.

204. Considérations générales sur la flexion, la compression et la rupture des corps fibreux. — Dans l'étude que nous nous proposons de faire de la résistance qu'opposent les corps employés dans les constructions à la flexion et à la rupture, nous nous fonderons principalement sur les résultats de l'expérience et de l'observation pour en déduire des règles que les praticiens puissent adopter avec confiance et sécurité. Mais il n'est pas moins utile de considérer directement en eux-mêmes les phénomènes que présentent les corps qui éprouvent des flexions plus ou moins grandes, afin d'en déduire, s'il se peut, des règles théoriques dont la comparaison avec les résultats de l'expérience permette de généraliser et d'étendre les conséquences que l'on peut tirer de celle-ci.

205. Des effets qui se produisent dans les corps fibreux, fléchis, comprimés ou tordus par des forces extérieures. — Cherchons donc à nous rendre compte des phénomènes géné-

raux que présentent les corps soumis à l'action des forces extérieures qui tendent à les fléchir, à les comprimer ou à les
tordre, et suivons à cet effet les notions simples exposées par
M. Poncelet dans son cours à la Faculté des sciences.

Soit ABC (pl. III, fig. 10) un corps fibreux sollicité par un
certain nombre de forces extérieures P, Q, R, S, T, etc., dirigées selon des directions quelconques. Le corps cède d'abord à
l'action de ces forces, et aussitôt se développent les réactions
moléculaires ou les résistances des fibres, des molécules qui le
composent, au déplacement par extension, par compression ou
par torsion. Bientôt, si ces déplacements et les efforts qui les
produisent ne dépassent pas les limites pour lesquelles l'élasticité serait altérée, le mouvement s'arrête, et l'équilibre s'établit entre les forces extérieures et les forces moléculaires. Tout
le corps étant parvenu à cet état, l'équilibre existe séparément
pour toutes les sections que l'on peut concevoir dans le corps,
et l'on peut rechercher les conditions de cet équilibre pour
chaque section, en considérant le reste du corps comme soli-
difié. Ainsi, par exemple, pour une section IK, il faudra rechercher les conditions de l'équilibre entre les forces extérieures
Q et R, agissant à droite de cette section, et les forces moléculaires développées dans la section même. Lorsque cet équilibre
aura été assuré pour celles des sections où l'effet des forces extérieures serait le plus grand, il le sera *à fortiori* pour tout le
corps. Cette section a été nommée par M. Poncelet la *section
dangereuse*, parce que c'est en effet celles où les déformations
doivent être les plus grandes, et pour laquelle il importe donc
essentiellement de les renfermer dans des limites convenables.
Ces considérations sont générales et s'appliquent évidemment
aux effets de torsion, comme à ceux de flexion et de compression.

206. NOTIONS SUR LA FLEXION ET LA COURBURE DES LIGNES. —
Pour l'intelligence de ce qui va suivre, rappelons quelques notions sur la courbure des lignes. Si l'on considère (pl. III,
fig. 11) deux éléments consécutifs *ac* et *cb* d'une courbe et
qu'on mène en leurs milieux *m* et *n* deux lignes *mo* et *no* normales à ces éléments, ces lignes se couperont en un point *o* qui

serait le centre du cercle qui passerait par les points a, b et c, et qui, à la limite de petitesse des éléments, se confondrait avec la courbe. Ce cercle s'appelle le *cercle osculateur* de la courbe, et les lignes égales *mo* et *no* sont les rayons de courbure que nous désignerons par r. L'angle compris entre les normales consécutives, ou l'arc décrit à l'unité de distance qui le mesure, étant désigné par e, l'arc élémentaire s de la courbe a pour expression $s = re$, d'où $r = \dfrac{e}{s}$ et $e = \dfrac{s}{r}$. La courbure de la courbe étant d'ailleurs d'autant plus grande, plus rapide, que le rayon r est plus petit, elle est exprimée par le rapport $\dfrac{1}{r} = \dfrac{e}{s}$, et l'on remarquera que l'angle e des normales *mo* et *no* est égal à celui que forment les tangentes à la courbe en m et en n, ou les prolongements des éléments ac et cb, angle que l'on nomme l'*angle de contingence*. Cela posé, et sans entrer à ce sujet dans des détails qui ne seraient pas à leur place, examinons ce qui se passe dans la flexion des corps.

207. Hypothèse de Galilée sur le mode de résistance des matériaux a la flexion. — C'est à l'illustre Galilée que l'on doit les premières recherches scientifiques sur la manière dont les corps résistent aux efforts auxquels ils sont soumis dans les constructions; elles sont développées dans ses *Dialogues*, publiés en 1638. Galilée considérait les corps comme composés de petites fibres appliquées parallèlement les unes sur les autres, et supposait la résistance totale proportionnelle à l'étendue de la section transversale et indépendante du degré d'extension qu'elles prenaient avant de se rompre, hypothèse qui, comme nous le verrons plus tard, n'est pas conforme à la nature. Il admettait de plus que, dans le cas d'un solide encastré horizontalement par l'une de ses extrémités et sollicité à fléchir par une force verticale agissant à l'autre extrémité, l'axe autour duquel se faisait la rotation dans une section quelconque au moment de la flexion ou de la rupture était placé à la partie inférieure de la section, de sorte que toutes les fibres du corps s'allongeaient à peu près proportionnellement à leur distance à sa face inférieure.

Si, dans cette hypothèse, on considère (pl. III, fig. 12) un solide prismatique à section rectangulaire, on voit qu'en nommant E la résistance par unité de surface, celle d'une tranche
de surface élémentaire s, située à la distance v de l'axe mn de
rotation, serait Es, et que le moment de cette résistance par
rapport à mn serait égal à Esv, ou au produit du nombre constant E par le moment de cette tranche élémentaire par rapport
à la section mn de la couche inférieure; de sorte que le moment total ou la somme des moments semblables serait égal au
produit de la surface totale A de la section par la résistance E
par unité de surface, et par la distance de son centre de gravité
à l'axe mn, le centre de gravité étant le point d'application de
la résultante de toutes les forces égales appliquées aux différentes surfaces élémentaires dont l'ensemble constitue la surface totale. Dans le cas d'une pièce prismatique à section rectangulaire, de largeur a et de hauteur b, on aurait $A = ab$; la
distance du centre de gravité à l'axe serait $\frac{b}{2}$, et la somme des
moments des résistances des fibres serait, dans l'hypothèse de
Galilée,

$$E . ab \times \frac{b}{2} = E . \frac{ab^2}{2};$$

et pour que l'équilibre subsistât entre les forces extérieures et
la section que l'on considère, il faudrait donc que la somme des
moments de ces forces et celle des résistances moléculaires, par
rapport à l'axe mn, fussent égales; de sorte qu'en nommant M
la somme de ces moments, on devrait avoir

$$M = E . \frac{ab^2}{2}.$$

208. HYPOTHÈSES DE MARIOTTE ET DE LEIBNITZ. — Mario
ayant voulu vérifier les résultats de la théorie de Galilée, ne les
trouva pas conformes à l'expérience, et fut conduit à considérer
les corps comme composés de fibres extensibles qui résistaient
à l'extension proportionnellement à leur allongement. Cette
supposition, qui avait déjà été faite par Hooke, célèbre géomètre anglais, vivant en 1670, était déjà plus voisine de la vérité;

mais elle fut étendue par Mariotte jusqu'à l'instant de la rupture, qui n'arrive, comme on le sait, que quand l'élasticité a été altérée, et par conséquent après que les allongements ont cessé d'être proportionnels aux efforts.

Leibnitz, en se basant sur l'hypothèse de Hooke, et en supposant encore que la rotation produite par la flexion se faisait autour d'un axe situé à la partie inférieure du corps, parvint à une formule qui concorde mieux avec les résultats de l'expérience.

En effet, si dans cette hypothèse l'on examine (pl. III, fig. 13) ce qui se passe dans une tranche élémentaire comprise entre deux plans normaux à sa longueur et infiniment voisins, et que l'on considère en particulier une fibre élémentaire mn située à la distance v de l'arête inférieure c de la section, on voit, en menant cp parallèle à mm', que cette fibre mn, qui avait primitivement une longueur égale à $m'c$, a éprouvé un allongement pn, et que, d'après ce que l'on a dit au n° **205**, on a

$$pn : m'c :: cn \text{ ou } v : m'o \text{ ou } r;$$

d'où
$$\frac{pn}{m'c} = \frac{v}{r}.$$

Or le rapport $\frac{pn}{m'c}$ est ce que l'on a appelé précédemment (n° **6**) l'allongement proportionnel i; et tant qu'il ne dépasse pas la limite i', qui correspond à l'altération de l'élasticité, la résistance de la fibre est proportionnelle au coefficient E d'élasticité, à l'aire de la section transversale a de la fibre et à son allongement proportionnel i; de sorte que l'on a pour la valeur de cette résistance :

$$Eai = Ea\frac{v}{r};$$

et son moment par rapport à l'axe de rotation de la section, supposé en c, sera

$$Ea\frac{v}{r} . v = E\frac{a}{r}v^2 = \frac{E}{r} \times av^2,$$

c'est-à-dire égal au produit du quotient $\dfrac{E}{r}$ du coefficient d'élasticité divisé par le rayon de courbure, et du moment d'inertie de la section transversale de la fibre élémentaire que l'on considère par rapport à l'arête inférieure c de la section du corps.

La somme des moments semblables, ou le moment total de la résistance des fibres de la section, serait donc

$$\frac{E}{r}(av^2 + a'v'^2 + \text{etc.} \ldots) = \frac{EI}{r},$$

en remarquant que la somme des produits $av^2 + a'v'^2 + \text{etc.}$, est le moment d'inertie de la section par rapport à l'axe inférieur de rotation, moment que nous désignerons par la lettre I.

D'après cette théorie, on devrait donc avoir, entre cette somme des moments des forces moléculaires et celle M des moments des forces extérieures, la relation

$$M = \frac{EI}{r}.$$

Mais l'hypothèse de la rotation autour de la ligne inférieure de la section transversale n'est pas d'accord avec l'observation, ainsi qu'on l'a vu par les expériences rapportées aux n⁰ˢ 190 à **202**, et l'existence d'une couche de fibres qui, pour chaque position d'équilibre, ne subissent ni allongement ni raccourcissement, se trouve au contraire démontrée par l'expérience.

209. THÉORIE DE LA RÉSISTANCE DES CORPS FIBREUX A LA FLEXION TRANSVERSALE. — C'est sur cette considération de l'existence d'une fibre invariable dans l'intérieur des corps, regardés comme composés de fibres parallèles, qu'est fondée la théorie actuelle de la résistance des corps à la flexion.

La rotation qui se produit dans chaque section s'effectuant pour chacune d'elles autour d'une ligne contenue dans cette couche des fibres invariables, il s'ensuit que l'allongement et le raccourcissement des fibres situées en dehors de la couche des fibres invariables sont proportionnels à leur distance à cette couche.

A l'aide de cette considération, examinons maintenant

(pl. III, fig. 14) ce qui se passe entre deux sections infiniment voisines et perpendiculaires à la longueur d'un corps fibreux fléchi, que nous supposerons, par exemple, solidement encastré par l'une de ses extrémités, et soumis à l'autre à l'action d'une force extérieure P qui agit normalement à sa longueur dans le plan vertical moyen qui le diviserait longitudinalement en deux parties égales.

Soient IK et ik les sections que l'on considère et dont les plans prolongés se rencontrent suivant une ligne perpendiculaire au plan moyen du corps et qui se projette en o. Dans la flexion du corps, les sections IK et ik restant normales à la ligne des fibres invariables, le point o sera le centre de courbure de cette ligne, et l'on aura, d'après ce qui précède (n° **205**),

$$co = r, \quad Cc = s.$$

Si par le point c l'on mène une parallèle cI' à la ligne CI, il est évident qu'une fibre quelconque mn, qui avait avant la flexion une longueur égale à $Cc = mp$, se sera allongée de la quantité pn qui sera proportionnelle à sa distance pc à la fibre invariable Cc ; la figure montre, par les triangles semblables Coc et pcn, que l'on a

$$pn : cn :: s : r,$$

d'où
$$pn = \frac{s}{r} \times cn = \frac{s}{r} v,$$

en appelant v l'ordonnée du point n ou sa distance à la couche des fibres invariables, et l'allongement relatif de cette fibre, ou par unité de longueur, sera donné par le rapport

$$\frac{pn}{mp} = \frac{pn}{Cc} = \frac{cn}{co} = \frac{v}{r} = i.$$

Or, si l'on nomme a l'aire élémentaire de la section de cette fibre, on sait par ce qui précède que sa résistance à l'allongement, que nous appellerons p, aura pour expression

$$p = Eai = Ea\frac{v}{r} = \frac{E}{r} \times av.$$

Si la force, qui tend à fléchir le corps, reste normale à sa lon-

gueur, et que les flexions soient très-petites, ainsi que cela doit
toujours arriver dans les constructions, la composante de cette
force , perpendiculairement à l'une quelconque des sections
normales, sera nulle ou négligeable ; par conséquent la force
extérieure qui tendrait à produire une translation longitudinale
est aussi nulle et négligeable. Il n'y a pas de translation, et les
forces moléculaires doivent se faire équilibre quant à la translation longitudinale. Or, si les résistances moléculaires des fibres
sont toutes normales à cette section, il faudra donc que les résistances à l'extension des fibres placées d'un côté de la surface
des fibres invariables fassent directement équilibre, quant à la
translation, aux résistances à la compression, situées de l'autre
côté; et comme toutes ces forces sont parallèles, cela exige que
leur somme soit égale à zéro. C'est la première condition de
l'équilibre dans cette section.

Si l'on remarque que l'une quelconque de ces forces a pour
expression

$$p = \frac{E}{r} av,$$

et que le facteur $\frac{E}{r}$ est le même pour toutes les fibres, la somme
des forces analogues, pour toutes les fibres a, a', a'', placées à
des distances v, v', v'', ..., etc., qui doit être nulle, sera

$$\frac{E}{r}(av + a'v' + a''v'' + \dots, \text{etc.}) = 0.$$

210. LA LIGNE DES FIBRES INVARIABLES PASSE PAR LE CENTRE
DE GRAVITÉ DE LA SECTION TRANSVERSALE. — On voit que la condition que cette somme soit nulle revient à dire que la somme
des moments des sections de chacune des fibres, par rapport à
la ligne des fibres invariables, doit être nulle, c'est-à-dire, d'après
le théorème connu des moments, que cette ligne des fibres invariables passe par le centre de gravité de la section. Or on sait, soit
par les méthodes géométriques directes, soit par la méthode de
Th. Simpson, déterminer le centre de gravité d'une aire plane
(*Notions fondamentales*, n°* **143** et suivants) ; nous pourrons donc
toujours, quelle que soit la forme de la section transversale du

corps que l'on considère, déterminer la ligne, perpendiculaire au sens de la résultante des forces extérieures, qui contient les fibres invariables.

211. OBSERVATIONS RELATIVES A L'EXTENSION ET A LA COMPRESSION DES FIBRES. — Nous avons admis que le facteur $\frac{E'}{r}$ était constant pour toutes les fibres, soient qu'elles fussent allongées ou comprimées, c'est-à-dire que les valeurs du nombre $\frac{P}{i} = E$ **(6)**, ou que le rapport des efforts de traction longitudinale aux allongements i par mètre courant qu'ils produisent, était le même que celui du même effort au raccourcissement proportionnel qu'il occasionnerait s'il comprimait le corps. En un mot, cela revient à supposer que dans les limites d'allongement et de raccourcissement qui n'altèrent pas l'élasticité, la résistance à l'extension est la même que la résistance à la compression pour une même variation de la longueur. Or on a vu au n° **154** que, pour la fonte en particulier, tant qu'il ne s'agit que de faibles extensions ou compressions, le rapport des charges aux allongements et aux raccourcissements proportionnels est constant et sensiblement le même pour les deux cas, ce qui permet d'appliquer dans ces limites le raisonnement précédent.

Les expériences rapportées au n° **195** prouvent d'ailleurs, comme la théorie précédente le suppose, que, dans la flexion des corps, entre les limites où l'élasticité n'est pas altérée, les allongements des fibres placées à la partie convexe sont au raccourcissement des fibres placées à la partie concave dans le rapport des distances de ces fibres à la ligne qui passe par le centre de gravité de chaque section et qui est perpendiculaire au plan de flexion.

Enfin, ce qui prouve *a posteriori* que, dans les flexions que la pratique des constructions permet de tolérer, l'on peut admettre l'égalité des résistances à l'extension et à la compression, c'est que les valeurs des coefficients d'élasticité des substances le plus généralement employées, fournies par les expériences sur la flexion des corps, pour le calcul desquels on applique le considérations précédentes, sont sensiblement les mêmes que celles que l'on déduit des expériences sur l'allongement direct. Nous reviendrons plus tard sur cette considération.

212. Condition générale de l'équilibre entre les forces extérieures et les forces moléculaires. — Si nous continuons de considérer un corps de forme quelconque (pl. III, fig. 14) encastré par l'une de ses extrémités et soumis à des forces extérieures P, Q, R, etc., et l'une quelconque de ses sections IK, lorsque ce corps sera parvenu à une position d'équilibre, la flexion générale, et par suite la rotation des fibres élémentaires de la section IK autour de la ligne des fibres invariables ayant cessé, il faudra nécessairement que la somme des moments des résistances moléculaires, telles que $p = \dfrac{E}{r} av$, des fibres par rapport à cette ligne, soit égale à la somme des moments des forces extérieures qui agissent à droite de la section IK. C'est la deuxième condition de l'équilibre dans cette section.

Or, si l'on se reporte à la figure 13, on verra de suite, comme au n° **208**, que le moment de la résistance p de la fibre mn par rapport à la ligne des fibres invariables, est $pv = \dfrac{E}{r} av^2$, et que la somme de tous les moments semblables sera, pour la section entière,

$$\frac{E}{r}(av^2 + a'v'^2 + a''v''^2 + \text{etc...}).$$

La somme des produits av^2, $a'v'^2$, etc., de l'aire de la section transversale de chaque fibre par le carré de sa distance à la ligne des fibres invariables est ce qu'on a nommé dans les *Notions fondamentales* le *moment d'inertie*, que nous avons désigné par I.

Donc la somme des moments de toutes les résistances moléculaires à l'extension et à la compression est $\dfrac{E}{r}I$, et cette somme doit être égale à celle des moments $Pp + Qq + $ etc.... $= M$ des forces extérieures qui tendent à produire la rotation autour de la section IK que l'on considère.

On a donc en général, pour la condition d'équilibre et pour une section quelconque, la relation

$$\frac{EI}{r} = Pp + Qq + \text{etc...} = M.$$

213. LIMITES DES RÉSISTANCES PERMANENTES. — Mais pour que cet équilibre puisse subsister d'une manière permanente, et pour que la résistance de la pièce soit durable et offre la sécurité nécessaire, il faut qu'aucune des fibres de la section transversale que l'on considère ne soit soumise à un allongement ou à une compression qui dépasse les limites de l'élasticité.

Dans la rotation qui se produit autour de la ligne des fibres invariables, la fibre la plus éloignée de cette ligne est évidemment celle qui s'allonge ou se raccourcit le plus. Si, par exemple, ci est plus grand que ck, la fibre dont la longueur a subi la plus grande variation est II', et son allongement est I'i. Or on a, par les triangles semblables, en appelant v' la distance cI' de cette fibre à l'axe des fibres invariables,

$$\frac{I'i}{Cc} = \frac{cI'}{Co} = \frac{v'}{r};$$

et en nommant i' l'allongement ou le raccourcissement proportionnel que les fibres peuvent éprouver sans altération de leur élasticité, il faut que l'allongement $\dfrac{v'}{r}$ de la fibre la plus éloignée soit égal à i', ce qui donne

$$\frac{v'}{r} = i'; \quad \text{d'où} \quad \frac{I}{r} = \frac{i'}{v'}.$$

Par conséquent,

$$\frac{EI}{r} = \frac{EIi'}{v'}.$$

Mais si, conformément à ce que nous venons de dire, on appelle R l'effort permanent d'extension ou de compression que chaque unité de surface de la section transversale du corps peut supporter avec sécurité, on aura

$$R = E i', \quad \text{d'où} \quad i' = \frac{R}{E},$$

et par suite

$$\frac{EI}{r} = \frac{EI i'}{v'} = \frac{RI}{v'},$$

pour la somme des moments des résistances moléculaires de la section que l'on considère, à l'extension et à la compression, quand ces fibres ne seront soumises qu'à des efforts qu'elles puissent supporter avec sécurité, sans que leur élasticité ait à subir aucune altération.

La relation à établir pour la stabilité de la construction entre les résistances moléculaires et les forces extérieures est donc

$$\frac{RI}{v'} = P p + Q q + \text{etc} \ldots = M.$$

214. Valeur de l'allongement ou du raccourcissement proportionnel éprouvé dans la flexion. — On déduit aussi de ce qui précède que l'allongement ou le raccourcissement éprouvé par la fibre qui subit la plus grande variation de longueur est exprimé par

$$i' = \frac{R}{E},$$

et en mettant pour R la valeur déduite de l'équation précédente,

$$i' = \frac{M v'}{EI},$$

ce qui permettra de calculer i' toutes les fois que l'on connaîtra les quantités qui entrent dans le second membre de cette expression, ainsi que nous en verrons des exemples plus tard.

215. Observation sur la formule précédente. — Il importe de remarquer que cette formule exprime d'une manière générale la condition de l'équilibre entre les forces extérieures, qui tendent à faire fléchir ou à rompre le corps, et les forces intérieures de résistance à l'extension et à la compression, appelées les forces moléculaires, qui se développent dans chacune de ses sections transversales. Elle se traduit simplement en ces termes :

Quand un corps solide encastré par l'une de ses extrémités et sollicité à fléchir ou à rompre sous l'action de forces extérieures, est parvenu à un état d'équilibre, la somme des moments de toutes les résistances moléculaires à l'extension et à la compression dans une section transversale quelconque est exprimée par le produit $\dfrac{RI}{v'}$, *et est égale à la somme des moments des forces extérieures par rapport à cette section.*

On aura donc assuré la stabilité ou la résistance du solide lorsque l'on aura donné à ses différentes sections, si elles sont variables, ou à la section constante, si le solide a partout le même profil, des dimensions telles, que cet équilibre ait lieu pour les sections les plus faibles, ou pour celles où il y a le plus de chances de rupture.

Il est d'ailleurs évident que pour les solides à section transversale constante, la section dangereuse est celle pour laquelle la somme des moments des forces extérieures est la plus grande ; que, par conséquent, c'est habituellement la section d'encastrement.

Cette même formule

$$\frac{RI}{v'} = M, \quad \text{d'où} \quad R = \frac{Mv'}{I}$$

permettra de déterminer, par l'observation des constructions qui ont pour elles la sanction du temps, et par celle des résultats des expériences directes, les valeurs qu'il convient d'attribuer au nombre R, relatif à chaque substance, pour obtenir dans les constructions la stabilité, la durée convenable. On en verra plus loin de nombreux exemples.

216. OBSERVATION SUR LES LIMITES ENTRE LESQUELLES LES FOR-

MULES DÉDUITES DE LA THÉORIE SONT APPLICABLES. — Mais on ne devra pas oublier que ces formules et la théorie sur laquelle elles sont fondées supposent expressément que les flexions sont renfermées dans des limites étroites pour lesquelles elles sont proportionnelles aux charges, et qu'en poussant leur application plus loin et jusqu'à la rupture, on les étend à des circonstances où les phénomènes ne se passent plus conformément aux hypothèses admises.

Les expériences de M. Hodgkinson sur l'extension et la compression de la fonte et du fer montrent, en effet, que si jusqu'à certaines limites les extensions et les compressions sont proportionnelles aux charges et à peu près égales entre elles, ce qui conduit à admettre que les résistances à l'extension et à la compression sont aussi sensiblement égales dans ces limites, il en est tout différemment à mesure qu'on s'en écarte, et tandis que pour la fonte la résistance à la compression l'emporte de plus en plus sur la résistance à l'extension à mesure que l'on se rapproche des charges de rupture, l'inverse a lieu pour le fer.

Dans de semblables circonstances, s'il est encore vrai qu'à chaque instant il y a dans l'intérieur des solides fléchis une couche de fibres qui ont conservé leur longueur primitive, il est évident que cette couche n'est plus la même pour toutes les flexions, qu'elle cesse de passer par le centre de gravité des sections transversales, et qu'elle se rapproche de plus en plus du côté où la résistance est la plus grande.

Il s'établit alors à chaque position nouvelle d'autres conditions d'équilibre dans lesquelles les résistances à l'extension et à la compression, devenues variables, jouent un rôle différent, quoiqu'il soit analogue à celui qu'elles ont dans la première partie des phénomènes.

L'ignorance où nous sommes, dans ce cas, de la loi qui lie les résistances aux extensions ou aux compressions ne permet plus alors de soumettre les effets à une théorie régulière, et l'on est obligé de recourir exclusivement à l'observation, et de rechercher des formules empiriques qui en représentent les résultats.

Lors donc que, dans la discussion des résultats d'expériences, nous appliquerons encore à des cas de rupture les formules analogues à celle que nous venons d'établir,

$$\frac{\mathrm{R}l}{v'} = \mathrm{M},$$

pour le cas des flexions très-faibles, et que nous en déduirons des valeurs du coefficient R, alors appelé coefficient de résistance à la rupture, il faudra bien se rappeler que cette formule n'est plus, dans ce cas, qu'une règle empirique que l'on compare aux résultats de l'expérience pour reconnaître jusqu'à quel point elle peut, au moyen d'une valeur à peu près constante de R, en représenter les résultats.

Enfin, nous ferons remarquer qu'en appliquant encore l'hypothèse que les allongements et les raccourcissements sont proportionnels aux forces qui les produisent, mais que les rapports de ces quantités, ou ce que nous avons appelé les coefficients d'élasticité, sont différents pour l'extension et pour la compression, au lieu de les regarder comme égaux, l'on peut établir des équations nouvelles d'équilibre pour chaque cas, et même pour celui de la rupture : c'est ce qui a été fait avec talent par M. Décomble, ingénieur des ponts et chaussées, dans un travail fort intéressant, accompagné de résultats d'expériences, qui a été publié dans les *Annales des ponts et chaussées*, t. XIV, 3ᵉ série, 1857.

Mais ces considérations conduisent toujours à baser les proportions des pièces sur les phénomènes de la rupture, qui sont soumis à bien plus de chances d'accidents et d'anomalies que ceux de la flexion; et d'ailleurs, la prudence conduisant toujours les constructeurs à ne pas dépasser les limites de charge et de flexion entre lesquelles il y a sensiblement égalité entre les résistances à l'extension et à la compression, il nous semble plus exact et plus conforme aux faits d'observation de baser les calculs sur les formules déduites des considérations que nous avons admises que sur celles qui se rapportent à des cas de rupture, dont on reste toujours fort éloigné.

217. Cas où il est nécessaire de tenir compte des forces qui agissent normalement a la section du corps que l'on con-

SIDÈRE. — En ne tenant compte jusqu'ici que de l'action des forces qui agissent pour produire des rotations dans la section du corps que l'on considère, nous avons implicitement supposé que l'on pouvait négliger l'effort que les composantes de ces forces perpendiculaires à cette section peuvent exercer pour produire l'allongement général de ses fibres ou leur compression. Dans un grand nombre de cas, on peut, en effet, faire abstraction de ces extensions ou compressions générales, et ne tenir compte que de celles qui sont dues à la flexion du corps. Mais il en est d'autres où les efforts normaux aux sections, ou agissant dans le sens de la longueur du corps, acquièrent assez d'intensité pour qu'il soit convenable et même nécessaire d'apprécier leur influence.

C'est ce qu'il est facile de faire en décomposant toutes les forces extérieures en deux autres, l'une parallèle à la section que l'on considère et qui contribuera à la flexion, l'autre normale à cette section et qui produira l'extension ou la compression.

Nommant T la somme algébrique de toutes ces composantes normales, on verra, par le sens dans lequel elle agit, si elle tend à allonger ou à comprimer le corps. Dans le premier cas, elle produira par unité de surface une tension $\dfrac{T}{A}$ et un allongement proportionnel (n° **6**) que nous désignerons par i'' et qui sera

$$i'' = \frac{T}{AE}.$$

Il suit de là que la fibre la plus éloignée de la ligne des fibres neutres éprouvera :

1° Par l'action des composantes normales à la section, un allongement proportionnel i'' exprimé par

$$i'' = \frac{T}{AE};$$

2° Par l'action des composantes parallèles à cette section, un allongement proportionnel i' exprimé par (n° **214**)

$$i' = \frac{E}{R} = \frac{(Pp + Qq + \text{etc.}\ldots)v'}{EI} = \frac{Mv'}{EI},$$

en nommant toujours M la somme des moments des forces qui

tendent à produire la flexion, par rapport à la section que l'on considère.

Donc l'allongement total de cette fibre sera

$$i = i' + i'' = \frac{T}{AE} + \frac{Mv'}{EI};$$

et pour qu'il ne dépasse pas la limite de l'élasticité, il faudra que l'on ait encore

$$i = \frac{R}{E} \text{ (n° 213).}$$

Donc, pour que la pièce résiste d'une manière permanente, il faut établir la relation

$$\frac{R}{E} = \frac{T}{AE} + \frac{Mv'}{EI}, \quad \text{ou} \quad R = \frac{T}{A} + \frac{Mv'}{I}.$$

Dans le cas où la résultante T tendrait à produire une compression générale des fibres de la section considérée, la fibre la plus éloignée de la ligne des fibres neutres éprouverait, si elle est située dans la partie supérieure de la section :

1° Par l'action des forces normales à la section, une compression proportionnelle exprimée par

$$i'' = \frac{T}{AE};$$

2° Par l'action des composantes parallèles à cette section, un allongement proportionnel exprimé par

$$i' = \frac{Mv'}{EI}.$$

Donc la compression ou l'allongement total serait

$$i = i'' - i' = \frac{T}{AE} - \frac{Mv'}{EI}, \quad \text{ou} \quad i = i' - i'' = \frac{Mv'}{EI} - \frac{T}{AE},$$

en ayant soin de prendre dans tous les cas pour i la valeur positive fournie par l'une ou l'autre de ces relations.

On aura donc à établir dans ce cas, pour la stabilité de la construction, la relation

$$R = \frac{T}{A} - \frac{Mv'}{I}, \quad \text{ou} \quad R = \frac{Mv'}{I} - \frac{T}{A}.$$

Enfin, si la fibre la plus comprimée était plus éloignée de la ligne des fibres invariables que celle qui est la plus allongée, il faudrait, dans le dernier cas que nous venons d'examiner, ajouter les deux compressions i' et i'', comme dans le premier cas, où l'on considérait les allongements, et l'on aurait encore à la limite des compressions qui n'altèrent pas l'élasticité :

$$R = \frac{T}{A} + \frac{Mv'}{I}.$$

218. Remarques sur les quantités A et I. — On remarquera que les quantités A et I, qui représentent, l'une l'aire de la section transversale, l'autre le moment d'inertie de cette section par rapport à la ligne des fibres invariables, ne dépendent que des dimensions et de la forme du profil de cette section, et que, par conséquent, R étant connu d'après l'observation des bonnes constructions, comme nous l'indiquerons plus loin, T et M dépendant de l'intensité et de la disposition des forces extérieures qui agissent sur le corps, on pourra toujours déterminer les dimensions et les proportions de la section transversale ou les quantités A et I, de manière que les relations précédentes, qui expriment l'équilibre permanent, soient satisfaites, ce qui constitue la recherche importante des proportions du corps propres à assurer la stabilité des constructions.

219. Cas où le corps a un profil constant sur toute sa longueur. — Dans un grand nombre de cas, le corps a sur toute sa longueur le même profil, et alors les quantités A et I sont constantes ; dès lors la section dangereuse est évidemment celle pour laquelle le second membre des relations précédentes,

$$\frac{Mv'}{I} \pm \frac{T}{A},$$

acquiert sa plus grande valeur.

Dans le cas où le corps est encastré par l'une de ses extrémités, la section d'encastrement est habituellement la section dangereuse ; et si l'allongement ou la compression que produit la résultante T des composantes normales à cette section est nul ou très-faible par rapport à celui qui provient de la flexion, cette section est toujours la plus dangereuse. Dans ce dernier cas, qui se présente fréquemment dans la pratique, les relations de stabilité se réduisent à

$$R = \frac{I}{Mv''},$$

d'où l'on tire

$$I = \frac{Mv'}{R}, \quad \text{ou} \quad \frac{I}{v'} = \frac{M}{R}.$$

Dans certains cas, l'on peut disposer ou distribuer les forces extérieures de manière que la somme de leurs moments par rapport à la section dangereuse soit nulle, et alors la pièce n'étant plus soumise qu'à des efforts d'extension ou de compression, la relation de stabilité se réduit à

$$R = \frac{T}{A},$$

d'où l'on tire

$$A = \frac{T}{R},$$

ce qui conduit immédiatement à la détermination de la section transversale, quand on connaît la force T qui tend à comprimer ou à étendre le corps.

Ce cas est celui des piliers ou des colonnes qui soutiennent les chaînes des ponts suspendus. La direction et la tension de ces chaînes doivent être combinées de telle façon que la somme des moments des forces qui tendent à produire la rotation du support sur sa base soit nulle ou à peu près, et qu'il ne soit soumis qu'à une compression.

220. Observations. — Les relations d'équilibre entre les forces extérieures et les forces moléculaires que nous venons d'établir, dans lesquelles la quantité R est limitée aux efforts que chaque unité de surface peut supporter sans altération de l'élasticité, ont reçu à l'École de Metz le nom d'*équation d'équarrissage*, qui exprime que c'est de cette relation que l'on peut déduire les dimensions réelles des pièces.

Valeurs des moments d'inertie des divers profils.

221. VALEURS DES QUANTITÉS I ET $\frac{I}{v'}$, RELATIVES AUX DIFFÉRENTS PROFILS EN USAGE DANS LES CONSTRUCTIONS. — On a vu que la ligne des fibres invariables devait passer par le centre de gravité, ce qui conduit à rechercher la valeur du moment d'inertie I et du rapport $\frac{I}{v'}$ pour les différents profils en usage par rapport à une ligne passant par ce point et perpendiculaire au plan des forces moléculaires.

Pour donner une idée de la manière de calculer ces quantités, et montrer comment on passe des formules générales qui précèdent aux formules pratiques, nous examinerons quelques cas particuliers.

Mais commençons d'abord par une considération générale fort simple due à M. Poncelet. Soit IK (pl. III, fig. 15) une section transversale quelconque du corps, et a l'aire d'une fibre située à la distance mc ou $m'c' = v$ de la ligne des fibres invariables AB. Menons $mp = m'c' = mc$ perpendiculaire au plan de IK; on aura évidemment $av = a \times mp$ ou le volume du prisme dont la base est a et la hauteur mp ou v, et le produit $av^2 = a \times mp \times mc$ sera le moment de ce volume, par rapport au plan des fibres invariables qui passe par le centre de gravité, et qui est perpendiculaire au plan des forces moléculaires.

Donc, pour avoir le moment d'inertie total, il faudrait prendre la somme des moments de toutes les tranches élémentaires des profils semblables à ILc et L'Kc, tant en dessus qu'en dessous de cM, et ajouter l'une à l'autre les deux sommes respectivement relatives aux parties supérieure et inférieure de la section.

Or, pour le triangle ILc, cette somme est égale au moment du triangle par rapport à cM, ou au produit de sa surface

$\frac{1}{2}$ cI $\times$ IL par la distance $\frac{2}{3}$ cI de son centre de gravité à la ligne cM; elle est donc égale à $\frac{1}{3}$ $\overline{c\text{I}}^3$, attendu que cI $=$ IL.

222. Cas où le contour de la section transversale considérée est quelconque. — Lorsque le profil de la section transversale sera quelconque, si l'on appelle toujours v l'ordonnée extérieure $c'c_i$ de son contour extérieur par rapport à la ligne AB et e l'épaisseur d'une tranche élémentaire $c'c_i$ du profil, le moment d'inertie de cette tranche par rapport à AB sera $\frac{1}{3}$ v^3e et la valeur de la quantité $\dfrac{\text{I}}{v'}$ relative à cette tranche sera $\frac{1}{3}$ v^2e.

Pour avoir les valeurs totales de I et de $\dfrac{\text{I}}{v'}$ pour la section entière, il faudra donc prendre la somme de toutes les quantités semblables, ce qui se fera facilement, soit par les méthodes de calcul connues, s'il s'agit de formes régulières et géométriques, soit par la formule de Simpson.

Dans ce dernier cas, si l'on nomme a la largeur du profil AB, on la partagera en un nombre pair $2n$ de parties égales; on aura par le tracé, pour chaque point de division, les ordonnées

$$v_1, \ v_2, \ v_3 \ldots\ldots\ldots\ldots v_{2n+1},$$

et l'on en déduira

$$\text{I} = \tfrac{1}{3}\cdot\tfrac{1}{3}\frac{a}{2n}[v_1^3 + v_{2n+1}^3 + 4(v_2^3 + v_4^3 + \text{etc}\ldots) + 2(v_3^3 + v_5^3 + \text{etc}\ldots)]$$

et

$$\frac{\text{I}}{v'} = \tfrac{1}{3}\cdot\tfrac{1}{3}\frac{a}{2nv'}[v_1^3 + v_{2n+1}^3 + 4(v_2^3 + v_4^3 + \text{etc}\ldots) + 2(v_3^3 + v_5^3 + \text{etc}\ldots)]$$

v' étant la plus grande de toutes les ordonnées du profil considéré, on prendra séparément les valeurs de ces quantités pour les deux parties du profil situées au-dessus et au-dessous de la ligne AB et on les ajoutera pour avoir les valeurs totales de I et de $\dfrac{\text{I}}{v'}$.

On se rappelle d'ailleurs qu'à l'aide de la même méthode de Simpson, on sait déterminer la ligne AB, qui contient le centre de gravité de la section (Ire partie, n° **149**), et c'est pourquoi nous l'avons supposée connue.

223. FORMES PARTICULIÈRES. — Dans la plupart des applications, la forme du profil transversal du corps est assez simple pour qu'il soit facile de déterminer directement les valeurs de I et de $\dfrac{I}{v'}$: nous allons examiner les formes les plus usuelles.

224. SECTION RECTANGULAIRE. —Dans ce cas (pl. III, fig. 16), toutes les tranches semblables à ILcMK sont égales, et le plan des fibres invariables partage la hauteur totale b du rectangle en deux parties égales. La somme des produits des volumes élémentaires des prismes mp par leur distance mc à la ligne AB, est égale au produit du volume total $\frac{1}{2} c$I $\times$ IL $\times a$, du prisme qui aurait ILc pour base et la largeur a de la pièce pour hauteur, par la distance $\frac{2}{3} c$I de son centre de gravité à la ligne AB. En posant IK $= b$, le volume du prisme est exprimé par $\frac{1}{2} . \dfrac{b}{2} \times \dfrac{b}{2} \times a = \frac{1}{8} ab^2$; la distance de son centre de gravité à cC est $\frac{2}{3} c$I $= \frac{1}{3} b$; on a donc, pour le moment d'inertie du prisme supérieur à cAB, la valeur $\frac{1}{24} ab^3$; on a la même valeur pour le prisme inférieur, attendu que tout est symétrique de part et d'autre de AB ou de cC, et par conséquent

$$I = \tfrac{1}{12} ab^3 = \tfrac{1}{12} Ab^2; \quad \text{d'où} \quad \frac{I}{v'} = \tfrac{1}{6} ab^2 = \tfrac{1}{6} Ab,$$

en appelant A la surface $a \times b$ de la section transversale du solide.

Si la pièce est à section carrée, on a

$$a = b \quad \text{et} \quad I = \tfrac{1}{12} Ab^2 = \tfrac{1}{12} b^4, \quad \frac{I}{v'} = \tfrac{1}{6} b^3.$$

225. MOMENT D'INERTIE D'UN RECTANGLE PAR RAPPORT À L'UN DES CÔTÉS. — Dans ce cas (pl. III, fig. 17), le moment d'inertie serait encore égal au volume du prisme, ou

$$\tfrac{1}{2} c\text{I} \times \text{IL} \times a \times \tfrac{2}{3} c\text{I},$$

expression qui, dans le cas actuel, à cause de $cI = IL = b$, devient

$$I = \tfrac{1}{3} ab^3 = \tfrac{1}{3} Ab^2.$$

Si un autre rectangle semblable était situé symétriquement au-dessous de la ligne AB, son moment par rapport à cette ligne serait encore $\tfrac{1}{3} ab^3$, et la somme de ces deux moments, ou $\tfrac{2}{3} ab^3$, revient à celle du n° **224**, si l'on remplace $2b$, qui est maintenant la hauteur totale, par b, qui exprimait cette hauteur dans les formules antérieures.

226. MOMENT D'INERTIE D'UN TRIANGLE PAR RAPPORT À L'UNE DE SES BASES D. — Si l'on considère une tranche élémentaire ab du triangle parallèle à sa base D située à une distance H' du sommet, il est facile de voir qu'en nommant D' la longueur de cette tranche, et H la hauteur totale du triangle, l'aire de cette tranche aura pour expression $D'.h'$ en désignant par h' sa hauteur élémentaire. Son moment d'inertie par rapport à la base AB du triangle sera

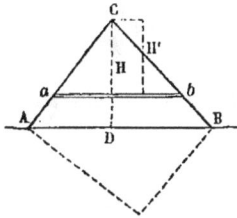

$$D'h' \times (H - H')^2.$$

Or on a, d'après la figure,

$$H : H' :: D : D' \quad \text{d'où} \quad D' = \frac{D}{H} . H',$$

le moment d'inertie de cette tranche peut donc être exprimé par

$$\frac{D}{H} (H - H')^2 H' h' = \frac{D}{H} \{ H^2 H' h' - 2H H'^2 h' + H'^3 h' \},$$

et le moment d'inertie du triangle entier étant la somme des moments d'inertie de toutes les tranches semblables, depuis $H' = o$ jusqu'à $H' = H$, il aura pour valeur

$$\frac{D}{H} \{ \tfrac{1}{2} H^4 - \tfrac{2}{3} H^4 + \tfrac{1}{4} H^4 \} = \tfrac{1}{12} DH^3 = \tfrac{1}{6} AH^2,$$

$A = \tfrac{1}{2} DH$ étant l'aire du triangle.

227. Moment d'inertie d'un parallélogramme par rapport à l'une de ses diagonales. — Le parallélogramme étant le double de chacun des triangles dont sa diagonale serait la base, son moment d'inertie sera aussi le double de celui de chacun de ces triangles, et par conséquent égal à

$$\tfrac{1}{6}D.H^3,$$

H étant toujours ici la hauteur de l'un des triangles, la surface du parallélogramme a pour expression $2 \times \tfrac{1}{2}DH = DH$, et en continuant à l'appeler A, l'expression du moment d'inertie du parallélogramme peut être mise sous la forme

$$\tfrac{1}{6}AH^2.$$

228. Moment d'inertie d'un rectangle par rapport à une ligne passant par son centre et formant un angle, et avec l'un de ses côtés. — Le moment d'inertie cherché est la somme de ceux des deux quadrilatères égaux OABO' et ODCO'. Or le moment d'inertie du quadrilatère OABO' est égal à la différence de ceux des triangles OAB' et O'BB'. Par conséquent, en appelant H et H' les hauteurs de ces triangles, et A et A' leurs superficies, l'on a pour le moment d'inertie du quadrilatère OABO' l'expression

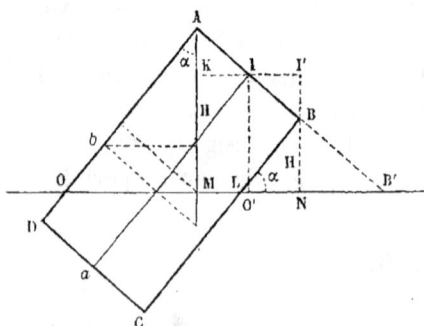

$$\tfrac{1}{6}\{AH^2 - A'H'^2\}.$$

En observant que par suite de la similitude des triangles OAB' et OBB' l'on a

$$A:A'::H^2:H'^2, \quad \text{d'où} \quad AH'^2 = A'H^2,$$

l'on ne changera pas la valeur de l'expression ci-dessus en y ajoutant $AH'^2 - A'H^2 = 0$, ce qui lui donne la forme

$$\tfrac{1}{6}\{AH^2 - A'H'^2 + AH'^2 - A'{}^2\} = \tfrac{1}{6}(A - A')(H^2 + H'^2).$$

La figure montre que

$$H = AM = IL + AK = \tfrac{1}{2} \{ b \cos \alpha + a \sin \alpha \}$$

et

$$H^1 = BN = IL - BI^1 = \tfrac{1}{2} \{ b \cos \alpha - a \sin \alpha \}.$$

Par conséquent

$$H^2 + H'^2 = \tfrac{1}{2} \{ b^2 \cos^2 \alpha + a^2 \sin^2 \alpha \}.$$

Le moment d'inertie du quadrilatère OABO' est donc égal à

$$\tfrac{1}{12} (A - A') \{ b^2 \cos^2 \alpha + a^2 \sin^2 \alpha \},$$

et celui du rectangle ABCD, qui en est le double, a pour expression en appelant son aire A, son aire ab double de A — A',

$$I = \tfrac{1}{12} A \{ b^2 \cos^2 \alpha + a^2 \sin^2 \alpha \} = \tfrac{1}{12} ab \{ b^2 \cos^2 \alpha + a^2 \sin^2 \alpha \}.$$

La fibre la plus éloignée de la ligne OO' étant à la distance

$$v' = H = \tfrac{1}{2} (b \cos \alpha + a \sin \alpha),$$

l'on a aussi

$$\frac{I}{v'} = \tfrac{1}{6} \frac{ab \{ b^2 \cos^2 \alpha + a^2 \sin^2 \alpha \}}{b \cos \alpha + a \sin \alpha}.$$

229. Profil en double T. — Dans ce cas (pl. III, fig. 18), qui se présente très-fréquemment dans les constructions, si les deux nervures, supérieure et inférieure, sont égales, il est évident que la ligne des fibres invariables AB est au milieu de la section transversale, et que le moment d'inertie est égal à a somme des moments d'inertie des rectangles qui constituent la nervure, et de celui qui constitue le corps de la pièce, ou, ce qui revient au même et conduit à des formules plus commodes pour les calculs, est égal à celui du rectangle extérieur EFGH, diminué de deux fois celui d'un des rectangles égaux MI et KL. On a donc

$$I = \tfrac{1}{12} (ab^3 - 2a'b'^3),$$

et la plus grande ordonnée étant $v' = \tfrac{1}{2} b$,

$$\frac{I}{v'} = \tfrac{1}{6} \frac{(ab^3 - 2a'b'^3)}{b}.$$

250. FERS À DOUBLE T LAMINÉS. — Dans certains cas, et en particulier pour les fers à double T fabriqués au laminoir, la saillie a' des nervures, ainsi que leur épaisseur e et la hauteur b, restent constantes pour une série de barres dont l'épaisseur du corps, que nous désignerons par e_1, varie seule avec la charge que les pièces doivent supporter.

Il convient alors de prendre pour quantité inconnue à déterminer cette épaisseur e_1. Il est facile de voir que le moment d'inertie peut s'exprimer comme il suit :

$$I = \tfrac{1}{12} e_1 b^3 + \tfrac{1}{6} a' (b^3 - b'^3).$$

Cette formule peut être simplifiée lorsque l'on connaît le rapport de b' à b; si, par exemple,

$$b' = 0,90b; \quad \text{d'où} \quad b'^3 = 0,729b^3, \quad b^3 - b'^3 = 0,271b^3,$$

a' restant constant pour une même valeur de la hauteur b, la formule devient alors :

$$I = \tfrac{1}{12} e_1 b^3 + \frac{0,271 ab^3}{6},$$

et par suite, $\qquad \dfrac{I}{v'} = \tfrac{1}{6} e_1 b^2 + 0,0903 b^2 a'.$

Nous en verrons plus loin l'application.

251. FERS À DOUBLE T EN PIÈCES DE TÔLE ASSEMBLÉES PAR DES CORNIÈRES. — Dans ce cas (pl. III, fig. 19), qui se représente souvent pour les constructions de ponts de chemins de fer, il convient encore d'exprimer le moment d'inertie sous une forme plus commode pour les calculs d'application.

Il est facile de voir que le moment d'inertie du profil a pour expression :

$$I = \tfrac{1}{12} [ab^3 - 2(a'b'^3 + a''b''^3 + a'''b'''^3)],$$

que la fibre la plus allongée ou la plus raccourcie étant à la distance $v' = \tfrac{1}{2} b$ de la fibre invariable placée au milieu, l'on a :

$$\frac{I}{v'} = \tfrac{1}{6} \frac{[ab^3 - 2(a'b'^3 + a''b''^3 + a'''b'''^3)]}{b}.$$

Nous verrons l'application de cette formule à quelques cas de pratique.

252. MODIFICATION DU PROFIL PRÉCÉDENT. — Il arrive quelquefois que la forme que nous venons d'examiner n'a pas la symétrie que nous avons supposée, et que les nervures diffèrent l'une de l'autre. Dans ce cas, le centre de gravité, et par suite la ligne des fibres invariables, ne sont plus au milieu de la hauteur, mais plus rapprochés de la nervure la plus forte, et la formule devrait être modifiée. Dans bien des cas, la différence des dimensions est assez faible pour que l'on puisse se contenter de la formule ci-dessus; en supposant les deux nervures égales à la plus petite, l'excédant de résistance qui en résultera pour la pièce telle qu'elle sera réellement, n'en assurera que mieux la solidité.

Cependant, comme il se présente des cas où il y a entre les dimensions des nervures supérieure et inférieure une différence très-grande, il faut savoir en tenir compte. On y parviendra facilement, comme on peut le voir par l'exemple suivant, pour lequel nous choisirons une pièce en double T, telle qu'on les emploie actuellement pour les solives en fonte des ponts et pour les couvertures à grande portée ou les planchers en fer.

En prenant les moments des deux parties (pl. III, fig. 20) du profil, situées au-dessus et au-dessous de la ligne LM des fibres invariables, et nommant x la distance inconnue de cette ligne à la face supérieure, a et a_1' les largeurs horizontales des nervures supérieure et inférieure, a_1 l'épaisseur du corps de la pièce, b_1 et b_1' l'épaisseur des nervures supérieure et inférieure, b la hauteur totale extérieure du solide, on a, pour le moment de la partie supérieure,

$$a_1 x \times \tfrac{1}{2}x + (a - a_1)\, b_1 \times \left(x - \frac{b_1}{2}\right);$$

et pour le moment de la partie inférieure,

$$a_1(b - x) \times \frac{(b - x)}{2} + (a_1' - a_1)b_1' \times \left(b - x - \frac{b_1'}{2}\right).$$

Ces deux moments doivent être égaux, puisque la distance x se rapporte au centre de gravité de la section; en effectuant les calculs, et égalant ces deux moments, l'on a:

$$x = \frac{(a-a')\,b_1{}^2 + a_1 b^2 + 2(a_1'-a_1)\,b_1'\left(b - \dfrac{b_1'}{2}\right)}{2[(a-a_1)\,b_1 + a_1 b + (a_1'-a_1)\,b_1']}.$$

Lorsqu'on a ainsi déterminé la position de la ligne des fibres neutres, il est facile de trouver, par les formules précédentes (nos **219** et suiv.), les valeurs des moments d'inertie des deux parties, supérieure et inférieure, par rapport à cette ligne; et en les ajoutant, on aura le moment d'inertie total. On aura ainsi, pour le moment d'inertie de la partie supérieure,

$$\tfrac{1}{3}ax^3 - \tfrac{1}{3}(a-a_1)(x-b_1)^3,$$

et pour le moment de la partie inférieure,

$$\tfrac{1}{3}a_1'(b-x)^3 - \tfrac{1}{3}(a_1'-a_1)(b-x-b_1')^3;$$

d'où, en ajoutant l'une à l'autre ces deux expressions :

$$I = \tfrac{1}{3}[ax^3 - (a-a_1)(x-b_1)^3 + a_1'(b-x)^3 - (a_1'-a_1)(b-x-b_1')^3].$$

Lorsque la nervure la plus forte sera en dessous, le centre de gravité sera situé à une distance plus grande de la face supérieure que de la face inférieure, la fibre la plus éloignée de la ligne des fibres invariables sera alors sur la face supérieure, à la distance $v' = x$, et l'on aura

$$\frac{I}{v'} = \tfrac{1}{3}\frac{[ax^3 - (a-a_1)(x-b_1)^3 + a_1'(b-x)^3 - (a_1'-a_1)(b-x-b_1')^3]}{x}.$$

Si, au contraire, la nervure la plus forte était à la partie supérieure, $b-x$ serait plus grand que x, et ce serait cette valeur plus grande de $b-x$ qu'il faudrait introduire dans la formule pour celle de v'.

Ces formules, en apparence assez longues, se simplifieront beaucoup et seront d'ailleurs toujours faciles à calculer, dès qu'on y mettra, pour les dimensions des pièces, leurs valeurs numériques si elles sont constantes, ou quand on établira entr elles des rapports fixés à l'avance. L'on en verra plus loin une application.

253. TUBES RECTANGULAIRES CREUX. — Dans ce cas (pl. III, fig. 21), l'on aurait $I = \frac{1}{12}(ab^3 - a'b'^3) = \frac{1}{12}(A'b^2 - A''b'^2)$, en nommant $A' = ab$ et $A'' = a'b'$ les aires des sections transversales des parallélépipèdes extérieur et intérieur.

Mais si b' diffère peu de b, comme il arrive pour les tubes en tôle de fer assez mince, on pourrait prendre $b' = b$, et alors on aurait $I = \frac{1}{12}(A' - A'')b^2 = \frac{1}{12}Ab^2$, en nommant $A = A' - A''$ la surface de la section transversale du tuyau.

On en déduirait :

$$\frac{I}{v'} = \frac{1}{6}Ab, \text{ attendu qu'alors } v' = \frac{b}{2}.$$

Par conséquent la formule d'équilibre serait, pour ces tubes,

$$\frac{RI}{v'} = \frac{1}{6} RAb = PC.$$

On verra plus loin l'application de cette formule aux tubes gigantesques des ponts tubulaires du détroit de Menai et de la rivière Conway.

254. TUBES À SECTION CARRÉE. — Dans ce cas, on a $a = b$, $a' = b'$, et les formules ci-dessus deviennent :

$$I = \frac{1}{12}(b^4 - b'^4) \quad \text{et} \quad \frac{I}{v'} = \frac{1}{6}\left(\frac{b^4 - b'^4}{b}\right),$$

attendu que $v' = \frac{1}{2}b$.

Dans tous les cas où b différera peu de b', on pourra réduire cette dernière expression à

$$\frac{I}{v'} = \frac{1}{6}(b^3 - b'^3);$$

ce qui tend seulement à conduire à une valeur légèrement trop faible pour $\frac{I}{v'}$, et facilite les calculs.

255. PROFILS EN CROIX D'ÉQUERRE. — La pièce (pl. III, fig. 22) étant encore symétrique et disposée comme l'indique la figure, son centre de gravité est sur la ligne RS, qui partage le rectangle en deux parties égales parallèlement à ses côtés, et il est clair que le moment d'inertie de la section totale est égal à celui du rectangle EFGH, augmenté de deux fois celui du rectangle IMNO. On a donc, d'après les notations de la figure,

$$I = \tfrac{1}{12}(ab^3 + 2a'b'^3);$$

et comme ici la plus grande ordonnée v' du profil est $v' = \tfrac{1}{2}b$,

$$\frac{I}{v'} = \tfrac{1}{6}\frac{ab^3 + 2a'b'^3}{b}.$$

256. PROFIL CIRCULAIRE. — On démontre que, pour une section circulaire, en appelant R le rayon, la valeur du moment d'inertie est

$$I = \tfrac{1}{4}3,14R^4 = \tfrac{1}{4}AR^2 = \frac{AD^2}{16},$$

D étant le diamètre, et attendu que $v' = R$,

$$\frac{I}{v'} = \tfrac{1}{4}3,14R^3 = \frac{AR}{4} = \frac{AD}{8}.$$

En effet, soit acb (pl. III, fig. 23) un secteur élémentaire du cercle, il est aisé de voir que si l'on considère d'abord une bande circulaire élémentaire d'épaisseur e de ce secteur, ayant l'arc ab pour base, le moment d'inertie de cette bande par rapport au diamètre ab sera :

$$ab \times e \times ii'^2.$$

Or, si l'on construit en rabattement le trapèze $abb''a''$, dont la base serait ab, les côtés parallèles $aa'' = aa'$, $bb'' = bb'$, et la moyenne de ces côtés $ii'' = ii'$, le moment $ab \times e \times ii'$ sera égal au volume d'un petit prisme élémentaire tronqué, dont la base serait $ab \times e$, et la hauteur moyenne ii'. Par conséquent le moment d'inertie de cette petite bande serait égal au moment du volume du prisme élémentaire correspondant, par rapport à un plan perpendiculaire à celui du cercle, et dont la trace serait AB.

La somme de tous les moments semblables serait donc égale au moment de la pyramide dont le sommet serait en c, et qui aurait pour base le trapèze $abb''a''$. Donc, enfin, le moment d'inertie du secteur abc est égal au volume de cette pyramide multiplié par la distance de son centre de gravité à la ligne AB. Or, ce volume est :

$$\tfrac{1}{5}ic \times abb''a'' = \tfrac{1}{3}R \times ab \times ii';$$

èt les triangles abd et cii'' étant semblables, on a :

$$ab : ad :: ci : ii'; \text{ d'où } ab \times ii' = ad \times ci = a'b' \times ci.$$

Le volume est donc exprimé par $\tfrac{1}{3}R^2.a'b'$.

La distance du centre de gravité de la pyramide à son sommet est $\tfrac{3}{4}R$, et par conséquent le même point est à une distance de la ligne AB égale à $\tfrac{3}{4}ii'$.

Le moment d'inertie de cette pyramide élémentaire est donc :

$$\tfrac{1}{3}R^2 \times a'b' \times \tfrac{3}{4}ii' = \tfrac{1}{4}R^2 \times a'b' \times ii'.$$

Or, $a'b' \times ii'$, c'est la surface de l'élément du cercle correspondant à l'arc élémentaire ab; donc, pour le cercle entier dont la surface est $\pi R^2 = 3,14R^2$, on aura

$$I = \tfrac{1}{4}3,14R^4 = \tfrac{1}{4}AR^2;$$

et comme ici $v' = R$, il s'ensuit que

$$\frac{I}{v'} = \tfrac{1}{4}3,14R^3 = \tfrac{1}{4}AR.$$

237. Profil annulaire de deux cercles concentriques. — Dans ce cas, en nommant R' et R'' les rayons extérieur et intérieur, il est évident que le moment d'inertie est égal à celui du cercle extérieur, moins celui du cercle intérieur, et qu'il a par conséquent pour expression :

$$I = \tfrac{1}{4}.3,14(R'^4 - R''^4) = \tfrac{1}{4}A(R'^2 + R''^2) = 0,0491(D'^4 - D''^4).$$

L'ordonnée la plus éloignée de la surface des fibres invariables étant ici $v' = R'$, on a :

$$\frac{I}{v'} = \frac{3,14(R'^4 - R''^4)}{4 \cdot R'} = \frac{A(R'^2 + R''^2)}{4R'} = \frac{0.0982(D'^4 - D''^4)}{D'}.$$

238. COMPARAISON D'UN CYLINDRE PLEIN À UN CYLINDRE CREUX, SOUS LE RAPPORT DE LA RÉSISTANCE À LA FLEXION. — La valeur de la quantité $\dfrac{I}{v'}$ étant, dans le premier cas, $\frac{1}{4}AR$, et dans le second, $\frac{1}{4}A\dfrac{(R'^2 + R''^2)}{R'}$, si l'on s'impose la condition que l'aire de la section soit la même dans les deux cas, ce qui donne $R^2 = R'^2 - R''^2$, le rapport des deux valeurs de $\dfrac{I}{v'}$ est $\dfrac{RR'}{R'^2 + R''^2}$. Si, par exemple, on suppose $R'' = \frac{4}{5}R'$, ce qui est une proportion assez fréquemment usitée, on en déduit $R = \frac{3}{5}R'$, et le rapport ci-dessus devient $\dfrac{RR'}{R'^2 + R''^2} = \frac{15}{41}$.

Ce qui montre qu'à section égale, et par suite à volume égal, le moment d'inertie, et par conséquent la résistance d'un cylindre plein, n'est guère que le tiers de celle d'un cylindre creux dont les dimensions sont conformes aux proportions ci-dessus indiquées ; cela explique aussi comment les végétaux creux peuvent, sans se rompre, supporter des flexions beaucoup plus considérables que les végétaux pleins.

239. TUBES CYLINDRIQUES À PAROIS MINCES. — S'il s'agit de tubes cylindriques à parois assez minces, le moment d'inertie I devient simplement

$$I = \frac{AR_1^2}{2} \quad \text{et} \quad \frac{I}{v'} = \frac{AR_1}{2},$$

en nommant R_1 le rayon des tubes. La formule d'équilibre devient alors

$$\frac{RI}{v'} = \frac{R \cdot AR_1}{2} = PC.$$

240. PROFILS ELLIPTIQUES. — $2a$ étant le petit axe et $2b$ le grand axe, le moment d'inertie et la valeur de $\dfrac{\mathrm{I}}{v''}$ pour un profil elliptique plein, sont par rapport :

au petit axe, $\qquad \mathrm{I} = \dfrac{\pi a b^3}{4} = \dfrac{\mathrm{A} b^2}{4} \qquad \dfrac{\mathrm{I}}{v'} = \dfrac{\pi a b^2}{2} ;$

au grand axe, $\qquad \mathrm{I} = \dfrac{\pi b a^3}{4} = \dfrac{\mathrm{A} a^2}{4} \qquad \dfrac{\mathrm{I}}{v'} = \dfrac{\pi b a^2}{2} .$

Pour le profil annulaire elliptique (pl. III, fig. 24), $2a'$ et $2b'$ étant le petit et le grand axe intérieurs, on a, par rapport :

au petit axe, $\qquad \mathrm{I} = \dfrac{\pi}{4}(ab^3 - a'b'^3), \qquad \dfrac{\mathrm{I}}{v'} = \dfrac{\pi(ab^3 - a'b'^3)}{2b} ;$

au grand axe, $\qquad \mathrm{I} = \dfrac{\pi}{4}(ba^3 - b'a'^3), \qquad \dfrac{\mathrm{I}}{v'} = \dfrac{\pi(ba^3 - b'a'^3)}{2a} .$

241. PROFIL EN T. — Dans ce cas (pl. III, fig. 25), il faut d'abord déterminer la position de la ligne des fibres invariables qui n'est pas connue *a priori*. Or, puisqu'elle doit contenir le centre de gravité de la section, en appelant z sa distance à la face supérieure, on a, d'après le théorème des moments, en prenant ceux-ci par rapport à la ligne supérieure AB,

$$ab \times \tfrac{1}{2} b + a'b' \times (\tfrac{1}{2} b' + b) = (ab + a'b')z ;$$

d'où $\qquad\qquad z = \tfrac{1}{2} \dfrac{ab^2 + a'b'^2 + 2a'b\dot{b}'}{ab + a'b'} .$

Cela fait, il est facile de voir que le moment d'inertie de l'aire ABECDFA est égal à la somme des moments d'inertie du rectangle ABGH et du rectangle CDIK, diminuée de ceux des deux rectangles EG et HF. Or, d'après ce que l'on a vu, cette quantité est égale à

$$\mathrm{I} = \tfrac{1}{3}[az^3 - (a - a')(z - b)^3 + a'(b + b' - z)^3].$$

La fibre la plus éloignée du plan des fibres neutres est évidemment située à la face CD ou à la distance $v' = b + b' - z$ de ce plan; on a donc :

$$\frac{\mathrm{I}}{v'} = \frac{1}{3} \frac{[az^3 - (a - a')(z - b)^3 + a'(b + b' - z)^3]}{b + b' - z},$$

expression dans laquelle il faudra substituer, pour chaque cas, les valeurs de z relatives aux proportions adoptées.

242. PROPORTIONS ORDINAIRES DES PIÈCES EN FONTE. — Pour les pièces en fonte du profil précédent, on peut adopter la proportion suivante :

$$a' = b = \tfrac{1}{2} a$$

et
$$b' = a,$$

ce qui conduit à
$$z = \tfrac{2}{5} a$$

et
$$\frac{\mathrm{I}}{v'} = \tfrac{1}{15} a^3 ;$$

et par conséquent on en déduit la formule pratique :

$$\frac{\mathrm{R} . a^3}{15} = \mathrm{PC} ;$$

d'où
$$a^3 = \frac{15 . \mathrm{PC}}{\mathrm{R}}.$$

Si l'on fait
$$a' = b = \tfrac{1}{5} a$$

et
$$b' = \tfrac{1}{2} a,$$

l'on en déduit
$$z = \tfrac{13}{60} a,$$

ou environ
$$z = \tfrac{1}{5} a ;$$

puis,
$$\frac{\mathrm{I}}{v'} = \tfrac{11}{500} a^3 ;$$

d'où
$$\frac{\mathrm{RI}}{v'} = \tfrac{11}{500} \mathrm{R} a^3 = \mathrm{PC} ;$$

d'où
$$a^3 = \frac{500 \, \mathrm{PC}}{11 \, \mathrm{R}}.$$

245. Pièces minces en fer. — Pour les couvertures en fer, on peut adopter les relations :

$$b = 0.10\,a = a' \quad \text{et} \quad b' = a,$$

ce qui conduit à

$$z = \tfrac{13}{40}a, \quad \text{ou environ} \quad \tfrac{1}{3}a;$$

et par suite

$$\frac{I}{v'} = 0.03072a^3.$$

Moments d'inertie des corps irréguliers.

244. Méthode géométrique pour déterminer les moments d'inertie d'un profil. — Il se présente souvent des cas où l'on peut avoir très-exactement en grandeur naturelle le profil dont il s'agit de déterminer le moment d'inertie, mais où, par certaines considérations de construction ou de fabrication, ce profil présente des contours qui se prêtent peu au calcul. C'est en particulier ce qui arrive pour les fers laminés en forme de double T, dont les semelles sont terminées et raccordées avec le corps par des contours arrondis et dont le corps n'a pas partout la même épaisseur, et qu'il est, par conséquent, difficile de ramener à des formes géométriques simples.

On peut, dans des cas pareils, recourir au procédé suivant, tout géométrique et d'un usage facile, qui est une application des méthodes de quadrature.

245. Applications aux fers à double T. — Prenons, par exemple, l'une des barres de fer en double T sur lesquelles ont été faites les expériences relatées au n° **198**.

En prenant l'empreinte exacte d'une section transversale faite dans cette barre, l'on a un profil semblable à celui qui est

représenté figure ci-contre, et en élevant des perpendiculaires aux différents points de la largeur a, qui forme la base de ce profil, l'on a pu avoir pour chacune d'elles la valeur des ordonnées v du contour extérieur, et v_1 du contour intérieur correspondant à une même abscisse.

Le moment d'inertie d'une tranche élémentaire IcL ou $c'c$, et d'épaisseur e, telles que celles dont on s'est occupé au n° **221**, étant exprimé par $\frac{1}{3}\overline{cl}^3 \times e = \frac{1}{3}v^3 e$ d'après nos notations, si le profil du solide présente un évidement tel que celui qu'offre la figure ci-contre, le moment d'inertie du petit trapèze élémentaire mn aura pour valeur $\frac{1}{3}(v^3 - v_1^3)e$.

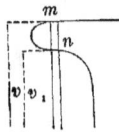

Si donc on construit une courbe dont les diverses valeurs de $\frac{1}{3}(v^3 - v_1^3)e$ soient les ordonnées correspondantes aux valeurs des abscisses du profil précédent, on aura un nouveau profil, fig. 4, pl. II, dont chaque élément de surface aura pour valeur $\frac{1}{3}(v^3 - v_1^3)e$ et dont la surface totale, que l'on déterminera par l'une des méthodes de quadrature connues, représentera, dans les proportions des échelles adoptées, la valeur du moment d'inertie de la partie supérieure du profil cherché.

Pour éviter une série de divisions par 3, dans le calcul des ordonnées successives, on a représenté sur la figure les valeurs de $V^3 - V_1^3$ à l'échelle de 1 centimètre pour 0.0001, ou de cent pour un, ce qui correspond à une échelle trois fois plus grande par rapport aux valeurs véritables des ordonnées $\dfrac{V^3 - V_1^3}{3}$; il faudra donc diviser la surface trouvée par la quadrature par 300, pour avoir la valeur du moment d'inertie.

Dans le cas de la fig. 4, pl. II, la surface $A'B'C'D' = 0^{m.q}.0010175$; le moment d'inertie du solide ABCD, par rapport à la ligne AB, est donc égal à 0.000003302.

Si le profil est symétrique par rapport à la ligne des fibres invariables, qui passe par le centre de gravité, on doublera la valeur de la partie supérieure. Si, au contraire, le profil n'est pas le même au-dessus et au-dessous de cette ligne, l'on répétera la construction pour la partie inférieure, et l'on ajoutera les deux moments d'inertie trouvés pour avoir le moment total.

Dans le cas de la figure 4, pl. II, le moment d'inertie, pour la section complète de la pièce à double T, par rapport à la ligne des fibres neutres, sera, par suite de la symétrie,

$$1 = 2 \times 0.000003392 = 0.000006784.$$

Applications et formules pratiques.

246. FORMULES PRATIQUES. — Puisque nous connaissons les valeurs du moment d'inertie et celle du rapport $\dfrac{I}{v'}$ de ce moment d'inertie à la distance de la fibre la plus allongée ou la plus raccourcie, à la ligne de fibres invariables qui passe par le centre de gravité du profil transversal pour les formes les plus usuelles, il nous devient facile de passer de la formule générale aux formules qui se rapportent aux cas d'application les plus ordinaires et aux règles pratiques à suivre.

247. SOLIDE ENCASTRÉ PAR L'UNE DE SES EXTRÉMITÉS ET SOUMIS A UN EFFORT P, AGISSANT A SON AUTRE EXTRÉMITÉ, PERPENDICU-LAIREMENT A SA LONGUEUR ET A UNE CHARGE UNIFORMÉMENT RÉPARTIE. — Prenons d'abord pour exemple le cas simple et fréquent d'un solide encastré par l'une de ses extrémités, et soumis à un effort dirigé perpendiculairement à sa longueur ou parallèlement à la section encastrée, agissant à l'autre extrémité, et à une charge uniformément répartie sur cette longueur.

La formule théorique se réduira alors à une forme très-simple, en appelant P la force qui agit à l'extrémité du-corps perpendiculairement à sa longueur et parallèlement à la section encastrée;

C la longueur du corps qui est ici le bras du levier de l'effort P par rapport à la section encastrée;

p la charge par mètre courant uniformément répartie;

Le moment de la charge P, par rapport à la section d'encastrement, sera PC, et la somme des moments de la charge uniformément répartie sera $\frac{1}{2}pC^2$.

En effet, si l'on considère un élément c de la longueur du solide situé à la distance C de l'encastrement, la portion de la charge uniformément répartie que supporte cet élément est pc, et son moment par rapport à la section encastrée est pCc. Pour avoir la somme de tous les moments semblables relatifs à la charge uniformément répartie, il faut donc prendre celle des produits pCc. Or, en raisonnant comme on l'a déjà fait au n° **61** de la Iᵣᵉ partie des *Leçons de mécanique pratique*, on voit de suite que cette somme est égale à $\frac{1}{2}pC^2$.

Il résulte de.là que la somme totale des moments sera

$$M = PC + \frac{1}{2}pC^2.$$

Si, au lieu d'une charge pC uniformément répartie, l'on avait ajouté à la charge P, qui agit à l'extrémité, une autre charge $\frac{1}{2}pC$ agissant de même à la distance C de la section d'encastrement, le moment de cette dernière charge eût été $\frac{1}{2}pC \times C = \frac{1}{2}pC^2$, c'est-à-dire le même que celui de la charge uniformément répartie; ce qui montre qu'une charge uniformément répartie sur un solide encastré à l'une de ses extrémités, n'équivaut qu'à une charge moitié moindre agissant à l'autre extrémité.

248. Valeur pratique du nombre R. — Quant au nombre R, qui, d'après la définition du n° **212**, exprime l'effort permanent d'extension ou de compression que chaque unité de surface du corps peut supporter avec sécurité, sa valeur relative aux différents corps est donnée dans le tableau du n° **115** pour le cas où l'effort est exercé dans le sens de la longueur. Mais lorsqu'il s'agit de flexions transversales, dans lesquelles certaines fibres sont allongées et d'autres comprimées, et surtout de corps grenus tels que la fonte, l'hypothèse de l'égalité de résistance à la compression ou à l'extension n'est admissible, comme nous l'avons vu, qu'entre des limites assez étroites, et il est prudent de ne pas pousser les charges jusqu'à la limite où l'élasticité serait altérée.

Nous indiquerons plus loin, d'après quelles considérations théoriques, basées sur les faits d'expérience, l'on peut déterminer les valeurs de cette quantité R, de manière à assurer la solidité et la stabilité des constructions. Pour le moment, nous nous contenterons de consigner dans le tableau suivant ces valeurs qui sont, d'ailleurs, justifiées par l'observation des bonnes constructions, à la fois solides et légères.

NATURE DES MATÉRIAUX.	VALEURS de l'effort qu'on peut faire supporter avec sécurité par mètre carré de section transversale.	
	Cas ordinaires.	Matériaux de choix et constructions légères.
	kil.	kil.
Fonte. { Ponts de chemins de fer........	2 000 000	
Ponts ordinaires et arbres de roues hydrauliques...............	3 000 000	7 500 000
Pièces ordinaires de machines...	7 500 000	
Fer forgé.............................	6 000 000	8 000 000
Acier { de première qualité...........	16 660 000	22 000 000
de qualité moyenne...........	12 500 000	16 633 000
Bois de chêne ou de sapin...............	600 000	800 000

Dans les formules pratiques que nous allons donner, l'on n'introduira que les premières valeurs de R relatives aux cas ordinaires, mais pour passer de ces formules à celles qu'il conviendrait d'employer pour les matériaux de choix ou les constructions allégées, il suffira d'augmenter le coefficient de la formule qui donnera les valeurs des dimensions cherchées dans le rapport des nombres indiqués. Ceci étant une fois dit, on saura, lorsqu'il sera nécessaire, l'appliquer dans tous les cas que nous examinerons.

Nous aurons d'ailleurs, dans ce qui va suivre, plus d'une occasion de comparer les constructions existantes avec les formules et de constater que les valeurs du nombre R, que nous avons adoptées, se rapprochent presque toujours beaucoup de celles que l'on déduit des discussions de ce genre.

Ces préliminaires posés, la recherche des formules pratiques, pour les divers cas usuels, ne présente plus de difficulté.

249. SOLIDE PRISMATIQUE ENCASTRÉ PAR L'UNE DE SES EXTRÉMITÉS, SOUMIS A UN EFFORT P, AGISSANT A L'UNE DE SES EXTRÉMITÉS PERPENDICULAIREMENT A SA LONGUEUR C, ET A UNE CHARGE UNIFORMÉMENT RÉPARTIE SUR SA LONGUEUR, AGISSANT DANS LE MÊME

SENS QUE P. — Dans ce cas, en conservant les notations précédentes, on a

$$\frac{I}{v'} = \tfrac{1}{6}ab^2, \quad M = PC + \tfrac{1}{2}pC^2 = \left(P + \frac{pC}{2}\right)C;$$

et selon que le corps est en fonte, R = 7 500 000 kilogr. (pour les pièces ordinaires des machines),

en fer,   R = 6 000 000,

ou en bois de chêne ou de sapin,   R = 600 000,

La formule

$$\frac{I}{v'} = \frac{M}{R},$$

devient donc pour

la fonte $\tfrac{1}{6}ab^2 = \dfrac{\left(P + \frac{pC}{2}\right)C}{7\,500\,000}$ ou $ab^2 = \dfrac{\left(P = \frac{pC}{2}\right)C}{1\,250\,000},$

le fer $\tfrac{1}{6}ab^2 = \dfrac{\left(P + \frac{pC}{2}\right)C}{6\,000\,000}$ ou $ab^2 = \dfrac{\left(P + \frac{pC}{2}\right)C}{1\,000\,000},$

le bois $\tfrac{1}{6}ab^2 = \dfrac{\left(P + \frac{pC}{2}\right)C}{600\,000}$ ou $ab^2 = \dfrac{\left(P + \frac{pC}{2}\right)C}{100\,000}.$

Ces formules sont celles qui sont données au n° **406** de la 4ᵉ édition de l'*Aide-Mémoire*.

250. SOLIDE CYLINDRIQUE A SECTION CIRCULAIRE DANS LES MÊMES CONDITIONS QUE LE PRÉCÉDENT. — Dans ce cas l'on a (n° **255**) $\frac{I}{v'} = \tfrac{1}{4}3.1416R^3 = 0.0982D^3$, en appelant D le diamètre du cylindre, et la formule $\frac{I}{v'} = \frac{M}{R}$ devient alors pour :

la fonte $0.0982D^3 = \dfrac{\left(P + \frac{pC}{2}\right)C}{7\,500\,000},$ $D^3 = \dfrac{\left(P + \frac{pC}{2}\right)C}{736\,312},$

le fer $0.0982D^3 = \dfrac{\left(P + \frac{pC}{2}\right)C}{6\,000\,000},$ $D^3 + \dfrac{\left(P + \frac{pC}{2}\right)C}{589\,050},$

le bois $0.0982D^3 = \dfrac{\left(P + \frac{pC}{2}\right)C}{600\,000},$ $D^3 = \dfrac{\left(P + \frac{pC}{2}\right)C}{58\,905}.$

251. TOURILLONS DES ROUES HYDRAULIQUES. — Pour les tourillons des roues hydrauliques et ceux des arbres de transmission, qui sont exposés à s'user par le frottement, il convient de donner au nombre R une valeur moindre, et l'expérience a conduit à la prendre égale à la moitié de la valeur précédente. On a ainsi : R = 3 750 000 kilogr. pour la fonte, ce qui donne :

$$D^3 = \frac{PC}{368\,156}.$$

(Cette formule est celle qui est donnée au n° **412** de la 4ᵉ édition de l'*Aide-Mémoire*.)

252. CAS OU LE SOLIDE CONSIDÉRÉ AU N° **249** A POUR PROFIL LA FORME D'UN DOUBLE T. — On a vu, au n° **228**, qu'alors

$$\frac{I}{v'} = \tfrac{1}{6} \frac{ab^3 - 2a'b'^3}{b},$$

de sorte que la formule $\dfrac{I}{v'} = \dfrac{M}{R}$ devient dans ce cas, pour la fonte,

$$\tfrac{1}{6}\frac{ab^3 - 2a'b'^3}{b} = \frac{\left(P + \frac{pC}{2}\right)C}{7\,500\,000}, \quad \text{ou} \quad \frac{ab^3 - 2a'b'^3}{b} = \frac{\left(P + \frac{pC}{2}\right)C}{1\,250\,000}.$$

Ce qui revient à la formule pratique du **420** de la 4ᵉ édition de l'*Aide-Mémoire*, sauf le terme relatif à la charge uniformément réparti, introduit ici.

Pour le fer, on aurait :

$$\tfrac{1}{6}\frac{ab^3 - 2a'b'^5}{b} = \frac{\left(P + \frac{pC}{2}\right)C}{6\,000\,000}, \quad \text{ou} \quad \frac{ab^3 - 2a'b'^3}{b} = \frac{\left(P + \frac{pC}{2}\right)C}{1\,000\,000}.$$

253. TUBES CREUX A SECTION RECTANGULAIRE. — Dans le cas où la section transversale du solide encastré par l'une de ses extrémités et soumis aux efforts indiqués au n° **249**, serait celle d'un tuyau creux à section rectangulaire symétrique en haut et en bas, on aurait évidemment

$$I = \tfrac{1}{12}(ab^3 - a'b'^{3}) \quad \text{et} \quad \frac{I}{v'} = \tfrac{1}{6}\frac{ab^3 - a'b'^{2}}{b},$$

et, par suite, la formule serait pour la fonte :

$$\tfrac{1}{6}\frac{ab^3 - a'b'^3}{b} = \frac{\left(\mathrm{P} + \frac{p\mathrm{C}}{2}\right)\mathrm{C}}{7\,500\,000} \quad \text{ou} \quad \frac{ab^3 - a'b'^3}{b} = \frac{\left(\mathrm{P} + \frac{p\mathrm{C}}{2}\right)\mathrm{C}}{1\,250\,000},$$

pour le fer :

$$\tfrac{1}{6}\frac{ab^3 - a'b'^3}{b} = \frac{\left(\mathrm{P} + \frac{p\mathrm{C}}{2}\right)\mathrm{C}}{6\,000\,000} \quad \text{ou} \quad \frac{ab^9 - a'b'^8}{b} = \frac{\left(\mathrm{P} + \frac{p\mathrm{C}}{2}\right)\mathrm{C}}{1\,000\,000},$$

et pour le bois :

$$\tfrac{1}{6}\frac{ab^8 - a'b'^3}{b} = \frac{\left(\mathrm{P} + \frac{p\mathrm{C}}{2}\right)\mathrm{C}}{600\,000} \quad \text{ou} \quad \frac{ab^3 - a'b'^3}{b} = \frac{\left(\mathrm{P} + \frac{p\mathrm{C}}{2}\right)\mathrm{C}}{100\,000}.$$

254. Solides dont le profil a la forme d'une croix. — Dans ce cas, l'on a vu au n° **234** que $\dfrac{\mathrm{I}}{v'} = \tfrac{1}{6}\dfrac{ab^3 + 2a'b'^3}{b}$; par conséquent la formule $\dfrac{\mathrm{I}}{v'} = \dfrac{\mathrm{M}}{\mathrm{R}}$ devient pour la fonte :

$$\tfrac{1}{6}\frac{ab^3 + 2a'b'^3}{b} = \frac{\left(\mathrm{P} + \frac{p\mathrm{C}}{2}\right)\mathrm{C}}{7\,500\,000} \quad \text{ou} \quad \frac{ab^3 + 2a'b'^3}{b} = \frac{\left(\mathrm{P} + \frac{p\mathrm{C}}{2}\right)\mathrm{C}}{1\,250\,000},$$

pour le fer :

$$\tfrac{1}{6}\frac{ab^8 + 2a'b'^3}{b} = \frac{\left(\mathrm{P} = \frac{p\mathrm{C}}{2}\right)\mathrm{C}}{6\,000\,000} \quad \text{ou} \quad \frac{ab^3 + 2a'b'^3}{b} = \frac{\left(\mathrm{P} + \frac{p\mathrm{C}}{2}\right)\mathrm{C}}{1\,000\,000},$$

et pour le bois :

$$\tfrac{1}{6}\frac{ab^8 + 1a'b'^3}{b} = \frac{\left(\mathrm{P} + \frac{p\mathrm{C}}{2}\right)\mathrm{C}}{600\,000} \quad \text{ou} \quad \frac{ab^3 + 2a'b'^3}{b} = \frac{\left(\mathrm{P} + \frac{p\mathrm{C}}{2}\right)\mathrm{C}}{100\,000}.$$

(Formules du n° **424** de l'*Aide-Mémoire*, 4ᵉ édition.)

255. Modification des formules précédentes. — Si le solide n'est soumis qu'à la charge P, qui agit à l'extrémité, ou que l'on puisse négliger son poids propre, qui est une charge répartie uniformément, on fera $p = 0$ dans toutes les formules précédentes, et l'on aura ainsi celles qui conviennent au cas où l'on ne tient compte que de la force extérieure P.

Si, au contraire, il n'y a aucune force qui agisse à l'extrémité, et si le solide n'est soumis qu'à une charge uniformément répartie, on fera $P = 0$, et l'on aura les formules pratiques pour ce cas.

Nous ne croyons pas nécessaire de transcrire ici les formules ainsi simplifiées par suppression d'un de leurs termes. On les trouvera d'ailleurs dans l'*Aide-Mémoire*.

256. CAS OU LA CHARGE P ET LA CHARGE pC, UNIFORMÉMENT RÉPARTIE, AGISSENT EN SENS CONTRAIRES. — Les moments PC et $\frac{1}{2}pC^2$ sont alors de signes contraires, et l'on a :

$$\frac{RI}{v'} = PC - \tfrac{1}{2}pC^2 \quad \text{ou} \quad \frac{RI}{v'} = \tfrac{1}{2}pC^2 - PC,$$

selon que, d'après les données de la question, on a

$$P > \tfrac{1}{2}pC \quad \text{ou} \quad \tfrac{1}{2}pC > P.$$

La courbure à la section d'encastrement pourrait alors être nulle si l'on avait (voy. le n° **274**),

$$P = \tfrac{1}{2}pC.$$

257. CAS OU LE PRISME EST SOUMIS A DES PRESSIONS PERPENDICULAIRES A SA LONGUEUR ET COMPRISES DANS SON PLAN LONGITUDINAL MOYEN, MAIS DISTRIBUÉES D'UNE MANIÈRE QUELCONQUE. — Supposons d'abord qu'il s'agisse de deux forces P et Q (pl. III, fig. 26) agissant dans le même sens, à des distances C et C' de la section d'encastrement, et distantes entre elles de la quantité $D = C - C''$. Si l'on considère encore une section quelconque faite en IK, et qui soit à la distance X de la direction de la force P, on aura, comme par le passé, pour la relation d'équilibre entre les résistances moléculaires développées dans cette section et les forces extérieures P et Q,

$$\frac{RI}{v'} = PX + Q(X - D) = (P + Q)X - QD.$$

Il est encore évident ici que la plus grande valeur de la somme

des moments des forces extérieures aura lieu pour la section
d'encastrement, où $X = C$; on aura donc, pour cette section et
pour le calcul de la charge permanente,

$$\frac{RI}{v'} = (P+)QC - QD.$$

On voit d'ailleurs que la relation ci-dessus reviendrait à supposer la charge P, qui agit à l'extrémité, augmentée d'une
charge égale $Q . \dfrac{C - D}{C}$, dont le moment par rapport à la section
encastrée serait évidemment $Q(C - D) = QC'.$

La même observation s'appliquant à d'autres forces agissant
dans le même sens et réparties d'une manière quelconque, on
voit qu'il suffira de prendre la somme des moments de toutes
ces forces par rapport à la section d'encastrement, ou de les
réduire respectivement dans le rapport de leur éloignement C'
de cette section à la longueur totale C du corps, et de les supposer ajoutées à la force P. On égalera alors la somme totale
des moments, ou le moment de la force totale, à l'expression
$\dfrac{RI}{v'}$, qui exprime la somme des moments des résistances moléculaires de la section d'encastrement.

258. CAS OU LE PRISME EST, EN OUTRE, CHARGÉ DE POIDS UNI-
FORMÉMENT RÉPARTIS. — Si le prisme avait en outre à supporter
une charge pC uniformément répartie sur sa longueur, on ajou-
terait au moment des forces extérieures, comme par le passé,
$\frac{1}{2}pC^2$, et l'on aurait pour l'équilibre permanent dans le cas précédent de deux forces :

$$\frac{RI}{v'} = \left(P + Q . \frac{C - D}{C} \right)C + \tfrac{1}{2}pC^2 = \left(P + Q . \frac{C - D}{C} = \tfrac{1}{2} . pC \right)C$$
$$= PC + QC' + \tfrac{1}{2}pC^2.$$

259. CAS OU LES FORCES AGISSENT EN SENS CONTRAIRES. — Dans
le cas (pl. III, fig. 27) où la force P agirait de bas en haut, et la
force Q de haut en bas, la relation d'équilibre relative à une

section quelconque IK située entre la direction de Q et la section d'encastrement serait :

$$\frac{RI}{v'} = PX - Q)X - D) \quad \text{ou} \quad \frac{RI}{v'} = Q(X - D) - PX,$$

selon que l'un ou l'autre des moments PX ou Q(X—D) l'emporterait.

Si l'on se rappelle (n° **212**) que l'on a $\frac{RI}{v'} = \frac{EI}{r}$, on voit que le rapport $\frac{RI}{v'}$, et, par conséquent, la courbure $\frac{1}{r}$ sera nulle ou le rayon de courbure infini pour la section où l'on aurait

$$PX = Q(X - D),$$

ce qui donne

$$X = \frac{QD}{Q - P}.$$

Or, ce point est précisément le point d'application de la résultante des forces P et Q. En cet endroit la courbure sera nulle ; mais comme de part et d'autre de ce point la pièce prendra des courbures en sens opposés, il s'ensuit qu'il sera ce que l'on appelle le lieu de l'inflexion de la courbe.

La flexion ira donc en augmentant de ce point vers la section d'encastrement pour laquelle on a X = C, et, par suite,

$$\frac{EI}{r} = \frac{RI}{v'} = PC - Q(C - D) = \left(P - Q.\frac{C - D}{C} \right)C,$$

ou

$$\frac{RI}{v'} = \left(Q.\frac{C - D}{C} - P \right)C,$$

et depuis le même point jusqu'à celui pour lequel la quantité soustractive Q(X—D) = 0, ou bien X = D, ce qui donne

$$\frac{EI}{r} = \frac{RI}{v'} = PD.$$

Or il pourra arriver que le moment PD étant plus grand que le moment $\left(P - Q.\frac{C - D}{C} \right)C$, ou $\left(Q.\frac{C - D}{C} - P \right)C$, la courbure soit la plus grande au point pour lequel $X = D$; c'est ce que l'on reconnaîtra facilement, et ce qui arrivera quand on aura

$$PD > Q(C - D) - PC, \quad \text{ou} \quad D > \frac{Q - P}{Q + P}C,$$

expression qui suppose $Q > P$.

On devra donc calculer les charges ou la quantité $\frac{I}{v'}$ d'après la plus grande valeur du moment des forces auxquelles le corps est soumis.

Il est d'ailleurs évident que l'on agirait de même si à l'action des forces extérieures l'on devait joindre celle d'une charge pC uniformément répartie, dont le moment $\frac{1}{2}pC^2$ devrait être ajouté, avec son signe, à la somme des autres moments.

On aurait alors pour la relation d'équilibre :

$$\frac{RI}{v'} = PX - Q(X - D) - \frac{1}{2}pX^2,$$

ou

$$\frac{RI}{v'} = Q(X - D) + \frac{1}{2}pX^2 - PX.$$

Le point d'inflexion pour lequel la courbure est nulle sera donné par la relation

$$PX - Q(X - D) - \frac{1}{2}pX^2 = 0,$$

ou

$$X^2 - \frac{2(P - Q)}{p}X - \frac{2QD}{p} = 0,$$

$$X = \frac{P - Q}{p} \pm \sqrt{\frac{(P - Q)^2}{p^2} + \frac{2QD}{p}}.$$

La valeur négative de X indiquant un point d'inflexion situé à droite de l'extrémité ou en dehors du solide, n'est pas applicable à la question.

D'un côté, la flexion ira en croissant depuis le point d'inflexion jusqu'à la section d'encastrement où $X = C$, ce qui donne

$$\frac{RI}{v'} = PC - Q(C - D) - \tfrac{1}{2}pC^2 = PC - QC' - \tfrac{1}{2}pC^2,$$

$$\frac{RI}{v'} = QC' + \tfrac{1}{2}pC^2 - PC,$$

selon que l'on aura $PC >$ ou $< QC' + \tfrac{1}{2}pC^2$. On devra d'ailleurs calculer $\frac{RI}{v'}$ d'après la plus grande des deux différences.

De l'autre côté du point d'inflexion, la courbure augmentera et sera à son maximum pour le point où la quantité soustractive sera nulle, ce qui donne

$$Q(X - D) + \tfrac{1}{2}pX^2 = 0,$$

ou

$$X^2 + \frac{2QX}{p} - \frac{2QD}{p} = 0;$$

d'où

$$X = -\frac{Q}{p} \pm \sqrt{\frac{Q^2}{p^2} + \frac{2QD}{p}}.$$

Une seule des deux valeurs, celle qui est positive, convenant d'ailleurs à la question, on calculera la valeur

$$X = \frac{-Q + \sqrt{Q^2 + 2QDp}}{p},$$

et l'on s'assurera si la valeur de $\frac{RI}{v'}$, à laquelle elle conduit, est plus ou moins grande que celle qui répond à l'encastrement, pour déterminer $\frac{I}{v'}$ en conséquence.

260. SOLIDE PRISMATIQUE OU CYLINDRIQUE, POSÉ HORIZONTALEMENT SUR DEUX APPUIS ET CHARGÉ EN SON MILIEU PERPENDICULAIREMENT A SA LONGUEUR. — Dans ce cas simple, tout étant symétrique de part et d'autre du milieu du corps, ses deux moitiés fléchissent également sous l'action de la charge. Les fibres placées à la partie inférieure s'allongent, celles qui sont placées à la partie supérieure se compriment, et bientôt il s'é-

tablit autour de la ligne des fibres invariables un équilibre entre la résistance des fibres étendues, celle des fibres comprimées et l'action de la charge ; le corps arrive à un état de flexion
stable, et toutes les résistances moléculaires font équilibre à
l'action de la charge.

En cet état, la section transversale faite au milieu du corps
est devenue invariable et peut être regardée comme la section
d'encastrement de chacune de ses deux moitiés, qui seraient
alors exactement dans le même état que si elles étaient encastrées en cet endroit, et soumises, à l'extrémité qui repose sur
les appuis, à un effort égal à la moitié de la charge totale, et
dirigé en sens contraire.

On conçoit en effet facilement que si l'on nomme

$2P$ la charge totale placée au milieu,

$2C$ la portée totale ou la distance entre les appuis,

la pression sur chacun de ces appuis sera égale à la moitié P de
la charge, et que le corps étant parvenu à l'équilibre et à une
forme qui cesse de varier, on peut le regarder comme fixe en
son milieu, et soumis, à chacune de ses extrémités, à l'effort P
développé par chacun des appuis et agissant avec le bras de levier C.

Dès lors chacune des deux parties égales du corps peut être
traitée comme le solide encastré par l'une de ses extrémités, du
n° **208**, et l'on a, pour exprimer l'équilibre des forces moléculaires et des forces extérieures, les mêmes relations :

$$\frac{EI}{r} = \frac{RI}{v'} = PC,$$

que l'on appliquera aux diverses formes du profil, supposé
constant, en y mettant pour R et pour $\frac{I}{v'}$ les valeurs convenables pour la matière et pour le profil choisi.

Dans toute application numérique de cette formule et des
suivantes, il importe de ne pas oublier que si le poids et la
portée sont donnés, il ne faut introduire pour P et C respecti-

vement que la moitié de ces nombres, P étant la moitié de la charge au milieu, et C la demi-portée seulement.

261. SOLIDE PRISMATIQUE OU CYLINDRIQUE POSÉ HORIZONTALEMENT SUR DEUX APPUIS, ET SOUMIS, PERPENDICULAIREMENT A SA LONGUEUR, A UNE CHARGE $2P$ PLACÉE AU MILIEU, ET A UNE CHARGE UNIFORMÉMENT RÉPARTIE. — Dans ce cas, les mêmes considérations qui, précédemment, montrent que le solide, parvenu à une position d'équilibre, peut être considéré comme encastré en son milieu, devenu invariable, et ayant chacune de ses moitiés soumise à un effort $P + \dfrac{pC}{2}$ agissant perpendiculairement à sa longueur et à la distance C du point d'encastrement.

On a alors, pour la relation d'équilibre entre les résistances moléculaires et les forces extérieures,

$$\frac{EI}{r} = \frac{RI}{v'} = \left(P + \frac{pC}{2}\right) C,$$

formule dans laquelle on introduira pour R la valeur relative à la matière dont le corps est formé, et pour $\dfrac{I}{v'}$ la valeur dépendante du profil de la section transversale supposée constante.

Cette formule revient à dire que le moment $\dfrac{RI}{v'}$ des résistances moléculaires est égal au produit

de la moitié de la charge $2P$, qui agit au milieu de la pièce, normalement à sa longueur, multipliée par la moitié de la portée totale $2C$,

augmenté

du produit du quart de la charge totale $2pC$ uniformément répartie par la moitié C de la portée.

Lorsqu'il n'y a qu'une charge uniformément répartie, le moment des forces extérieures se réduit à la seconde partie de sa valeur, $\dfrac{pC}{2} \times C$.

262. OBSERVATIONS SUR LA FACILITÉ QU'OFFRE LE CAS ACTUEL

POUR LA RECHERCHE DES LOIS DES PHÉNOMÈNES DE FLEXION ET DE RUPTURE. — Les deux cas que l'on vient d'examiner sont ceux qui se prêtent le mieux aux recherches expérimentales et sur lesquels il en a été fait le plus grand nombre. Nous avons déjà indiqué (nᵒˢ **190** et suivants) plusieurs des principaux résultats obtenus par divers expérimentateurs; nous aurons plus tard l'occasion d'en rapporter d'autres.

Nous nous bornerons à faire remarquer ici que c'est principalement par des observations faites sur un corps posé sur deux points d'appui, et chargé en son milieu, que l'on peut reconnaître et que l'on a reconnu les lois physiques des phénomènes de la flexion et de la rupture des corps solides sous l'action des efforts extérieurs.

265. SOLIDE PRISMATIQUE OU CYLINDRIQUE POSÉ LIBREMENT SUR DEUX APPUIS, ET CHARGÉ D'UN POIDS $2P$ EN UN POINT DISTANT DES APPUIS DES QUANTITÉS l' ET l''. — Appelant toujours $2C$ la distance des appuis, on a

$$l' + l'' = 2C,$$

et en nommant P' et P'' les pressions exercées sur les points d'appui A et B (pl. III, fig. 28), on aura d'abord, pour déterminer ces pressions, qui sont les composantes de la charge $2P$ en ces points,

$$P' \times 2C = 2Pl'' \quad \text{et} \quad P'' \times 2C = 2Pl',$$

d'où
$$P' = \frac{Pl''}{C} \quad \text{et} \quad P'' = \frac{Pl'}{C}.$$

Si maintenant on considère une section quelconque IK du solide, située entre le point d'appui A et le point d'application M de la charge, à la distance X de l'autre point d'appui B, et si l'on cherche la relation d'équilibre à établir entre les forces extérieures qui agissent à droite de la section IK et les résistances moléculaires, on aura, en appliquant la règle générale des nᵒˢ **212** et suivants, et en remplaçant l' par sa valeur $l' = 2C - l''$,

$$\frac{EI}{r} = \frac{RI}{v'} = P''X - 2P(X - l'') = \frac{Pl''}{C}(2C - X).$$

La courbure $\frac{1}{r}$ sera nulle ou le rayon de courbure infini pour $X = 2C$, ou au point A; elle aura sa plus grande valeur pour la plus petite de X, c'est-à-dire pour $X = l''$; ainsi la section dangereuse sera au point même d'application de la force 2P.

Pour une section quelconque I'K' comprise entre le point d'application M de la charge 2P et le point d'appui B, à une distance X' de ce point, la relation d'équilibre permanent sera

$$\frac{EI}{r} = \frac{RI}{v'} = P''X' = \frac{Pl'}{C}X' = \frac{P(2C - l'')}{C}X'.$$

Sa plus grande valeur sera relative à $X' = l''$, ce qui conduit à la relation

$$\frac{EI}{r} = \frac{RI}{v'} = \frac{P(2C - l'')}{C}l'' = \frac{Pl'l''}{C},$$

ce qui est la formule de l'*Aide-Mémoire*.

264. Cas où le prisme est en outre chargé d'un poids uniformément réparti. — En appelant toujours p la charge par mètre courant, on aura d'abord

$$P' \times 2C = 2Pl'' + 2pC^2 \quad \text{et} \quad P'' \times 2C = 2Pl' + 2pC^2,$$

d'où l'on tire

$$P' = \frac{2Pl'' + 2pC^2}{2C} \quad \text{et} \quad P'' = \frac{2Pl' + 2pC^2}{2C}.$$

On en déduit ensuite, pour la section IK située entre A et M,

$$\frac{EI}{r} = \frac{RI}{v'} = P''X - 2P(X - l'') - \tfrac{1}{2}pX^2$$

$$= 2\frac{Pl''}{2C}(2C - X) + \tfrac{1}{2}pX(2C - X);$$

et pour une section quelconque I'K' située entre le point d'application M de la charge 2P et le point d'appui B, à une distance X' du point A, la relation d'équilibre permanent sera

$$\frac{EI}{r} = \frac{RI}{v'} = P''X' - \tfrac{1}{2}pX'^2 = X'\left[\frac{2Pl'}{2C} + \tfrac{1}{2}p(2C - X')\right].$$

Si dans la première expression on fait $X = 2C$, on a

$$\frac{EI}{r} = 0,$$

ce qui indique que la courbure est nulle en A, ou le rayon de courbure infini, et le maximum correspond évidemment à $X = l''$, ce qui donne

$$2C - X = 2C - l'' - l',$$

et réduit l'expression à

$$\frac{EI}{r} = \frac{RI}{v'} = \frac{l'l''}{2C}[2P + \tfrac{1}{2}p(2C)].$$

En effet, le premier terme de l'expression ci-dessus,

$$\frac{2Pl''}{2C}(2C - X),$$

atteint évidemment son maximum pour la plus petite valeur $X = l''$ de la distance de la section IK au point B; et quant au second, si l'on trace le cercle dont le diamètre est $AB = 2C$, on voit que le facteur $X(2C - X)$, égal au carré de l'ordonnée de ce cercle, croît à mesure que X diminue, depuis $X = 2C$, et atteint sa valeur maximum pour $X = C$, c'est-à-dire au delà du point M.

Ainsi, dans cette branche AM du solide fléchi, le maximum de courbure est en M.

Quant à l'autre branche MB, la courbure est encore nulle en B, où $X' = 0$; et pour le maximum, on voit que le premier terme du second membre, $\frac{2Pl'}{2C}X'$, atteint le sien pour $X' = l''$, mais que le second terme, $\tfrac{1}{2}p(2C - X')X$, atteint, comme on l'a vu ci-dessus, le sien pour $X' = C$; par conséquent, le maximum de leur somme doit être entre le point M et le milieu de la pièce ou de la portée, et c'est là le point dangereux.

Si l'on tenait à déterminer la position de ce point de courbure maximum, on y parviendrait en calculant diverses valeurs du second membre correspondant à des valeurs de X, décroissantes depuis $X = l''$. On prendrait les valeurs de X pour abscisses d'une courbe dont les ordonnées seraient les valeurs du second membre $\mathrm{X}'\left[\dfrac{2\,\mathrm{P}l'}{2\,\mathrm{C}}+\tfrac{1}{2}p(2\,\mathrm{C}-\mathrm{X}')\right]$, et l'on multiplierait assez ces valeurs pour atteindre et dépasser le maximum qui correspondra au point le plus élevé de la courbe, que l'on déterminera ensuite facilement, ainsi que son abscisse, par la méthode que nous avons indiquée, dans la première partie du cours, pour déterminer le point de contact d'une tangente parallèle à une droite donnée.

265. PRISME POSÉ SUR DEUX APPUIS ET CHARGÉ DE POIDS DISTRIBUÉS D'UNE MANIÈRE QUELCONQUE. — Supposons (pl. III, fig. 29) un solide prismatique ou cylindrique posé sur deux appuis et soumis à l'action de poids :

$$\mathrm{P_1}, \quad \mathrm{P_2}, \quad \mathrm{P_3}, \quad \mathrm{P_4}, \quad \mathrm{P_5}, \quad \mathrm{P_6},$$

situés à des distances

$$l'_1, \quad l'_2, \quad l'_3, \quad l'_4, \quad l'_5, \quad l'_6$$

du point d'appui A, et à des distances

$$l''_1, \quad l''_2, \quad l''_3, \quad l''_4, \quad l''_5, \quad l''_6$$

du point d'appui B; en suivant, comme dans les numéros précédents, le mode simple de discussion adopté par M. Poncelet, on voit que les pressions P' et P'' exercées sur les points d'appui A et B seront respectivement, d'après la théorie des forces parallèles,

$$\mathrm{P'} = \frac{\mathrm{P_1}l''_1 + \mathrm{P_2}l''_2 + \mathrm{P_3}l''_3 + \text{etc.}\dots}{2\,\mathrm{C}}$$

et

$$\mathrm{P''} = \frac{\mathrm{P_1}l'_1 + \mathrm{P_2}l'_2 + \mathrm{P_3}l'_3 + \text{etc.}\dots}{2\,\mathrm{C}},$$

et l'on aura ensuite, pour la condition d'équilibre relative à une section IK placée entre deux points $\mathrm{A_2}$ et $\mathrm{A_3}$, par exemple, à une distance X du point d'appui B,

$$\frac{\mathrm{EI}}{r} = \frac{\mathrm{RI}}{v'} = \mathrm{P''X} - \mathrm{P_3}(\mathrm{X}-l''_3) - \mathrm{P_4}(\mathrm{X}-l''_4) - \mathrm{P_5}(\mathrm{X}-l''_5) - \text{etc.}\dots,$$

ou

$$\frac{\mathrm{EI}}{r} = \frac{\mathrm{RI}}{v'} = (\mathrm{P''} - \mathrm{P_3} - \mathrm{P_4} - \mathrm{P_5} - \text{etc.})\mathrm{X} + \mathrm{P_3}l''_3 + \mathrm{P_4}l''_4 + \mathrm{P_5}l''_5 + \text{etc.}$$

Or le second membre, et par conséquent la courbure, croîtra avec X, si l'on a

$$P'' > P_3 + P_4 + P_5 + \text{etc.},$$

et la plus grande courbure aura lieu en l'un des points A_1 ou A_2, suivant les cas.

La plus grande courbure appartiendra donc à l'un des points d'application, et la section dangereuse sera celle pour laquelle le second membre de cette relation sera un maximum, ce qu'il sera toujours facile de reconnaître.

Si, par exemple, on trouve que c'est pour le point A_3 que ce second membre a sa plus grande valeur, on fera $X = l''_3$, et l'on aura pour la relation d'équilibre :

$$\frac{EI}{r} = \frac{RI}{v'} = (P'' - P_4 - P_5 - P_6 - \text{etc.})l''_3 + P_4 l''_4 + P_5 l''_5 + \text{etc}\ldots,$$

et par suite on connaîtra la valeur de $\frac{I}{v'}$ qu'il faudra adopter pour la stabilité de la construction.

266. Cas où les forces se réduisent a deux forces égales agissant a des distances des appuis respectivement égales entre elles. — Dans ce cas (pl. III, fig. 30), si l'on appelle P la charge en chacun des points situés à la distance l des appuis, la charge totale est $2P$, et les pressions P' et P'' sur ces appuis sont :

$$P' = P'' = \frac{Pl + P(2C - l)}{2C} = P.$$

On en déduit ensuite, pour l'équilibre dans une section quelconque IK située à la distance X du point B,

$$\frac{EI}{r} = \frac{RI}{v'} = PX - P(X - l) = Pl.$$

Le second membre de cette relation restant le même entre les points A_1 et A_2 d'application des forces, il s'ensuit que dans cet intervalle la courbure est constante, et que la courbe est un cercle dont le rayon est

$$r = \frac{EI}{Pl},$$

et la flèche de courbure de cet arc sera égale à la flèche de l'arc dont la corde est A_1A_2 et le rayon r, et par conséquent à

$$\frac{1}{4}\frac{(A_1A_2)^2}{2r} = \frac{Pl(2C-2l)^2}{8EI}.$$

A cette flèche de l'arc il faut ajouter celle des deux bouts, que l'on peut considérer comme des solides encastrés en A_1 ou en A_2, et qui est, comme on le verra plus loin, $\frac{1}{3}\frac{Pl^3}{EI}$; de sorte que la flexion totale est

$$\frac{1}{3}\frac{Pl^3}{EI} + \frac{Pl(2C-2l)^2}{8EI}.$$

On voit d'ailleurs facilement, par l'examen de l'équation d'équilibre, que cette répartition de la charge est beaucoup plus favorable à la solidité que si cette charge $2P$ agissait au milieu de la pièce : aussi cette disposition est-elle fort en usage pour les arbres des roues hydrauliques.

267. CAS OU L'ON VEUT TENIR COMPTE DU POIDS DU SOLIDE OU D'UNE CHARGE UNIFORMÉMENT RÉPARTIE. — Dans ce cas, il est facile de voir que l'on a

$$P' = P'' = P + pC,$$

et pour la relation d'équilibre en une section quelconque IK, située entre les points A_1 et A_2,

$$\frac{EI}{r} = \frac{RI}{v'} = P'X - P(X - l) - \frac{pX^2}{2} = Pl + \frac{pX}{2}(2C - X).$$

La valeur du maximum du second membre correspondant évidemment au milieu de la longueur de l'arbre, il est clair que la section dangereuse se trouve en cet endroit. On a donc pour cette section

$$X = C \quad \text{et} \quad \frac{EI}{r} = \frac{RI}{v'} = Pl + \frac{pC^2}{2}.$$

Telle est la formule à appliquer aux arbres des roues hydrauliques, si l'on veut tenir compte de leur poids propre.

268. AUTRES APPLICATIONS RELATIVES AUX ARBRES DES ROUES HYDRAULIQUES. — Les roues hydrauliques sont ordinairement composées de fermes ou systèmes de bras qui supportent les aubes ou les augets sur lesquels agit l'eau. Les fermes, habituellement au nombre de deux, trois ou quatre au plus, ne sont pas toujours réparties, sur la longueur de l'arbre, symétriquement par rapport aux points d'appui. Les considérations générales du n° **264** s'appliquent facilement à ces divers cas; mais il ne sera pas inutile de montrer directement quelle est la conséquence de ce mode de répartition des fermes.

1° Cas où la charge est répartie par parties égales en deux points A_1 et A_2 (pl. III, fig. 31) situés à des distances l et l' des appuis A et B.

On a d'abord pour les pressions P′ et P″ sur les appuis :

$$P' = \frac{P(2C - l) + Pl'}{2C} = \frac{P \cdot 2C + P(l' - l)}{2C}$$

et

$$P'' = \frac{PC(2C - l') + Pl}{2C} = \frac{P \cdot 2C - P(l' - l)}{2C};$$

puis, pour la relation d'équilibre d'une section quelconque IK située en A_1 et A_2, à la distance X du point d'appui B, on a

$$\frac{EI}{r} = \frac{RI}{v'} = P''X - P(X - l') = (P'' - P)X + Pl',$$

en remarquant que, d'après la valeur ci-dessus de P″, on a

$$P'' - P = \frac{P(l - l')}{2C} = -\frac{P(l' - l)}{2C}.$$

Or si l'on a $P'' > P$, ce qui suppose $l > l'$, le point dangereux sera en A_1.

Si l'on a $P'' < P$, ce qui suppose $l < l'$, le point dangereux sera en A_2.

Dans le premier cas, $X = 2C - l$, et l'équation d'équilibre permanent devient

$$\frac{EI}{r} = \frac{RI}{v'} = \frac{P(l - l')}{2C}(2C - l) + Pl' = Pl - \frac{Pl(l - l')}{2C}.$$

. Dans le deuxième cas, $X = l'$, et l'on a

$$\frac{EI}{r} = \frac{RI}{v'} = Pl' - \frac{P(l'-l)}{2C}l'.$$

Pour assurer la stabilité de la construction, il suffira donc de calculer la valeur des seconds membres de ces relations, et d'égaler le premier membre $\frac{RI}{v'}$ à la plus grande des deux.

2° Cas où la charge $2P$ est répartie par parties égales sur trois points d'appui équidistants.

En conservant les notations du n° **264**, et y faisant $P_1 = P_2 = P_3 = \frac{2P}{3}$, on a d'abord

$$P' = \frac{2P}{3}\frac{(l''_1 + l''_2 + l''_3)}{2C} \quad \text{et} \quad P'' = \frac{2P}{3}\frac{(l'_1 + l'_2 + l'_3)}{2C};$$

puis, pour la relation d'équilibre d'une section IK située entre A_1 et A_2, à la distance X du point d'appui B,

$$\frac{EI}{r} = \frac{RI}{v'} = (P'' - \tfrac{4}{3}P)X + \tfrac{2}{3}P(l''_2 + l''_3).$$

Si l'on a $P'' > \tfrac{4}{3}P$, ce qui revient à $l'_1 + l'_2 + l'_3 > 4C$, le point dangereux sera en A_1 et correspondra à $X = l''_1$.
On a alors pour la relation d'équilibre :

$$\frac{EI}{r} = \frac{RI}{v'} = \tfrac{2}{3}P\left(\frac{l'_1 + l'_2 + l'_3}{2C}\right)l''_1 - \tfrac{4}{3}Pl''_1 + \tfrac{2}{3}P(l''_2 + l''_3),$$

où, à cause de $\frac{l'_1 + l'_2 + l'_3}{3} = l'_2$ et de $l''_1 - l''_2 = l''_2 - l''_3 = d$, en appelant d la distance des fermes, il vient

$$\frac{EI}{r} = \frac{RI}{v'} = \frac{P}{C} l''_1 l'_2 - 2Pd.$$

Si, au contraire, l'on a $P'' < \tfrac{4}{3}P$, ce qui revient à

$l'_1 + l'_2 + l'_3 < 4C$, le point dangereux sera en A_2 et correspondra à $X = l''_2$, et, par suite

$$\frac{EI}{r} = \frac{RI}{v'} = \frac{P}{C} l''_2 l'_2 - \tfrac{2}{3} P d.$$

Et enfin, si l'on considère le troisième point d'appui A_3, on aura pour l'équilibre en cet endroit :

$$\frac{EI}{r} = \frac{RI}{v'} = \frac{P}{C} l''_3 l'_2.$$

On calculera la valeur de chacun des seconds membres des relations ci-dessus, et on adoptera la plus grande pour la valeur de $\frac{RI}{v'}$.

On procéderait de même pour le cas où la charge serait répartie par portions égales sur quatre points d'appui.

269. SOLIDE POSÉ SUR UN APPUI ET ENCASTRÉ A L'AUTRE EXTRÉMITÉ, ET SOUMIS A UNE CHARGE P AGISSANT EN UN POINT QUELCONQUE DE SA LONGUEUR. — Si l'on nomme (pl. III, fig. 31) toujours C la distance de l'appui à l'encastrement, C' le bras de levier de la charge P, **D** la distance horizontale de la direction de la charge P à l'appui, la réaction Q' exercée par l'appui sera, d'après des considérations développées par M. Navier, et qui ne sont pas de nature à être reproduites ici[*],

$$Q' = -P \frac{C'^2 (3C - C')}{2 C^3},$$

qui, pour le cas où $C' = \tfrac{1}{2} C$, se réduit à

$$Q' = -\tfrac{5}{16} P,$$

et a été vérifiée, au moyen d'expériences, par feu M. Guillebon, ingénieur des ponts et chaussées, ce qui nous permet de l'admettre sans démonstration.

---

[*] *Leçons sur l'application de la mécanique*, par Navier, Iʳᵉ part., p. 235.

On remarquera que dans cette expression on a toujours

$$C' < C, \quad \text{et par suite,} \quad Q' < P.$$

La résistance de l'appui pourra donc être regardée comme une force agissant de bas en haut, de sorte que l'examen de ce cas rentrera dans celui d'un solide encastré soumis à l'action de deux forces agissant en sens contraire, qui a été traité au n° **255**. On aura donc encore, d'après la notation ci-dessus, et en considérant une section quelconque IK du solide située à une distance X du point d'appui, pour l'équation qui exprimera l'équilibre entre les résistances moléculaires et les forces extérieures, l'expression

$$\frac{RI}{v'} = Q'X - P(X - D) = (Q' - P)X + PD,$$

dont la valeur maximum correspond évidemment à X = C.

Ici, comme au n° **255**, on trouvera la position du point d'inflexion en supposant $\frac{RI}{v'} = \frac{EI}{r} = 0$, ce qui correspond à $\frac{1}{r} = 0$, ou à une courbure nulle, et donne d'abord, pour déterminer ce point,

$$X = \frac{PD}{P - Q'} = \frac{2C'^3D}{2C^3 - 3C'^2C + C'^3},$$

en substituant pour Q' sa valeur absolue,

$$P . \frac{C'^2(3C - C')}{2C^3}.$$

La flexion allant en augmentant à partir de ce point jusqu'à la section d'encastrement d'une part, et de l'autre jusque vers le point qui repose sur l'appui, on aura pour la première partie, en faisant X = C,

$$\frac{RI}{v'} = Q'C - P(C - D),$$

et pour la deuxième partie, la flexion maximum correspondra évidemment à X = D, ce qui donne

$$\frac{RI}{v'} = Q'D.$$

On devra donc calculer ces deux valeurs, et prendre la plus grande pour celle qu'il convient d'adopter pour déterminer $\frac{RI}{v'}$.

On substituera d'ailleurs à Q' sa valeur absolue, indiquée ci-dessus.

Si, outre la charge P, le solide était soumis à une charge uniformément répartie pC, on aurait, pour la condition d'équilibre entre les forces extérieures et les résistances moléculaires, la relation

$$\frac{RI}{v'} = Q'X - P(X-D) - \frac{pX^2}{2},$$

ou

$$\frac{RI}{v'} = P(X-D) + \frac{pX_2}{2} - Q'X,$$

dans laquelle

$$Q' = \frac{PC'^2(3C-C')}{2C^3} - \frac{5}{16}pC,$$

expression dans laquelle, C' étant toujours plus petit que C, on a $Q' < P$.

On trouverait encore, pour la position du point d'inflexion, la condition

$$Q'X - P(X-D) - \frac{pX^2}{2} = 0,$$

d'où

$$X^2 + \frac{2(Q'-P)}{p}X + 2PD = 0,$$

d'où

$$X = -\frac{Q'-P}{p} \pm \sqrt{\frac{(Q'-P)^2}{p^2} - 2PD}.$$

Mais comme on a $Q' < P$, et que X ne saurait être négatif pour la solution de la question, on se bornera à la valeur positive du radical.

On trouvera évidemment qu'en partant du point d'inflexion et en allant vers l'encastrement, la plus grande valeur de $\frac{RI}{v'}$ correspond à $X = C$, ce qui donne

$$\frac{RI}{v'} = Q'C - P(C-D)\frac{pC^2}{2},$$

et qu'en allant du même point vers le point d'appui, le maximum de $\frac{RI}{v'}$ répond à $X = E$, ce qui donne

$$\frac{RI}{v'} = Q'D - \frac{pD^2}{2}.$$

On choisira la plus grande des deux valeurs pour servir à la détermination des dimensions de la pièce.

Mais si l'on remarque que dans l'un et dans l'autre des cas que l'on vient d'examiner, on a $Q' < P$, on voit que, lorsque C' différera peu de C, et sera, par exemple, égal à $\frac{3}{4}C$, on aura

$$Q' = 0.774\,P.$$

On pourra donc avec sécurité calculer les dimensions dans l'hypothèse de $Q' = P$, ce qui simplifie beaucoup les formules, et donne

$$\frac{RI}{v'} = PD$$

pour le cas où l'on néglige la charge uniformément répartie, et

$$\frac{RI}{v'} = PD + \frac{pD^2}{2}$$

pour celui où l'on en tient compte.

Ce cas se présente quelquefois dans les magasins à poudre et dans les magasins d'artillerie, où des poutres d'une seule pièce, engagées dans les murs ou posées sur des consoles, et soutenues en leurs milieux par des poteaux, ne peuvent être regardées comme encastrées à leurs extrémités, mais seulement en leurs milieux, par l'effet de la présence des poteaux.

Des solides d'égale résistance.

270. Des solides qui dans toutes leurs sections présentent une égale résistance. — La relation $\frac{M}{R} = \frac{I}{v'}$, du n° **212**, qui exprime que le résultat de la division du moment des forces extérieures, par rapport à la section que l'on considère, par le plus grand effort que l'on puisse avec sécurité faire subir à la fibre la plus allongée ou la plus comprimée, doit être égal au moment d'inertie de la section par rapport à la ligne des fibres invariables, divisé par la plus grande ordonnée du profil à partir de cette ligne, revient, comme on l'a vu dans le cas où il n'y a qu'une seule force P agissant à une distance $\overset{\cdot}{\text{X}}$ de la section et parallèlement à son plan, à

$$\frac{PX}{R} = \frac{I}{v'}, \quad \text{d'où} \quad \frac{P}{R} = \frac{I}{v'X}.$$

Sous cette forme, on voit de suite que pour une matière donnée pour laquelle R est connu, l'effort P que pourra supporter une section quelconque sera constant, si le second membre $\dfrac{I}{v'X}$ a pour toutes les sections la même valeur.

Ainsi, par exemple, pour une section rectangulaire de largeur a et de hauteur b, on a (n° **223**)

$$\frac{I}{v'} = \tfrac{1}{6} ab^2, \quad \text{ou} \quad \tfrac{1}{6} ay^2$$

pour un profil quelconque dont la hauteur serait y. Or, si le profil longitudinal de la pièce a partout même largeur a, et si sa hauteur y varie de façon que l'on ait toujours $y = 2kX$, ce qui arriverait pour un profil parabolique, on aura

$$\frac{P}{R} = \frac{I}{v'X} = \frac{ay^2}{6X} = \tfrac{1}{3} ka,$$

valeur constante qui indique que le solide présentera partout la même résistance à l'action de la force extérieure P.

On déterminera d'ailleurs facilement le nombre k en faisant attention que, pour la section d'encastrement, la hauteur $y = b$ est déterminée par la relation

$$PC = \tfrac{1}{6} R ab^2,$$

dans laquelle P, C, R et a sont connus, si la largeur de la pièce est donnée; ce qui conduit ensuite à la valeur de $k = \dfrac{b^2}{2C}$, b et C ayant ici les valeurs relatives à la section d'encastrement. On

en déduira ensuite, pour l'équation de la courbe du profil longitudinal,

$$y^2 = 2\,kX = \frac{b^2}{CX},$$

formule dans laquelle X représente l'abscisse de la courbe du
profil à partir du point d'application de l'effort P, et y l'ordonnée de la courbe. Telle est la formule qui convient à un profil
limité d'une part par une branche de parabole, et de l'autre par
l'axe de cette courbe. La résistance de la pièce serait doublée
et toujours constante, si le profil était limité par les deux branches de la parabole, parce qu'alors chaque section se trouverait
double de ce qu'elle était primitivement.

Si l'on supposait, au contraire, b constant, et que l'on fît
$a = C$ pour la section encastrée, et $a = X$ dans toutes les autres, ce qui donnerait à la projection horizontale du solide la
forme d'un triangle dont la base serait égale à la hauteur, on
aurait

$$\frac{P}{R} = \frac{I}{v'C} = \frac{\frac{1}{6}ab^2}{C} = \frac{1}{6}\,b^2,$$

ce qui permet de faire des consoles d'égale résistance avec des
pierres plates ou des pierres d'épaisseur uniforme, et s'applique
aux poutres à double ou à simple T en fonte ou en fer, pour
leur semelle supérieure ou inférieure.

On voit d'ailleurs que l'on pourrait encore trouver d'autres
rapports à établir entre les quantités a, b et C pour satisfaire à
la condition que toutes les sections fussent d'égale résistance.

271. Solides d'égale résistance et d'épaisseur constante.
— Si l'épaisseur b d'un solide à section rectangulaire doit être
constante, il faut, pour que le rapport

$$\frac{I}{v'X} = \frac{1}{6}\frac{ab^2}{X}$$

soit constant, que l'on ait $\frac{a}{X}$ égal à une quantité constante, ou
que la largeur horizontale du solide aille en croissant proportionnellement à sa longueur depuis son extrémité jusqu'à la
section d'encastrement.

272. Solides d'égale résistance a section circulaire. — Dans ce cas, l'on a (n° **235**) :

$$I = \tfrac{1}{4} \pi R'^4, \quad v' = R',$$

et par conséquent

$$\frac{P}{R} = \frac{I}{v'X} = \tfrac{1}{4} \frac{\pi R'^3}{X}.$$

On rendra donc le second membre constant si l'on établit entre le rayon de la section transversale du corps et la distance de la section considérée à la direction de la force P, la relation

$$R'^3 = 2kX,$$

ce qui donnera

$$\frac{P}{R} = \tfrac{1}{2} \pi k,$$

$2k$ étant un nombre constant que l'on déterminera encore facilement ici en observant que, pour la section d'encastrement, C est connu et R' déterminé par la relation

$$\frac{P}{R} = \tfrac{1}{4} \frac{R'^3}{C} \pi,$$

ce qui donne

$$2k = \frac{R'^3}{C} = \frac{4P}{\pi R},$$

et par suite,

$$y^3 = \frac{R'^3}{C} X,$$

en désignant encore ici par X les abscisses de la courbe, mesurées dans le sens de l'axe du solide, à partir du point d'application de la force P, et par y les rayons des sections correspondantes.

273. Cas ou le solide n'est soumis qu'a une charge uniformément répartie, agissant perpendiculairement a sa longueur. — L'expression générale se réduit alors à

$$\frac{RI}{v'} = \tfrac{1}{2} p C^2,$$

et l'on voit que le solide sera d'égale résistance dans toutes les sections, si l'on satisfait à la condition que $\frac{1}{2}\frac{p}{R} = \frac{I}{v'C^2}$ soit une quantité constante.

S'il s'agit, par exemple, d'un solide à section rectangulaire pour lequel $\frac{I}{v'} = \frac{1}{6}ab^2$, et si l'on suppose a constant, on remplira la condition ci-dessus en faisant $b^2 = 2\,kC^2$; et comme, pour la section d'encastrement, C est donné, et que b sera déterminé par la condition

$$\frac{1}{6}\frac{ab^2}{C} = \frac{1}{2}\frac{p}{R}, \quad \text{ou} \quad b^2 = \frac{3pC^2}{R},$$

on aura entre les ordonnées y et les abscisses du profil longitudinal du solide la relation

$$y^2 = 2\,kx^2 = \frac{b^2}{C^2}x^2, \quad \text{ou} \quad y = \frac{b}{C}x,$$

ce qui est l'équation d'une ligne droite (pl. IV, fig. 1) faisant avec la face supérieure du solide, supposée horizontale, un angle dont la tangente trigonométrique est $\frac{b}{C}$.

Cette forme est celle qui convient pour les consoles des balcons, dont la charge peut être regardée comme uniformément répartie, quand ils sont entièrement occupés par un grand nombre de personnes.

Nous reviendrons plus tard, en parlant des formes et des proportions usuelles, sur cette considération des solides d'égale résistance, et nous nous bornerons, pour le moment, à ce qui précède, en répétant que la condition de constance du rapport $\frac{1}{v'C}$ peut être satisfaite de plusieurs façons, parmi lesquelles il convient de choisir celles qui sont à la fois les plus simples et les plus convenables, suivant la nature des matériaux à employer.

274. CAS OU IL EST NÉCESSAIRE DE FAIRE LE CALCUL POUR PLUSIEURS SECTIONS TRANSVERSALES. — Lorsque, au contraire, une

pièce présentera des formes telles que le rapport $\dfrac{I}{v'}$ soit variable, on devra, en appliquant le calcul à plusieurs sections transversales, s'assurer qu'elles satisfont toutes à la condition d'équilibre

$$\frac{P}{R} = \frac{I}{v'C},$$

et renforcer celles qui n'y satisferaient pas, en augmentant leur
moment d'inertie I.

De la courbe élastique et de l'étendue des flexions.

275. TRACÉ DE LA COURBE ÉLASTIQUE. — On nomme *courbe
élastique*, ou simplement *élastique*, la courbe qu'affecte un solide
soumis à l'action d'une ou de plusieurs forces qui le font fléchir sans altérer son élasticité. Or, si l'on se reporte à la relation du n° **211**, entre les moments des forces extérieures et
ceux des résistances moléculaires,

$$\frac{EI}{r} = Pp + Qq + \text{etc}\ldots = M,$$

on en tire, pour la valeur du rayon de courbure en un point
quelconque de la longueur du solide,

$$r = \frac{EI}{Pp + Qq + \text{etc}\ldots} = \frac{EI}{M}.$$

S'il s'agissait d'une charge verticale P, agissant de bas en haut
à l'extrémité d'une pièce horizontale de longueur C, et d'une
charge uniformément répartie, agissant sur toute la longueur
en sens contraire, à raison de p kilogr. par mètre courant, on
aurait, pour la section d'encastrement,

$$M = PC - \tfrac{1}{2}pC^2,$$

ce qui montre que le rayon de courbure serait infini ou la
courbure nulle, si l'on avait

$$P = \tfrac{1}{2}pC,$$

ainsi que nous nous sommes contenté de l'indiquer au n° **255**. Alors la tangente au point d'encastrement reste horizontale.

Pour chaque point, on peut calculer la valeur du moment d'inertie I de la section correspondante du solide, et la somme $Pp + Qq +$ etc... des moments des forces extérieures par rapport au plan de cette section; on en déduira donc la valeur du rayon de courbure, et l'on pourra, à l'aide des valeurs de ce rayon, tracer la courbe de proche en proche.

Pour rendre plus sensible l'application de cette méthode, due à M. Poncelet, supposons (pl. IV, fig. 2) qu'il s'agisse d'une pièce prismatique ou cylindrique à section constante. Le moment d'inertie I de cette section sera constant; et si le solide n'est soumis qu'à l'action d'une seule force P, agissant à la distance C de son point d'encastrement A, on aura d'abord le rayon de courbure de l'élastique en ce point par la relation

$$r = \frac{EI}{PC}.$$

Le centre de courbure se trouvera en o, dans le prolongement de la section d'encastrement, à une distance

$$Ao = r = \frac{EI}{PC}.$$

On décrira du point o comme centre un arc de cercle AA′, auquel on donnera une ouverture de 1° à 2°, par exemple. Appelant ensuite C′ la distance du point A′ à la direction de la force P, on en déduira

$$r = \frac{EI}{PC'},$$

et l'on trouvera en o' le centre de courbure correspondant à la section faite en A′ dans le prolongement de A′o.

On donnera à ce nouvel arc une ouverture de 1° à 2°, et l'on continuera ainsi à tracer une série d'arcs de cercle dont l'ensemble donnera par enveloppe la courbe cherchée, qui se terminera à la rencontre de l'un des cercles avec la direction de la force P.

Il peut arriver que les rayons de courbure deviennent telle-

ment grands qu'il soit fort difficile de les employer au tracé. On
y suppléera en remarquant (n° **206**) que le rayon de courbure
est égal à

$$r = \frac{s}{e},$$

s étant l'arc élémentaire et e l'arc du rayon égal à l'unité qui
mesure l'angle de deux éléments consécutifs de la courbe ou
celui de leur tangente, et que l'on nomme l'*angle de contingence*. Cette relation donne

$$s = re = \frac{EI}{PC'} e$$

pour la section distante de C' de la direction de la force P. En
faisant

$$e = \frac{2^0}{360^0} \times 6,2832 = 0^m.025,$$

ce qui correspond à un angle de 2°, on mettra cette valeur dans
celle de s, et l'on en déduira la longueur de l'arc correspondant à chaque valeur de C'.

Après avoir donc calculé les premiers rayons de courbure,
et tracé, s'ils sont assez petits, les premiers arcs, on prolongera
le dernier arc obtenu par sa tangente $A'A''p'$, par exemple; on
fera, du côté de la flexion, un angle $p''A''p' = 2^0$ avec cette tangente, et sur la ligne $p''A''$ on portera une longueur $A''A'''$ égale
à la valeur de $\frac{EI}{PC'''} . e$ déduite de la formule précédente.

Cette méthode donnera, dans tous les cas où les flexions ne
dépassent pas les limites de l'élasticité, la forme de la courbe
élastique avec une approximation bien suffisante pour la pratique.

276. Cas où la courbure élastique est un arc de cercle.
— Si le solide prismatique ou cylindrique est sollicité par deux
forces égales et parallèles, mais dirigées en sens contraire
(pl. IV, fig. III), ce que l'on nomme un *couple*, ayant, par rap-

port à la section encastrée, des bras de levier C et C', la somme des moments se réduit à

$$PC - PC' = P(C - C') = PD,$$

en nommant D la distance entre les directions des deux forces parallèles. Alors quel que soit le point du solide que l'on considère entre A et D, la valeur du rayon de courbure

$$r = \frac{EI}{PD}$$

est constante, et la courbe élastique est, pour cet intervalle, un cercle facile à décrire.

277. Cas où la courbure de la pièce est déterminée par un gabarit sur lequel il s'agit de la ployer. — Dans la construction des navires, pour le charronnage, pour les arcs des charpentes en bois plié, etc., l'on doit souvent faire prendre à des pièces de bois des formes obligées, et il est bon de savoir calculer quel est l'effort à exercer, soit pour les fléchir, soit pour les maintenir fléchies. Cet effort sera donné dans chaque cas par la formule

$$P = \frac{EI}{r \cdot C} = \frac{EI \cdot c}{s \cdot C},$$

dans laquelle les différentes lettres ont la même signification que précédemment.

Dans les cas semblables, la pièce a une longueur plus grande que les gabarits, et, à mesure qu'elle est courbée, on la fixe par des liens, par des chevilles, des boulons ou des vis, selon la nature de la construction. Chaque point de ligature devient un point d'encastrement, et l'on voit que l'effort à exercer à l'extrémité de la pièce devient d'autant plus grand que l'on approche davantage de l'extrémité du gabarit. C'est pourquoi les pièces de ce genre doivent être surtout très-solidement fixées à leurs extrémités, sur les gabarits, sur les poteaux, sur les membrures, etc., contre lesquels elles doivent s'appliquer.

278. Détermination des flèches de courbure. — Il ne suffit pas, dans beaucoup de cas, de régler les charges ou les dimensions des corps de manière qu'ils n'éprouvent pas d'altération permanente dans leur élasticité; mais il importe, en outre, de connaître et de renfermer les flexions qu'ils peuvent prendre dans les limites convenables pour le service qu'on en attend.

Si l'on se rappelle que, dans les constructions, les flexions éprouvées par les corps sont et doivent être toujours très-faibles, on pourra les calculer à l'aide des considérations suivantes, empruntées à M. Poncelet.

Soit Cb (pl. IV, fig. 4) la tangente en un point quelconque C de la courbe élastique, et C'b' celle qui correspond au point infiniment voisin C'. Soit AB' la longueur de la pièce supposée droite avant sa flexion, et traçons la développante B'bb'B de l'élastique. Les tangentes Cb et C'b', limitées à cette courbe, seront respectivement égales en longueur aux arcs CB et C'B de l'élastique. Lorsque le corps sera parvenu à la position ABC, sa flexion totale sera mesurée par BD', et quand son extrémité passera de la position b à la position infiniment voisine b', la flexion élémentaire ou le chemin parcouru dans le sens de l'effort vertical P sera mesuré par la projection $b'a$ de l'arc bb' sur la verticale. Or, cet arc élémentaire bb' de développante peut être regardé comme un arc de cercle décrit du centre C avec le rayon Cb, et égal à S $\times$ o, en nommant S l'arc CB de l'élastique, et o l'angle des deux tangentes consécutives Cb et C'b', ou l'arc de rayon égal à l'unité qui le mesure; et comme l'arc élémentaire de l'élastique CC' ou $s = ro$, on a $bb' = \dfrac{Ss}{r}$.

D'une autre part, la projection CD de l'arc CB sur l'horizontale menée par le point C est le bras de levier de la force extérieure P, et la projection CE, de l'arc CC' sur la même horizontale, est la variation élémentaire x de ce bras de levier.

Cela posé, la figure montre que le triangle rectangle CC'E et le triangle abb' sont semblables, ce qui conduit à la proportion

$$\text{CC' ou } s : \text{CE ou } x :: bb' \text{ ou } \frac{Ss}{r} : ab';$$

d'où
$$ab' = \frac{Sx}{r} = \frac{P}{EI} . SXx,$$

à cause de
$$r = \frac{EI}{PX}.$$

Dans le cas où les flexions sont très-faibles, ainsi que cela est nécessaire dans presque toutes les constructions, l'arc total S de l'élastique diffère très-peu de sa projection horizontale X, et l'expression ci-dessus revient à

$$ab' = \frac{EI}{P} X^2 x.$$

Telle est l'expression de la flèche élémentaire de courbure pour une flexion angulaire infiniment petite. La somme de toutes les quantités semblables donnera la flèche totale BD' que nous appellerons f.

Or, si l'on considère X comme l'ordonnée d'une ligne inclinée à 45° (pl. IV, fig. 5) sur l'axe des abscisses, il est facile de voir que Xx sera l'aire d'une tranche élémentaire, comprise entre deux ordonnées distantes de x, et le produit Xx.X$=$X^2x ne sera lui-même autre chose que le moment de cette aire par rapport au sommet du triangle, ou par rapport à une ligne parallèle à la tranche, menée par le sommet. Donc, la somme de tous les produits semblables sera égale à la surface du triangle $\frac{1}{2}$X^2, multipliée par la distance $\frac{2}{3}$X de son centre de gravité au sommet, et, par conséquent, égale à $\frac{1}{3}$X^3. Donc enfin, la flèche de courbure totale, prise pour la portion du solide BC, sera $f = \frac{P}{EI} \frac{1}{3}$X^3, et si on la prend pour la longueur totale à partir de la section d'encastrement, pour laquelle on fera X égal à C ou à la longueur du corps avant la flexion, au lieu de prendre sa projection après la flexion, ce qui compensera à peu près l'erreur provenant de la substitution précédente de X à S, elle sera donnée par la formule

$$f = \frac{1}{3} \frac{PC^3}{EI}.$$

Cette formule montre que, d'après les considérations théoriques précédentes, la flèche de courbure d'un solide prismatique ou cylindrique encastré par l'une de ses extrémités, et sollicitée à l'autre perpendiculairement à sa longueur par un effort P, est :

1° Proportionnelle à P ;

2° Proportionnelle au cube du bras de levier de cet effort ;

3° En raison inverse de la valeur du coefficient E d'élasticité ;

4° En raison inverse du moment d'inertie de la section transversale du solide.

279. Cas particulier ou la section du solide est un rectangle dont la largeur est a, et dont l'épaisseur, dans le sens de l'effort P, est b. — On a vu (n° **223**) que, dans ce cas, l'on avait $I = \frac{1}{12} ab^3$. On en déduit

$$f = \frac{4P}{Eab^3} C^3.$$

Ce qui montre que les flexions des solides de cette forme croissent en raison inverse du cube de l'épaisseur b, et indique tout l'avantage que l'on trouve à augmenter cette dimension, en laissant du reste la même valeur à l'aire ab de la section, et, par suite, au volume de matière employé.

280. Comparaison des flexions de deux solides de sections rectangulaires différentes. — Si nous appliquons la formule $f = \frac{4P}{E} \cdot \frac{C^3}{ab^3}$ à un autre solide de section analogue, mais de dimensions différentes a' et b', on aura

$$f' = \frac{4P}{E} \cdot \frac{C^3}{a'b'^3};$$

de sorte que les flexions de ces deux solides seront entre elles dans le rapport

$$\frac{f}{f'} = \frac{a'b'^3}{ab^3},$$

et pour qu'elles soient égales, il faudra que l'on ait

$$a'b'^3 = ab^3 \quad \text{ou} \quad \frac{a}{a'} = \frac{b'^3}{b^3},$$

ce qui signifie que, pour que deux solides encastrés, de même longueur, prennent la même flexion sous un même effort, il faut que leurs largeurs horizontales soient en raison inverse des cubes de leurs épaisseurs.

281. Formules pratiques. — En introduisant dans la formule ci-dessus les valeurs du coefficient d'élasticité E données au tableau du n° **108** pour les différents matériaux, on trouve pour les formules pratiques qui donnent la flexion d'un solide encastré par l'une de ses extrémités, et soumis à l'autre à un effort P, agissant perpendiculairement à sa longueur :

pour la fonte
$$f = \frac{PC^3}{3\,000\,000\,000\,ab^3},$$

le fer
$$f = \frac{PC^3}{5\,000\,000\,000\,ab^3},$$

le bois de chêne
$$f = \frac{PC^3}{300\,000\,000\,ab^3},$$

l'acier fondu
$$f = \frac{PC^3}{7\,500\,000\,000\,ab^3},$$

l'acier d'Allemagne
$$f = \frac{PC^3}{5\,250\,000\,000\,ab^3}$$

(formules qui sont celles du n° **464** de la 4e édition de l'*Aide-Mémoire*).

282. Solides cylindriques a section circulaire. — Dans ce cas l'on a $I = 0.0491\,D^4$, et la formule $f = \frac{1}{3}\frac{PC^3}{EI}$ devient

$$f = \frac{1}{3}\frac{PC^3}{0.0491\,D^4.E} = \frac{PC^3}{0,147\,D^4.E}.$$

En introduisant dans cette formule les valeurs du coefficient

d'élasticité E, données au tableau du n° **108**, on trouve que les
formules pratiques sont :

pour la fonte $\qquad f = \dfrac{PC^3}{1\,764\,000\,000\,D^4}$,

le fer $\qquad\qquad f = \dfrac{PC^3}{2\,940\,000\,000\,D^4}$,

le bois $\qquad\qquad f = \dfrac{PC}{176\,400\,000\,D^4}$

(formules qui sont celles de l'*Aide-Mémoire*, n° **467**, 4ᵉ édit.).

283. EXTENSION DES CONSIDÉRATIONS PRÉCÉDENTES AU CAS GÉ-
NÉRAL. — On doit remarquer que la relation $ab' = \dfrac{Sx}{r}$ n'est
qu'une conséquence géométrique de la flexion, du changement
de forme des corps, et que, dans cette expression, Sx est tout à
fait indépendant de la position de la force ou des forces qui
produisent cette flexion ; la quantité r ou le rayon de courbure
en chaque point dépend seul de ces forces, et l'on sait que l'on
a pour toutes les positions d'équilibre, entre toutes les résistances moléculaires et les forces extérieures, la relation générale :

$$\frac{EI}{r} = Pp + Qq + \text{etc}\ldots, \quad \text{d'où l'on tire} \quad \frac{1}{r} = \frac{Pp + Qq + \text{etc}\ldots}{EI}.$$

Donc si le corps est sollicité par des forces quelconques P,
Q, etc., agissant avec des bras de levier p, q, etc., par rapport
à la section que l'on considère, on aura, d'après ce que l'on a
dit au n° **275**, pour la valeur de r :

$$r = \frac{EI}{Pp + Qq + \text{etc}\ldots},$$

ce qui donnera

$$ab' = \frac{Pp + Qq + \text{etc}\ldots}{EI} Sx,$$

et pour une flexion très-petite, attendu que $S = X$ à très-peu près,

$$ab' = \frac{Pp + Qq + \text{etc}\ldots}{EI} Xx.$$

D'après la direction et la position des forces P, Q, etc., on pourra exprimer leurs bras de levier en fonction de X, et alors la géométrie donnera, comme pour le cas simple que l'on vient de traiter, la valeur de la somme des flexions élémentaires analogues à ab', ou la flèche totale.

284. OBSERVATION RELATIVE AUX SOLIDES D'ÉGALE RÉSISTANCE. — On a vu au n° **270** que les solides d'égale résistance étaient ceux pour lesquels le quotient $\frac{I}{v'X}$ était constant, et que quand, par exemple, leur section transversale était rectangulaire, cette condition revenait à donner au profil longitudinal une forme telle que, dans chaque section transversale, on eût toujours $\frac{b^2}{C} = \frac{y^2}{X}$.

Dans ce cas, le moment d'inertie d'une section quelconque de largeur a et de hauteur y est $\frac{1}{12} ay^3$, et l'expression de la flexion élémentaire devient :

$$ab' = \frac{P}{EI} X^2 x = \frac{12P}{Ea} \cdot \frac{X^2 x}{y^3}.$$

Or on a :

$$y^2 = \frac{b^2}{C} X; \quad \text{d'où} \quad y = \frac{b}{\sqrt{C}} \sqrt{X} \quad \text{et} \quad y^3 = \frac{b^3}{(\sqrt{C})^3}(\sqrt{X})^3 ;$$

ce qui donne :

$$ab' = \frac{12P(\sqrt{C})^3}{Eab^3} \frac{X^3 x}{X^{\frac{3}{2}}} = \frac{12P(\sqrt{C})^3}{Eab^3} X^{\frac{1}{2}} x.$$

Mais si l'on pose $X = Z^2$, on en déduit facilement pour la variation élémentaire x de X, la valeur $x = 2Zz$, attendu que Z^2 étant la surface d'un carré dont le côté est Z, il est facile de voir que si ce côté augmente de la quantité infiniment petite z, la surface du carré augmentera de deux rectangles égaux dont les côtés seront respectivement égaux à Z et à z, et la surface égale

à Zz, plus un petit carré z^2 négligeable, attendu que sa base et
sa hauteur sont deux quantités infiniment petites. Donc la variation du carré Z^2 ou celle de X est $x = 2Zz$.

Au moyen de cette transformation, la valeur de la flexion
élémentaire du solide devient donc :

$$ab' = \frac{12P\sqrt{C^3}}{Eab^3} 2Z^2 z.$$

Et la flexion totale étant la somme de toutes les flexions élémentaires semblables, on aura, d'après ce que l'on a vu précédemment, en supposant que l'on prenne la flexion depuis la
section encastrée :

$$f = \frac{12P(\sqrt{C})^3}{Eab^3} \frac{2}{3} Z^3 = \frac{12P(\sqrt{C})^3}{Eab^3} \frac{2}{3} (\sqrt{C})^3 = \frac{8PC^3}{Eab^3}.$$

C'est-à-dire le double de la flexion que prendrait, sous le même
effort et à la même longueur, un prisme de même largeur, mais
d'épaisseur uniforme à partir de l'encastrement.

Cette propriété des solides d'égale résistance de prendre des
flexions doubles de celles des solides prismatiques de même dimension à la partie encastrée, peut être un inconvénient quand
on veut que l'extrémité sur laquelle agit la force extérieure P
se déplace ou s'abaisse très-peu. Mais s'il s'agit de ressorts, et
en particulier de lames de dynamomètres, elle offre l'avantage
de permettre de donner à l'instrument une sensibilité double,
en lui conservant la même solidité que s'il avait eu partout la
même section qu'à l'encastrement.

285. Vérification de la formule précédente par l'expérience. — L'application de la formule

$$f = \frac{8PC^3}{Eab^3},$$

que j'ai eu occasion de faire très-souvent pour la construction
des lames de dynamomètres, fournit une vérification de l'exactitude de cette formule entre des limites très-étendues. (Voy. la
description des appareils dynamométriques, n^os **57** et suiv. des
Notions fondamentales.)

D'abord la tare de ces lames ou l'observation des flexions correspondantes à différentes charges P, montre que les flexions sont proportionnelles aux charges tant que les flexions ne dépassent pas $\frac{1}{9}$ ou $\frac{1}{10}$ de la longueur C. De plus, en observant pour différentes lames les valeurs simultanées des charges et des flexions, et en les introduisant, ainsi que les dimensions a et b, dans la formule, on a pu en déduire chaque fois la valeur du coefficiént E d'élasticité pour chacune d'elles.

Lorsque les lames comparées ont été faites avec la même qualité d'acier, qui était généralement celle dite *acier d'Allemagne à trois marques*, la constance des valeurs de E a fourni la vérification de l'exactitude de la formule.

Le tableau suivant contient les résultats de l'application que nous venons d'indiquer de la formule précédente à des lames d'acier d'Allemagne, ainsi que leurs dimensions et le rapport des flexions aux charges. On y voit que ce rapport et le coefficient d'élasticité sont sensiblement constants, si l'on a égard aux différences assez notables que pourraient y avoir apportées le degré de trempe, de recuit et la qualité même de l'acier.

FORCE maximum des LAMES.	LARGEUR des LAMES a	LONGUEUR de chaque BRANCHE C	ÉPAISSEUR DES LAMES à la partie encastrée b	ACCROISSEMENT de flexion pour 10 kilogr. de charge.	VALEUR d'élasticité DU COEFFICIENT E
	m.	m.	m.	m.	kil.
200	0.040	0.250	0.0079	0.00284	22 317 700 000
200	0.040	0.250	0.0079	0.00311	20 380 200 000
250	0.040	0.350	0.0115	0.00285	19 527 300 000
300	0.040	0.411	0.0147	0.00265	16 495 200 000
520	0.040	0.350	0.0145	0.00134	20 990 600 000
570	0.040	0.350	0.0160	0.00105	19 938 100 000
1000	0.050	0.500	0.0211	0.00097	21 948 800 000
1000	0.050	0.500	0.0211	0.00100	21 290 300 000
1000	0.050	0.500	0.0211	0.00103	20 668 500 000
				Moyenne.....	20 858 900 000

286. TRAVAIL CONSOMMÉ POUR PRODUIRE UNE FLEXION DONNÉE. — Pendant la flexion, l'effort P nécessaire pour la produire, varie avec cette flexion elle-même, d'après ce que l'on vient de voir, et l'on a pour le déterminer à chaque instant, en le désignant par P', la relation :

$$P' = \frac{3EI}{C^3} \cdot F,$$

et si l'on appelle f la variation élémentaire de la flexion ou le chemin parcouru par le point d'application de la force P' dans le sens de cette force, le travail qu'elle développera sera :

$$P'f = \frac{3EI}{C^3} \cdot Ff.$$

Le travail total correspondant à une flexion F_1, à partir de la flexion nulle, sera donc, en le désignant par T_f :

$$T_f = \tfrac{2}{3} \cdot \frac{EI}{C^3} \cdot F_1^2 ;$$

et comme on a d'ailleurs, pour la flexion totale produite par un effort P :

$$F_1 = \tfrac{1}{3} \frac{P}{EI} C^3,$$

on en déduit :

$$T_f = \tfrac{3}{2} \frac{EI}{C^3} \times \tfrac{1}{9} \frac{P^2}{(EI)^2} C^6 = \tfrac{1}{6} \frac{P^2 C^3}{EI}.$$

Or, si l'effort P était exercé par un poids qui, abandonné à lui-même, fût descendu de la hauteur F_1, la gravité aurait développé sur ce corps une quantité de travail exprimée par :

$$PF_1 = \tfrac{1}{3} \frac{P^2 C^3}{EI},$$

double de celle qui est due aux résistances moléculaires du corps à la flexion.

Dans cette flexion des corps, puisque les résistances moléculaires ne consomment que la moitié du travail développé par la pesanteur et correspondant à la flexion d'équilibre, il s'ensuit que l'autre moitié de ce travail produit une accélération du mouvement de flexion, et que le corps atteint cette position d'équilibre avec une force vive par suite de laquelle il la dépasse. Ce mouvement s'éteint graduellement par une suite d'oscillations; mais comme il en résulte un accroissement considérable de la flexion momentanée, cette observation montre combien, dans des cas pareils, il est nécessaire de limiter les charges, de manière que dans ces oscillations les flexions n'atteignent pas les limites auxquelles l'élasticité s'altérerait.

287. Cas où le profil transversal des corps n'est pas constant. — Des considérations analogues permettraient de calculer la flexion totale d'un corps, pour lequel la section transversale, et par suite le moment d'inertie I, varieraient en même temps que la distance X de cette section au point d'encastrement. Les méthodes connues de quadrature et en particulier celle de Th. Simpson permettent de déterminer exactement ou approximativement cette quantité.

288. Flexion d'un prisme horizontal encastré a l'une de ses extrémités et soumis a une charge uniformément répartie et a une charge qui agit a l'autre extrémité. — Dans ce cas, si l'on continue à raisonner comme au n° **275** et si l'on nomme p la charge par mètre courant, il est clair que la somme des moments des différentes parties de la charge uniformément répartie sera la somme des produits $px \times X$ ou pXx, en supposant toujours qu'il ne s'agisse que de petites flexions, ce qui permet de substituer aux arcs élémentaires leurs projections sur la direction primitive du solide; cette somme que nous avons appris à calculer est égale à $\frac{1}{2}pX^2$.

La relation d'équilibre entre les résistances moléculaires et les forces extérieures pour une section faite en C sera donc :

$$\frac{EI}{r} = PX + \tfrac{1}{2}pX^2,$$

d'où

$$\frac{1}{r} = \frac{1}{EI}\left(PX + \tfrac{1}{2}pX^2\right).$$

Par conséquent la flexion élémentaire $ab' = \dfrac{Sx}{r}$ a pour valeur, en mettant encore pour S sa valeur approximative X,

$$ab' = \frac{Sx}{r} = \frac{1}{EI}\left(PX^2x + \tfrac{1}{2}pX^3x\right),$$

et la flexion totale f sera la somme de toutes ces flexions élémentaires. On sait que la somme des produits analogues à X^2x depuis $X = 0$ jusqu'à $X = X$ est $\frac{1}{3}X^3$, et il est facile de voir que celle des produits X^3x entre les mêmes limites est $\frac{1}{4}X^4$.

En effet, si l'on considère (pl. IV, fig. 6) une pyramide à base carrée dont la hauteur CD soit égale au côté AB de la base, une tranche élémentaire de cette pyramide dont le côté sera X, aura pour volume X^2x et le produit $X^3x = X^2xX$ exprimera le moment de cette tranche par rapport à un plan parallèle à la base et passant par le sommet. La somme de tous ces produits ou moments sera donc égale au volume de la pyramide $\frac{1}{3}X^3$ multiplié par la distance $\frac{3}{4}X$ de son centre de gravité au sommet ou à

$$\tfrac{1}{3}X^3 \cdot \tfrac{3}{4}X = \tfrac{1}{4}X^4.$$

Par conséquent, en remplaçant la projection CD $= X$ du solide par sa longueur totale C (fig. 5), cela compense à peu près l'erreur commise plus haut par la substitution inverse, et l'on trouve pour la flexion totale du solide :

$$f = \frac{C^3}{EI}\left(\tfrac{1}{3}P + \tfrac{1}{8}pC\right) = \tfrac{1}{3}\,\frac{C^3}{EI}\left(P + \tfrac{3}{8}pC\right).$$

On voit que la charge pC, uniformément répartie sur la longueur du solide, produit la même augmentation de flexion que si l'on avait accru la charge P de $\frac{3}{8}pC$, ou en d'autres termes, sous le rapport de la flexion, une charge uniformément répartie produit dans le cas actuel la même flexion que les *trois huitièmes* de cette charge, placés à l'extrémité du corps, à la distance C de son point d'encastrement, tandis qu'on a vu au n° **247** que, sous le rapport de l'équilibre entre les forces extérieures et les résistances moléculaires, la charge uniformément répartie équivaut à une charge moitié moindre, agissant à l'extrémité du solide.

289. Cas ou la charge P et la charge uniformément répartie agissent en sens contraires. — Dans ce cas, il est évident que l'on aurait :

$$f = \tfrac{1}{3}\,\frac{C^3}{EI}\left(P - \tfrac{3}{8}pC\right).$$

Et si la charge P avait été réglée comme il est dit au n° **274**, de manière que la courbure fût nulle à la section d'encastrement, ce qui arrive pour $P = \frac{1}{2}pC$, on aurait encore à l'extrémité une flexion égale à

$$f = \frac{1}{3}\frac{C^3}{EI} \cdot \frac{1}{8}P,$$

c'est-à-dire égale au $\frac{1}{8}$ de celle que la charge P aurait produite seule.

290. FLEXION D'UN PRISME HORIZONTAL POSÉ SUR DEUX POINTS D'APPUI ET CHARGÉ D'UN POIDS 2P AU MILIEU DE LA DISTANCE 2C DES APPUIS ET D'UNE CHARGE UNIFORMÉMENT RÉPARTIE A RAISON DE p KILOGR. PAR MÈTRE COURANT DE SA LONGUEUR. — Lorsque le solide est arrivé à la position d'équilibre, la tangente au point le plus bas de sa courbure étant horizontale comme à l'origine de sa flexion, la section en ce point peut être considérée comme encastrée. La pression sur chacun des appuis est $P + pC$, et l'on peut regarder le solide comme soumis d'une part à cette pression agissant de bas en haut, et de l'autre à la charge pC uniformément répartie sur sa longueur et agissant au contraire de haut en bas. Pour appliquer à ce cas la formule précédente, il faut donc remplacer P par $P + pC$ et observer que la charge pC uniformément répartie est dirigée en sens contraire de celle $P + pC$, qui agit à l'extrémité. D'après cette observation, la flexion totale de ce prisme se calculera par la formule :

$$f = \frac{1}{3}\frac{C^3}{EI}(P + pC - \frac{3}{8}pC) = \frac{1}{3}\frac{C^3}{EI}(P + \frac{5}{8}pC),$$

si la charge uniformément répartie était nulle ou négligeable par rapport à P, on aurait pour la flexion :

$$f = \frac{1}{3}\frac{C^3}{EI} \cdot P.$$

De même, si la charge 2P placée au milieu était nulle ou négligeable par rapport à la charge $2pC$ uniformément répartie, la formule se réduirait à

$$f = \frac{1}{3}\frac{C^3}{EI} \cdot \frac{5}{8}pC.$$

Si donc l'on compare, quant à la flexion, l'effet de deux charges dont l'une serait placée au milieu de la longueur du solide et dont l'autre serait uniformément répartie, l'on voit que pour que le même solide prenne la même flexion sous les deux charges, il faut que l'on ait

$$P = \tfrac{5}{8} pC.$$

L'on remarquera aussi que la flexion due à l'action simultanée des deux charges 2P et $2pC$ est la somme des flexions qui seraient produites par chacune d'elles séparément.

D'où l'on voit que la charge uniformément répartie équivaut dans ce cas, quant à la flexion, à une charge égale aux $\tfrac{5}{8}$ de sa valeur totale, agissant au milieu de la distance des appuis.

Ou si l'on suppose successivement le corps simplement soumis à l'action de la charge $2pC$ uniformément répartie sur sa longueur, auquel cas $P = 0$ et

$$f = \tfrac{1}{3} \frac{C^3}{EI} \cdot \tfrac{5}{8} pC,$$

puis soumis à l'action de la charge $2pC$ agissant au milieu de sa longueur, cas où la flexion serait égale à

$$f = \tfrac{1}{3} \frac{C^3}{EI} \cdot pC,$$

on voit que la même charge totale $2pC$, supportée par un solide librement posé sur deux appuis, produit des flexions qui sont dans le rapport de 5 à 8, selon qu'elle est uniformément répartie ou concentrée au milieu de la distance 2C des appuis.

291. MOYENS DE VÉRIFICATION DE CES FORMULES PAR L'EXPÉRIENCE. — Les formules précédentes permettent de vérifier facilement l'exactitude des considérations théoriques sur lesquelles elles sont basées, par l'observation des flexions qu'éprouvent, sous des charges données, des solides de dimensions connues.

En effet, dans le cas le plus facile à expérimenter d'un solide prismatique ou cylindrique, librement posé sur deux appuis,

chargé en son milieu, et en tenant compte de son poids propre,
on tire de la formule qui donne la flèche de courbure

$$E = \frac{C^3}{3fI}\,(P + \tfrac{5}{8}pC)\,;$$

relation dans laquelle la substitution des valeurs simultanées
de P, p, C, I et f donnera la valeur correspondante du coefficient
d'élasticité E. Or, si la comparaison des valeurs obtenues pour
E entre des limites convenables de courbure ou de flexion, pour
différentes charges ou différentes portées, montre qu'entre ces
limites ces valeurs sont sensiblement constantes, l'on sera en
droit de conclure que la formule est exacte et d'accord avec
l'expérience dans toute cette étendue.

On peut ainsi faire varier successivement pour un même
corps les éléments qui entrent dans la formule qui lie les flexions
à ces éléments, et s'assurer si ces flexions suivent effectivement,
entre certaines limites, les rapports déduits des considérations
théoriques précédentes.

292. Vérification des formules précédentes par les résultats des expériences de M. Ch. Dupin. — Si nous nous re-
portons aux expériences de M. Ch. Dupin, dont nous avons fait
connaître au n° **198** les principaux résultats, nous verrons que
ces expériences faites sur des prismes à section rectangulaire,
pour lesquels on aurait, dans le cas d'une charge 2P placée au
milieu de la longueur 2C du solide,

$$I = \tfrac{1}{12}ab^3 \quad \text{et} \quad f = \frac{4PC^3}{Eab^3},$$

ont complétement vérifié qu'entre les limites où l'élasticité n'est
pas altérée, les flexions des bois sont :

1° Proportionnelles aux charges et aux cubes des portées;

2° En raison inverse de la largeur et du cube de l'épaisseur
des pièces.

Quant aux solides soumis à une charge uniformément répartie, le même ingénieur a aussi constaté que la flexion est

alors les $\frac{5}{8}$ de celle qui serait dûe à une charge équivalente placée au milieu de la pièce, comme l'indiquent les formules.

L'on verra au n° **547** une autre vérification de cette conséquence de la théorie obtenue sur des poutres en fer de la forme à double T.

293. Formules pratiques. — En introduisant dans la formule

$$f = \tfrac{1}{3}\,\frac{C^3}{EI}(P + \tfrac{5}{8}pC)$$

les valeurs du moment d'inertie I, correspondant aux différentes formes en usage dans les constructions, et celles du coefficient d'élasticité E relatives aux matières employées, l'on arrive aux formules pratiques usuelles qui permettent de calculer approximativement les flexions des solides posés librement sur deux appuis, quand elles ne dépassent pas certaines limites.

294. Solides a section rectangulaire. — Ainsi, pour les solides à section rectangulaire de largeur a et d'épaisseur b, la formule devient :

$$f = \frac{4C^3}{Eab^3}(P + \tfrac{5}{8}pC).$$

Puis, en y introduisant pour E sa valeur selon les matières employées, on a pour :

la fonte
$$f = \frac{(P + \tfrac{5}{8}pC)C^3}{3\,000\,000\,000\,ab^3},$$

le fer
$$f = \frac{(P + \tfrac{5}{8}pC)C^3}{5\,000\,000\,000\,ab^3},$$

le bois de chêne
$$f = \frac{(P + \tfrac{5}{8}pC)C^3}{300\,000\,000\,ab^3}.$$

295. Solides cylindriques. — De même pour les solides cylindriques à section circulaire, pour lesquels on a

$$I = 0.0491\,D^4,$$

on trouve pour :

la fonte $\qquad f = \dfrac{(P + \frac{5}{8}pC)\,C^3}{1\,764\,000\,000\,D^4}$,

le fer $\qquad f = \dfrac{(P + \frac{5}{8}pC)\,C^3}{2\,940\,000\,000\,D^4}$,

le bois de chêne $\qquad f = \dfrac{(P + \frac{5}{8}pC)\,C^3}{176\,400\,000\,D^4}$.

296. Solides cylindriques creux. — Dans ce cas, l'on a (n° **236**) $I = 0.0491\,(D'^4 - D''^4)$, en appelant D' et D'' les diamètres extérieur et intérieur, et l'on trouve pour formules pratiques :

pour la fonte $\qquad f = \dfrac{(P + \frac{5}{8}pC)\,C^3}{1\,764\,000\,000\,(D'^4 - D''^4)}$,

le fer $\qquad f = \dfrac{(P + \frac{5}{8}pC)\,C^3}{2\,940\,000\,000\,(D'^4 - D''^4)}$,

le bois de chêne $\qquad f = \dfrac{(P + \frac{5}{8}pC)\,C^3}{176\,400\,000\,(D'^4 - D''^4)}$.

L'application aux autres formes ne présenterait aucune difficulté.

297. Solide posé sur plusieurs points d'appui équidistants, et chargé de poids égaux au milieu de chacun des intervalles. — Il est facile de comprendre que si l'on considère (pl. IV, fig. 7) ce qui est relatif à la partie du solide comprise entre deux points d'appui consécutifs B et C, en ayant égard aux charges 2P qui agissent à droite et à gauche, la pression sur chacun des appuis B et C sera égale à 2P, et qu'en lui substituant la réaction égale et contraire de l'appui, le solide pourra être considéré comme libre et soumis à deux séries de forces parallèles et égales entre elles.

Il est clair qu'il s'infléchira alternativement en sens contraires sous l'action de ces forces, et qu'entre deux points d'application consécutifs, il y aura dans sa courbure un point d'inflexion où la courbure et l'extension ou la compression des fibres seront nulles, absolument comme aux extrémités d'un solide posé librement sur deux points d'appui.

Il en résulte que, quand la position de ces points d'inflexion a, b, a', b' sera connue, on pourra considérer les parties ab, ba', $a'b'$, $b'a''$,... du solide comme indépendantes les unes des autres, et les regarder isolément comme posées librement sur des appuis à chacune de leurs extrémités, et soumises à l'action des forces 2 P qui agissent au milieu de leurs longueurs respectives.

Dans le cas supposé, où les charges sont égales et agissent au milieu des points d'appui, il est évident que les réactions des appuis étant aussi toutes égales à 2P, tout est symétrique, en dessus et en dessous, entre les deux points d'appui B et C, de sorte que les points d'inflexion se trouvent nécessairement au milieu de la longueur de chacune des deux parties égales Bm' et m'C du solide, celui-ci pouvant être, ainsi qu'on l'a dit plus haut, considéré comme supporté librement en ses points d'inflexion a' et b', et chargé en son milieu du poids 2P. La distance horizontale des points a' et b' est la moitié de la portée 2C entre les appuis B et C, et la condition d'équilibre sera donc

$$\frac{RI}{v'} = \frac{PC}{2},$$

ce qui montre que, dans ce cas, le solide peut supporter une charge double de celle qu'il aurait pu soutenir, avec la même portée BC, s'il avait été simplement posé sur les deux appuis B et C.

La flexion éprouvée par la portion $a'b'$ du solide sera donné par la formule (n° **276**)

$$f = \tfrac{1}{3} \frac{P \left(\frac{C}{2}\right)^3}{EI} = \tfrac{1}{24} \frac{PC^3}{EI};$$

mais chacun des points a' et b' se sera abaissé d'une quantité égale à la précédente, puisque tout est symétrique, et que les points B et C, considérés comme milieux des portions ba' et $b'a''$, auraient éprouvé un déplacement vertical égal à celui du point m'.

Par conséquent, l'abaissement du point m', milieu de la longueur totale BC du solide, ou la flexion totale, sera égale à

$$f = \tfrac{1}{12} \frac{PC^3}{EI},$$

c'est-à-dire au quart de la flexion $\frac{1}{3}\frac{PC^3}{EI}$ que la même longueur du solide aurait éprouvée sous l'action de la charge 2P, si la partie BC du solide avait été librement posée sur deux appuis.

298. APPLICATION DE CE QUI PRÉCÈDE AU CAS DES SOLIDES ENCASTRÉS PAR LEURS DEUX EXTRÉMITÉS. — Ces conséquences, ainsi déduites directement, sont précisément celles que les géomètres ont établies, à l'aide du calcul, pour le cas où le solide est encastré par ses deux extrémités. On voit en effet que le solide que nous avons considéré se trouve, par la présence des appuis qui le soutiennent, et son prolongement au delà de ces· appuis, exactement dans les mêmes conditions que s'il était solidement encastré, de façon que la tangente à ses extrémités B et C fût et restât horizontale malgré l'action de la charge placée au milieu de sa longueur.

Cette condition de l'encastrement est suffisamment remplie, lorsque, comme dans le cas examiné ci-dessus, le solide étant prolongé au delà du point d'appui B, il existe de l'autre côté une force ou une charge dont le moment par rapport à ce même point soit égal et contraire au moment PC qui tend à produire la rotation ou le relèvement de l'extrémité B. Telle est la condition à laquelle on arrive en définitive pour assurer l'encastrement.

299. FORME DES RAIS DES ROUES DE VOITURES. — Si l'on considère un solide encastré dans deux pièces mobiles parallèles, normales à sa longueur, et qu'on suppose ces deux pièces sollicitées, comme la figure l'indique, par deux efforts égaux parallèles, mais de directions opposées, et perpendiculaires à la longueur du solide dont l'axe de figure est supposé compris dans le plan de ces forces, on reconnaîtra de suite que, tout étant égal aux deux extrémités, le solide fléchira par ces extrémités dans deux sens opposés, et présentera dans sa courbure un point d'inflexion qui, par suite de la symétrie des efforts, sera au milieu de la longueur du solide.

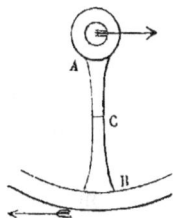

La section, en ce point d'inflexion, n'éprouvant aucune déformation, l'extension et la compression des fibres seront nulles dans cette section, comme à l'extrémité même d'un solide encastré par l'autre extrémité, tandis qu'elles iront en croissant dans toute la section, en partant du milieu du solide vers ses points d'encastrement ; et pour que ce solide offrît partout la même résistance, il faudrait qu'il eût, à partir du milieu, et en allant de part et d'autre vers les points d'encastrement, la forme de deux solides d'égale résistance opposés l'un à l'autre par leurs extrémités. C'est ce qui explique la forme donnée de temps immémorial, par les charrons, aux rais des roues de voitures, qui sont précisément des solides encastrés par une extrémité dans le moyeu, par l'autre dans la jante, et soumis, pendant la marche de la roue, à deux efforts égaux, parallèles et de directions opposées, dont l'un est celui que l'essieu transmet à la boîte et au moyeu, et l'autre la résistance du sol au roulement de la roue. Cependant le rais fléchissant un peu dans deux sens opposés, sa longueur augmente un peu s'il ne joue pas dans le moyeu, et alors sa section au point d'inflexion éprouve une certaine tension, et c'est même ce qui finit par produire le jeu des pattes dans le moyeu.

500. Observations sur la manière d'obtenir l'encastrement. — Ce qui vient d'être dit montre que, si l'on appelle L (pl. IV, fig. 8) la longueur encastrée du solide, l'effort P_1 qui sera exercé à son extrémité A' sur l'encastrement sera donné par la formule

$$P_1 L = PC, \quad \text{d'où} \quad P_1 = \frac{PC}{L},$$

ce qui montre que cet effort doit être d'autant plus grand, que la profondeur L de l'encastrement est plus petite.

Généralement, dans les constructions, et dans celle des planchers en particulier, la longueur d'encastrement n'est que de $0^m.30$ à $0^m.50$ au plus, et ne suffit pas pour assurer complétement l'encastrement, ce qui conduit à calculer les dimensions des poutres comme si elles étaient simplement posées librement sur deux points d'appui.

Mais il n'en est pas moins vrai que, dans les constructions

soignées et bien faites, l'encastrement est, sinon parfait, du moins partiel, et que, après s'être un peu relevées, les extrémités des solides rencontrent un obstacle qui les arrête et les fixe.

On réalise aussi en partie l'hypothèse dans laquelle nous avons raisonné au n° **296**, quand on prolonge, comme aux ponts de Bangor, les solives au delà des appuis sur lesquels elles reposent, et quand on les relie à ces appuis par des boulons de fondation ou autres moyens d'attache.

301. Détermination de l'inclinaison des tangentes a la courbure des solides. — Considérons d'abord un solide encastré par l'une de ses extrémités et soumis à l'action de forces extérieures dont la somme des moments, par rapport à une section faite en C, par exemple (pl. IV, fig. 9), soit désignée par M, et proposons-nous de trouver l'angle que formé la tangente au point C avec la tangente horizontale au point d'encastrement A.

Si l'on remarque que, d'après la notation de la figure du n° **273**, l'on a

$$s = ro, \quad \text{d'où} \quad \frac{1}{r} = \frac{o}{s},$$

la relation d'équilibre $\frac{EI}{r} = M$ deviendra, en y mettant pour $\frac{1}{r}$ sa valeur,

$$EI . \frac{o}{s} = M.$$

On a, d'ailleurs,

$$CE = s \cos O = x,$$

ou

$$\frac{1}{s} = \frac{\cos O}{x},$$

x étant la projection horizontale de l'arc élémentaire $CC' = s$, et O l'angle formé par la tangente Cm au point C, que l'on considère avec l'horizontale, et dont $o = mCn$ est la variation élémentaire. La relation ci-dessus revient donc à

$$EI \frac{o \cos O}{x} = M,$$

d'où l'on tire

$$o \cos O = \frac{1}{EI} Mx.$$

Or il est facile de voir que, quand un angle $mCD = O$ varie d'une quantité élémentaire o, on a, par les triangles semblables Cmp et mni, en supposant le rayon Cm égal à l'unité,

$$mn \text{ ou } o : ni :: Cm \text{ ou } 1 : Cp \text{ ou } \cos O,$$

d'où l'on tire

$$ni = o \cos O,$$

ce qui donne

$$ni = \frac{1}{EI} Mx,$$

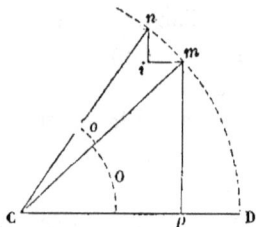

expression dans laquelle ni est la quantité dont varie la ligne mp ou le sinus de O, quand l'angle O varie de o. La somme des accroissements de ni, depuis l'horizontale Cp pour laquelle l'angle O est nul, jusqu'à la ligne Cm correspondant à $mCD = O$, est donc le sinus de l'angle O, et ce sinus sera égal à la somme de tous les produits élémentaires $\frac{1}{EI} Mx$, prise depuis le point A d'encastrement jusqu'au point C que l'on considère.

Dans le cas particulier où le solide n'est soumis qu'à l'action d'une seule force P agissant à la distance X de la section C, on aura

$$M = PX, \quad ni = \frac{1}{EI} PXx$$

et

$$\sin O = \frac{1}{2 EI} P(C^2 - X^2),$$

en prenant la somme des produits PXx depuis la valeur $X = C$, qui répond à la section d'encastrement. Si l'on étend cette somme jusqu'à $X = 0$, qui répond à la direction même de la force P, l'expression ci-dessus se réduit à

$$\sin 0 = \frac{1}{2\mathrm{EI}}\mathrm{PC}^2;$$

et comme dans ce cas l'on a, d'après le n° **277**,

$$f = \tfrac{1}{3}\frac{\mathrm{PC}^3}{\mathrm{EI}}, \quad \text{d'où} \quad \frac{\mathrm{PC}^2}{\mathrm{EI}} = \frac{3f}{\mathrm{C}},$$

il en résulte qu'en remplaçant $\dfrac{\mathrm{PC}^2}{\mathrm{EI}}$ par cette dernière valeur, l'expression ci-dessus peut se mettre sous la forme

$$\sin 0 = \tfrac{3}{2}\frac{f}{\mathrm{C}},$$

ce qui donne, d'une manière très-simple, la valeur du sinus de l'angle d'inclinaison de l'extrémité du solide.

502. Cas où le solide supporte, en outre, une charge uniformément répartie. — Si le solide est soumis en même temps à une charge uniformément répartie et à un effort P perpendiculaire à sa longueur, exercé à son extrémité, on a

$$\mathrm{M} = \mathrm{PX} + \tfrac{1}{2}p\mathrm{X}^2,$$

et par suite,

$$ni = \frac{1}{\mathrm{EI}}(\mathrm{PX}x + \tfrac{1}{2}p\mathrm{X}^2x).$$

La somme de tous les produits semblables à ceux que contient le second membre, prise depuis la valeur $X = C$, pour laquelle $\sin 0 = o$, jusqu'à X, est connue, et l'on en déduit

$$\sin 0 = \frac{1}{\mathrm{EI}}\left[\tfrac{1}{2}\mathrm{P}(\mathrm{C}^3 - \mathrm{X}^2) + \tfrac{1}{6}p(\mathrm{C}^3 - \mathrm{X}^3)\right];$$

et en étendant cette expression jusqu'à l'extrémité du solide pour laquelle $X = 0$, elle donne

$$\sin 0 = \frac{1}{\mathrm{EI}}(\tfrac{1}{2}\mathrm{PC}^2 + \tfrac{1}{6}p\mathrm{C}^3) = \frac{1}{2\,\mathrm{EI}}(\mathrm{PC}^2 + \tfrac{1}{3}p\mathrm{C}^3).$$

305. Cas ou la charge uniforme et la force extérieure agissent en sens contraire. — Dans le cas où la charge uniformément répartie et la force extérieure agiraient en sens contraires, on aurait

$$M = PX - \tfrac{1}{2} p X^2,$$

et par suite,

$$ni = \frac{1}{EI} (PXx - \tfrac{1}{2} p X^2 x),$$

et il se présente quelques circonstances particulières auxquelles il importe de faire attention.

On voit d'abord que, tant que l'on aura $PX > \tfrac{1}{2} p X^2$, la valeur de sin O sera

$$\sin O = \frac{1}{EI} [\tfrac{1}{2} P (C^2 - X^2) - \tfrac{1}{6} p (C^3 - X^3)].$$

Cette quantité, qui est nulle pour $X = C$, c'est-à-dire à la section d'encastrement, va en croissant jusqu'à la limite où $PX = \tfrac{1}{2} p X^2$, ce qui correspond à

$$X = \frac{2 P}{p},$$

valeur pour laquelle $ni = o$, ce qui indique que le sinus mp de l'angle d'inclinaison de la tangente Cm à la courbe cesse de croître, et a atteint son maximum. Il conviendra de calculer la valeur de sin O jusqu'à cette limite, que nous désignerons par O', et elle sera donnée par l'expression

$$\sin O' = \frac{1}{EI} [\tfrac{1}{2} P (C^2 - X'^2) - \tfrac{1}{6} p (C^3 - X'^3)],$$

en désignant par X' la distance du point d'inclinaison maximum à la direction de la force P.

Puisque l'inclinaison de la tangente a cessé de croître à partir de ce point, et qu'elle diminue au delà, il s'ensuit qu'il se produit dans la courbe une *inflexion*.

Comme au delà du même point on a $PX < \frac{1}{2} pX^2$, la quantité $M = PX - \frac{1}{2} pX^2$ devient négative, ce qui montre que

$$ni = \frac{1}{EI}(PXx - \frac{1}{2} pX^2 x)$$

est une quantité soustractive ou négative, et que la somme de ses valeurs absolues, à partir du point d'inflexion, devra être retranchée de celle de $\sin O'$. En changeant donc le signe de cette quantité dont varie le sinus, elle deviendra

$$\frac{1}{EI}(\frac{1}{2} pX^2 x - PXx),$$

et la somme de ses valeurs, prise depuis $X = X'$ jusqu'à $X = X''$,

$$\frac{1}{EI}[\frac{1}{6} p(X'^3 - X''^3) - \frac{1}{2} P(X'^2 - X''^2)],$$

devra être retranchée de $\sin O'$ pour donner la valeur de $\sin O$ correspondant à la distance X''. On aura donc

$$\sin O = \sin O' - \frac{1}{EI}[\frac{1}{6} p(X'^3 - X''^3) - \frac{1}{2} P(X'^2 - X''^2)].$$

On voit que l'on aura $\sin O = o$, ou que la tangente à la courbe deviendra horizontale pour la valeur de X'', telle que la relation

$$\sin O' = \frac{1}{EI}[\frac{1}{6} p(X'^3 - X''^3) - \frac{1}{2} P(X'^2 - X''^2)]$$

soit satisfaite.

On pourra trouver par un tracé graphique la valeur de X'' qui satisfera à cette condition, en se donnant, à partir de X', une série de valeurs croissantes pour X'', et les prenant pour abscisses d'une courbe dont les ordonnées seraient les valeurs du second membre de la relation ci-dessus. En menant ensuite une parallèle à la ligne des abscisses à une distance égale à $\sin O'$, elle coupera la courbe en un point dont l'abscisse serait la valeur de X'' qui correspond au point de la courbe pour lequel la tangente est horizontale.

A partir de ce point, la quantité

$$\frac{1}{EI}\left[\tfrac{1}{6}p(X'^3 - X''^3) - \tfrac{1}{2}P(X'^2 - X''^2)\right]$$

croissant de plus en plus et étant plus grande que sin O′, il s'ensuit que sin O devient négatif, ce qui indique que la courbe se relève, et que ses tangentes font avec l'horizontale des angles dont les sinus sont dirigés en sens contraire de ceux de la première partie.

La plus grande de ces valeurs négatives correspondra d'ailleurs évidemment à la valeur $X = 0$ ou au point d'application même de la force P.

On voit par ce qui précède que l'on pourra déterminer les variations dans la forme du solide, et l'on remarque que, les fibres n'étant ni allongées ni comprimées au point d'inflexion, le corps n'y éprouve aucune fatigue. Au contraire, le point d'encastrement A est, de toute la partie gauche, limitée au point d'inflexion, le lieu de la plus grande fatigue. Il en est de même du point où la tangente est horizontale par rapport à la partie située à droite.

504. Cas où le solide n'est soumis qu'à une charge uniformément répartie. — L'on a alors

$$P = o,$$

et la valeur du sinus de l'angle d'inclinaison se réduit à

$$\sin O = \tfrac{1}{6}\frac{pC^3}{EI}.$$

Si l'on se rappelle (n° **288**) que dans ce cas la flexion éprouvée par le solide est exprimée par

$$f = \tfrac{1}{8}\frac{pC^3}{EI}\cdot C,$$

d'où l'on tire

$$\frac{pC^3}{EI} = \frac{8f}{C},$$

l'on en déduit

$$\sin O = \tfrac{1}{6}\frac{8f}{C} = \tfrac{4}{3}\frac{f}{C},$$

ce qui permettra de déterminer l'angle O quand on connaîtra la flexion et la portée du solide.

305. SOLIDE POSÉ HORIZONTALEMENT SUR DEUX POINTS D'APPUI, ET SOUMIS A UNE CHARGE 2P PLACÉE AU MILIEU DE SA LONGUEUR. — L'on sait (n° **259**) que ce cas revient à celui d'un solide de longueur moitié moindre, encastré à l'une de ses extrémités, et soumis à l'autre à un effort égal à P, lequel vient d'être examiné au n° **299**.

306. SOLIDE POSÉ HORIZONTALEMENT SUR DEUX APPUIS, ET SUPPORTANT UNE CHARGE UNIFORMÉMENT RÉPARTIE. — Dans ce cas même le solide peut être considéré comme encastré au milieu de sa longueur, et chacune de ses moitiés comme soumise à une charge pC uniformément répartie agissant de haut en bas et à une réaction provenant de l'appui, et égale à pC agissant de bas en haut.

On a donc

$$M = pCX - \tfrac{1}{2}pX^2 = pX(C - \tfrac{1}{2}X);$$

et comme ici l'on a toujours $C > X$, et à plus forte raison $C > \tfrac{1}{2}X$, il s'ensuit que la courbure a toujours lieu dans le même sens.

On a aussi

$$ni = \frac{1}{EI}(pCXx - \tfrac{1}{2}pX^2x).$$

En prenant la somme des valeurs de ni, il faut observer que la valeur générale de $\sin O$ doit être évidemment telle, que $\sin O = o$ pour la valeur $X = C$, qui correspond au milieu de la longueur du solide, ce qui exige que l'on introduise dans cette valeur générale un terme constant déterminé par cette condition.

En posant donc

$$\sin 0 = \frac{1}{EI}\left(\frac{pCX^2}{2} - \frac{1}{6}pX^3\right) + \text{constante},$$

on a, par la condition ci-dessus énoncée, que $\sin 0 = o$ quand $X = C$,

$$\text{constante} = -\frac{1}{3EI}pC^3;$$

de sorte que la valeur générale de $\sin 0$ est

$$\sin 0 = \frac{1}{EI}\left(\frac{pCX^2}{2} - \frac{1}{6}pX^3 - \frac{1}{3}pC^3\right),$$

et elle donne, pour le sinus de l'inclinaison du solide à son point d'appui, où $X = o$,

$$\sin 0 = -\frac{1}{3}\frac{pC^3}{EI},$$

valeur qui est négative, parce que la tangente à la courbe est inclinée vers le haut et en sens contraire de ce que supposait la figure du n° **300**, ce qui d'ailleurs ne change rien à sa valeur.

Si l'on se rappelle que dans ce cas (n° **289**) l'on a

$$f = \frac{5}{24}\frac{pC^3}{EI}.C,$$

d'où l'on déduit

$$\frac{1}{3}\frac{pC^3}{EI}C = \frac{8}{5}f,$$

et par suite,

$$\sin 0 = \frac{8}{5}\frac{f}{C},$$

ce qui permet de déterminer l'inclinaison des extrémités du solide quand on connaît sa flexion et sa portée.

307. SOLIDE POSÉ HORIZONTALEMENT SUR DEUX APPUIS, SUP-PORTANT UNE CHARGE 2P PLACÉE AU MILIEU DE SA LONGUEUR, ET UNE CHARGE UNIFORMÉMENT RÉPARTIE $2pC$. — L'on sait que dans ce cas la charge sur les points d'appui est $P + pC$, et que le solide peut être regardé comme encastré par son milieu, et chacune de ses deux moitiés comme soumise à un effort $P + pC$ agissant de bas en haut à son extrémité, et à une charge pC uniformément répartie sur sa longueur. On a donc

$$M = (P + pC)X - \tfrac{1}{2}pX^2,$$

expression dans laquelle le premier terme du second membre est toujours plus grand que le deuxième, de sorte que la courbure ne présente pas d'inflexion. L'on en déduit

$$ni = \frac{1}{EI}\left[(P + pC)Xx - \tfrac{1}{2}pX^2x) \right].$$

Ici encore, en prenant la somme des valeurs de ni, il faudra faire attention que l'inclinaison de la tangente à la courbe est nulle au milieu de la longueur du solide, ou pour $X = C$, ce qui exige que l'on ajoute à cette somme une quantité constante dont la valeur sera déterminée par cette condition.

L'on a ainsi

$$\sin 0 = \frac{1}{EI}\left[\frac{(P + pC)X^2}{2} - \tfrac{1}{6}pX^3 \right] + \text{constante};$$

et en faisant $X = C$, on en déduit

$$\text{constante} = -\frac{1}{EI}\left(\frac{PC^2}{2} + \tfrac{1}{3}pC^3 \right).$$

La valeur générale de $\sin 0$ devient donc

$$\sin 0 = \frac{1}{EI}\left[\frac{(P + pC)X^2}{2} - \tfrac{1}{6}pX^3 - \left(\frac{PC^2}{2} + \tfrac{1}{3}pC^3 \right) \right],$$

et pour $X = C$ elle se réduit à

$$\sin 0 = -\frac{1}{EI}\left(\frac{PC^2}{2} + \tfrac{1}{3}pC^3 \right).$$

Les formules précédentes montrent comment on peut s'y prendre pour déterminer, dans les cas les plus simples, l'inclinaison des divers éléments des solides fléchis par l'action des forces extérieures ; mais comme cette recherche a généralement peu d'importance pour la pratique, nous ne nous y arrêterons pas plus longtemps. Nous renverrons aux leçons professées sur la matière par M. Poncelet, à la Faculté des sciences, et dans lesquelles il a donné une méthode générale pour les recherches de ce genre. Ce que nous venons de dire n'est qu'une application de cette méthode à des cas simples.

Conséquences pratiques de la théorie,

308. ALLONGEMENT ET RACCOURCISSEMENT PROPORTIONNEL DES FIBRES PRODUIT PAR LA FLEXION. — Si l'on se rappelle (n° **212**) que l'on a, entre l'allongement proportionnel i d'une fibre quelconque, sa distance v à la ligne des fibres invariables, et le rayon de courbure r de cette ligne du solide, pour la section que l'on considère, la relation

$$i = \frac{v}{r},$$

on voit que pour la fibre qui subit le plus grand allongement ou le plus grand raccourcissement, on aura

$$i' = \frac{v'}{r};$$

et comme on a

$$\frac{1}{r} = \frac{PX}{EI},$$

il s'ensuit que cet allongement proportionnel sera donné par l'expression

$$i' = \frac{PXv'}{EI},$$

et pour la section d'encastrement,

$$i' = \frac{PCv'}{EI}.$$

Il sera donc toujours facile de calculer la variation proportionnelle de longueur qu'aura subie, par la flexion, la fibre la plus allongée ou la plus raccourcie, et de s'assurer que cette variation n'excède pas les limites indiquées par l'expérience et rapportées au tableau du n° **108**.

Si plusieurs forces agissaient sur le solide, on aurait pareil-
lement :

$$r = \frac{EI}{Pp + Qq + \text{etc.}},$$

et

$$i' = \frac{(Pp + Qq + \text{etc.})v'}{EI}.$$

En ayant soin de prendre la plus grande valeur de cette
quantité, on aura la plus grande variation de longueur à laquelle les fibres soient soumises.

L'on remarquera que, pour une valeur donnée de la somme
des moments des forces extérieures, l'allongement ou le raccourcissement des fibres est en raison inverse de la valeur du
coefficient E d'élasticité, et de celle de $\frac{I}{v'}$.

L'on doit donc s'attacher, par la forme donnée au profil
transversal des solides, à obtenir, pour une même quantité de
matière employée, la valeur maximum de $\frac{I}{v'}$, compatible avec
la destination de la pièce et la nature du corps.

L'on fera aussi remarquer que, si la condition trouvée au
n° **270** pour que le solide soit d'égale résistance, et qui est la
constance du rapport $\frac{I}{v'X}$, ou de son inverse $\frac{v'X}{I}$, est satisfaite
pour toutes les valeurs du bras de levier X de la force P, l'allongement proportionnel i' sera le même pour toutes les sections, ainsi que cela devait être d'ailleurs nécessairement par
l'énoncé seul de la condition d'égalité de résistance.

509. Justification des valeurs pratiques adoptées pour
le nombre R. — Il est facile de s'assurer que les formules pratiques, et les valeurs du coefficient R que nous avons adoptées,
satisfont à la condition que la variation maximum de longueur
de l'une quelconque des fibres, n'atteigne pas la limite au delà
de laquelle l'élasticité est sensiblement altérée, c'est-à-dire où
les allongements et les raccourcissements cessent d'être proportionnels aux efforts qui les produisent.

En effet, si nous considérons le cas simple d'une seule force P agissant à l'extrémité d'un solide de longueur C perpendiculairement à sa longueur, nous avons

$$i' = \frac{PCv'}{EI},$$

d'où nous tirons

$$\frac{I}{v'} = \frac{PC}{Ei'} = \frac{PC}{R}$$

pour la formule générale applicable à tous les profils.

Or le tableau du n° **108** nous donne les valeurs correspondantes de E et de i' pour la limite d'élasticité des différents corps, et l'on en déduit celle que le produit Ei' peut atteindre au maximum pour que l'élasticité ne soit pas altérée.

	VALEURS adoptées pour le coefficient pratique R.
Fer en barres...... $Ei' = 18\,000\,000\,000 \times 0.0008 = 14\,400\,000$ ⎫	kil.
Fer doux......... $Ei' = 20\,000\,000\,000 \times 0.00066 = 13\,200\,000$ ⎬ 6 000 000
Fer laminé en barres et tubes en tôle.. ⎱ $Ei' = 12\,000\,000\,000 \times 0.0008 = 9\,600\,000$ ⎭
Acier d'Allemagne.. $Ei' = 21\,000\,000\,000 \times 0.0012 = 25\,200\,000$ 12 500 000
Acier fondu...... $Ei' = 30\,000\,000\,000 \times 0.000222 = 66\,600\,000$ 16 660 000
Fonte de fer grise, à grains fins..... ⎱ $Ei' = 12\,000\,000\,000 \times 0.00083 = 9\,960\,000$ ⎫ 7 500 000
Fonte grise ordinaire anglaise... ⎰ $Ei' = 9\,000\,000\,000 \times 0.000715 = 6\,435\,000$ ⎩
Bois de chêne..... $Ei' = 1\,200\,000\,000 \times 0.00167 = 2\,004\,000$ ⎫ 600 000
Sapin jaune ou blanc $Ei' = 1\,300\,000\,000 \times 0.00117 = 1\,521\,000$ ⎭

On voit, par cette comparaison, que les valeurs pratiques du nombre R que nous avons adoptées, et qui représentent la charge que l'on peut faire supporter avec sécurité, et d'une manière constante, à des solides qui doivent résister longtemps, sont presque toutes inférieures à la moitié de celles pour lesquelles l'élasticité commencerait à s'altérer, et les flexions cesseraient d'être proportionnelles aux charges.

La fonte seule fait exception, et cette discussion montre que la valeur R = 7 500 000 kilogr., que nous avons adoptée, est bien voisine de la limite supérieure admissible pour les fontes.

de deuxième fusion de bonne qualité, et un peu trop faible peut-être pour celles de première fusion, généralement plus carburées et assez tendres, surtout en gros échantillons.

Cependant la comparaison des charges admises généralement et celle des dimensions données aux solides d'après les formules, avec les charges supportées, montrent que cette valeur R = 7 500 000 kilogr. est généralement suffisante, surtout quand on a la précaution de faire le calcul d'après la plus forte des charges permanentes dans chaque cas.

Mais cela fait voir en même temps que, pour des constructions importantes, on doit exiger que les fontes soient de deuxième fusion, à grains fins, d'un gris clair homogène, et coulées avec toutes les précautions possibles pour éviter les défauts.

Malgré ces motifs de sécurité, il n'en résulte pas moins que le fer offre plus de sûreté que la fonte, surtout pour les grandes constructions, puisque la valeur admise pour R n'est pas généralement égale à la moitié de celle qui, pour ce métal, correspond à la limite d'élasticité.

Les poutres en double T, essayées par M. Fairbairn, qui n'ont donné, comme on le verra plus loin, qu'une valeur du coefficient d'élasticité E égale à 11 ou 12 000 000 000 kilogr., bien inférieure, par conséquent, à celle que fournissent les barres ordinaires et les poutres en tôle, et le tube de Conway lui-même, qui, dans les expériences auxquelles il a été soumis, a donné la valeur

$$E = 13\,185\,000\,000 \text{ kilogr.},$$

montrent que, pour les plus faibles valeurs du coefficient d'élasticité du fer, la valeur

$$R = 6\,000\,000 \text{ kilogr.},$$

conduira à des dimensions suffisantes pour assurer la solidité des constructions.

310. Comparaison de la formule qui exprime les conditions de l'équilibre permanent et de celle qui donne la flexion des solides posés sur deux points d'appui. — Si l'on se rappelle que la condition de l'équilibre permanent des solides soumis à une

charge 2P agissant en leur milieu et perpendiculairement à leur
longueur, est

$$\frac{RI}{v'} = PC,$$

dans laquelle R est l'effort maximum de traction ou de compression que l'on peut faire subir par unité de surface, et v' la
distance de la fibre la plus allongée ou la plus raccourcie à la
surface des fibres invariables; puis si l'on rapproche cette formule de celle du n° **276** :

$$f = \tfrac{1}{3} \frac{PC^3}{EI},$$

on voit qu'en mettant dans cette dernière, pour PC, sa valeur,
tirée de la précédente, ce qui revient à admettre que la flexion
f soit par conséquent celle qui est produite par la charge déterminée par la première formule, elle devient

$$f = \tfrac{1}{3} \frac{RIC^2}{EIv'} = \tfrac{1}{3} \frac{R}{E} \frac{C^2}{v'},$$

que l'on peut mettre sous la forme

$$\frac{f}{2C} = \tfrac{1}{6} \frac{R}{E} \cdot \frac{C}{v'},$$

Si, par exemple, il s'agit de solides à section rectangulaire,
ou de tout autre profil dont le centre de gravité ou la ligne des
fibres invariables soit situé à la moitié de la hauteur b, alors
$v' = \frac{b}{2}$, et cette formule devient :

$$\frac{f}{2C} = \tfrac{1}{6} \frac{R}{E} \frac{2C}{b}.$$

Cela montre que, dans les limites des charges qui n'altèrent
pas l'élasticité des corps, et où les quantités R et E sont constantes, le rapport de la flexion des solides à leur portée varie
comme celui de leur portée à leur hauteur, quelle que soit d'ailleurs la forme de leur profil, pourvu qu'il soit symétrique par
rapport à la ligne qui passe par le centre de gravité.

Or, pour les planchers, les ponts, etc., on conçoit très-bien qu'il doit y avoir entre les flexions au milieu et les portées, un rapport qu'il convient de ne pas dépasser, et l'on voit que pour que ce rapport $\frac{f}{2C}$ soit constant, il faut que celui de la portée à la hauteur des supports soit aussi constant.

511. ANCIENNE RÈGLE DES CHARPENTIERS. — La pratique avait devancé la théorie, pour admettre cette proportion constante de la portée à la hauteur des solides. Les anciens charpentiers, qui employaient des poutres à section carrée, avaient en effet pour règle de prendre pour l'équarrissage de ces pièces $\frac{1}{18}$ de la portée, quand elles étaient espacées de 3 mètres, et $\frac{1}{14}$ quand l'écartement était de 5 mètres. Dans ce dernier cas, en effet, la charge sur chaque poutre étant plus grande que dans le premier, quoique la portée reste la même, l'équarrissage doit devenir plus considérable.

Si nous introduisons dans la formule

$$\frac{f}{2C} = \frac{1}{6}\frac{R}{E} \cdot \frac{2C}{b},$$

les valeurs de R et de E que la pratique et l'expérience ont conduit à admettre pour les poutres des planchers et des ponts, et qui sont respectivement :

Bois,   R = 600 000^{kil},   E = 1 200 000 000^{kil},

Fonte,   R = 2 000 000,   E = 12 000 000 000,

Fer,   R = 6 000 000,   E = 20 000 000 000,

nous trouvons qu'elle devient :

pour le bois, $\frac{f}{2C} = \frac{1}{6} \cdot \frac{1}{2000} \cdot \frac{2C}{h} = \frac{1}{12000}\frac{2C}{b}$,

ce qui, d'après la règle des charpentiers, donnerait pour des poutres de plancher espacées de 3 mètres,

$$\frac{f}{2C} = \frac{1}{12000} \times 18 = \frac{1}{666},$$

d'où $f = \frac{1}{666} 2C$;

pour des poutres espacées de 5 mètres,

$$\frac{f}{2C} = \frac{1}{12000} \times 14 = \frac{1}{857},$$

d'où
$$f = \frac{1}{857} 2C.$$

Pour la fonte et pour le fer, la substitution des valeurs de E et de R donne simplement :

pour la fonte, $\dfrac{f}{2C} = \dfrac{1}{6} \dfrac{1}{120000} \dfrac{2C}{b} = \dfrac{1}{36000} \dfrac{2C}{b},$

et pour le fer, $\dfrac{f}{2C} = \dfrac{1}{6} \dfrac{6}{20000} \dfrac{2C}{b} = \dfrac{1}{20000} \dfrac{2C}{b}.$

312. Conséquence relative au fer et a la fonte. — Ces formules numériques montrent qu'à portée et hauteur égales, pour des poutres en fonte ou en tôle, le rapport des flexions aux portées ou les flexions elles-mêmes, seront, d'après les coefficients pratiques adoptés par les ingénieurs, moindres pour la fonte que pour le fer, ce qui, d'ailleurs, est nécessité par la nature même du premier de ces métaux, dont les fibres ne peuvent supporter qu'une très-faible extension.

La comparaison des poids des pièces qui résulteront des dimensions déduites des formules et du prix de la matière, pourra déterminer le choix des constructeurs.

313. Relation entre les flexions et les variations de longueur des fibres. — Il est utile de remarquer que de la formule

$$f = \tfrac{1}{3} \frac{PC^3}{EI}$$

l'on tire

$$P = \frac{3EIf}{C^3};$$

ce qui permettra de déterminer la charge 2P correspondante à une flexion donnée f, lorsque l'on connaîtra les quantités E et I, ainsi que la portée 2C.

L'on pourra donc, dans certaines circonstances, calculer ainsi l'effort 2P qui aura été exercé, quand des solides auront subi des flexions connues, pourvu que ces flexions n'aient pas altéré leur élasticité.

Cette remarque montre aussi qu'au besoin un solide de forme quelconque, une poutre en fer ou en bois, peut servir de dynamomètre par l'observation de ses flexions, quand l'on connaît au préalable la valeur du coefficient E d'élasticité et celle du moment d'inertie I de sa section transversale supposée constante.

Enfin si l'on combine la formule

$$f = \tfrac{1}{3}\frac{PC^3}{EI},$$

qui donne la flexion avec la formule

$$i' = \frac{PCv'}{EI},$$

qui fournit la valeur de l'allongement ou du raccourcissement éprouvé par une fibre située à la distance v' de la couche des fibres neutres, l'on arrive facilement à la relation

$$i' = \frac{3fv'}{C^2},$$

qui permet de déterminer l'allongement ou le raccourcissement i' à l'aide de la seule connaissance de la flexion et de la portée.

Il convient de remarquer que cette valeur de l'allongement proportionnel f ne dépend que de la flèche de courbure de la portée 2C et de la distance v' de la fibre que l'on considère, et nullement des forces qui ont produit la flexion. Cela est d'ailleurs parfaitement logique, car l'allongement est une variation des dimensions géométriques du solide, et sa mesure dépend du changement de forme qu'il a subi.

L'on sait d'ailleurs (n° **6**) que l'effort supporté par une fibre qui subit une variation de longueur exprimée par i, a pour valeur le produit Ei' de cette variation par le coefficient d'élasticité de la matière de cette fibre, d'où il résulte que, dans le cas d'un solide soumis à la flexion, l'on a, pour la valeur de l'effort

auquel sont soumises les fibres qui subissent une variation de
longueur i',

$$\mathrm{E}i' = \frac{3\mathrm{E}fv'}{\mathrm{C}^2}.$$

S'il s'agit par exemple d'un solide à section rectangulaire
dont la largeur soit a et la hauteur b, l'on a

$$v' = \tfrac{1}{2}b$$

et

$$\mathrm{E}i' = \frac{3\mathrm{E}fb}{2\mathrm{C}^2}.$$

314. Récapitulation des formules relatives aux solides
librement posés sur deux points d'appui chargés au milieu de
la distance de ces appuis. — En récapitulant les formules précédentes, qui établissent des relations entre :

L'effort maximum R que l'on peut faire supporter d'une manière permanente par unité de section;

La charge 2P qui agit au milieu de la longueur d'un solide
posé sur deux points d'appui;

La portée 2C de ce solide, ou la distance des appuis;

La flexion que ce solide prend au milieu de sa longueur;

La distance v' d'une fibre quelconque à la surface des fibres
neutres;

La variation de longueur i' que subit cette fibre, en supposant
cette variation renfermée dans les limites où l'élasticité
n'est pas altérée;

Le coefficient E d'élasticité de la substance dont le corps est
composé, toutes les mesures étant rapportées au mètre linéaire pour la longueur, au mètre carré pour les sections,
au kilogramme pour les efforts,

l'on déduit de la théorie précédente les relations suivantes :

$$\frac{RI}{v'} = PC,$$ équilibre entre les forces extérieures et les résistances des fibres;

$$f = \tfrac{1}{3}\frac{PC^3}{EI},$$ flèche de courbure sous une charge donnée;

$$P = \frac{3EIf}{C^3},$$ charge susceptible de produire une flexion donnée;

$$i' = \frac{PCv'}{EI},$$ variation proportionnelle de longueur des fibres en fonction de la charge;

$$i' = \frac{3fv'}{C^2},$$ variation proportionnelle de longueur des fibres en fonction de la flexion;

$$\frac{f}{2C} = \frac{1}{6}\frac{R}{E} \cdot \frac{C}{v'},$$ rapport de la flexion à la portée;

$$Ei' = \frac{3Efv'}{C^2},$$ effort supporté par une fibre dont la longueur proportionnelle a varié de i',

à l'aide desquelles l'on pourra résoudre les diverses questions relatives à la charge et à la flexion des solides librement supportés par deux points d'appui et chargés au milieu de leur longueur.

515. APPLICATION DES MÊMES FORMULES AUX SOLIDES ENCASTRÉS PAR UNE EXTRÉMITÉ. — Dans le cas des solides encastrés par l'une de leurs extrémités et soumis à l'autre à un effort perpendiculaire à leur longueur, l'on emploiera les mêmes formules, dans lesquelles P exprimera l'effort et C la portée ou le bras du levier.

Résultats d'expériences sur la flexion et la rupture qui en est la suite.

316. APPLICATIONS DES FORMULES AUX EXPÉRIENCES LES PLUS RÉCENTES ET OBSERVATION SUR L'ATTENTION QU'IL CONVIENT D'APPORTER DANS CES APPLICATIONS. — Après avoir exposé les formules pratiques à l'aide desquelles on calcule les charges que l'on peut faire supporter dans différents cas aux solides de formes diverses, et les flexions qu'ils prennent sous ces charges, il faut comparer les résultats de ces formules avec ceux de l'expérience pour reconnaître jusqu'à quel point, et s'il se peut entre quelles limites, elles représentent réellement les faits observés. C'est ce que nous allons entreprendre en discutant les résultats d'un grand nombre d'expériences faites sur des matériaux de diverses natures par plusieurs ingénieurs. Nous choisirons de préférence celles qui ont été récemment exécutées en Angleterre, à l'occasion de la gigantesque construction des ponts de l'île d'Anglesey et des travaux de chemins de fer, dont les résultats sont consignés dans le rapport de la commission d'enquête sur l'emploi du fer dans les constructions des chemins de fer. Outre leur nouveauté, ces expériences ont le mérite d'avoir été faites sur des solides de grandes proportions, et par conséquent de fournir des résultats qui se rapprochent autant que possible des cas d'application.

Mais avant d'entrer dans le détail de ces applications, nous devons rappeler et faire remarquer de nouveau que les formules à employer sont de deux sortes, dont l'une, relative aux conditions d'équilibre qui s'établissent entre les résistances moléculaires développées dans les sections transversales et les forces extérieures, a pour type général

$$\frac{RI}{v'} = M,$$

et l'autre, qui donne les flèches de courbure, a pour type (n° **276**)

$$f = \tfrac{1}{3} \frac{PC^3}{EI}.$$

L'une et l'autre de ces formules ne doivent être appliquées que dans les limites où les allongements, les raccourcissements ou les flexions restent sensiblement proportionnels aux charges, ce qui indique que l'élasticité n'a pas été altérée, condition que nous regardons comme indispensable pour la sécurité des constructions.

Par la comparaison des résultats de l'observation, par la discussion des proportions admises dans les constructions reconnues à la fois solides et légères, la première de ces formules permet de déterminer les valeurs que la pratique a fait reconnaître comme convenables pour le coefficient de résistance R, qui exprime (n° **212**) l'effort permanent d'extension ou de compression que chaque unité de surface de la section transversale du corps peut supporter avec sécurité.

Mais si, comme on le fait trop souvent, en perdant de vue les hypothèses de la théorie et les limites restreintes dans lesquelles elles sont d'accord avec les résultats des expériences directes, on applique les mêmes formules à des expériences où les charges ont été poussées jusqu'à la rupture, et que de cette application l'on déduise des valeurs du coefficient R que l'on désigne alors sous le nom de *coefficient de rupture*, l'on ne doit plus s'attendre au même accord entre les déductions de la théorie et les résultats de l'expérience. On sait, en effet, et nous avons à plusieurs reprises fait observer que si les résistances à l'extension et à la compression sont sensiblement égales jusqu'à certaines limites que l'expérience a fait connaître, il n'en est pas à beaucoup près de même à mesure qu'on s'écarte de ces limites et qu'on se rapproche de la rupture. Ces résistances deviennent alors de plus en plus différentes et l'emportent l'une sur l'autre, selon la nature du corps.

C'est ainsi que la résistance absolue de la fonte à la rupture par compression devient égale à cinq à six fois sa résistance absolue à la rupture par extension (n° **212**), tandis qu'à l'inverse le fer ne présente à la rupture par compression qu'une résistance inférieure dans le rapport de 4 à 5 environ à celle qu'il offre à la rupture par extension.

Dès lors, telle formule qui est vraie, ou du moins suffisamment exacte, pour un solide donné, d'un profil particulier, tant que les charges sont maintenues dans les limites spéciales pour lesquelles elle a été établie, se trouve en désaccord avec l'expérience, quand on pousse les charges jusqu'à celles de la rupture.

C'est faute d'avoir bien saisi ces différences et pour avoir appliqué indistinctement, sans en tenir compte, les mêmes formules à toutes les charges, que quelques expérimentateurs ont cru trouver un désaccord assez grand entre les formules de la théorie et les résultats de l'expérience, pour rejeter les premières et leur préférer des règles plus ou moins empiriques.

En résumé, la comparaison des formules

$$\frac{RI}{v'} = M \quad \text{et} \quad f = \tfrac{1}{3}\frac{PC^3}{EI}$$

avec les résultats des expériences, ne pourra nous donner des valeurs de la résistance R et du coefficient d'élasticité E à peu près constantes et régulières, qu'autant que les charges et les flexions ne dépasseront pas les limites que nous avons posées dès l'origine, aux considérations théoriques.

Si, malgré cela, nous appliquons quelquefois la première à des cas où les expériences ont été poussées jusqu'à la rupture, nous aurons soin de désigner alors par R, la valeur du coefficient de résistance que nous trouverons, et l'on ne devra pas s'étonner du désaccord qui pourra souvent se manifester entre les résultats de l'expérience et les prévisions de la théorie, surtout en ce qui concernera l'avantage de certaines formes et proportions.

Les expériences sur les bois sont de beaucoup les moins nombreuses; mais, pour réunir sur cette question toutes les données les plus importantes, nous passerons successivement en revue les bois, la fonte, le fer, en examinant ensuite les tubes en tôle et l'influence du mouvement de la charge sur les flexions observées.

Résistance des bois à la flexion.

317. EXPÉRIENCES DE M. P. BARLOW SUR LA FLEXION DES BOIS. — Ce savant professeur a exécuté, sur divers bois des approvisionnements du dockyard de Woolwich, une série nombreuse d'expériences d'après lesquelles il a déterminé les coefficients d'élasticité et de rupture des différents bois, ainsi que la limite de flexion au delà de laquelle on observe que l'élasticité est altérée ou que les flexions cessent d'être proportionnelles aux charges. Tous les échantillons essayés avaient 0^m.0508 d'équarrissage et ordinairement 2^m.135 de portée. Les résultats des expériences et de l'application des formules

$$R = \frac{6\,PC}{abv'} \quad \text{et} \quad E = \frac{4\,PC^3}{fab^v}$$

sont consignés dans le tableau suivant :

ESSENCES DES BOIS.	PESANTEUR SPÉCIFIQUE ou poids du mètre cube.	CHARGE MAXIMUM sous laquelle l'élasticité n'est pas altérée. 2P	FLEXION corresp. à cette charge en fractions de la long. $\frac{f}{2C}$	ALLONGEMENT proportionnel maximum. i'	COEFFICIENT d'élasticité. E	COEFFICIENT de rupture. R	RAPPORT DE LA CHARGE au octa de laquelle l'élasticité s'altère, à celle de rupture.
	kil.	kil.			kil.	kil.	
Teak........	745	136.0	$\frac{1}{73}$	0.000195	1 701 520 000	10 382 000	0.320
Poon.......	579	68.0	$\frac{1}{102}$	0.001395	1 190 720 000	9 360 000	0.178
Chêne { anglais....	969	68.0	$\frac{1}{53}$	0.002698	615 660 000	4 980 000	0.300
du Canada.	934	90.5	$\frac{1}{66}$	0.002162	1 023 720 000	7 050 700	0.314
de Dantzik	872	102.0	$\frac{1}{73}$	0.001648	1 511 530 000	7 447 100	0.335
de l'Adria-tique....	993	68.0	$\frac{1}{53}$	0.002419	686 680 000	5 832 100	0.283
Frène.......	760	102.0	$\frac{1}{66}$	0.002110	1 159 150 000	8 543 500	0 291
Hêtre.......	693	68.0	$\frac{1}{87}$	0.001517	1 094 900 000	6 561 600	0.253
Orme.......	553	56.7	$\frac{1}{50}$	0.002808	493 200 000	4 271 800	0.324
Pin { résineux...	660	68.0	$\frac{1}{74}$	0.001922	863 730 000	6 882 000	0.242
rouge.....	657	68.0	$\frac{1}{112}$	0.001279	1 299 700 000	5 654 900	0.294
Sapin { de la Nouv.-Anglet....	553	68.0	$\frac{1}{101}$	0.001073	1 547 800 000	4 647 700	0.357
de Riga...	753	56.7	$\frac{1}{96}$	0.001483	934 316 000	4 672 300	0.296
Idem.....	738	68.0	$\frac{1}{95}$	0.002040	697 970 000	4 435 200	0.321
de la forêt de Mar...	696	56.7	$\frac{2}{58}$	0.003046	1 454 810 000	4 824 200	0 287
Idem.....	693	68.0	$\frac{1}{83}$	0 002324	612 840 000	5 321 800	0.268
Larix....... {	531	56.7	$\frac{1}{45}$	0.003189	434 350 000	3 597 100	0.385
	522	56.7	$\frac{1}{103}$	0.001877	632 570 000	3 508 500	0.338
	556	68.0	$\frac{1}{101}$	0.001919	741 950 000	4 752 500	0.300
	560	68.0	$\frac{1}{101}$	0.001919	741 950 000	4 845 200	0 294

On y a aussi indiqué les valeurs de l'allongement proportionnel i' subi par les fibres dont la longueur a le plus varié, sous les charges qui ont produit les plus grandes flexions proportionnelles indiquées par l'auteur. Cependant on doit faire remarquer que ces allongements limites et les charges correspondantes sont peut-être un peu faibles, attendu que les charges ne paraissent pas avoir été déterminées avec beaucoup de soin.

On se rappelle que l'allongement proportionnel est donné, dans le cas actuel, par la formule (n° **212**)

$$i' = \frac{PCv'}{EI} = \frac{6\,P\,C}{Eb^3},$$

dont la notation est connue.

Si l'on applique à quelques-uns de ces résultats, et en particulier au sapin de Riga et à celui de la forêt de Mar, qui est un des plus faibles, et enfin au larix, le raisonnement du n° **309**, pour déterminer la valeur du produit Ei' du coefficient d'élasticité par le plus grand allongement proportionnel que les fibres puissent prendre sans altération de l'élasticité, on trouve :
pour le sapin de Riga,

$$Ei' = 697\,970\,000^{\text{kil}} \times 0.000204 = 1\,423\,859^{\text{kil}};$$

pour le sapin de Mar,

$$Ei' = 454\,810\,000^{\text{kil}} \times 0.003046 = 1\,385\,351^{\text{kil}};$$

pour le larix,

$$Ei' = 434\,350\,000^{\text{kil}} \times 0.003189 = 1\,385\,142^{\text{kil}}.$$

On voit donc que la valeur $R = 600\,000$ kilogr., que nous avons adoptée pour les formules pratiques relatives au bois, peut encore être employée, même pour ces trois variétés de bois, les plus faibles de toute la série de ceux essayés par M. Barlow.

318. Expériences de MM. Chevandier et Wertheim. — Ces habiles observateurs, dont nous avons rapporté en partie les résultats au n° **103**, afin de reconnaître si les résultats obtenus sur des échantillons s'appliquaient aux pièces de bois des dimensions en usage dans la pratique, ont répété leurs expériences sur des bois de sapin et de chêne des Vosges ayant ces dimensions.

Il ne sera pas inutile de rappeler que les bois essayés par MM. Chevandier et Wertheim provenaient des montagnes des Vosges et de terrains siliceux dont les bases sont le grès vosgien et le grès bigarré, et que les bois résineux de ces terrains sont bien moins denses et résistants que ceux du Nord.

Les résultats obtenus sont consignés dans le tableau suivant :

EXPÉRIENCES SUR DES PIÈCES, MADRIERS ET PLANCHES DE SAPIN DES VOSGES.

BOIS.	DÉSIGNATIONS usuelles.	DISTANCE des appuis.	LONGUEUR des pièces.	LARGEUR des pièces.	ÉPAISSEUR des pièces.	DENSITÉ.	COEFFICIENT d'élasticité.	CHARGES qui, placée au milieu, produit la rupture.
	po. po.	m.	m.	cent.	cent.		kilogr.	kilogr.
	11 sur 12	13.00	14.00	28.99	32.41	0.530	1 136 700 000	6 404
	9 sur 10	11.00	13.00	25.46	28.35	0.506	1 156 700 000	5 394
Sapin	8 sur 9	9.00	10.48	22.30	24 30	0.548	1 026 900 000	3 447
des	6 sur 7	9.00	10.46	16.99	19.63	0.525	1 245 000 000	2 082
Vosges.	Chevrons....	9.00	10.47	9.27	12.31	0.481	1 257 600 000	517
	Madriers....	3.02	4.24	24.63	5.40	0.493	1 089 800 000	917
	Planches....	3.02	4.25	24.13	2.78	0.479	1 202 200 000	264
	Moyennes......					0.509	1 156 400 000	
Chêne à glands sessiles.	8.5 sur 9.5	5.50	5.87	23.18	25.28	1.008	825 100 000	7 889
	8 sur 9	5.50	6.11	21.67	23.67	0.958	822 300 000	7 189
	7 sur 8	5.50	7.06	19.07	32.00	0.922	858 900 000	5 225
	6 sur 7	5.50	6.82	15.99	18.90	0.928	1 007 000 000	5 525
	5 sur 6	5.50	6.54	13.67	16.10	0.985	638 100 000	2 225
Chêne à glands pédonculés.	Chevrons....	3.00	4.01	8.28	8.14	0.636	601 300 000	540
	Chevrons....	2.50	4.00	7.82	8.04	0.759	774 300 000	735
	Doublettes..	5.50	6.50	29.34	5.46	0.685	965 800 000	435
	Échantillons.	3.00	3.65	14.34	4.22	0.824	1 210 700 000	375
	Entrevoies...	3.00	3.37	24.22	2.82	0.712	1 251 200 000	325
	Moyennes.....					0.842	895 500 000	

On voit, par les résultats consignés dans ce tableau, que les valeurs des densités et des coefficients d'élasticité, déduites de

ces expériences sur des bois de service des dimensions couran-
tes, ne diffèrent pas autant des valeurs moyennes fournies pour
les mêmes quantités par les expériences faites sur des échantillons, qu'elles diffèrent entre elles d'une pièce de service à une
autre. On peut donc appliquer à toutes les questions de la pratique les valeurs moyennes rapportées autable au du n° **108**, et,
par suite la valeur de R, que nous avons admises pour les formules usuelles.

319. Résultats déduits des expériences du n° **195**. —
Les expériences dont nous avons rapporté les résultats au
n° **195** ont aussi montré, comme on peut le voir dans les tableaux de ce numéro, que le rapport des charges aux flexions
est constant pour une même pièce jusqu'à des flexions qui dépassent de beaucoup celles que la pratique peut admettre. Elles
ont aussi permis de déterminer quelques valeurs du coefficient
d'élasticité des bois.

Ainsi la pièce de sapin essayée, pour laquelle on a eu (voir au
tableau du n° **195**)

$$a = 0^m.15, \quad b = 0^m.20, \quad \frac{P}{f} = \frac{50}{0.00138}, \quad C = 1^m.90,$$

a donné

$$E = \frac{4 \times 50 \times \overline{1^m.90}^3}{0^m.00138 \times 0^m.15 \times \overline{1^m.20}^3} = 828\,390\,000^{kil},$$

valeur inférieure à la moyenne des résultats déduits des expériences de MM. Chevandier et Wertheim.

La première pièce de chêne essayée, pour laquelle on avait

$$a = 0^m.15, \quad b = 0^m.20, \quad \frac{P}{f} = \frac{50}{0.0017}, \quad C = 1^m.90$$

a donné

$$E = \frac{4 \times 50 \times \overline{1^m.90}^3}{0^m.0017 \times 0^m.15 \times \overline{0^m.20}^3} = 977\,070\,000^{kil},$$

et la seconde, qui a fourni les données

$$a = 0^m.15, \quad b = 0^m.20, \quad \frac{P}{f} = \frac{50}{0.00185}, \quad C = 1^m.90,$$

conduit à

$$E = \frac{4 \times 50 \times \overline{1^m.90}^3}{0^m.00185 \times 0^m.15 \times \overline{0^m.20}^3} = 617\ 930\ 000^{kil}.$$

L'on voit, par ces deux derniers résultats, que le coefficient d'élasticité du chêne est très-variable avec l'état de siccité des bois, et certainement aussi avec leur provenance, et l'on ne doit pas s'étonner que les praticiens aient été conduits, pour tenir compte de ces variations, des défauts cachés et de l'altération que le temps peut produire, à ne faire supporter aux bois que des charges bien inférieures à celles qui peuvent en altérer l'élasticité.

320. Effets de la dessiccation des bois par la vapeur ou par l'eau chaude. — On emploie quelquefois dans les arts des bois dont on accélère la dessiccation ou dont on facilite la courbure selon des formes données, en les exposant pendant un certain temps dans une étuve à vapeur, ou en les maintenant dans une chaudière d'eau bouillante, après quoi on les fait sécher sous des hangars.

Quelques expériences sont rapportées par M. P. Barlow, sur la résistance comparative des bois ainsi préparés. Elles ont été faites sur des pièces de bois de chêne de $1^m.83$ de longueur sur $0^m.0508$ d'équarrissage, coupées dans le même arbre. Les résultats sont consignés dans le tableau suivant :

NUMÉROS des expériences.	MODE de préparation des bois.	DURÉE de la préparation.	FLEXION des pièces sous la charge de 45 k. 3.	CHARGES de rupture	MOYENNES
		heures.	m.	kil.	kil.
1	État ordinaire	»	0.0108	328	⎫ 304
2	Dessiccation natu-relle.	»	0.0127	280	⎭
3	⎧	5	0.0114	280	⎧ 304
4	Dessiccation à la va-peur.	5 •	0.0108	328	⎩
5	⎨	10	0.0109	300	⎫ 278
6		10	0.0120	257	⎭
7		2	0.0127	257	⎧ 278
8		2	0.0108	300	⎩
9		4	0.0117	300	⎧ 278
10		4	0.0133	257	⎩
11	Dessiccation à l'eau bouillante.	6	0.0140	271	⎫ 288
12		6	0.0108	265	⎭
13		8	0.0120	293	⎧ 290
14		8	0.0127	287	⎩
15		10	0.0140	257	⎧ 275
16		10	0.0127	293	⎩

L'ensemble de ces expériences semblerait montrer, malgré quelques divergences, que les bois préparés à la vapeur ou à l'eau bouillante, ont la même roideur ou la même résistance à la flexion que les bois à l'état ordinaire, mais qu'en général ils offrent moins de résistance à la rupture.

On fera remarquer que ces expériences ne sont pas complètes, et surtout qu'elles ont été faites sur du bois déjà sec, tandis que l'emploi de la vapeur et de l'eau chaude s'applique souvent pour la dessiccation des bois.

Il serait à désirer que de nouvelles expériences plus complètes, et étendues aux bois séchés à l'air chaud ou par la vapeur sur-chauffée, fussent exécutées avec soin et d'une manière complète.

321. Réserve relative a la discussion des expériences sur la rupture. — La plupart des expériences des ingénieurs anglais sont plutôt relatives à la rupture qu'à la flexion des solives, et nous devons rappeler très-expressément que la théorie établie aux n[os] **208** et suivants, et qui conduit à la formule générale.

$$\frac{RI}{v'} = M,$$

qui exprime l'équilibre entre les forces extérieures, dont le moment est M, et les forces moléculaires, dont la somme des moments est $\dfrac{RI}{v'}$, n'a été établie que pour des flexions telles, que les raccourcissements et les allongements des fibres ne dépassent pas les limites de l'élasticité, pour lesquelles ils sont proportionnels aux forces qui les produisent.

Si donc on applique les mêmes formules aux résultats des expériences sur la rupture, l'on ne doit plus les regarder que comme des formules empiriques à l'aide desquelles on cherche à déterminer la valeur approximative d'un coefficient de rupture que nous désignerons par R_r, et qui exprimerait la charge moyenne qui pourrait rompre par compression ou par extension une section du corps dont la surface serait égale à l'unité. On voit de suite que la résistance à la compression cessant, pour presque tous les corps, d'être égale à leur résistance à l'extension, au delà de certaines limites ordinairement assez éloignées de la rupture, cette valeur moyenne ne peut avoir aucune signification vraie, et ne saurait être regardée que comme une donnée pratique.

Cette réserve faite, nous appliquerons la formule

$$\frac{R_r I}{v'} = M$$

aux expériences des ingénieurs anglais pour nous conformer à l'usage établi pour ces sortes de discussions.

Résistance de la fonte à la flexion.

322. Expériences pour comparer les flexions des barreaux en fonte aux portées[*]. — Des barres de fonte de Blaenavon, d'épaisseur $b = 0^m.0775$ sur une largeur $a = 0^m.077$, ont été expérimentées à la portée $2C = 4^m.12$, offrant alors un poids $2pC = 192$ kilogr. pour la partie comprise entre les sup-

---

[*] Rapport de la commission, déjà cité, pages 76 et 77.

ports; puis, après avoir été rompues, elles ont été essayées à la portée 2 C = 2^m,07, la partie comprise entre les supports n'ayant plus qu'un poids 2pC = 85 kilogr.

L'observation a donné les résultats consignés dans le tableau suivant :

CHARGES 2 P.	BARRES de 4^m.12 de portée. FLEXIONS.	BARRES de 2^m.07 de portée. FLEXIONS.
kil.	m.	m.
50.78		
101.56	0.00495	
203.13	0.0106	0.00129
304.69	0.0160	
406.26	0.0224	0.00264
507.22	0.0292	
609.38	0.0367	0.00403
711.01	0.0451	
812.51	0.0554	0.0055
914.08	0 0653	
		0.0070
1015.64	0.0760	0.0072
		Moy.. . 0.0071
1117.20	0.0922	
1218.76	0.1040	0.00885
1310.32		
1411.88		0 0105
1615.01		0.0123
1818.14		0.0142
2031.28		0.0166
2234.41		0 0196
2437.54		0.0227
2640.67		0.0264
2843.80		

Si l'on représente graphiquement ces résultats, en prenant les charges 2 P pour abscisses à l'échelle de 1 millimètre pour 10 kilogr., et les flexions en grandeur naturelle pour ordonnées, on reconnaît, par la courbe dont la figure 10 (pl. IV) est une réduction à demi-grandeur que :

1° Pour la portée 2C = 4^m.12, les flexions sont sensiblement proportionnelles aux charges, jusqu'à la charge de 304^{kil}.69 au moins, et même un peu plus loin, et qu'alors la flexion est de

$$0^m.016, \quad \text{ou} \quad \frac{0.016}{4.12} = \frac{1}{257.5} \text{ de la portée;}$$

2° Pour la portée $2C = 2^m.07$, il en est de même jusque vers la charge de $1117^{kil}.20$, et même plus loin, et alors la flexion est

$$f = 0^m.0071, \quad \text{ou} \quad \frac{0.0071}{2.07} = \frac{1}{291} \text{ de la portée} ;$$

3° Si l'on compare ensuite le rapport des flexions aux charges dans ces limites, on trouve, pour la portée $2C = 4^m.12$, le rapport

$$\frac{0^m.016}{304.69} = 0.00005250,$$

et pour $2C = 2^m.07$, le rapport

$$\frac{0^m.0055}{812.51} \, 0.00000677.$$

Le rapport entre ces deux chiffres est

$$\frac{5250}{677} = 7.75 ,$$

tandis que le rapport des cubes des portées est

$$\left(\frac{4.12}{2.07}\right)^3 = 7.95.$$

On voit donc que, *dans ces limites de flexion, où les flèches de courbure sont sensiblement proportionnelles aux charges, les flexions totales et leurs rapports aux charges sont proportionnels aux cubes des portées,* comme nous l'indique la théorie.

On remarquera que, d'après la formule pratique du n° **248**, les charges que les barreaux pourraient supporter d'une manière permanente seraient seulement, pour la portée $2C = 4^m.12$,

$$2P = 2 \times \frac{ab^2 \times 1\,250\,000}{C} = 560^{kil}.6,$$

et pour la portée $2C = 2^m.07$,

$$2P = 2 \times \frac{ab^2 \times 1\,250\,000}{C} = 1120^{kil},$$

ce qui montre que les règles déduites de la théorie sont suffisamment exactes dans les limites des charges auxquelles les corps peuvent être soumis, mais que, pour ces fontes, la valeur $R = 7\,500\,000$ kilogr. du coefficient de résistance est trop forte, puisqu'elle conduit à des charges permanentes à peu près égales à la moitié des charges de rupture, et pour lesquelles l'élasticité serait déjà un peu altérée. Il convient d'ajouter que ces fontes étaient bien moins résistantes que la qualité moyenne. En effet, si l'on calcule, à l'aide de la formule $PC = \frac{1}{6}R_r ab^2$, la valeur du coefficient R_r de rupture, d'après ces expériences, on trouve pour la première série, où $2C = 4^m.12$ et $2P = 1218^{kil}.76$,

$$R_r = 16\,303\,000^{kil},$$

et pour la deuxième, où $2C = 2^m.06$ et $2P = 2640^{kil}.67$,

$$R_r = 19\,020\,000^{kil},$$

dont la moyenne, $17\,661\,500$ kilogr., est bien plus faible que celle qui est fournie par d'autres fontes, et qui s'élève en moyenne à 31 ou 32 millions.

Si l'on calcule le coefficient d'élasticité de ces barres par la formule du n° **292**,

$$E = \frac{4\,C^3(P + \frac{5}{8}pC)}{fab^3},$$

en l'appliquant aux charges au delà desquelles l'élasticité commence à s'altérer, et admettant que les flèches mesurées doivent être augmentées d'une quantité proportionnelle aux cinq huitièmes de pC ou du poids propre du solide, on trouve, pour l'expérience de la première série, dans laquelle on avait

$$2P = 304^{kil}.692,$$

$$2pC = 192^{kil},$$

$$2C = 4^m.12,$$

et où le tracé donne $0^m.003$ pour la flèche due à la charge $\frac{5}{8}2pC$, supposée placée au milieu,

$$E = \frac{4 \times \overline{2.06}^3(152.346 + 60)}{0^m.019 \times 0^m.077 \times \overline{0.0775}^3} = 10\,903\,000\,000^{kil},$$

et pour celle de la deuxième série, où

$$2P = 406^{kil}.256,$$

$$2pC = 85^{kil},$$

$$2C = 2^m.07,$$

et où le tracé donne $0^m.0005$ pour la flèche due à la charge $\frac{5}{8} 2pC = 53^{kil}$, supposée placée au centre,

$$E = \frac{4 \times \overline{1.035}^3 (203.128 + 26.5)}{0^m.00224 \times 0^m.077 \times \overline{0.0775}^3} = 12\,668\,188\,000^{kil}.$$

La moyenne 11 785 500 000 kilogr. de ces deux valeurs diffère peu de celle que l'on déduit de l'ensemble des expériences dont nous parlerons plus loin.

323. Autre expérience sur la résistance de la fonte a la flexion et a la rupture transversale. — Prenons un autre exemple que nous choisirons parmi les fontes les plus flexibles sur lesquelles nous ayons pu nous procurer des données.

On trouve dans le rapport de la commission anglaise (p. 68) d'autres expériences sur cinq barreaux de fonte de Blaenavon n° 2, posés horizontalement sur des rouleaux, avec une portée de $13^p 6° = 4^m.1175 = 2C$, et soumis à des charges agissant verticalement sur leurs milieux. La largeur était $a = 0^m.078$, l'épaisseur $b = 0^m.039$, et le poids propre du solide entre les appuis $2pC = 88^{kil}.92$.

Le tableau suivant contient les valeurs des charges appliquées, et les flexions totales et permanentes observées.

| CHARGES, 2P. | CHARGES TOTALES, en tenant compte du poids propre du solide, $2P + \frac{5}{8}2pC$. | FLEXIONS APRÈS 5′ | | | COEFFICIENTS d'élasticité. |
		produites par la charge.	totales, $f + 0.0237$.	permanentes.	
kil.	kil.	m.	m.	m.	
16.696	72.271	0.0045	0.0283		9 631 600 000
25.391	80.966	0.0095	0.0332		9 197 800 000
50.782	106.357	0.0196	0.0432	0.0012	9 285 400 000
76.173	131.748	0.0300	0.0537		9 253 200 000
107 564	157.139	0.0413	0.0652		9 089 800 000
126.955	182.530	0.0535	0.0772		8 916 100 000
152.346	207.921	0.0661	0.0898		8 731 200 000
177.737	233.312	0.0805	0 1042		8 442 700 000
203.128	258.703	0.0954	0.1191		8 191 100 000
228.519	284.094	0.1118	0.1355		7 906 300 000
253.910	309.485	0.1278	0.1515		8 994 400 000
279.301	335.886	0.1467	0.1704		7 433 300 000
304 892	360.467	0.1668	0.1905		7 135 600 000
330.283	385.858	0.1933	0.2170		6 705 500 000
355.074	411.049	0.2217	0.2454		6 316 500 000
380.865	436.440	0.2510	0.2747		5 994 600 000
406.256	461.831	»	»		»

(Coefficient moyen : 9 291 600 000)

On remarquera que, d'après nos formules pratiques, la charge à laquelle de semblables barres pourraient être soumises d'une manière permanente ne serait que

$$2P = 2\frac{1\,250\,000 \times 0.078 \times \overline{0.039}^2}{2.0587} = 144^{kil}.070,$$

si l'on ne tient pas compte du poids du solide.

Le tableau qui précède ne contient, comme on peut le voir, que les flexions produites par les charges mêmes, placées au milieu du solide, et ne mentionne pas celles qui étaient primitivement dues au poids propre des barres. Or, celles-ci pesant environ $88^{kil}.92$, ce qui équivaudrait, d'après la théorie, quant aux flexions, à une charge égale aux $\frac{5}{8}$ du poids, ou à $55^{kil}.575$, et quant à la rupture, à la moitié de ce poids, ou à $44^{kil}.46$, on voit : 1° que les flexions contenues dans ce tableau ne sont que les accroissements de flexion produits par les charges, et que, par conséquent, pour la discussion, par représentation graphique, de ces résultats, il faut d'abord opérer sur les données brutes du tableau, puis en déduire, s'il est possible, les flexions dues aux charges totales, composées de la charge 2P soutenue par le corps, et des $\frac{5}{8}$ du poids propre du solide ; 2° que, pour l'appréciation des valeurs du coefficient de rupture R_r et du coefficient d'élasticité E, il faut introduire respectivement dans les formules théoriques la moitié $pC = 44^{kil}.46$ et les $\frac{5}{8}$ du poids propre $2pC$ du solide, $\frac{5}{8} 2pC = 55^{kil}.575$, et la flexion totale déduite de la représentation graphique des résultats.

A cet effet, on a d'abord pris (pl. IV, fig. 11) les charges pour abscisses à l'échelle de 20 millimètres pour 100 kilogr. et les flexions pour ordonnées à l'échelle de 1 millimètre pour 5 millimètres.

L'examen de cette figure montre que les flexions ne sont sensiblement proportionnelles aux charges que dans des limites assez restreintes et jusque vers la charge 2P, égale à 76 kilogr. ou au plus à 101 kilogr. Au delà de ce terme, elles croissent rapidement, et au moment de la rupture, arrivée sous la charge $2P = 406^{kil}.07$, la flèche indiquée au tableau avait atteint $0^m.251$. Mais il faut observer qu'en admettant, comme le tracé semble l'indiquer, qu'aux faibles charges les flexions sont proportionnelles aux charges, il s'ensuivrait que la flèche de courbure produite par le poids propre du solide, équivalant, d'après les notions théoriques, à $55^{kil}.575$, placée au milieu de sa longueur, serait d'environ $0^m.0237$. En effet, puisque de la charge de $16^{kil}.696$ à celle de $76^{kil}.173$, entre lesquelles la flexion a augmenté de $25^{mill}.4$ pour une surcharge de $59^{kil}.577$, cette proportion montre que le poids de $55^{kil}.575$, équivalent au poids propre du solide, a dû produire une flexion de $23^{mill}.7$, il suit de là qu'à la charge $2P = 101^{kil}.56$ la flexion totale serait $0^m.0415 + 0^m.0237 = 0^m.0652$, ou environ $\frac{1}{63}$ de la portée, quantité déjà bien plus considérable qu'on ne pourrait l'admettre en pratique pour des pièces de fonte de longue portée.

Si l'on admet que la charge permanente extérieure pour ces pièces longues et par conséquent flexibles ne doive pas dépasser de beaucoup celle $2P = 76$ kilogr. et ne pas atteindre celle de 101 kilogr., au delà de laquelle la proportionnalité des flexions aux charges cesse d'être admissible, on trouve que le coefficient

R à introduire dans les formules de résistance doit être compris entre

$$R = \frac{6\left(P + \frac{pC}{2}\right)C}{ab^2} = \frac{6(38 + 22.23)2.058}{0.078 \times \overline{0.039}^2} = 6\,268\,800^{\text{kil}},$$

et

$$R = \frac{6(50.5 + 22.23) \times 2.058}{0.078 \times \overline{0.039}^2} = 7\,569\,800^{\text{kil}},$$

et aurait par conséquent, dans le dernier cas, une valeur peu supérieure à celle de $R = 7\,500\,000$ kilogr., que nous avons admise dans l'*Aide-Mémoire*.

Ces résultats montrent que cette fonte pure de Blaenavon était à la fois plus flexible et moins résistante que les fontes ordinaires et surtout que les fontes mêlées.

Quant au coefficient de rupture, sa valeur est, dans le cas actuel, où les pièces se sont rompues sous la charge $2P + pC = 406^{\text{kil}}.256 + 44^{\text{kil}}.460 = 450^{\text{kil}}.716$,

$$R_r = \frac{6 \times 225.35 \times 2.058}{0.078 \times \overline{0.039}^2} = 23\,455\,000^{\text{kil}},$$

quantité inférieure à celle qui résulte de l'ensemble des expériences de M. J. Hosking, que l'on trouvera rapportées au n° **324**, et qui est en moyenne

$$R = 32\,441\,000^{\text{kil}}.$$

Cette différence dans les résultats obtenus avec des fontes diverses, montre avec quelle circonspection l'on doit employer la fonte lorsqu'il s'agit de constructions importantes et surtout quel soin il faut apporter au choix et au mélange des fontes. L'on en peut aussi conclure que si la valeur adoptée pour $R = 7\,500\,000^{\text{kil}}$ comme coefficient pratique, offre pour les pièces ordinaires des machines une garantie suffisante de solidité, il n'en est pas de même pour les pièces importantes des grandes constructions telles que les ponts, et qu'il faut surtout apporter une grande attention au choix des fontes employées. Nous reviendrons plus tard sur ce sujet. Quant au coefficient d'élasticité de ces barres, on l'a calculé par la formule

$$E = \frac{4(P + \frac{5}{8}pC)C^3}{(f + 0.0237)ab^3},$$

f étant la flexion indiquée au tableau et $0^m.0237$, comme on l'a dit plus haut, celle qui est due au poids propre du solide déduite de la représentation graphique des résultats. Les valeurs trouvées sont indiquées au tableau.

On voit que ces valeurs vont en décroissant avec une sorte de continuité et que la valeur moyenne des cinq premières est

$$E = 9\,291\,600\,000^{kil},$$

quantité notablement plus faible que celle que l'on a déduite de l'ensemble des expériences qui seront rapportées au n° **324** et qu'explique d'ailleurs la grandeur des flexions observées.

524. Expériences de M. Morris Stirling sur des fontes mêlées. — On trouve dans le même rapport d'autres expériences faites sur des fontes plus résistantes et des mêmes dimensions. Nous les rapportons pour montrer un exemple des différences notables que peuvent présenter les fontes. Les barres ont pris des flexions beaucoup moindres que les précédentes et ne se sont rompues que sous une charge un peu plus forte.

On avait les données suivantes pour la discussion des résultats de ces expériences :

$$a = 0^m.0762, \quad b = 0^m.0381, \quad 2pC = 87^{kil}.92, \quad \tfrac{5}{8}2pC = 54^{kil}.95,$$

$$2C = 4^m.10.$$

Les résultats de ces expériences sont consignés dans le tableau suivant :

EXPÉRIENCES DE M. MORRIS STIRLING SUR DES FONTES MÊLÉES.

CHARGES		FLEXIONS PRODUITES		COEFFICIENTS D'ÉLASTICITÉ.
SUSPENDUES au plateau 2P.	TOTALES, en tenant compte du poids propre du solide, $2P + \frac{5}{8} 2pC$.	par LA CHARGE 2P f.	TOTALES $f + 0.0203$.	
kil.	kil.	m.	m.	kil.
25.391	80.341	0.0082	0.0204	11 603 000 000
50 782	105.732	0.0173	0.0285	16 307 000 000
76.173	131.123	0.0157	0.0376	11 574 000 000
101.564	156.514	0 0360	0.0460	11 734 000 000
126.999	181.905	0 0456	0.0563	11 442 000 000
162.346	207.296	0.0555	0.0659	11 362 000 000
177.737	232.687	0.0658	0.0759	11 347 000 000
			Moyenne.............	11 460 000 000

La représentation graphique de ces résultats (pl. IV, fig. 12) montre que les accroissements de flexion observés sont sensiblement proportionnels aux charges 2P jusque vers la charge de 150 à 175 kilogr. En admettant la proportion qui résulte de ce tracé pour la charge $2P = 177^{kil}.737$, donnant lieu à une flexion de $0^m.0658$, on trouve que la flexion correspondante au poids propre du solide, équivalant sous ce rapport à une charge égale à $\frac{5}{8} \times 87^{kil}.92 = 54^{kil}.95$. serait de $0^m.0203$; de sorte que la flexion totale sous laquelle l'élasticité n'a pas été sensiblement altérée a été de $0^m.0658 + 0^m.0203 = 0^m.0861$ ou environ $\frac{1}{18}$ de la portée, proportion qui dépasse de beaucoup les flexions que l'on permet aux pièces de prendre.

A cette limite de flexion et sous la charge

$$2P + pC = 117^{kil}.737 + 43^{kil}.960 = 221^{kil}.697,$$

la constante R de la formule pratique aurait la valeur

$$R = \frac{6\left(P + \frac{pC}{2}\right)C}{ab^2} = \frac{6 \times 110^{kil}.848 \times 2.058}{0^m.0762 \times 0^m.0381^2} = 12\,374\,500^{kil},$$

tandis que dans nos formules pratiques nous n'employons que la valeur

$$R = 7\,500\,000^{kil},$$

ce qui montre qu'avec de bonnes fontes, bien mêlées, à grain gris un peu clair et serré, on peut avec sécurité adopter les limites de charge que nous avons admises pour le cas général. Quant au coefficient de rupture R_r, la charge qui a produit la rupture était

$$2P + pC = 410.226 \times 43.96 = 254^{kil}.186,$$

et l'on en déduit

$$R_r = \frac{6 \times 227^{kil}.098 \times 2.058}{0.0762 \times \overline{0.0381}^{3}} = 25\,492\,783^{kil},$$

valeur inférieure à celle de 32 441 000 kilogr., que l'on déduira plus loin des expériences de M. J. Hosking, dans lesquelles la portée et les dimensions des pièces étaient différentes.

Quant au coefficient d'élasticité de ces barres, on l'a calculé par la formule

$$E = \frac{2C(2P + \frac{5}{8}2pC)}{(f + 0.0203)ab^{3}},$$

f étant la flexion indiquée au tableau et $0^{m}.0203$ celle qui est due au poids propre du solide, déduite ainsi qu'il a été dit ci-dessus.

En appliquant cette formule aux dix premières expériences pour lesquelles les flexions sont proportionnelles aux charges, on voit par le tableau précédent que la valeur que l'on en déduit pour le coefficient d'élasticité E est en moyenne

$$E = 11\,460\,000\,000^{kil}.$$

Cette valeur est un peu inférieure à celles que l'on a déduites des expériences précédentes et n'a rien qui doive surprendre, attendu la grande flexibilité des fontes expérimentées.

525. MÉLANGE DE ROGNURES DE FER AVEC LA FONTE. — M. Morris Stirling a pris en Angleterre un brevet pour le mélange par fusion de la fonte et du fer forgé, soit dans le four à réverbère, soit dans le cubilot. Ce maître de forges pense qu'il se produit alors une opération chimique par suite de laquelle la fonte cède une partie de son carbone au fer. S'il en est ainsi, l'on conçoit que la proportion du fer doit varier avec la nature des fontes employées, et peut-être même certaines proportions pourraient-elles produire un métal ayant de l'analogie avec l'acier. Quoi qu'il en soit, des expériences en grand, exécutées sur des solives en forme de double T, à nervures plus larges en dessous qu'en dessus, ont fourni les résultats consignés dans le tableau suivant; la portée était de 4^m.88, les solives pesaient 760 kilogr., et la charge de rupture, calculée d'après les résultats ordinaires d'expérience, était estimée à 49 200 kilogr. placés au milieu de leur longueur.

Les expériences furent faites comparativement avec treize solives de fontes ordinaires, de natures différentes, et onze solives de fonte mélangée de fer dans la proportion de six parties de fonte et une de rognures de fer ou riblons. Les charges de rupture observées sont rapportées dans le tableau suivant et exprimées en tonnes anglaises *.

NUMÉROS des EXPÉRIENCES.	CHARGES DE RUPTURE DES FONTES	
	ordinaires.	mêlées avec du fer.
	tonnes.	tonnes.
1	30	52.50
2	35	50.50
3	33	48.00
4	34	52.00
5	33.25	52.50
6	34.50	60.50
7	43.75	60.50
8	46.50	52.50
9	47.00	50.50
10	47.25	56.00
11	38.50	48.50
12	36.50	52.00
13	38.50	»
Moyenne............	38.30	53.00

* Rapport de la commission d'enquête, page 311.

Il résulte de l'ensemble de ces expériences que le procédé du mélange de rognures de fer forgé avec la fonte, dans les fourneaux de 2ᵉ fusion, augmente la résistance à la rupture dans le rapport de 53.00 à 38.36, ou de 1.36 à 1.00.

Ce procédé est d'ailleurs économique, puisqu'il permet d'utiliser des déchets de fabrication de peu de valeur. Il est donc à désirer qu'il se généralise. Quant aux proportions, elles seront faciles à régler d'après la qualité des fontes que l'on emploiera.

526. EXPÉRIENCES SUR LA RÉSISTANCE DES BARREAUX DE FONTE A LA RUPTURE PAR FLEXION, PAR M. R. STEPHENSON. — Une nombreuse série d'expériences a été exécutée par M. Hosking, sous la direction de M. Stephenson, sur la résistance de différentes fontes, soit à l'état où elles sortent du fourneau, soit à celui de mélanges, et sur des fontes obtenues les unes à l'air chaud, les autres à l'air froid[*].

Ces barres avaient toutes aussi exactement qu'il a été possible $0^m.0254$ de côté en carré, et trois pieds anglais ou $0^m.915$ de portée. Elles étaient chargées au milieu de leur longueur à l'aide d'une machine disposée à cet effet.

Dans ces expériences, l'on a mesuré les flexions depuis les premières charges jusqu'à la rupture, et l'on a pu reconnaître que jusqu'à des charges supérieures à la moitié de celles qui produisent la rupture, les flexions sont proportionnelles aux charges.

Les résultats de ces expériences faites sur tant de fontes différentes pouvant jeter du jour sur l'influence des circonstances de leur fabrication, nous en rapporterons l'ensemble dans le tableau suivant. Comme d'ailleurs ces expériences et les flexions observées peuvent servir à déterminer les valeurs du coefficient d'élasticité, nous en avons introduit les résultats dans la formule

$$E = \frac{4 \cdot PC^3}{f.a^4},$$

en y faisant
$$2P = 406^{liv} = 184^{kil}.08,$$
$$2C = 0^m.915,$$
$$a = 0^m.0254,$$

---

et en donnant à f les valeurs observées pour la flexion, et qui sont exprimées en fractions décimales de l'unité linéaire.

Pour calculer la valeur du coefficient d'élasticité, nous avons choisi parmi les charges employées la plus faible de toutes, parce qu'elle dépasse déjà celle qu'il aurait été convenable d'admettre comme charge permanente pour de semblables barreaux, quoique les flexions semblent encore, un peu au delà de cette limite, rester proportionnelles aux charges; cette charge d'ailleurs correspond déjà à une flexion égale à $\frac{1}{135}$ de la portée.

Les valeurs des données étant introduites dans la formule la ramènent à celle ci :

$$E = \frac{3\,727\,170\,000}{f}.$$

C'est cette formule qui a servi à calculer, pour chaque série, la valeur du coefficient d'élasticité E; on en trouvera séparément dans le tableau la valeur moyenne pour les fontes à l'air chaud, pour les fontes à l'air froid et pour les fontes mêlées, qui ont fourni le chiffre le plus considérable.

Les expériences ont été exécutées en augmentant graduellement les poids jusqu'à la rupture; elles ont été répétées trois fois pour chaque nature de fonte, et les chiffres consignés dans la cinquième colonne du tableau général sont les moyennes fournies par les trois observations successives.

Pour calculer la valeur du coefficient R de rupture, que nous désignerons par R_r, nous emploierons la formule

$$R_r = \frac{6.PC}{a^3},$$

dans laquelle nous ferons $2C = 0^m.915$, $a = 0^m.0254$, et qui devient ainsi $R_r = 168\,300\,P$, P ou la demi-charge de rupture étant exprimé en kilogrammes; cette formule revient à celle-ci :

$$R_r = 37974.6 \times 2P,$$

en désignant en cette circonstance par 2P la charge de rupture, exprimée en livres anglaises, telle qu'elle est indiquée, ainsi qu'il vient d'être dit, dans la cinquième colonne du tableau suivant :

RÉSULTAT DES EXPÉRIENCES SUR LA RÉSISTANCE DES FONTES, EXÉCUTÉES
SOUS LA DIRECTION DE M. R. STEPHENSON.

	NATURE ET NUMÉROS DES FONTES.	FLEXION MOYENNE sous la charge de 406 liv. en fractions de pouce.	COEFFICIENT d'élasticié des barres, E.	CHARGES de rupture.	COEFFICIENT de rupture, R.
	Fontes à l'air chaud.		kil.	liv.	kil.
1	Écosse......................	0.265	12 592 000 000	775	29 430 000
2	Coltness, n° 3................	0.325	11 468 000 000	789	29 962 000
3	Langloan, n° 3..............	0.323	11 539 000 000	727	27 607 000
4	Omoa, n° 3..................	0.295	12 852 000 000	906	34 405 000
5	Omoa, n° 1..................	0.335	11 294 000 000	805	30 569 000
6	Redsdale, n° 3...............	0.263	14 065 000 000	1014	38 506 000
7	Redsdale, n° 1..	0.310	11 795 000 000	794	30 152 000
8	Redsdale, n° 1, barres envoyées exprès pour l'épreuve........	0.320	11 647 000 000	919	34 898 000
9	Towlaw, n° 3	0.360	10 353 000 000	708	26 886 000
	Moyenne............		11 956 000 000		31 490 000
	Fontes à l'air froid.				
1	Straffordshire, n° 3..........	0.308	12 301 000 000	873	33 150 000
2	Crawshay, Galles, n° 1.......	0.296	12 592 000 000	873	33 150 000
3	Blaenavon, n° 1.............	0.350	10 649 000 000	754	28 633 000
4	Coalbrookdale, n° 1..........	0.296	12 592 000 000	876	33 265 000
5	Coalbrookdale, n° 3..........	0.288	12 941 000 000	897	34 063 000
	Moyenne............		12 215 000 000		32 852 000
	Ystalyfera, n° 3.. à l'air chaud	0.250	14 909 000 000	998	37 899 000
	Ystalyfera, n° 3.. anthracite	0.262	14 226 000 000	998	37 899 000
	Fontes mêlées.				
1	Ystalyfera, n° 3.. à l'air froid, Blaenavon, n° 1.. parties égales.	0.290	12 852 000 000	876	33 265 000
2	Garscube, n° 1.. à l'air chaud, Redsdale, n° 3.. parties égales.	0.272	13 703 000 000	981	37 253 000
3	Garscube, n° 1.. à l'air chaud, Redsdale, n° 3.. parties égales.	0.288	12 941 000 000	907	34 443 000
4	Dundyvan, n° 3.. à l'air chaud, Coltness, n° 3.. parties égales.	0.305	12 220 000 000	824	31 292 000
5	Redsdale, n° 1... Clyde, n° 3...... à l'air chaud, Coltness, n° 3.... parties égales.	0.305	12 220 000 000	859	32 620 000
6	Langloan, n° 3.. Omoa, n° 1..... à l'air chaud, Forth, n° 3..... parties égales.	0.333	11 193 000 000	829	31 367 000
7	Omoa, Blair, Clyde, Langloan, Forth, Coltness, toutes du n° 3......... à l'air chaud, parties égales.	0.278	13 504 000 000	901	34 215 000

NATURE ET NUMÉROS DES FONTES.	FLEXION MOYENNE sous la charge de 406 liv. en fractions de pouce.	COEFFICIENT d'élasticité des barres, E.	CHARGES de rupture.	COEFFICIENT de rupture, Rr.
Fontes mêlées.		kil.	liv.	kil.
8 Écosse, à l'air chaud et rognures; mélange ordinaire de fonderie pour objets communs........	0.292	13 062 000 000	879	33 379 000
9 Carnbroe, n° 1.. à l'air chaud, Redsdale, n° 3.. parties égales.	0.305	12 220 000 000	717	27 228 080
10 Mêmes fontes avec addition de $\frac{1}{3}$ de vieilles fontes............	0.262	14 226 000 000	893	33 911 000
11 Crawshay, (Galles), n° 1..... à l'air froid, Coalbrookdale, n° 1.......... parties égales.	0.320	11 647 000 000	855	32 458 000
12 Ystalyfera, n° 3, anthrac., 40 p. Redsdale, n° 3, à l'air ch., 40 id. Crawshay, n° 1, à l'air fr., 40 id. — Première coulée**.	0.265	14 065 000 000	854	32 431 000
Blaenavon, n° 1, à l'air fr., 30 id. Coalbrookdale, n° 1, à l'air f., 30 id. Vieilles fontes choisies, 30 id.* — Deuxième coulée.	0.243	15 338 000 000	1058	40 101 000
2ᵉ fusion.				
13 Faite avec une pièce manquée du même mélange, sans addition..	0.204	18 270 000 000	527	20 013 000
14 Même mélange que le n° 12. Fondu au cubilot.............	0.290	12 852 000 000	906	34 405 000
Fondu au four à réverbère......	0.275	13 553 000 000	1023	38 848 000
Mélanges produits pour des supports de rails.				
15 $\frac{1}{3}$ Crawshay, n° 1, à l'air froid.. $\frac{1}{3}$ Redsdale, n° 3, à l'air chaud.. $\frac{1}{3}$ Écosse, n° 1 et 3. à l'air chaud.	0.313	11 908 000 000	822	31 215 000
16 $\frac{1}{3}$ Crawshay, n° 1, à l'air froid.. $\frac{1}{3}$ Redsdale, n° 3, à l'air chaud.. $\frac{1}{3}$ Écosse, n° 1 et 3. à l'air chaud..	0.280	13 311 000 000	928	35 241 000
Moyennes générales pour les fontes mêlées***.............		13 282 000 000		32 981 000
Moyennes pour toutes les fontes essayées.................		12 484 000 000		32 441 000

* Ce mélange de fonte avait été choisi pour les arches du pont de High-Level; les vieilles fontes provenaient principalement de marteaux, d'arbres de cylindres, fondus avec des fontes de Galles.
** Il y avait une soufflure par défaut de métal.
*** Dans le calcul de ces moyennes, l'on n'a pas compris les fontes pures d'Ystalyfera.

De l'ensemble de toutes ces expériences, on conclut que, dans la flexion des barreaux de fonte, le coefficient d'élasticité serait plus grand que celui qui a été déduit des expériences sur l'extension, et égal en moyenne, pour toutes les fontes essayées, à

$$E = 12\,484\,000\,000^{kil}.$$

Valeur qui se rapproche beaucoup de celle de

$$12\,000\,000\,000^{kil},$$

généralement admise en France, d'après les expériences précédemment connues, et que nous avons introduite dans les formules de l'*Aide-Mémoire* relatives à la flexion.

Quant à la résistance à la rupture par flexion, le coefficient constant à introduire dans les formules est en moyenne

$$R_r = 32\,441\,000^{kil}.$$

Tandis que l'on a vu, au n° **165**, que la résistance de la fonte à la rupture par compression est de 63 208 600 kilogr. par mètre carré, et à la rupture par extension à 11 636 500 kilogr.

527. Observations sur les résultats contenus dans ce tableau. — L'examen des résultats fournis par les expériences qui précèdent montre qu'il n'y a pas de concordance possible à établir entre les circonstances qui se produisent dans la flexion des pièces de fonte et celles qui sont relatives à la rupture.

L'on remarquera en effet que les plus grandes valeurs du coefficient d'élasticité E ne correspondent point aux plus grandes valeurs du coefficient de rupture R.

Ainsi la fonte de 2ᵉ fusion, expérience n° 53, qui a fourni pour coefficient d'élasticité la valeur E = 18 270 000 000 kilogr., supérieure de près de moitié à la valeur moyenne générale E = 12 484 000 000 kilogr., n'a donné pour le coefficient de rupture que la valeur

$$R = 20\,013\,000^{kil},$$

très-inférieure à celle

$$R = 32\,441\,000^{kil},$$

qui est fournie par l'ensemble des fontes essayées.

L'on remarquera aussi que les valeurs du coefficient d'élasticité diffèrent en général beaucoup moins entre elles que celles du coefficient de rupture.

528. Observations sur les limites d'extension et de compression des fibres pour lesquelles la théorie du N° **208** est applicable. — C'est ici le lieu de rappeler que l'hypothèse de l'égalité des résistances des fibres à l'extension et à la compression, n'a été admise dans la théorie exposée aux n^os **208** et suivants, que pour les cas où ces extensions et compressions, ainsi que les flexions qui les accompagnent, ne dépassaient pas certaines limites pour lesquelles l'élasticité des corps n'était pas altérée. Alors seulement il est vrai de dire que la couche des fibres invariables passe par le centre de gravité du profil transversal du corps. Mais quand ces limites de déformation sont dépassées et que l'une des résistances devient plus grande que l'autre, les conditions d'équilibre changent, la couche des fibres invariables se rapproche de plus en plus du côté où la résistance est la plus forte, et les formules relatives à la flexion et à l'équilibre des résistances, données aux n^os **208** et suivants, cessent d'être applicables.

Mais comme l'on ne doit jamais atteindre des charges sous lesquelles les extensions et les compressions dépassent les limites au delà desquelles les coefficients d'élasticité relatifs à ces deux effets diffèrent notablement l'un de l'autre, il s'ensuit que l'on peut encore appliquer avec sécurité les formules basées sur l'égalité de ces coefficients.

Si l'on suppose que les solides en fonte ne doivent jamais être chargés que du quart au cinquième du poids qui produirait leur rupture par flexion, on aura, d'après ces expériences, pour la valeur de R, à introduire dans les formules pratiques,

$$R = 8\,110\,250^{kil} \text{ à } 6\,488\,200^{kil},$$

valeurs entre lesquelles se trouve comprise celle que nous avons adoptée au n° **247** et dans les formules de l'*Aide-Mémoire*, et qui est

$$R = 7\,500\,000^{kil},$$

pour les pièces de machines de dimensions ordinaires.

529. Comparaison entre les fontes a l'air froid et a l'air chaud. — Les expériences précédentes sembleraient indiquer que les fontes à l'air froid ont une légère supériorité de résistance sur celles à l'air chaud, mais la différence est assez faible pour pouvoir être plutôt attribuée à la nature des minerais.

Quant aux mélanges des fontes, ils paraissent, en général, contribuer à accroître la résistance, ce qui est admis par la plupart des fondeurs.

530. Influence du mode de fusion. — L'emploi du four à réverbère, pour obtenir des pièces résistantes, est généralement en usage en Angleterre, de préférence à celui des fours appelés *cubilots*. Les expériences précédentes paraissent justifier cette opinion.

531. Expériences sur la résistance des tubes en fonte a la flexion transversale. — M. Stephenson a fait exécuter, dans ses ateliers, par M. J. Hosking, quelques expériences sur la résistance à la flexion et à la rupture des tubes en fonte de diverses formes. Les tubes employés ont été tous fondus en même temps; pour constater l'avantage des différentes formes de la section transversale des tubes, l'aire de cette section, le poids des tubes ainsi que l'épaisseur du métal étaient les mêmes, autant que possible.

Leur longueur était de $6^{\text{p.ang}} = 1^{\text{m}}.830$ entre les supports; leur poids moyen, $35^{\text{kil}}.366$.

Les résultats moyens des expériences sont réunis dans le tableau suivant :

EXPÉRIENCES SUR LA RÉSISTANCE DES TUBES EN FONTE A LA FLEXION ET A LA RUPTURE.

FORME de la SECTION TRANSVERSALE	DIMENSIONS	CHARGES.	FLEXIONS.	COEFFICIENT d'élasticité E	CHARGES de RUPTURE.	COEFFICIENT de rupture Rv.
	m.	kil.	m.	kil.	kil.	kil.
Carrée. $I = \frac{1}{12}(b^4 - b'^4) = 0.000002227$ $\frac{I}{v'} = \frac{1}{6}\frac{(b^4 - b'^4)}{b} = 0.000056026$	$b = 0.0795$ $b' = 0.0603$	355 712 1065 1420 1780	0.0025 0.0053 0.0084½ 0.0117 0.0154	8 159 700 000 7 701 700 000 » » »	2180	21 262 600
Rectangulaire. $I = \frac{1}{12}(ab^3 - a'b'^3) = 0.000002578$ $\frac{I}{v'} = \frac{1}{6}\frac{(ab^3 - a'b'^3)}{b} = 0.000050255$	$a = 0.0562$ $a' = 0.0370$ $b = 0.1026$ $b' = 0.0093$	355 712 1065 1420 1780 2130	0.0018 0.0039 0.0061 0.0085 0.0110 0.0139	9 789 700 000 9 044 300 000 8 646 400 000 » » »	2330	25 335 000
Circulaire. $I = 0.0491 (D'^4 - D''^4) = 0.000002699$ $\frac{I}{v'} = 0.0982\frac{(D'^4 - D''^4)}{D'} = 0.00005475$	$D' = 0.0986$ $D'' = 0.0793$	355 712 1065	0.0022 0.0945 0.0069	7 650 700 000	2320	23 156 200
Elliptique. $I = 0.7854(ab^3 - a'b'^3) = 0.00000031110$ $\frac{I}{v'} = 0.7854\frac{(ab^3 - a'b'^3)}{b} = 0.00074875$	$2a = 0.0688$ $2a' = 0.0496$ $2b = 0.1276$ $2b' = 0.1084$	355 712 1065 1420 1780 2130 2480 2840	0.0018 0.0032 0.0049 0.0067 0.0087 0.0108 0.0130 0.0154	8 115 600 000 9 134 700 000 8 925 200 000 8 701 200 000 »	3250	36 434 000

Moyenne E = 8 586 920 000

La représentation graphique de ces résultats montre que les flexions n'ont été proportionnelles aux charges que pour les premières charges employées, ce qui tient à ce que ces charges étaient déjà voisines de celles que la prudence n'aurait pas permis de dépasser d'une manière permanente et qui, d'après les formules pratiques, auraient été respectivement pour les solives à section

carrée,	rectangulaire,	circulaire,	elliptique,
$2P = 918^{kil}$,	824^{kil},	897^{kil},	799^{kil}.

En calculant le coefficient d'élasticité E de la fonte employée à ces tuyaux, dans les limites où les flexions restent proportionnelles aux charges, on trouve pour sa valeur moyenne

$$E = 8\,586\,920\,000^{kil},$$

quantité qui s'éloigne peu de la valeur moyenne

$$E = 8\,950\,417\,000^{kil},$$

trouvée d'après les expériences de traction et de compression directes de M. Hodgkinson.

On remarquera que les formules pratiques donnent pour les charges permanentes que l'on aurait pu faire supporter avec sécurité aux barres essayées, des valeurs assez différentes et qui sembleraient indiquer que la section carrée, à même quantité de matière, serait la plus avantageuse, et que sous ce rapport les sections seraient rangées dans l'ordre suivant :

carrée,   circulaire,   rectangulaire,   elliptique,

tandis que l'expérience poussée jusqu'à la rupture les a classées dans l'ordre suivant :

elliptique,   circulaire ou rectangulaire,   carrée.

Mais il ne faut pas perdre de vue que les hypothèses sur lesquelles repose la théorie dont on a déduit les formules, ne sont admissibles que pour les petites flexions et ne sont plus conformes au mode d'action des résistances moléculaires au delà de ces limites. Il faut en outre remarquer que, d'une part, le moment d'inertie I croît, et par suite l'expression de la flèche de courbure $f = \frac{1}{3}\frac{PC^3}{EI}$ décroît quand, à quantité égale de matière, la hauteur du solide augmente par rapport à sa largeur, ce qui montre que, sous le rapport de la flexion, il y a avantage à adopter les solides de plus grande hauteur, toutes choses égales d'ailleurs; mais, d'une autre part, le facteur $\frac{I}{v'}$ de la formule $PC = \frac{RI}{v'}$, à quantité égale de matière dans le profil, diminue quand la hauteur augmente, comme on peut le voir dans le cas actuel, où il a les plus faibles valeurs pour les tuyaux elliptiques ou rectangulaires, ce qui conduit à une valeur de R plus grande pour ces solides que pour les autres, quand on applique cette formule à la recherche du coefficient de rupture.

Au surplus, puisqu'il importe surtout de limiter les flexions, et que la théorie, d'accord avec l'expérience, montre qu'elles sont, toutes choses égales d'ailleurs, d'autant moindres que le moment d'inertie du profil est plus grand, il s'ensuit que les profils essayés doivent être, sous ce rapport, classés dans l'ordre suivant :

elliptique,	circulaire,	rectangulaire,	carré,
I = 0.000003110,	0.000002699,	0.000002578,	0.000002222.

Ce sont sans doute ces avantages d'une moindre flexion et d'une plus grande résistance à la rupture, qui avaient engagé M. Stephenson, dans l'origine des études sur les ponts tubulaires, à essayer d'abord les tubes à section elliptique.

352. INFLUENCE DU TEMPS SUR LES FLEXIONS. — Lorsque les pièces de fonte sont chargées de poids qui n'excèdent pas les limites de l'élasticité, et surtout celles qui sont déterminées par nos formules, les flexions qu'elles prennent ne s'accroissent pas avec le temps. L'expérience suivante, due à M. Fairbairn, et qui a duré plus de quatre ans, le montre clairement.

Les barres en essai avaient les dimensions suivantes :

$$2C = 1^m.37,$$
$$a = 0^m.0250,$$
$$b = 0^m.0261.$$

La charge placée au milieu était constante et égale à

$$2P = 152^{kil}.3.$$

D'après ces dimensions et la formule

$$ab^2 = \frac{PC}{1250000},$$

on n'aurait dû charger de semblables barres que d'un poids $2P = 64^{kil}.38$.

Le tableau suivant montre que, malgré cet excédant de charge, la flexion ne s'est pas accrue pendant les quatre années qu'ont duré les observations faites sur deux barres de fonte, obtenues l'une à l'air froid, l'autre à l'air chaud.

DATES des observations.	FLEXIONS de la barre à l'air froid.	FLEXIONS de la barre à l'air chaud.	TEMPÉRATURES	OBSERVATIONS
	mill.	mill.		La barre à l'air chaud a éprouvé un accident après le 6 juin 1840.
23 juin 1838......	0.0033	0.0039	25°.5	
5 juillet 1839....	0.0033	0.0039	22 .2	
6 juin 1840......	0.0033	0.0039	16 .1	
22 novembre 1841.	0.0033	»	10 .0	
19 avril 1842.....	0.0033	»	15 .0	

Ces expériences répétées sur d'autres barres ont donné des résultats semblables, même pour des charges plus grandes. On voit donc que nos formules pratiques conduisent à des charges qui peuvent être supportées par les corps d'une manière permanente avec sécurité.

355. OBSERVATION SUR L'ALTÉRATION DE L'ÉLASTICITÉ DES BARRES EN FONTE. — M. E. Hodgkinson observe avec raison que c'est à tort que Tredgold et d'autres auteurs ont admis que l'élasticité n'était pas altérée tant que la flexion ne dépassait pas un tiers de celle que produit la charge de rupture. L'examen que nous avons fait des résultats d'expériences sur des fontes très-diverses, montre en effet que l'élasticité est altérée et que les flexions cessent d'être proportionnelles aux charges bien avant que celles-ci aient atteint le tiers des charges de rupture.

Il y a même lieu d'ajouter qu'il n'y a pas de relation régulière entre la flexion maximum qui précède immédiatement la rupture et celle où l'élasticité commence à s'altérer notablement, ce qui montre, comme nous l'avons déjà dit, que les expériences faites sur la rupture seule ne sont pas propres à conduire à des règles assez sûres pour la pratique.

334. EXPÉRIENCES SUR DES BARRES DE FONTE AVEC NERVURES. — M. E. Hodgkinson pense même que l'élasticité s'altère et que les corps fléchis conservent toujours des flexions permanentes, quelque petites qu'aient été les charges et les flexions. Il a cherché à mesurer et à soumettre ces flexions permanentes à une règle empirique. Sans contester les chiffres de cet habile observateur, nous ferons observer que, dans la limite des charges permanentes et des flexions que la prudence permet d'admettre, les flèches de courbure permanente qu'il a obtenues sont si faibles qu'elles peuvent être complétement négligées et en partie attribuées à quelque tassement des appuis. C'est au surplus ce que l'on peut vérifier par l'examen des expériences suivantes, qui ont aussi un intérêt particulier, parce qu'elles ont été faites sur des barres de fonte plates, avec une nervure qui a été placée d'abord en dessous et ensuite en dessus, pour constater la différence qui peut en résulter dans la résistance et dans les flexions.

Ces barres en fonte de Carron n° 2 (pl. IV, fig. 13) étaient posées sur des appuis distants de $2C = 1^m.982$, et chargées de poids placés au milieu de leur longueur, on avait

$$a = 0^m.127, \qquad b = 0^m.0076,$$

$$a' = 0^m.0091, \qquad b' = 0^m.032.$$

D'après ces dimensions, ces barres avaient un poids

$$2pC = 17^{kil}.93$$

environ.

Le tableau suivant contient les résultats des expériences.

EXPÉRIENCES SUR LA RÉSISTANCE D'UN SOLIDE EN FONTE A NERVURE.

LA NERVURE EN DESSOUS.			LA NERVURE EN DESSUS.		
CHARGES.	FLEXIONS		CHARGES.	FLEXIONS	
	totale.	permanente.		totale.	permanente.
kil.	mill.	mill.	kil.	mill.	mill.
3.18	0.38	»	3.18		impercept.
6.36	0.81	0.025	6.36	0.63	Idem.
9.54	1.17	0.050	9.54	1.18	0.05
12.72	1.62	0.100	12.72	1.65	0.07
25.44	3.30	0.125	25.44	3.40	0.12
50.88	6.93	0.508	50.88	6.85	0.38
76.30	11.35	0.888	101.80	14.70	1.47
101.80	15.70	1.470	154.00	22.70	2.56
127.00	20.60	2.360	203.80	31.00	3.93
154.00	26.15	3.300	254.00	40.20	5.97
165.50	rupture.	»	305.00	50.40	8.38
			356.00	61.20	12.40
			407.00	»	22.70
			458.00	105.00	26.40
			483.00	»	
			508.00	rupture.	

Si l'on représentait graphiquement les résultats de ces expériences en prenant les charges 2P placées au milieu du solide
pour abscisses et pour ordonnées à une échelle décuple les
flexions indiquées au tableau, qui ne sont en réalité que les accroissements de flexions produits par ces charges et non pas les
flèches totales, on verrait de suite que les flexions sont les
mêmes et ont le même rapport constant avec les charges dans
les deux cas jusque vers la charge totale $2P = 101^{kil}.60$ et même
plus, qui produit une flexion d'environ $\frac{1}{126}$ de la portée.

Or, si l'on se rappelle qu'en discutant les expériences directes
faites sur la résistance de la fonte, à l'extension et à la compression, nous avons trouvé pour le coefficient d'élasticité de la
fonte la même valeur à très-peu près dans les deux cas, on voit
que, dans les limites entre lesquelles l'élasticité n'est pas altérée, et où, par conséquent, les flexions sont proportionnelles
aux charges, on peut, comme le suppose la théorie ordinaire,
admettre que la résistance à l'extension et la résistance à la
compression sont les mêmes, ce qui simplifie les calculs.

Mais il est bien entendu que cette hypothèse ne saurait, sans erreur, être étendue au delà de ces limites.

Pour déduire de ces expériences le coefficient de rupture, la charge permanente à laquelle il conviendrait de soumettre ces barres et le coefficient d'élasticité, il faut recourir aux formules données précédemment.

La première, qui détermine la distance de la fibre neutre à la face plate du profil est (n° **240**) :

$$z = \tfrac{1}{2} \frac{ab^2 + a'b'^2 + 2a'bb'}{ab + a'b'}$$

$$= \tfrac{1}{2} \frac{0.127 \times \overline{0.0076}^2 + 0.0091 \times \overline{0.032}^2 + 2 \times 0.0091 \times 0.0076 \times 0.032}{0.127 \times 0.0076 + 0.0091 \times 0.032} = 0^m.0084.$$

On en déduit $\qquad v' = b - z + b' = 0^m.0312$;

puis $\qquad \dfrac{I}{v'} = \tfrac{1}{3} \dfrac{az^3 - (a - a')(z - b)^3 + a'(b + b' - z)^3}{b - z + b'}$

$$= \frac{0.127 \times \overline{0.0084}^3 - 0.1179 \times \overline{0.0008}^3 + 0.0091 \times \overline{0.0312}^3}{3 \times 0.0312} ;$$

d'où $\qquad\qquad I = 0.0000001172$

et $\qquad\qquad \dfrac{I}{v'} = 0.00\overset{5}{0}03756.$

A l'aide de ces valeurs, on trouve ensuite celles de E, au moyen de la formule (n° **240**),

$$E = \tfrac{1}{3} \frac{PC^3}{fI}.$$

Si l'on calcule les valeurs du coefficient d'élasticité fourni par cette barre en donnant à f les valeurs des flexions obtenues avec la charge $2P = 101^{kil}.80$ et qui ont été, avec la nervure en dessous, $f = 0^m.0157$, et avec la nervure en dessus, $f = 0^m.0147$, on trouve les résultats suivants :

$$\text{La nervure en dessous } E = 8\,974\,000\,000^{kil}$$
$$\text{La nervure en dessus } E = 9\,584\,500\,000$$
$$\text{Moyenne } E = \overline{9\,279\,250\,000}^{kil}$$

valeur qui diffère très-peu de celle de

$$E = 8\,950\,382\,000^{kil}$$

que nous avons déduite, au n° **167**, des expériences du même auteur, sur l'extension et la compression directes de la fonte.

On voit donc par cette discussion que, dans les limites où l'on prétend appliquer la théorie qui a été exposée aux n°ˢ **208** et suivants, elle offre, avec les résultats de l'expérience, une concordance bien suffisante pour la pratique, et que l'on peut admettre, comme nous l'avons fait jusqu'ici, que la ligne des fibres invariables passe par le centre de gravité de la section transversale.

355. Observations sur la resistance des pièces a nervure, a la rupture. — Ce qui précède montre que quand la flexion est renfermée entre certaines limites, les résistances à la compression et à l'extension sont d'abord à peu près les mêmes, et qu'il importe peu de placer la nervure en dessous ou en dessus sous ce rapport. Mais si l'on considère la résistance à la rupture qui arrive beaucoup plus tard et sous des charges bien plus considérables, il en est tout autrement. La résistance à la compression devient plus grande que la résistance à l'extension, à mesure que les flexions dépassent de plus en plus les limites entre lesquelles elles sont proportionnelles aux charges. Il en résulte que la ligne des fibres invariables doit se déplacer, et que, dans la flexion des pièces de fonte, pour chaque nouvelle condition d'équilibre avec chaque charge, elle se rapproche de plus en plus de la partie comprimée. La portion du solide qui est allongée l'est donc de plus en plus, et, dans ce cas, il devient évident que si le solide est, comme dans les expériences précédentes, posé librement sur deux points d'appui, il doit se rompre plus facilement quand la nervure est en dessous et exposée à l'extension, que quand elle est en dessus et exposée à la compression. L'inverse a lieu au contraire s'il s'agit d'un solide encastré par l'une de ses extrémités.

L'expérience confirme complétement ces considérations, comme le montre le tableau précédent, puisque la barre placée avec la nervure en dessus n'a été rompue que par une charge un peu plus que triple de celle qui avait rompu le solide avec la nervure en dessous. Dans cette rupture, lorsque c'est la nervure qui cède par compression, il se détache ordinairement du solide une sorte de coin de la même forme que celui indiqué (pl. III, fig. 6), qui, par l'effet de la compression, est complétement isolé du solide.

Il résulte de cette observation que pour les solides de formes analogues, le coefficient de rupture serait très-différent selon que la nervure serait comprimée ou distendue. Mais, comme la prudence exige que les charges permanentes ne soient jamais telles que l'élasticité soit altérée dans aucune partie du solide, on voit que l'on n'a pas, en général, à tenir compte de cette différence. La valeur $R = 7\,500\,000$ kilogr., que nous avons adoptée pour les formules pratiques des cas ordinaires, conduit toujours à des dimensions et à des charges telles que l'élasticité ne soit pas altérée, quelles que soient d'ailleurs les différences qui proviennent de la nature et de la qualité des fontes employées, pourvu qu'elles ne soient pas en même temps de première fusion et de très-fortes dimensions.

En effet, dans le cas actuel, où

$$\frac{I}{v'} = 0.000004099,$$

on trouve, pour la charge 2P que l'on pourrait faire supporter au corps avec sécurité :

$$P = \frac{RI}{v'} = \frac{7500000 \times 0.000004099}{0^m.991} = 31^{kil}.02 ;$$

d'où $2P = 62^{kil}.02$, tandis que les flexions sont restées, dans les deux cas, proportionnelles aux charges, jusqu'à $2P = 101^{kil}.80$, au moins.

536. De la forme des solives en fonte et de la manière de les charger. — M. E. Hodgkinson a conclu de l'inégalité des résistances que la fonte présente à la compression et à l'extension, lors de la rupture, que dans l'usage des solives en fonte en forme de double T, telles qu'on les emploie généralement pour la construction des ponts de chemins de fer et autres, il fallait donner à la section de la nervure inférieure exposée à l'extension, une étendue beaucoup plus grande qu'à la nervure supérieure, soumise à la compression. Cette règle est généralement suivie par les ingénieurs anglais, parce qu'ils ont l'usage d'adopter pour charge permanente une certaine fraction de la charge de rupture. Quoique cette méthode nous paraisse défectueuse, et que l'on doive limiter les charges d'après la considération des flexions pour lesquelles l'élasticité commence à s'altérer, et que, par la discussion des expériences mêmes de M. E. Hodgkinson, rapportées au n° **165**, on ait vu que le coefficient d'élasticité est le même entre ces limites pour la compression que pour l'extension, il peut être commode, pour les assemblages et pour la pose des solives, etc., de donner à la nervure inférieure plus de largeur et de force qu'à celle du dessus.

Un point fort controversé par les ingénieurs anglais, c'est de savoir s'il n'y a pas d'inconvénients graves, surtout pour les poutres extérieures, à faire porter la charge, ou pour parler plus clairement, les solives transversales des ponts, sur la nervure inférieure, et plus généralement sur le choix des dispositions à prendre en pareil cas.

Les ingénieurs les plus habiles sont presque tous d'accord pour conseiller de ne pratiquer, de ne ménager, dans les solives en fonte de ce genre, aucune ouverture qui interrompe la continuité du solide. Quelques-uns, parmi lesquels je citerai M. Fairbairn et M. Guettier, directeur des usines de Marquise, ne veulent pas même que de petites nervures, perpendiculaires à la longueur et aux faces verticales des poutres, y soient ajoutées, parce qu'à la coulée elles peuvent occasionner des soufflures et d'autres défauts.

La forme la plus simple, parfaitement continue, est celle que l'on adopte le plus généralement. Elle donne la facilité, dont beaucoup d'ingénieurs ont usé, de poser les solives transversales sur la nervure inférieure, ce qui rend la construction du tablier extrêmement simple. Mais ce mode de répartition de la charge expose les poutres extérieures à un effort de torsion que l'on regarde comme dangereux. Cependant l'usage prévaut, et beaucoup d'habiles constructeurs l'ont adopté, non-seulement pour les solives en fonte, mais encore pour celles en tôle de fer.

M. Fairbairn propose le mode suivant, qui, sans altérer en rien les poutres, permettrait de répartir également la charge sur les deux côtés de la nervure inférieure; mais il est un peu plus compliqué que celui que l'on suit ordinairement. Les solives transversales, supposées en fonte, passeraient au-dessous de la nervure inférieure, et seraient suspendues à chacune de ses branches latérales par deux boulons à talons qui s'accrocheraient de part et d'autre de cette nervure.

Si les solives transversales étaient en bois, on pourrait employer un moyen semblable. Ce mode présenterait aussi l'avantage de permettre de remplacer assez facilement une solive sans lever le tablier.

537. Expériences de M. Guettier, ingénieur-directeur des usines de Marquise. — MM. Pinard, propriétaires des usines de Marquise, département du Pas-de-Calais, ont fait exécuter par M. Guettier, ingénieur et directeur de ces usines, plusieurs séries d'expériences sur la résistance des poutres en fonte à la flexion et à la rupture, dont les résultats jettent du jour sur plusieurs circonstances importantes de la fabrication.

Ces expériences, faites les unes sur des poutres de grandes dimensions, les autres sur des modèles très-variés de poutres fondues dans ces usines et réduites à 1 mètre de portée, ont montré :

1° Que dans les pièces à profil constant sur toute la longueur, posées librement sur deux appuis, la section dangereuse est au milieu de la longueur, ce qui doit engager à la renforcer ou à employer les formes des solides d'égale résistance, afin de faire un meilleur emploi du métal.

2° Que les formes les plus simples sont les meilleures, et que toute nervure ou partie en saillie qui peut faire obstacle au mouvement du métal fluide dans le moule, nuit à la résistance par les inégalités qu'elle occasionne dans le retrait, et peut, en outre, produire des défauts; ce qui est complétement d'accord avec les observations de M. Fairbairn, citées au n° 536.

3° Que toutes les poutres évidées, quelle qu'en soit la disposition, ont le défaut très-grave de présenter des inégalités notables de retrait dans leurs diverses parties, et surtout dans les angles et aux points d'attache des nervures, qu'elles offrent beaucoup moins de résistance à la flexion et à la rupture que les pièces pleines faites avec une même quantité de métal; qu'en conséquence, cette disposition doit être réservée pour les pièces où la résistance a peu d'importance, et où il s'agit d'ornementation.

L'auteur conclut aussi de ses expériences, que l'emploi des formes à double T est très-avantageux, et il incline à donner la préférence au profil à doubles T inégaux déduit des récentes expériences de M. Hodgkinson sur la rupture des solives en fonte par flexion.

Mais comme il signale lui-même les dangers des flexions sensibles dans les pièces de fonte, qui se rompent brusquement dès qu'elles prennent des flèches égales à $\frac{1}{150}$ et même $\frac{1}{200}$ de leur portée, il est conduit à admettre pour règle que les flexions des poutres doivent être à peu près insensibles.

Or, en limitant ainsi les flexions et par suite les extensions et les compressions des fibres, les phénomènes se trouvent renfermés dans les limites où les résistances de la fonte, à l'extension et à la compression, sont à très-peu près égales, et dès lors on est conduit à donner aux doubles T une forme symétrique, comme nous le verrons un peu plus loin. Quelques-unes des expériences de M. Guettier, faites sur des poutres à T simple successivement posées sur la semelle ou sur la nervure du T, montrent, comme celles de M. Hodgkinson citées au n° **334**, que jusqu'à des charges égales à $\frac{1}{3}$ ou à $\frac{1}{4}$ de celles qui produiraient la rupture, et par conséquent bien au-dessus de celles que l'on doit admettre dans la pratique, les flexions sont les mêmes dans les deux cas, ce qui ne peut arriver qu'autant que les résistances à l'extension et à la compression sont les mêmes.

On trouve, en effet, dans la seconde série d'expériences de l'auteur, les résultats suivants :

PROFIL.	MODE DE POSE.	FLEXION sous la CHARGE DE 2000 KIL. placée au milieu.	
(profil 150, 70, 6.5, 8)	Sur la semelle..........	0.007	Moyenne. 0.0065
	Sur l'arête.............	0.005	
(profil 100, 70, 6.5, 8)	Sur la semelle..........	0.005	0.0055
	Sur l'arête.............	0.006	
(profil 60, 70, 6.5, 8)	Sur la semelle..........	0.008	0.0075
	Sur l'arête.............	0.007	

Ces expériences, dans lesquelles les flexions ont été à peu près les mêmes, quel que fût le mode de pose des pièces, montrent bien que les choses se passent, à très-peu près, comme le suppose la théorie, et que, par conséquent, dans les limites des flexions et des charges admises par la pratique, on peut suivre avec confiance les règles de cette théorie, et qu'en définitive il y a avantage, pour diminuer les flexions et par suite la fatigue, à faire les semelles et les T égaux en dessus et en dessous. C'est d'ailleurs ce que justifient les expériences suivantes faites sur deux poutres de même poids :

PROFIL.	POIDS DES POUTRES.	FLEXION sous la CHARGE DE 200 KIL. placée au milieu.
	kil. 10.60	m. 0.008
	10.60	0.003

L'on voit en effet que la poutre à doubles T, à semelles égales, a pris, sous la même charge, une pression beaucoup moindre que celle à semelles différentes du modèle anglais.

538. Observation sur les formes des solides d'égale résistance. — D'après ce que l'on a vu aux nos **269** et **285** au sujet des solides d'égale résistance, et d'après les résultats des expériences, ils offrent des avantages au point de vue de l'économie de la matière, mais pour les poutres des ponts leur emploi présente quelques difficultés.

La forme parabolique du profil longitudinal conduit à des sujétions pour la pose du tablier, et n'est pas sans inconvénient pour l'égalité du retrait. L'élargissement des semelles inférieures et supérieures dans le sens horizontal est plus commode et n'offre pas d'inconvénients à la coulée. Il n'en est pas tout à fait de même de l'épaississement de la nervure ou âme, qui occasionne quelquefois du gauchissement à la coulée, et dont il ne faut user qu'avec beaucoup de mesure.

359. Observation relative aux poutres cintrées. — Quelques constructeurs, par une fausse analogie qu'ils supposaient exister entre les arcs en pierre composés de voussoirs et les arcs en fonte d'une seule pièce, ont donné à des poutres en fonte une courbure plus ou moins prononcée.

Les expériences suivantes de M. Guettier prouvent que les poutres de ce genre n'offrent aucun avantage sous le rapport de la résistance à la flexion ou à la rupture.

FORME DES POUTRES.	FLEXION sous la charge de 2000 kil.	CHARGE de rupture.	AIRES de la section au milieu.
	m.		m. q.
Poutre en double T, droite............	0.003	9960	217.3
à semelles inégales....{cintrée à 1/10..	0.003	9540	217.3
{cintrée à 3/10..	0.007	9685	217.3

540. Observations sur quelques proportions. — Les conditions de la fabrication doivent être prises en considération dans la détermination des proportions des poutres en fonte. Ainsi, malgré l'augmentation théorique de résistance qui résulte à quantité égale de matière d'un accroissement de la hauteur b des poutres et de la diminution de l'épaisseur de l'âme, il ne faut pas perdre de vue que pour la facilité et la bonne exécution, cette épaisseur ne doit pas être trop faible. M. Guettier indique comme limite inférieure de l'épaisseur de l'âme :

20 millimètres pour les poutres de 4^m de portée.
25   *idem*.................... 5^m
30   *idem*.................... 6^m
35   *idem*.................... 8^m

Il recommande en outre, d'accord en cela avec M. Fairbairn, comme nous l'avons déjà dit, d'éviter l'emploi des nervures ou saillies qui, au lieu de maintenir les semelles, amènent trop souvent des accidents dont le fondeur le plus expérimenté n'est pas toujours maître.

541. Comparaison des formules précédentes avec une for-

MULE PRATIQUE SUIVIE PAR QUELQUES INGÉNIEURS FRANÇAIS ET AN-
GLAIS. — Les ingénieurs anglais et, d'après eux, quelques ingénieurs français se servent, pour déterminer les relations
convenables entre les charges, les portées et les dimensions
des poutres en fonte ou en fer, d'une formule plus simple que
celles auxquelles nous conduisent les considérations précédentes, et qui est

$$P = m . \frac{SH}{L},$$

et dans laquelle

P représente la charge placée au milieu de la portée ;

S la surface de la section transversale ;

H la hauteur de la pièce au milieu de sa longueur ;

L la portée ;

m un coefficient numérique constant.

Ce qui, d'après les notations que nous avons adoptées, revient à

$$P = \frac{m}{4} \frac{Ab}{C},$$

attendu que pour les solides posés librement sur deux appuis,
nous avons désigné par :

2P la charge supposée placée au milieu de la longueur ;

A l'aire de la section transversale au même endroit ;

2C la portée totale ;

b la hauteur de la portée au milieu de sa longueur.

En thèse générale, cette formule n'est pas d'accord avec les
principes de la théorie que nous avons posés, et elle ne le serait
pas davantage avec les résultats de l'expérience ; mais si l'on se
borne à l'appliquer à des solides de sections semblables, c'est-
à-dire dont les profils transversaux aient les côtés homologues
proportionnels, il est facile de faire voir qu'elle revient aux for-

mules que nous avons données, et comme elle est plus simple et d'une application plus facile, on pourra l'employer, comme nous allons le faire voir.

Prenons d'abord pour exemple le cas le plus compliqué des solides à section en forme de double T à semelles différentes du n° **231**, pour lesquels la distance de la couche des fibres invariables à la surface supérieure est donnée par la formule

$$x = \frac{(a-a_1)b_1^2 + a_1b^2 + 2(a'_1-a_1)b'_1\left(b-\frac{b'_1}{2}\right)}{2\{(a-a_1)b_1 + a_1b + (a'_1-a_1)b'_1\}}$$

et

$$\frac{I}{v'} = \tfrac{1}{3}\frac{\{ax^3 - (a-a_1)(x-b_1)^3 + a'_1(b-x)^3 - (a'_1-a_1)(b-x-b'_1)^3\}}{x}$$

et supposons qu'il existe entre les dimensions a, a_1, a'_1, b, b_1 et b'_1 (pl. III, fig. 20) les rapports constants suivants :

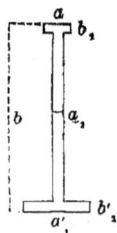

$$a_1 = na,$$
$$a'_1 = n'a,$$
$$b_1 = mb,$$
$$b'_1 = m'b.$$

Remarquons d'abord qu'on a par l'aire de la section transversale

$$A = a_1b + (a-a_1)b_1 + (a'_1a_1)b'_1 = ab\{n + (1-n)m + (n'-n)m'\} = K.ab$$

en posant $\quad K = n + (1-n)m + (n'-n)m'.$

On trouve ensuite

$$x = \frac{a(1-n)m^2b^2 + anb^2 + 2(n'-n)am'b^2\left(1-\frac{m'}{2}\right)}{2ab\{(1-n)m + n + (n'-n)m'\}}$$
$$= b.\frac{(1-n)m^2 + n + 2(n'-n)m'\left(1-\frac{m'}{2}\right)}{2\{(1-n)m + n + (n'-n)m'\}} = K_1b$$

en posant

$$K_1 = \frac{(1-n)m^2 + n + 2(n'-n)m'\left(1-\frac{m'}{2}\right)}{2\{(1-n)m + n + (n'-n)m'\}},$$

et enfin

$$\frac{I}{v'} = \frac{1}{3}\frac{ab^3\{K_1^3 - (1-n)(K_1-m)^3 + n'(1-K_1)^3 - (n'-n)(1-K_1-m')^3\}}{K_1 b}$$

$$= \frac{1}{3}K_2 ab^2$$

en posant

$$K^2 = \frac{\{K_1^3 - (1-n)(K_1-m)^3 + n'(1-K_1)^3 - (n'-n)(1-K_1-m')^3\}}{K_1}.$$

Or, de la relation

$$A = \tfrac{1}{4}Kab,$$

l'on déduit

$$ab = \frac{A}{K},$$

et par suite

$$\frac{I}{v'} = \frac{1}{3}\frac{K_2}{K}.Ab;$$

ce qui ramène la formule

$$\frac{RI}{v'} = PC \quad \text{à} \quad \frac{1}{3}R.\frac{K_2}{K}.Ab = P.C,$$

d'où l'on tire

$$P = \frac{1}{3}R.\frac{K'_2}{K'}.\frac{Ab}{C},$$

formule dans laquelle $\frac{1}{3}R.\frac{K_2}{K}$ est un coefficient constant pour toutes les poutres à sections semblables dans lesquelles il existe entre les dimensions a, a_1, a'_1, b, b_1 et b'_1, des relations constantes comme nous l'avons indiqué plus haut, et où l'on sait que, pour des poutres de pont qui doivent fléchir très-peu, il convient de faire tout au plus

$$R = 3\,750\,000 \text{ kilogr.}$$

342. SIMPLIFICATION DE CETTE FORMULE. — Nous ajouterons

que la formule pratique des Anglais peut encore être simplifiée, attendu qu'en établissant entre la largeur a de la semelle supérieure et la hauteur totale b du solide un rapport constant $a = rb$, ce qui est nécessaire pour que toutes les sections soient exactement semblables, on a

$$A = Kr.b^2,$$

et par suite

$$P = \tfrac{1}{3}\frac{K}{K^2}R\frac{Krb^3}{C} = \tfrac{1}{3}K_2r.R.\frac{b^3}{C},$$

d'où l'on déduira facilement la hauteur à donner à la pièce pour une charge 2P et une portée 2C données.

543. APPLICATION AUX POUTRES A T NON SYMÉTRIQUES OU A SEMELLES INÉGALES. — L'on a employé sur plusieurs chemins de fer, et particulièrement sur celui de Cherbourg, des poutres en fonte à T inégaux, dont la forme a été indiquée en Angleterre comme une conséquence des expériences les plus récentes faites sur la résistance à la rupture par flexion. Nous avons fait connaître les motifs qui nous empêchaient d'admettre les conséquences extrêmes de ces expériences, fort bien faites d'ailleurs et dues en grande partie au savant M. Hodgkinson, parce que nous pensons que les charges et les flexions doivent être tellement limitées, surtout dans les grandes constructions, qu'elles atteignent à peine la moitié de celles où l'élasticité commencerait à être altérée, et que dans ces limites les résistances à la compression et à l'extension sont sensiblement égales aussi bien pour la fonte que pour le fer; ce qui conduit à adopter, pour les fers à double T, la forme symétrique. Mais nous donnerons néanmoins une application de la formule précédente à une série de poutres semblables, qui se rapproche beaucoup des proportions admises en Angleterre et sur le chemin de Cherbourg.

Trois poutres de ce système faites pour des portées de 4 mètres, de 6 mètres et de 8 mètres ont été essayées aux usines de Marquise par M. Guettier, ingénieur, directeur de ces usines. Elles avaient les dimensions suivantes :

POUTRES DU CHEMIN DE CAEN.

PORTÉE, 2C.	LONGUEUR totale.	HAUTEUR b.	SEMELLE supérieure a.	ÉPAISSEUR a_1.		$n=\dfrac{a_1}{a}$.	SEMELLE inférieure a'_1.	$n'=\dfrac{a'_1}{a}$.	SEMELLE supérieure b_1.	$m=\dfrac{b_1}{b}$.	SEMELLE inférieure b'_1.	$m'=\dfrac{b'_1}{b}$.	$r=\dfrac{a}{b}$.
	m.	m.	m.	m.			m.		m.		m.		
4	4.70	0.400	0.090	$\begin{Bmatrix}0.030\\0.020\end{Bmatrix}$	0.025	0.278	0.280	3.12	0.020	0.050	0.030	0.075	0.225
6	6.93	0.518	0.116	$\begin{Bmatrix}0.041\\0.024\end{Bmatrix}$	0.032	0.277	0.352	3.04	0.026	0.050	0.041	0.079	0.225
8	9.10	0.580	0.130	$\begin{Bmatrix}0.050\\0.027\end{Bmatrix}$	0.037	0.285	0.380	2.93	0.030	0.052	0.045	0.078	0.225
						0.280		3.06		0.051			0.225

Il résulte de ces données que l'on se rapprochera beaucoup des proportions des poutres en usage sur le chemin de fer de l'Ouest en posant les rapports simples

$$a_1 = 0.3a, \qquad a'_1 = 3.a,$$

$$b_1 = 0.05b, \qquad b'_1 = 0.08b,$$

et

$$a = 0.25b;$$

ce qui revient à faire

$$n = 0.3, \qquad n' = 3, \qquad m = 0.05,$$

$$m' = 0.08 \qquad \text{et} \qquad r = 0.25;$$

d'où l'on déduit d'abord

$$A = Kab = \{0.3 + (1-0.3)0.05 + (3-0.3)0.08\}ab = 0.551.ab,$$

puis

$$K_1 = \frac{(1-0.3)\overline{0.05}^2 + 0.3 + 2(3-0.3)0.08(1-0.04)}{2\{(1-0.3)0.05 + 0.3 + (3-0.3)0.08\}} = 0.650,$$

et ensuite

$$K_2 = \frac{\overline{0.65}^3 - (1-0.3)(0.65-0.05)^3 + 3(0-0.65)^3 - (3-0.3)(1-0.65-0.08)^3}{0.65} = 0.3075.$$

Il résulte de ces valeurs

$$K = 0.551, \quad K_1 = 0.650, \quad K_2 = 0.3075. = K.$$

$$P = \tfrac{1}{3} R . \frac{0.3075}{0.251} . \frac{Ab}{C} = 0.186 R \frac{Ab}{C},$$

ou en admettant que

$$a = 0.25 b,$$

ce qui donne

$$A = Kab = 0.551 \times 0.25 b^2 = 0.138 b^2$$

et

$$P = 0.026 R . \frac{b^3}{C}.$$

La prudence et la nécessité de limiter les flexions des poutres des ponts, et particulièrement lorsqu'ils sont destinés à donner passage aux trains des chemins de fer, ont conduit les ingénieurs à n'admettre, dans des cas pareils, pour le coefficient R, que la valeur

$$R = 2\,000\,000 \text{ kilogr.},$$

ce qui conduit à la formule pratique

$$P = 52000 \frac{b^3}{C}, \quad \text{d'où} \quad b^3 = \frac{PC}{52000}.$$

544. APPLICATION AUX POUTRES A DOUBLE T A SEMELLES ÉGALES. — Pour faire aux poutres à T dont les deux semelles sont égales une application semblable, il suffirait de faire dans les valeurs des nombres K, K_1 et K_2, $n' = 1$ et $m' = m$; mais comme pour ce profil à double T symétrique nous avons adopté, pour la facilité des calculs, aux n°^{os} **228** et suivants, d'autres notations, nous calculerons directement les différents coefficients numériques.

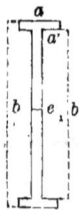

En établissant les rapports (pl. III, fig. 18)

$$a' = pa \quad \text{et} \quad b' = qb,$$

on a

$$A = ab - 2a'b' = ab(1 - 2pq) = K . ab,$$

d'où
$$ab = \frac{A}{K},$$

en posant
$$K = 1 - 2pq;$$

puis
$$\frac{I}{v'} = \frac{1}{6}\frac{(ab^3 - 2a'b'^3)}{b} = (1 - 2pq^3)\frac{ab^2}{6} = \frac{(1 - 2pq^3)}{1 - 2pq}\cdot\frac{A.b}{6},$$

et enfin
$$P = \frac{1}{6}\frac{(1 - 2pq^3)}{1 - 2pq}R.\frac{Ab}{C},$$

ce qui revient encore à la formule des Anglais pour toutes les poutres dans lesquelles les rapports p et q seront les mêmes, c'est-à-dire qui auront pour profil des figures semblables à côtés homologues proportionnels. Prenons, par exemple, pour type un profil qui se rapproche beaucoup de celui des poutres du pont du chemin de fer d'Hazebrouck à Calais, et des ponts, plus nouveaux, du chemin de fer d'Auteuil, et admettons les valeurs

$$p = 0.4, \quad q = 0.92;$$

nous en déduirons

$$\frac{1 - 2pq^3}{1 - 2pq} = \frac{0.37705}{0.264} = 1.438$$

et
$$A = (1 - 2pq)ab = 0.264\,ab, \quad P = 0.238R.\frac{Ab}{C}.$$

Si, de plus, on admet que $a = 0.25\,b$, on en déduit

$$A = (1 - 2pq)ab = 0.066\,b^2$$

et
$$P = 0.0157R.\frac{b^3}{C}.$$

En faisant, comme au n° **345**,

$$R = 2\,000\,000 \text{ kilogr.},$$

on a
$$P = 31\,400\,\frac{b^3}{C},$$

d'où
$$b^3 = \frac{PC}{31\,400},$$

formule qui servira pour calculer les dimensions.

345. COMPARAISON EXPÉRIMENTALE DES POUTRES A DOUBLE T
AVEC SEMELLES INÉGALES ET DES POUTRES AVEC SEMELLES ÉGALES.

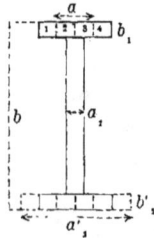

—Pour faire d'une manière bien nette la comparaison des deux systèmes de poutres, nous
supposerons qu'ayant fait, d'après les proportions du n° **195**, le modèle d'une poutre à
double T à semelles égales, et que, laissant
la hauteur totale, l'épaisseur de l'âme et celle
des semelles les mêmes, on partage la largeur a de sa semelle supérieure en quatre
parties 1, 2, 3 et 4, et qu'on enlève les parties extérieures 1 et 4
de cette semelle pour les reporter à droite et à gauche de la semelle inférieure; on aura alors le modèle d'une poutre à semelles inégales, dont les diverses parties auront les proportions
suivantes :

$$a_1 = 0.4\,a, \quad a'_1 = 3\,a, \quad b_1 = b'_1 = 0.046,$$

ce qui donne

$$n = 0.4, \quad n' = 3, \quad m = m' = 0.04,$$

d'où l'on déduit

$$K = n + (1-n)m + (n'-n)m' = 0.4 + (1-0.4)0.04 + (3-0.4)9.04$$
$$= 0.528,$$

$$K_1 = \frac{(1-n)m^2 + n + 2(n'-n)m'\left(1-\frac{m'}{2}\right)}{2\{(1-n)m + n + (n'-n)m'\}} = 0.578,$$

$$K_2 = \frac{\{K_1^2 - (1-n)(K_1-m)^3 + n'(1-K_1)^3 - (n'-n)(1-K_1-m')^2\}}{K_1}$$
$$= 0.311;$$

puis

$$P = \tfrac{1}{3}R \cdot \frac{K_2}{K} \cdot \frac{Ab}{C} = \tfrac{1}{3}R \cdot \frac{0.311}{0.528} \cdot \frac{Ab}{C} = 0.196\,R\frac{Ab}{C}\;\; 0.196\,R.\frac{Ab}{C},$$

tandis que, pour la poutre à semelles égales du n° **195**, de
même hauteur, de même épaisseur, soit à l'axe, soit aux semelles, nous avons trouvé

$$P = 0.238\,R\,\frac{Ab}{C},$$

ce qui montre que les charges que l'on peut faire supporter, dans les limites que nous avons indiquées, à ces dernières poutres, sont à celles qui conviendraient aux poutres à semelles inégales dans le rapport

de 238 à 198, ou de 1.2 à 1, ou de 6 à 5.

Si l'on recherche aussi le rapport des flexions des poutres proportionnées, comme nous venons de le dire, on a d'abord, pour la poutre à sections inégales,

$$I = \tfrac{1}{3}\frac{K^2}{K}\,v'Ab = \tfrac{1}{3}\frac{K_2 K_1}{K}\,AB^2,$$

à cause de $\qquad v' = x = K_1 b$,

d'où, à l'aide des données numériques précédentes,

$$K = 0.528, \quad K_1 = 0.578 \quad \text{et} \quad K_2 = 0.311,$$

l'on déduit $\qquad I = 0.1144 Ab_2$;

et en appliquant la formule du n° **263**, qui donne la flexion d'un solide posé librement sur deux appuis et chargé d'un poids $2pC$ uniformément réparti sur sa longueur $2C$, qui est

$$f = \tfrac{1}{3}\frac{C^3}{EI} \cdot \tfrac{5}{8}pC,$$

on trouve, pour la poutre à semelles inégales, des proportions ci-dessus,

$$f = \frac{1}{0.343}\frac{C^3}{EA\,b^2} \cdot \tfrac{5}{8}pC,$$

tandis que, pour la poutre à semelles égales, on a d'abord

$$I = \frac{1 - 2pq^3}{1 - 2pq} \cdot \frac{Ab^2}{12} = 0.119 Ab^2,$$

et par suite,

$$f = \frac{1}{0.357}\frac{C^3}{EAb^2} \cdot \tfrac{5}{8}pC.$$

Donc ces deux poutres, ayant même surface de section, même

hauteur et même épaisseur, prendront les flexions qui sont
dans le rapport

$$\text{de } 357 \text{ à } 343, \quad \text{ou} \quad \text{de } 1.04 \text{ à } 1.00,$$

ce qui montre que, sous ce rapport encore, les poutres à semelles égales ont un léger avantage, mais que les flexions restent à peu près les mêmes dans les deux cas.

L'on remarquera que, dans la comparaison précédente, nous
n'avons pas admis, comme le font quelques ingénieurs, que
l'épaisseur de la semelle inférieure fût plus grande que celle de
la semelle supérieure, ce qui, à hauteur extérieure et quantité
de matières égales, eût encore diminué le moment d'inertie I
qui entre au dénominateur de la valeur de la flexion et aurait
contribué à augmenter cette flexion pour les poutres à semelles
inégales.

Les résultats que nous venons d'obtenir sont encore bien plus
tranchés, si nous comparons les poutres à semelles inégales des
proportions du chemin de Caen avec celles à semelles égales
des proportions admises au n° 346, quoique ces dernières satisfas-
sent aux conditions d'épaisseur réclamées par les fondeurs.

346. RÉSULTATS D'EXPÉRIENCES SUR DES POUTRES PROPOR-
TIONNÉES COMME IL EST INDIQUÉ AU NUMÉRO PRÉCÉDENT —
C'est pour réaliser la comparaison que je viens d'indiquer que
j'ai fait exécuter, chez MM. Pinard frères, à Marquise, les deux
poutres en fonte qui ont servi aux expériences rapportées au
n° 195. Elles devaient avoir, pour satisfaire aux conditions posées dans l'article précédent, les dimensions indiquées aux figures ci-contre.

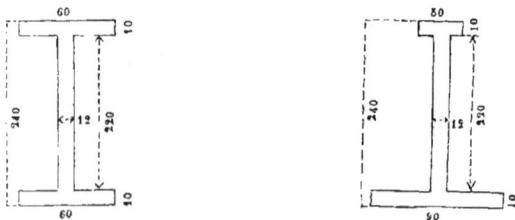

Mais les indications données n'ayant pas été tout à fait suivies, les poutres ont eu en réalité les dimensions indiquées au tableau du n° **337**, d'où il est résulté les valeurs suivantes pour les éléments des formules :

Aire de la section transversale.

Poutres à semelles égales. . . . . $A = 0^{m\cdot q}.004350$

Poutres à semelles inégales. . . . . $A = 0^{m\cdot q}.004060$

En se reportant à la figure (n° **337**), il est facile de déterminer la distance du centre de gravité du profil de la poutre à semelles inégales à ses faces extérieures.

En la supposant, en effet, composée :

1° D'un profil présentant deux semelles égales de $0^m.032$ de largeur, et dont le centre de gravité serait au milieu de la hauteur du profil, ou à $0^m.1215$ de la face supérieure ;

2° De deux appendices rectangulaires placés à droite et à gauche de la semelle inférieure, et ayant ensemble $0^m.064$ de largeur sur $0^m.011$ d'épaisseur, et dont le milieu serait à $0^m.2430 - 0^m.0055 = 0^m.2375$ de la face supérieure du profil général,

on voit facilement que l'aire de la partie symétrique est

$$2 \times 0.032 \times 0.011 + 0.221 \times 0.012 = 0.003366 ;$$

que son moment par rapport à la face supérieure est

$$0^{m\cdot q}.003366 \times 0^m.1215 = 0.000409 ;$$

que le moment des deux appendices, dont l'aire

$$0^m.064 \times 0^m.011 = 0^{m\cdot q}.000704,$$

est $\qquad 0^{m\cdot q}.000704 \times 0.2375 = 0.000167.$

Le moment total du profil est donc

$$0.000576.$$

L'aire totale de ce profil étant

$$0^{m \cdot q}.003366 + 0^{m \cdot q}.000704 = 0^{m \; q}.004070,$$

il s'ensuit que la distance du centre de gravité du profil à la face supérieure est

$$\frac{0.000576}{0.00407} = 0^m.1415,$$

et, par conséquent, sa distance à la face inférieure est égale à

$$2^m.2430 - 0^m.1415 = 0^m.1015.$$

Donc, si les fibres des molécules qui composent cette poutre se compriment ou s'allongent proportionnellement à leur distance au plan qui passe par le centre de gravité du profil, et qui est parallèle aux forces supérieure et inférieure de ce profil, et si la couche des fibres invariables coïncide avec ce plan, on devra observer les résultats suivants :

1° Quand la poutre reposera sur sa semelle la plus longue, les raccourcissements des fibres situées à la face concave supérieure seront aux allongements des fibres situées à la face inférieure dans le rapport

de 1415 à 1015,   ou   de 1.394 à 1.000.

2° Quand la pièce reposera sur sa semelle la plus étroite, les raccourcissements des fibres situées à la face concave seront aux allongements à la face convexe dans le rapport inverse

de 1015 à 1415,   ou   de 0.717 à 1.000.

Or l'expérience a donné, dans le premier cas, la poutre reposant sur sa semelle la plus large,

Rapport des raccourcissements aux allongements par 100 kil. de charge.............

$$\begin{cases} 1^{re} \text{ expérience,} & \dfrac{0.071}{0.055} = 1.291 \\[2mm] 2^e \text{ expérience,} & \dfrac{0.076}{0.052} = 1.461 \end{cases}$$

Moyenne................   1.376

et dans le second cas, où la poutre reposait sur sa semelle la plus étroite,

Rapport des raccourcissements aux allongements.........
$$\begin{cases} \text{1}^{\text{re}} \text{ expérience,} & \dfrac{0.059}{0.080} = 0.737 \\[2ex] \text{2}^{\text{e}} \text{ expérience,} & \dfrac{0.058}{0.074} = 0.784 \end{cases}$$

$$\text{Moyenne}\ldots\ldots\ldots\ldots\ldots \quad \overline{0.760}$$

L'on voit donc que les résultats de l'expérience concordent avec ceux de la théorie autant que l'homogénéité des matériaux permet de l'espérer.

347. Résultats relatifs a la flexion. — Par suite des dimensions données aux pièces exécutées, l'on a, pour la poutre à semelles égales,

$$a = 0^{\text{m}}.051,$$

$$b = 0^{\text{m}}.242,$$

$$2a' = 0^{\text{m}}.036,$$

$$b' = 0^{\text{m}}.222,$$

et le moment d'inertie du profil est

$$I = \tfrac{1}{12} \{ 0.051 \times \overline{0.242}^3 - 0.036 \times \overline{0.222}^3 \} = 0.0000278,$$

et pour la poutre à semelles inégales,

$$a = 0^{\text{m}}.032,$$

$$b = 0^{\text{m}}.243,$$

$$a'_1 = 0^{\text{m}}.096,$$

$$b' = 0^{\text{m}}.221,$$

$$a_1 = 0^{\text{m}}.012,$$

$$b_1 = b'_1 = 0^{\text{m}}.011,$$

$$x = 0^{\text{m}}.1415,$$

et, par suite, le moment d'inertie du profil est

$$I = \tfrac{1}{3}\{0.032 \times \overline{0.1415^3} - (0.032 - 0.012)\overline{(0.1415 - 0.011)}^3$$
$$+ 0.096\overline{(0.243 - 0.1415)}^3\} - (0.096 - 0.012)\overline{(0.243 - 0.1415 - 0.01)}^3$$
$$= 0.00002006.$$

Les moments d'inertie des profils de ces deux poutres étant à très-peu près égaux, il s'ensuit que, sous les mêmes charges, les flexions des deux poutres, données par la formule

$$f = \tfrac{1}{3}\frac{C^3}{EI}P,$$

devaient être les mêmes, et que, pour la poutre à semelles inégales, ces flexions devaient aussi être les mêmes, quand elle était posée sur la semelle la plus large ou sur la plus étroite.

Ces conclusions sont aussi exactement vérifiées par l'expérience qu'on peut le désirer pour de semblables recherches, puisque, dans ces trois cas, les flexions par 100 kilogr. de charge ont toujours été comprises entre $0^{mill}.36$ et $0^{mill}.38$.

548. VALEUR DU COEFFICIENT D'ÉLASTICITÉ DE LA FONTE , FOURNIE PAR CES DEUX POUTRES. — Ces poutres à double T, sur lesquelles l'on a vérifié avec tant d'exactitude que, bien au delà des flexions que la pratique peut tolérer, les allongements des fibres de la partie convexe et les raccourcissements des fibres de la partie concave sont proportionnels aux distances de ces fibres à la couche des fibres qui passe par le centre de gravité du profil, peuvent nous fournir la valeur du coefficient d'élasticité de la fonte avec laquelle elles ont été fabriquées.

La première, celle dont les semelles sont égales, fournit les données

$$I = 0.0000278, \quad 2P = 100^{kil}, \quad f = 0^m.00036, \quad 2C = 4^m.00 ,$$

$$E = \tfrac{1}{3}\frac{P \cdot C^3}{fI} = \tfrac{1}{3}\frac{50 \times \overline{2}^3}{0.00036 \times 0.0000278} = 13\,322\,000\,000^{kil}.$$

La seconde, celle dont les semelles sont inégales, fournit les
données

$$I = 0.00002806, \quad 2P = 100^{kil}, \quad f = 0^m.00038, \quad 2C = 4^m.00,$$

$$E = \frac{1}{3}\frac{PC^3}{fI} = \frac{1}{3}\frac{50 \times 2^3}{0.00038 \times 0.00002806} = 12\,505\,000\,000^{kil}.$$

549. DES PORTÉES DES POUTRES SUR LEURS APPUIS. — La longueur de portée des poutres sur leurs appuis et la section transversale de ces poutres à l'aplomb du bord de ces appuis, est
d'une importance qu'il ne faut pas perdre de vue.

Ces supports, qui sont eux-mêmes susceptibles de céder sous
les charges, ne doivent être soumis qu'à des efforts proportionnés à leur résistance à l'écrasement. Il importera donc de
déterminer en conséquence les surfaces d'appui des poutres,
d'après les règles qui ont été données pour la résistance des
matériaux à la compression.

Mais il faut de plus que la poutre, à l'endroit même où elle
porte et dans le plan vertical du bord de l'appui, ait une section
transversale capable de résister à cet effort, qui tend à la couper
en cet endroit, et qu'on désigne sous le nom de *cisaillement*, par
suite de l'analogie de cette action avec celle de la cisaille.

Toutes les fois qu'il s'agira de poutres droites à section constante, la section dangereuse étant évidemment au milieu de
leur longueur, il n'y aura pas à se préoccuper de la résistance
au cisaillement ; mais pour les pièces de forme parabolique,
pour lesquelles l'origine de la parabole devrait théoriquement
être à l'aplomb du bord de l'appui, il faudra, au contraire,
prendre cette origine au delà de ce point, afin que la section
transversale faite par le plan vertical qui passe par cet endroit
offre une aire suffisante.

Il est d'usage de donner aux poutres en fonte une longueur
de portée d'appui sur les piles ou supports égale à chaque bout
à la hauteur de la poutre en son milieu. Avec cette proportion,
l'origine de la parabole du solide d'égale résistance se trouvera
reportée assez loin pour que l'on n'ait rien à craindre quant au
cisaillement.

350. Observations sur les proportions des solives en fonte adoptées par les ingénieurs anglais. — La plupart des ingénieurs prudents n'admettent, pour la plus grande charge permanente des solives en fonte destinées à des ponts de chemins de fer, que le cinquième et même le sixième de la charge de rupture, ce qui revient à faire, dans les formules pratiques :

$$R = 6\,488\,200^{kil} \quad \text{ou} \quad 5\,407\,000^{kil}.$$

Pour les ponts ordinaires, et surtout pour des constructions qui ne sont pas exposées à des vibrations, on admet généralement des charges permanentes égales à un quart de celles de rupture, ce qui revient à faire :

$$R = 8\,110\,000^{kil},$$

et s'éloigne peu de la valeur

$$R = 7\,500\,000^{kil},$$

que nous avons adoptée dans l'*Aide-Mémoire*, et que nous conserverons pour les cas ordinaires.

Dans les ponts de chemins de fer, les ingénieurs anglais s'accordent à estimer la charge du pont par pied courant à 1.5 ou 2 tonnes, ce qui revient à 5000 ou 6655 kilogr. par mètre courant de voie ou de paire de rails.

L'épreuve à faire subir aux solides n'excède que rarement le tiers de la charge de rupture, et beaucoup d'ingénieurs préfèrent n'employer que la charge réelle maximum, en observant les flexions.

Enfin la limite des flexions que les poutres peuvent prendre sous la charge est fixée d'une manière très-variable par les ingénieurs anglais, qui d'ailleurs ne paraissent pas s'occuper de la calculer à l'avance. Cette quantité dépend en effet tellement de la nature des fontes, comme on a pu le voir par les expériences, qu'il faut bien connaître celles que l'on emploie. Cependant les fontes obtenues par des mélanges et d'un grain gris assez fin, que l'on doit préférer, diffèrent entre elles moins que les autres. On peut calculer, par les formules des n^os **277** et suivants, la flèche de courbure des solides, et reconnaître les charges correspondantes à telle limite que l'on jugera convenable de fixer.

Généralement on s'accorde à admettre que la flexion des poutres en fonte ne doit pas dépasser $\frac{1}{600}$ de la portée, et qu'il serait préférable de la limiter à $\frac{1}{2000}$. La valeur $R = 2\,000\,000$ conduit à peu près à ce résultat pour des fontes qui donnent $E = 12\,000\,000\,000$ kilogr.

551. CONCLUSIONS DES EXPÉRIENCES SUR LA RÉSISTANCE DE LA FONTE A LA FLEXION ET A LA RUPTURE. — De l'ensemble de toutes les expériences que nous avons rapportées et discutées dans les numéros précédents, nous pouvons donc conclure :

1° Qu'entre des limites assez étendues et qui dépassent celles des charges permanentes que l'on peut faire supporter aux corps avec sécurité, les flexions sont :

Proportionnelles aux efforts qui les produisent ;

Proportionnelles aux cubes des portées ;

En raison inverse du produit ab^3 de la largeur par le cube de l'épaisseur, pour les pièces à section rectangulaire ;

2° Qu'entre ces mêmes limites, la résistance de la fonte à la compression étant sensiblement la même que la résistance à l'extension, la ligne des fibres invariables passe par le centre de gravité de la section transversale ;

3° Que la valeur moyenne du coefficient d'élasticité de la fonte est d'environ

$$E = 12\,000\,000\,000^{kil},$$

comme nous l'avons admis dans les formules pratiques, mais qu'elle varie beaucoup avec la nature et la qualité des fontes, et s'abaisse parfois à $9\,000\,000\,000$ kilogr. et à $10\,000\,000\,000$ kilogr., tandis que pour la fonte mêlée elle s'élève parfois à $14\,000\,000\,000$ et même à $15\,000\,000\,000$ kilogr. ;

4° Que le coefficient de rupture par flexion pour les solives en fonte a pour valeur moyenne

$$R = 32\,441\,000^{kil} ;$$

5° Qu'en conséquence, si l'on admettait que les solides en fonte exposés à la flexion transversale ne dussent pas être chargés d'une manière permanente de plus du quart de la charge de rupture, la valeur du coefficient R des formules pratiques ne devrait pas excéder

$$R = 8\,110\,250^{kil},$$

ce qui montre qu'en adoptant la valeur

$$R = 7\,500\,000^{kil},$$

nous sommes restés dans les limites indiquées par la prudence.

Mais cette valeur R = 7 500 000 kilogr. ne peut cependant être admise que pour les pièces ordinaires de machines. Quant aux arbres des roues hydrauliques, surtout aux poutres des ponts qui sont exposés à des vibrations, il est indispensable d'en limiter les charges beaucoup plus bas, afin d'éviter qu'elles ne prennent des flexions sensibles. Aussi les ingénieurs, qui emploient la fonte dans la construction des ponts, n'admettent-ils pour R que des valeurs beaucoup moindres.

Pour les ponts ordinaires des routes, on prend :

$$R = 3\,000\,000^{kil}.$$

Mais pour ceux des chemins de fer, quelques ingénieurs ne vont pas au delà de :

$$R = 2\,000\,000^{kil}.$$

D'autres même supposent :

$$R = 1\,000\,000^{kil} \text{ seulement.}$$

Mais cette prudence paraît exagérée, et elle conduit à des dimensions et à des poids tels que l'économie de l'emploi de la fonte disparaît.

Résistance du fer à la flexion.

352. EXPÉRIENCES SUR LA RÉSISTANCE DU FER FORGÉ, PAR M. DULEAU. — Parmi les expériences que l'on doit à cet habile et consciencieux observateur, nous citerons ici celles qu'il a faites sur une barre de fer forgé du Périgord, ayant pour base un triangle équilatéral de 0^m.038 de côté, sa longueur étant 3^m.02 et son poids 14^{kil}.75.

La distance entre les appuis étant de 3 mètres, cette barre a été posée de manière à porter successivement sur chacune de ses trois faces et sur chacune de ses arêtes, de sorte que le sommet du coin formé par les faces inclinées se trouvait en dessus dans le premier cas, et en dessous dans le second.

Cette expérience, tout à fait analogue à celle que M. E. Hodgkinson a faite sur une barre de fonte à nervure et que nous avons discutée au n° 337, conduit, pour le fer, à des conséquences conformes à celles que nous avons obtenues pour la fonte.

En effet, les charges ayant été placées au milieu de la longueur du solide, les flexions qu'elles ont produites sont contenues dans le tableau suivant.

CHARGES.	FLEXIONS OBSERVÉES EN POSANT SUR LES APPUIS					
	LES FACES			LES ARÊTES		
	A	B	C	a	b	c
kil.	mill.	mill.	mill.	mill.	mill.	mill.
5	3	4	4	4	4	4
10	7	8	8	8	8	8
15	11	11	12	12	12	11
20	15	15	16	15	16	15
25	18	19	19	19	20	19
30	22	23	23	23	23	23
35	26	27	27	27	27	27
40	30	31	31	31	31	31
45	33	35	34	34	34	34
50	37	38	38	38	38	37
55	41	42	»	42	42	41

Les résultats de cette expérience, dans laquelle la flexion s'est élevée jusqu'à $\frac{1}{16}$ de la portée, montrent d'une manière évidente que la résistance à la flexion est la même dans les deux cas, ainsi qu'on le déduit de la théorie. Par conséquent, l'hypothèse de l'égalité de résistance à la compression et à l'extension peut être admise pour le fer de même que pour la fonte, comme sen-

siblement conforme à l'observation des faits, pourvu qu'on se
borne à l'appliquer dans les limites où les flexions restent proportionnelles aux charges.

555. Expériences sur la résistance du fer a la flexion,
exécutées au Conservatoire des Arts et Métiers. — Les perfectionnements remarquables qui ont été introduits depuis quelques années dans la fabrication du fer et surtout dans celle de
l'acier, l'emploi de plus en plus étendu et varié que l'on fait de
ces métaux dans les constructions de tous genres, m'ont engagé
à installer au Conservatoire des Arts et Métiers des appareils et
des moyens d'observation qui permissent de faire des expériences sur des solives des dimensions en usage dans la pratique.

Ainsi que j'ai eu l'occasion de l'expliquer précédemment,
c'est principalement par l'observation des flexions, des extensions et des compressions que les solides peuvent supporter sans
altération de leur élasticité, que l'on doit, je pense, établir les
règles pratiques à indiquer aux constructeurs.

C'est ce qui m'a déterminé à étudier de nouveau, par des
expériences, la résistance des métaux à la flexion.

Les expériences dont il sera parlé dans les articles suivants
ont été exécutées sur des barres à section rectangulaire.

Les portées totales ont d'abord été de 2^m.50 à 3^m.00, et les
équarrissages des barres de 30, de 40 et de 50 millimètres, puis
après avoir fait des expériences sur ces barres entières, on en a
fait refendre et raccourcir plusieurs pour les essayer à des portées et avec des équarrissages différents.

Ces barres étaient placées d'une part sur un appui très-solide
en maçonnerie, sur lequel on avait posé des barres méplates,
pour bien assurer la mesure de la portée, et leur autre extrémité était soutenue par le plateau d'une presse hydraulique, que
l'on maintenait pendant l'expérience à une hauteur telle, que
deux repères tracés sur les deux extrémités de la barre fussent
exactement au même niveau quand on observait les flexions.
Un troisième repère, formé comme les précédents par deux traits
fins tracés horizontalement sur les barres, servait à mesurer les
flexions. Des catéthomètres donnant les millièmes de millimètre,

permettaient de mesurer avec la plus grande précision les flexions cherchées, et de s'assurer de l'horizontalité et de la fixité de la ligne passant par les points d'appui.

Pour chaque barre essayée, l'on a fait varier les charges graduellement jusqu'au delà de la limite où, les flexions cessant d'être proportionnelles aux charges, l'élasticité commençant à s'altérer; et, pour quelques-unes, on les a poussées jusqu'à la déformation complète de la pièce. Mais les métaux essayés étant tous ductiles et de bonne qualité, il n'a pas été possible de déterminer leur coefficient de rupture proprement dit.

Afin d'opérer avec prudence et de ne pas s'exposer dès l'abord à altérer l'élasticité de quelques-uns des corps à essayer, et en particulier des aciers, l'on a exécuté dans plusieurs cas une première série d'expériences en ne poussant les charges que jusqu'à celles qui produisaient des flexions égales à $\frac{1}{100}$ ou $\frac{1}{110}$ environ de la portée pour les pièces de 3 mètres. L'on a observé ainsi les flexions produites par des charges successivement croissantes jusqu'à cette limite, puis les flexions pendant le déchargement progressif: ce qui a permis de constater le retour graduel aux flexions et à la forme primitive, et par conséquent la conservation de l'élasticité.

Cela fait, l'on a déduit de cette série d'expériences une valeur du coefficient d'élasticité; c'est la première correspondante à chaque corps dans le tableau suivant.

L'on a ensuite répété l'expérience en arrivant plus rapidement à une charge voisine de celle à laquelle où s'était arrêté dans la première expérience, et de la flexion correspondante, d'où l'on a déduit la deuxième valeur du coefficient d'élasticité inscrite pour chaque corps au tableau.

Enfin, en accroissant successivement les charges, et les poussant jusqu'au delà de celles pour lesquelles les flexions commençaient à croître plus rapidement que ne l'indiquait la proportionnalité des charges, l'on a pu fixer à très-peu près la charge et la flexion pour lesquelles l'altération de l'élasticité commençait, et déterminer alors une troisième valeur du coefficient d'élasticité correspondante à l'ensemble de toutes les charges comprises dans ces limites, les deux premières exceptées.

Les trois valeurs du coefficient d'élasticité ainsi déterminées pour chaque barre des plus gros échantillons et des plus grandes portées, n'ont pas présenté de différence qui excède les limites des incertitudes que l'on peut admettre dans de semblables expériences, et il a été alors permis de prendre leur moyenne arithmétique pour la valeur moyenne déduite de l'ensemble des expériences qui est inscrite sous ce titre dans le tableau.

En comparant ensuite les charges aux flexions et aux dimensions des pièces, l'on a pu déterminer pour chaque barre :

1º Les flexions moyennes pour 10 kilogr. de charge, jusqu'à la limite où l'élasticité est altérée ;

2º Le coefficient d'élasticité, dans deux expériences où l'on a évité de pousser les flexions jusqu'à l'altération de l'élasticité, et dans une troisième expérience où l'on a atteint cette limite ;

3º La charge sous laquelle l'on a commencé à remarquer l'altération de l'élasticité ;

4º La flexion correspondante à cette charge ;

5º Le rapport de cette flexion à la portée ;

6º L'allongement ou le raccourcissement proportionnel pour lequel l'altération de l'élasticité commence à se manifester pour les fibres qui ont éprouvé la plus grande variation de longueur ;

7º L'effort de tension ou de compression supporté par les mêmes fibres quand l'élasticité commence à s'altérer, et correspondant aux variations de longueur précédentes.

Il est inutile sans doute de rappeler que pour les calculs l'on a employé les formules

$$E = \frac{PC^3}{3fI}, \qquad i' = \frac{PCv'}{EI} \qquad R = Ei'$$

(n^{os} **290** et **508**), dans lesquelles

2P est la charge qui agit au milieu de la longueur du solide;

2C la portée totale;

I le moment d'inertie de la section transversale;

v' la distance de la couche des fibres invariables à la fibre qui éprouve la plus grande variation de longueur;

i' la variation proportionnelle de longueur de cette même fibre;

$R = Ei'$ l'effort correspondant à cette variation de longueur pour laquelle l'élasticité commence à s'altérer, rapporté au millimètre carré.

L'observation des flexions a été faite d'abord en chargeant puis en déchargeant les barres avec précaution, et les résultats des expériences sont rapportés dans les tableaux joints à cette note. La colonne dans laquelle l'on a rapporté les accroissements successifs des flexions pour des accroissements égaux des charges, permet d'apprécier le degré de régularité avec lequel ces flexions ont varié et la précision apportée dans ces observations, puisque ces accroissements de flexion ne varient que de quelques millièmes de millimètre.

Les résultats des observations directes sont rapportés en détail dans les tableaux suivants, et résumés ensuite dans un tableau d'ensemble qui donne les valeurs des quantités E, i' et R, déduites par le calcul des données de l'expérience.

554. EXPÉRIENCES SUR LA RÉSISTANCE DES FERS A SECTION RECTANGULAIRE A LA FLEXION. — Je rapporterai d'abord les résultats des expériences exécutées sur des fers en barres à section rectangulaire, provenant de quelques forges connues par la bonne qualité de leurs produits, et dont des échantillons ont été mis à ma disposition. Elles sont relatives :

1° A des fers anglais marqués d'une couronne et envoyés par M. Normand, ingénieur au Havre;

2° A des fers provenant des forges de M. Laubenière, près Rouen, et obtenus par le corroyage des riblons et des tôles;

3° A du fer dit surfin de MM. Jackson, Pétin et Gaudet;

4° A du fer des forges d'Alélik, en Algérie, province de Bone.

FER ANGLAIS ENVOYÉ PAR M. NORMAND.

Expérience du 30 juillet 1858.

Barre marquée d'une couronne SC, de 45^{mill}.00 de large sur 45^{mill}.00 de haut; longueur 3^m.20; portée 2C = 3^m 00.

CHARGES.	FLEXIONS		OBSERVATIONS.
	TOTALES.	par 10 KIL.	
kil.	mill.	mill.	
0	0.00	0.000	
50	5.06	1.012	
100	9.70	0 970	
150	14.28	0.952	
200	18.84	0.942	
250	23.44	0.938	
300	28.04	0 934	
350	33.24	0.949	
400	38.74	0.968	Moyenne 0^{mill}.9472.
450	44.78	0.995	L'élasticité commence à s'altérer.
500	51.22	1.024	
550	58.36	1 061	
600	66.38	1.106	
650	71.52	1.100	

FER DE M. LAUBENIÈRE DE ROUEN

Expérience du 5 octobre 1857.

Barre de 40^{mill}.00 de largeur sur 50^{mill}.00 de hauteur; portée 2C = 2^{m}50.

FLEXIONS OBSERVÉES					
EN CHARGEANT.			EN DÉCHARGEANT.		
CHARGES.	FLEXIONS		CHARGES.	FLEXIONS	
	TOTALES.	pour 10 KIL.		TOTALES.	pour 10 KIL.
kil.	mill.	mill.	kil.	mill.	mill.
0	0.00	0.000	0	0.12	»
50	1.86	0.372	50	»	»
100	3.66	0.366	100	3.66	0.366
150	5.40	0.360	150	»	»
200	7.26	0.363	200	7.16	0.358
250	8.80	0.352	250	»	»
300	10.32	0.344	300	10.34	0.344
350	11.92	0.340	350	»	»
400	13.66	0.341	400	13.66	0.341
	Moyenne...	0.345			

FER DE M. LAUBENIÈRE DE ROUEN.

Expérience du 7 octobre 1857.

Barre de 40^{mill}.00 de largeur sur 50^{mill}.00 de hauteur; 00^{mill}.00 de longueur; portée 2C = 2^m.50.

FLEXIONS OBSERVÉES					
EN CHARGEANT.			EN DÉCHARGEANT.		
CHARGES.	FLEXIONS		CHARGES.	FLEXIONS	
	TOTALES.	pour 10 KIL.		TOTALES.	pour 10 KIL.
kil.	mill.	mill.	kil.	mill.	mill.
0	0.00	0 000	0	0.04	0.000
50	1.90	0.380	50	»	»
100	2.72	0.372	100	3.78	0.378
150	5.40	0.360	150	»	»
200	7.16	0 358	200	7.18	0.359
250	9.90	0.356	250	»	»
300	10.68	0.356	300	10.68	0.356
350	12 40	0.354	350	»	»
400	14.10	0.352	400	14.10	0.352
	Moyenne...	0 361		Moyenne...	0.3612

TROISIÈME PARTIE.

FER DE M. LAUBENIÈRE DE ROUEN.
Expérience du 16 octobre 1857.

Barre de 40^{mill}00 de largeur sur 50^{mill}00 de hauteur et 0^{m}00 de longueur,
portée : 2C=2^{m}50

CHARGES.	FLEXIONS		OBSERVATIONS.
	TOTALES.	POUR 10 KIL.	
kil.	mill.	mill.	* Après le déchargement,
0	0.00	0.000	la pièce n'a conservé qu'une
50	1.78	0.356	flexion permanente de 0^{m}64.
100	3.60	0.360	
150	5.50	0.366	
200	7.20	0 365	
250	8.96	0.358	
300	10.78	0.359	
350	12.46	0.356	
400	14.18	0.354	
450	15.76	0.350	
500	17.38	0.346	
550	19.04	0.346	
600	20.72	0.345	
650	22.50	0 346	
700	24.30	0.347	
750	26.10	0.348	
800	28.06	0.351*	
Moyenne...		0.3526	

FER SURFIN DE MM. JACKSON, PÉTIN ET GAUDET.

Expérience du 26 juin 1857.

Barre marquée SC de 30^{mill}00 de largeur sur 50^{mill}00 de hauteur et 3^{m}25 de longueur : portée C2 = 3^{m}00.

FLEXIONS OBSERVÉES					
EN CHARGEANT.			EN DÉCHARGEANT.		
CHARGES.	FLEXIONS		CHARGES.	FLEXIONS	
	TOTALES.	pour 10 KILOGR.		TOTALES.	pour 10 KILOGR.
kil.	mill.	mill.	kil.	mill.	mill.
0	0.00	0.000	0	0 14	0.000
20	1.74	0.870	20	1.94	0.900
40	3.58	0.835	40	3.74	0.900
60	5.32	0.887	60	5.56	0.900
80	6.98	0.872	80	7.18	0.880
100	8.84	0.874	100	8.90	0.878
120	10.36	0 863	120	10.60	0.872
140	12.02	0.787	140	12.18	0.870
160	13.56	0.847	160	13.78	0.852
180	15.28	0.849	180	15.38	0.846
200	16.98	0 849	200	16.98	0.842
	Moyenne....	0.8535			

FER SURFIN DE MM. JACKSON, PÉTIN ET GAUDET.

Expérience du 15 juillet 1857.

Barre marquée SC de 30^{mill}.00 de largeur sur 50^{mill}.00 de hauteur,
3^m.25 de longueur. Portée, 2C=3^m.00.

| CHARGES. | FLEXIONS | | MOYENNE et OBSERVATIONS. |
	TOTALES.	pour 10 KILOGR.	
kil.	mill.	mill.	
0	0.00	0.000	
50	4.42	0.884	
100	8.56	0.856	
150	12.84	0.856	
200	17.10	0 855	
250	21.42	0.856	Moyenne ^{mill}.8613.
300	25.82	0 861	
350	30.80	0.880	
400	37.14	0.928	L'élasticité commence à s'altérer.
420	39.76	0 946	
440	43.36	0.985	
460	47.04	1.023	Après 2' de chargement.

FER SURFIN DE MM. JACKSON, PÉTIN ET GAUDET.

Expérience du 16 septembre 1857.

Barre marquée SC de 21^{mill}.00 de largeur sur 30^{mill}.00 de hauteur,
1^m.60 de longueur. Portée, 2C=1^m.40.

| CHARGES. | FLEXIONS | | MOYENNE et OBSERVATIONS. |
	TOTALES.	pour 10 KILOGR.	
kil.	mill.	mill.	
0	0.00	0 000	
32	1.70	0.531	
64	3.54	0.553	
96	5.42	0.564	
128	7.28	0.568	Moyenne 0^{mill}.569.
160	9.22	0.576	
192	11.48	0.598	

FERS DE L'ALÉLIK, PROVINCE DE BONE, ALGÉRIE.

Expérience du 17 janvier 1859.

Deux barres de fer de 0m.027 sur 0.m027; longueur 2m.30; portée 2C=2m.10.

1re BARRE.			2e BARRE.		
	FLEXIONS.			FLEXIONS.	
CHARGES.	TOTALES.	pour 10 kil. DE CHARGE.	CHARGES.	TOTALES.	pour 10 kil DE CHARGE.
kil.	mill.	mill.	kil.	mill.	mill.
50	11.02	2.204 E	25	5.08	2.032
100	22.02	2.202	49	9.76	2.000
150	33.72	2.248	73	14.96	2.049
200	Altération		97	20.38	2.101
	de l'élasticité.		121	26.62	2.200
	Moyenne.	2.203			
			145	34.32	2.367
	Flexion moyenne.		169	44.94	2.658
I = 0.000 000 0 443.			193	Altérations	
E = 19.776 000 000.				de l'élasticité.	
				Moyenne.	2.077
Moyenne E = 20 376 000 000kil.			E = 20 976 000 000kil.		

RÉSUMÉ DES RÉSULTATS DES EXPÉRIENCES FAITES AU CONSERVATOIRE SUR LA RÉSISTANCE DES FERS EN BARRE A LA FLEXION.

DÉSIGNATION des BARRES ESSAYÉES.	DIMENSIONS de la section transversale a. (mill.)	b. (mill.)	VALEUR du montant D'INERTIE I de la section.	PORTÉE TOTALE 2C. (m.)	ACCROISSEMENT DE FLEXION pour 10 kilogr. d'augmentation de la charge. (mill.)	COEFFICIENT d'élasticité E. (kil)	MOYENNES. (kil)	CHARGE sous laquelle l'élasticité commence à s'altérer. (kil.)	FLEXION correspondante à cette charge f. (mill.)	RAPPORT entre la flexion f et la portée 2C, f/2C.	RAYON de courbure au milieu de la barre r = EI/PC. (m.)	Allongement ou raccourcissement maximum i = 1/2r ou i = PCb/2EI. (m.)	EFFORT correspondant à cet allongement par mètre carré R = EI. (kil.)
Fer anglais à 1 couronne SC.	45	45	0.000 000 3407	3.00	0.9472	17 380 000 000		400	38.74	0.013 = 1/76,9	15.724	0.001481	23 254 000
Fer Laubenière.	40	50	0.000 000 4166	2.50	0.3450 0.3560 0.3526	22 649 000 000 22 150 000 000 22 480 000 000	22 431 000 000	800	29.06	0.011 = 1/90,9	18.689	0.001338	30 013 000
Fer surfin J. P. G.	30	50	0.000 000 3125	3.00	0.8535 0.8555 0.8616 0.5760	21 099 000 000 21 040 000 000 20 891 000 000 21 000 000 000	21 010 000 000	350	30.80	0.010 = 1/100,0	25.012	0.001000	21 010 000
Fer de l'Aldik (Algérie)......	21 27	30 27	0.000 000 0172 0.000 000 0493	1.40 2.10	2.2030 2.0770	19 776 000 000 20 976 000 000	20 376 000 000	150	32.10	0.015 = 1/65	11.112	0.001160	24 043 680

555. CONSÉQUENCES DES RÉSULTATS CONSIGNÉS DANS LES TABLEAUX PRÉCÉDENTS. — L'examen des valeurs du coefficient d'élasticité E fournis par les expériences, dont on vient de présenter les résultats, montre que les trois variétés de fers français essayés offrent à la flexion une résistance plus grande que celle de fer anglais présenté comme de qualité supérieure, et qui atteint ou dépasse même celle des meilleurs fers connus.

En effet, l'on a trouvé pour le fer de M. Laubenière :

$$i' \qquad p = \mathrm{E}i'$$
$$\mathrm{E} = 22\,431\,000\,000^{\mathrm{kil}} \qquad 0^{\mathrm{m}}.00134 \qquad 30\,013\,000^{\mathrm{kil}}$$

de MM. Jackson, Pétin et Gaudet :

$$\mathrm{E} = 21\,010\,000\,000^{\mathrm{kil}} \qquad 0^{\mathrm{m}}.00100 \qquad 21\,010\,000^{\mathrm{kil}}$$

de l'Alélik :

$$\mathrm{E} = 20\,376\,000\,000^{\mathrm{kil}} \qquad 0^{\mathrm{m}}.00118 \qquad 24\,043\,680^{\mathrm{kil}}$$

tandis que le fer anglais envoyé par M. Normand a donné seulement :

$$\mathrm{E} = 17\,380\,000\,000^{\mathrm{kil}} \qquad 0^{\mathrm{m}}.00143 \qquad 23\,254\,000^{\mathrm{kil}}$$

qui, d'après ce que l'on verra plus loin, se rapproche de celle que fournissent les fers ordinaires.

On sait d'ailleurs, ainsi que nous l'avons fait connaître plus haut, que les expériences antérieures de divers observateurs avaient conduit à admettre les valeurs suivantes :

Fers doux passés à la filière, de petites dimensions :

$$\mathrm{E} = 18\,000\,000\,000^{\mathrm{kil}} \qquad 0^{\mathrm{m}}.00080 \qquad 14\,756\,000^{\mathrm{kil}}$$

Fers en barres :

$$\mathrm{E} = 20\,000\,000\,000^{\mathrm{kil}} \qquad 0^{\mathrm{m}}.00066 \qquad 12\,205\,000^{\mathrm{kil}}$$

Fers du Berry étirés :

$$\mathrm{E} = 20\,869\,000\,000^{\mathrm{kil}}$$

Fers du Berry recuits :

$$\mathrm{E} = 20\,784\,000\,000^{\mathrm{kil}}$$

Mais d'une autre part, l'on remarquera que les fers de M. Laubenière, de M. Jackson, Pétin et Gaudet, de l'Alélik, et même le fer anglais, qui ont été essayés, peuvent supporter sans altération de leur élasticité des allongements proportionnels i' et des efforts par unité de surface beaucoup plus considérables que ceux que l'on admettait même pour les bons fers, et que l'on est encore conduit, dans la pratique, à regarder comme des limites au-dessous desquelles il convient de rester.

Ces résultats montrent quelles peuvent être les qualités qu'une fabrication soignée peut faire acquérir au fer, et combien il serait utile de consulter la marque de fabrique dans le choix des fers à employer quand on veut allier la solidité à l'économie et à la légèreté.

556. EXPÉRIENCES SUR DES POUTRES EN FER A DOUBLE T EMPLOYÉES DANS LA CONSTRUCTION DES PLANCHERS. — A l'occasion d'expériences qui avaient été demandées au Conservatoire des arts et métiers pour comparer deux systèmes différents de planchers en fer, j'ai fait faire des expériences spéciales sur les poutres qui devaient y être employées, et dont les résultats trouveront ici naturellement leur place.

L'un des modèles de poutres proposé, que je désignerai par la lettre A, provenait des forges d'Ars sur-Moselle, et avait la forme ci-contre d'un fer à double T, à semelles à peu près égales, la semelle supérieure étant cependant un peu plus épaisse que l'autre. Cette poutre pesait 16^{kil}.28 par mètre courant, et avait 6^m.435 de longueur pour une portée de plancher de 6 mètres; sa hauteur était de 0^m.160.

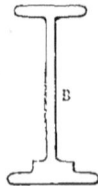

L'autre poutre, que je désignerai par la lettre B, avait le profil d'un double T, à semelles inégales, celle du bas étant plus épaisse et plus large que celle du dessus, et étant de plus renforcée par une surépaisseur de la partie inférieure, comme le montre la figure ci-contre. Cette poutre pesait 17^{kil}.25 le mètre courant, et avait une longueur de 6^m.40 pour une por-

tée de plancher de 6 mètres; sa hauteur n'était que de
0ᵐ.120.

Les deux poutres étaient cintrées, suivant l'usage assez peu
rationnel adopté par les constructeurs, d'environ 0ᵐ.027 de
flèche pour la poutre A, et de 0ᵐ.033 pour la poutre B.

557. Résultats des expériences faites sur les deux poutres
A et B posées librement sur deux points d'appui et chargées
au milieu de leur longueur. — Deux poutres de ces modèles
ont été successivement posées sur deux appuis très-solides,
formés de pierres de taille, reposant sur une bonne fondation
en moellons. Sur la surface de l'assise supérieure des appuis,
l'on avait placé deux barreaux en fer carré de 0ᵐ.07 d'équarrissage, disposés parallèlement et horizontalement à une distance
de 6 mètres qui déterminait la portée.

Des repères formés par des lignes très-fines, tracées à chacune des extrémités et au milieu de la pièce en expérience, permettaient d'observer avec des catéthomètres, donnant les centièmes de millimètre, les abaissements du milieu et ceux des
extrémités s'il s'en produisait. Les poutres étaient maintenues
dans leur plan vertical de pose au moyen de vis de calage qui,
agissant horizontalement sur leurs extrémités, s'opposaient à
tout déversement sans les serrer.

Les résultats de ces expériences sont consignés dans le tableau suivant :

RÉSULTATS DES EXPÉRIENCES FAITES SUR DEUX POUTRES A DOUBLE T DES MODÈLES A ET B, POSÉES SUR DEUX APPUIS ET CHARGÉES AU MILIEU DE LEUR LONGUEUR.

CHARGES AGISSANT au milieu de la longueur.	FLEXIONS TOTALES DE LA POUTRE du modèle		FLEXION PAR 100 KIL. DE CHARGE de la poutre du modèle	
	A.	B.	A.	B.
kil.	mill.	mill.	mill.	mill.
120	3.96	7.18	3.30	5.98
220	7.08	13.16	3.21	5.94
320	10.28	19.14	3.21	5.98
420	13.42	25.22	3.19	6.00
520	16.68	31.20	3.21	6.00
620	20.34	»	3.28	»
720	23.18	»	3.22	»
Moyennes...	....		3.23	5.98

Il résulte de ces chiffres :

1° Que, pour les deux poutres, les flexions sont restées proportionnelles aux charges jusqu'à des flèches qui, pour la première A, ont atteint 23^{mill}.18 ou $\dfrac{23.18}{6000} = \dfrac{1}{259}$ de la portée, et pour la seconde B, 31^{mill}.20 ou $\dfrac{31.20}{6000} = \dfrac{1}{192}$ de la portée, sans que l'élasticité de ces pièces ait été altérée;

2° Que la poutre du modèle B, à semelles inégales, a pris sous les mêmes charges des flexions absolues et des flexions proportionnelles à peu près doubles de celles de la poutre du modèle A, à semelles égales.

En calculant ensuite, d'après le profil de grandeur naturelle de ces poutres, et par la méthode graphique donnée au n° 244, le moment d'inertie I des sections transversales de ces poutres, l'on a trouvé les valeurs suivantes :

Poutre A $I = 0.000\,007\,47$,

Poutre B $I = 0.000\,004\,82$.

Puis à l'aide de la formule du n° **278** :

$$f = \tfrac{1}{3} \frac{PC^3}{EI} \quad \text{d'où} \quad E = \tfrac{1}{3} \frac{PC^3}{fI} ;$$

et des valeurs de la flexion moyenne f, correspondant à $2P = 100$ kil. et à $2C = 6$ mètres, l'on a pu déterminer les valeurs des coefficients d'élasticité du fer dont ces deux poutres étaient formées. L'on a eu ainsi pour le fer de la poutre A, à semelles égales,

$$E = 20\,660\,000\,000^{\text{kil}}.$$

(La cassure de ce fer est celle d'un fer à nerf avec grain fin, offrant une légère solution de continuité à la naissance des nervures.)

Poutre B, à semelles inégales,

$$E = 17\,231\,409\,000^{\text{kil}}.$$

(La cassure présente un grain fin remplacé par du nerf trié marqué vers la face extérieure des semelles.)

L'on voit que le fer employé à la fabrication de ces deux poutres était de bonne qualité, et que celui de la poutre B a fourni un coefficient d'élasticité plus faible que celui de la poutre A. Mais la différence ne suffit pas pour expliquer celle des flexions, qui doit être, sans aucun doute, attribuée aux proportions du profil de la poutre B, beaucoup moins favorables à la résistance que celles du profil de la poutre A, ainsi que le montrent les valeurs des moments d'inertie des sections transversales de ces poutres, dont le premier, celui de la poutre A, est au second; celui de la poutre B, dans le rapport de 747 à 482 ou de 1.55 à 1.00.

Nous ajouterons qu'après le déchargement, les deux poutres ont repris exactement leur forme primitive, ce qui prouve, comme la proportionnalité des flexions aux charges, que l'élasticité n'avait pas été altérée.

358. Observation relative a la courbure donnée aux poutres en fer par les constructions. — Avant de passer aux autres expériences du programme que nous nous étions tracé au sujet des planchers dans la construction desquels ces poutres devaient entrer, et dont il sera parlé plus loin, à l'article relatif aux planchers, j'ai voulu faire constater, par une expérience directe, que la courbure donnée par les constructeurs aux poutres en fer n'avait réellement aucune influence sur leur résistance à la flexion.

A cet effet, j'ai fait répéter sur la poutre A, retournée de manière à présenter sa concavité à la partie supérieure, les mêmes expériences sous des charges égales. L'on a obtenu les résultats consignés dans le tableau suivant :

EXPÉRIENCE SUR LA POUTRE A DOUBLE T DU MODÈLE A, POSÉE LIBREMENT SUR DEUX APPUIS, PRÉSENTANT SA CONCAVITÉ A LA PARTIE SUPÉRIEURE ET CHARGÉE AU MILIEU DE SA LONGUEUR.

CHARGES AGISSANT AU MILIEU de la longueur 2P.	FLEXIONS TOTALES OBSERVÉES f.	FLEXIONS PROPORTIONNELLES pour 100 kilogr. de charge.
kil.	mill.	mill.
120	3.72	3.100
220	6.68	3.036
320	9.78	3.056
420	13.00	3.095
520	16.36	3.146
	Moyenne........	3.086

La première expérience faite, quand la concavité de la pièce était en dessous, ayant donné pour la flexion proportionnelle à 100 kil., la valeur $3^{mill}.230$, chiffre qui ne diffère du précédent que de $0^{mill}.14$, l'on voit que la courbure à chaud donnée aux poutres en fer n'ajoute rien à leur rigidité, et qu'elles résistent aussi bien dans les deux sens perpendiculaires à la courbure qu'on leur a donnée.

Nous ajouterons que cette courbure, qui n'accroît en rien la rigidité des pièces, devrait au moins être limitée à la flexion que le plancher prend sous le poids du hourdis, et ne jamais dépasser notablement cette limite.

359. RÉSULTATS D'EXPÉRIENCES FAITES SUR D'AUTRES POUTRES A

DOUBLE T DES FORGES D'ARS-SUR-MOSELLE. — Outre les expériences dont il vient d'être parlé, j'en ai fait exécuter d'autres sur des poutres provenant de la forge d'Ars-sur-Moselle. Les premières, que je désignerai par la lettre C_1 et C_2, étaient de même hauteur que la poutre A. Elles avaient $0^m.16$, des semelles égales, et les dimensions indiquées au profil ci-contre. L'on en a successivement essayé deux de ce modèle en les chargeant au milieu de leur longueur. Le moment d'inertie I de leur section transversale, déterminé par la méthode graphique du n° **244**, avait pour valeur

$$I = 0.00001233.$$

Ces barres pesaient environ 23 kil. au mètre courant ; elles ont fourni les résultats suivants :

La portée étant $\qquad 2C = 6$ mètres.

RÉSULTATS DES EXPÉRIENCES FAITES SUR LES POUTRES C_1 ET C_2 DES FORGES D'ARS-SUR-MOSELLE.

CHARGES AGISSANT au milieu de la portée 2P.	BARRE C_1. FLEXIONS		BARRE C_2. FLEXIONS		OBSERVATIONS.
	totales.	pour 10 kil. de charge.	totale.	pour 10 kil. de charge.	
kil.	mill.	mill.	mill.	mill.	
100	1.94	0.194	1.96	0.196	
200	3.74	0.187	4.02	0.201	
300	5.70	0.190	6.06	0.201	
400	7.90	0.197	8.16	0.204	
500	9.90	0.198	10.10	0.202	
600	11.76	0.196	12.14	0.202	
700	13.80	0.197	14.30	0.204	
800	15.86	0.198	16.26	0.203	
	Moyenne.	0.1972		0.2024	

De ces résultats l'on déduit la valeur suivante du coefficient d'élasticité du fer de ces barres :

$$E = \tfrac{1}{3} \frac{PC^3}{fI} = 18\,267\,000\,000^{kil},$$

en prenant pour la flexion correspondante à 10 kil. de charge
la valeur moyenne

$$f = 0^{\text{mill}}.1998.$$

L'on a soumis ensuite aux mêmes épreuves d'autres barres
de la même hauteur de $0^{\text{m}}.16$ et du poids de 16 kil. environ
par mètre courant, mais à semelles inégales, que je désignerai
par la lettre D_1 et D_2. Leur moment d'inertie déterminé par la
méthode graphique a été trouvé égal à

$$I = 0.00001003.$$

Les expériences ont donné les résultats suivants avec la
portée $2C = 6$ mètres pour la barre D_1, et $2C = 5^{\text{m}}.74$ pour la
barre D_2.

RÉSULTATS DES EXPÉRIENCES FAITES SUR LES POUTRES D_1 ET D_2 DES
FORGES D'ARS-SUR-MOSELLE, LES SEMELLES LES PLUS FORTES ÉTANT
EN DESSUS.

CHARGES AGISSANT au milieu de la portée 2C.	BARRE D_1. FLEXIONS		BARRE D_2. FLEXIONS		OBSERVATIONS.
	totales.	pour 10 kil. de charge.	totales.	pour 10 kil. de charge.	
kil.	mill.	mill.			
100	2.92	0.292			
200	5.42	0.271	5.12	0.256	
300	8.40	0.280			
400	11.36	0.284	10.36	0.259	Moy. $= 0^{\text{mill}}2575$.
500	14.08	0.281			
600	»	»	16.44	0.353	
	Moyennes.	0.2816		0.2575	

La barre D_2 n'ayant été essayée qu'à la portée $2C = 5^{\text{m}}.74$, et
ayant donné une flexion moyenne $f = 0^{\text{mill}}.2575$ pour 10 kil. de
charge, sa flexion moyenne à la portée $2C = 6$ mètres eût été,
d'après les règles connues :

$$f = 0^{\text{mill}}.2575 \times \frac{6^3}{5.74^3} = 0^{\text{mill}}.2940.$$

La moyenne des flexions par 10 kil. de charge serait donc, pour ces deux pièces D_1 et D_2,

$$f = \frac{0^{mill}.2816 + 0^{mill}.2940}{2} = 0^{mill}.2878,$$

ce qui donne pour le coefficient d'élasticité de ces barres la valeur

$$E = \tfrac{1}{3}\frac{5 \times \overline{3}^3}{0^m.0002878 \times 0.00001003} = 16\,646\,000\,000^{kil}.$$

Enfin, l'on a fait des expériences semblables sur deux barres à double T, mais à semelles inégales, de la hauteur $b = 0^m225$, que je désignerai par les lettres E_1 et E_2, et dont le moment d'inertie, déterminé par la méthode graphique, avait pour valeur

$$I = 0.00003513.$$

La portée commune de ces barres était $2C = 5^m.74$, elles pesaient 40 kilogr. par mètre courant, et ces expériences ont fourni les résultats suivants :

RÉSULTATS DES EXPÉRIENCES FAITES SUR LES POUTRES E_1 ET E_2 DES FORGES D'ARS-SUR-MOSELLE.

CHARGES AGISSANT au milieu de la portée 2C.	BARRE E_1. FLEXIONS		BARRE E_2. FLEXIONS		OBSERVATIONS.
	totales.	pour 10 kil. de charge.	totales.	pour 10 kil. de charge.	
kil.	mill.	mill.	mill.	mill.	
400	2.84	0.071	2.50	0.0625	
800	5.42	0.068	5.00	0.0625	
1200	8.10	0.060	7.50	0.0625	
1600	»	»	10.18	0.0636	
2000	»	»	12.70	0.0635	
Moyennes..		0.0690		0.06292	
Moyenne commune $= 0^{mill}0659$.					

Ces résultats conduisent à la valeur suivante du coefficient d'élasticité

$$E = \frac{1}{3} \frac{5^{kil} \times \overline{2^m.87}^3}{0^m.0000659 \times 0.00003513} = 17\,017\,000\,000^{kil}.$$

Dans les expériences ci-dessus, les deux barres E_1 et E_2 étaient placées de manière que leur semelle la plus épaisse se trouvait au-dessus, ainsi que le font les constructeurs qui pensent que la résistance du fer à la compression est toujours plus grande que celle de ce métal à l'extension; tandis que les expériences mêmes de M. Hodgkinson, sur lesquelles l'on a fondé cette opinion, prouvent au contraire que, pour les faibles allongements, ces résistances sont sensiblement égales.

Pour vérifier une fois de plus cette égalité, l'on a répété les expériences précédentes sur la barre E_1, en la retournant de manière à placer au dessous sa semelle la plus épaisse, puis en la replaçant de nouveau en sens inverse, l'on a obtenu les résultats suivants :

RÉSULTATS DES EXPÉRIENCES FAITES SUR LA POUTRE E_1 EN PLACANT ALTERNATIVEMENT LA SEMELLE LA PLUS ÉPAISSE EN DESSOUS OU EN DESSUS.

CHARGES AGISSANT au milieu de la portée 2C.	FLEXIONS OBSERVÉES, LA SEMELLE LA PLUS FORTE ÉTANT			
	EN DESSOUS		EN DESSUS	
	totales.	pour 10 kil. de charge.	totales.	pour 10 kil. de charge.
kil.	mill.	mill.	mill.	mill.
400	2.48	0.062	2.60	0.0650
800	5.10	0.064	5.34	0.0667
1200	7.54	0.063	7.76	0.0647
1600	10.02	0.063	»	»
Moyennes....		0.063		0.0653

L'accord de ces résultats montrant que la poutre prend les mêmes flexions, il en résulte une nouvelle vérification de l'égalité des résistances des semelles à la compression et à l'extension dans les limites des flexions observées, qui d'ailleurs ont dépassé $\frac{1}{572}$ de la portée.

Si nous récapitulons les résultats obtenus sur ces trois modèles de poutres à double T, nous voyons qu'elles ont fourni
pour le coefficient d'élasticité les valeurs suivantes :

Barres C_1 et C_2 $b = 0^m.16$, à semelles égales ...... $E = 18\,267\,000\,000^{kil}$.
Barres D_1 et D_2 $b = 0^m.16$, à semelles inégales ..... $E = 16\,646\,000\,000$
Barres E_1 et E_2 $b = 0^m,225$, à semelles inégales .... $E = 17\,017\,000\,000$

Valeur moyenne .... $E = 17\,310\,000\,000$

Les expériences analogues rapportées au n° **557** et faites sur
la poutre A des mêmes forges, nous ont donné

$$E = 20\,660\,000\,000^{kil}.$$

L'on voit par là combien, pour des fers de même provenance,
fabriqués pour la même destination, et sans doute autant que
possible avec les mêmes minerais et les mêmes soins, il peut y
avoir de différence entre les résistances à la flexion et entre les
valeurs des coefficients d'élasticité.

C'est un motif de plus pour ne pas admettre dans le calcul
des dimensions des poutres que le fer doive être généralement
exposé à des efforts de tension ou de compression de plus de
6 kil. par millimètre carré de section.

560. Expérience sur une double cornière. — L'on emploie beaucoup aujourd'hui, dans les constructions, des fers
étirés au laminoir, sous une forme angulaire, et qu'on nomme
cornières, par suite de leur profil transversal, qui est à peu près
celui d'une équerre. On se sert de ces cornières soit pour réunir
et renforcer les diverses parties des poutres composées, soit,
assemblées deux à deux, pour constituer les semelles supérieure
et inférieure des poutres à double T en treillis. Il m'a paru utile
de faire sur une semblable poutre, qui a été mise à ma disposition par M. Joly, habile constructeur de charpentes en fer,
quelques expériences pour constater de nouveau l'accord des
formules avec les résultats de l'observation.

La cornière essayée était double et formée de deux cornières
simples assemblées vers les extrémités par deux boulons et
réunies par deux brides placées au tiers de la longueur. Les
côtés du profil avaient $0^m.100$ de longueur, et l'épaisseur

moyenne était de 0^m.012. La longueur totale était de 3 mètres, et la portée dans l'expérience, 2C = 2^m.90.

Les résultats des expériences sont consignés dans le tableau suivant :

EXPÉRIENCES SUR UNE CORNIÈRE DOUBLE.

CHARGES AU MILIEU de la longueur 2P.	FLEXIONS		OBSERVATIONS.
	TOTALES observées.	POUR 100 KIL. de charge.	
kil.	mill.	mill.	
400	2.86	0.715	
500	3.68	0.736	
600	4.36	0.726	
700	5.16	0.737	
800	5.82	0.727	I = 0.00000394.
900	6.50	0.722	2P = 100^{kil}. f = 0^{m}000726.
1000	7.22	0.722	2C = 2^{m}90.
Moyenne....		0.726	

De ces données l'on déduit

$$E = \tfrac{1}{3} \frac{50 \times \overline{1.45}^3}{0.000726 \times 0.00000394} = 17\,763\,000\,000^{kil}.$$

361. AVANTAGES QUE PRÉSENTE UN BON EMPLOI DES MATÉRIAUX, SOUS LE RAPPORT DE L'ÉCONOMIE ET DE LA FACILITÉ D'EMPLOI. — La facilité avec laquelle on parvient aujourd'hui à donner au fer les formes les plus variées permet de l'employer à une foule d'usages dans la construction des bâtiments, avec une grande apparence de légèreté, tout en conservant la solidité convenable. L'application des principes et des règles exposés précédemment pourra, dans bien des cas, faire connaître au constructeur les échantillons et les modèles les plus convenables.

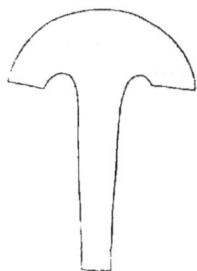

Nous en citerons comme exemple l'expérience suivante, faite au Conservatoire des arts et métiers, à l'occasion d'un détail assez minime de construction. Dans l'installation des fenêtres d'un bâtiment, il se présentait quelque difficulté pour établir les barres d'appui de croisée dans un espace trop étroit compris entre la fenêtre et la persienne, et qui n'offrait que $0^m.034$ de largeur. En cherchant parmi les profils des fers de l'album des forges de la Providence, le fer n° 4 de la planche VII (voir la figure ci-contre), ayant $0^m.025$ de largeur seulement, parut convenir; mais il importait de s'assurer s'il offrirait la résistance désirable à l'appui.

A cet effet, l'on a calculé, à l'aide des formules exposées plus haut, la flexion qu'il pourrait prendre sous une charge de 40 kilogr. supposée placée au milieu de sa longueur, en faisant d'abord abstraction de toute disposition d'encastrement.

L'on s'est servi de la formule

$$f = \frac{1}{3}\frac{PC^3}{EI},$$

dans laquelle on a fait, d'après les données locales,

$$2P = 40^{kil}, \quad 2C = 1^m.50, \quad I = 0.0000000207$$

(d'après le résultat des opérations graphiques, selon la méthode indiquée au n° **244**),

$$E = 20\,000\,000\,000^{kil}$$

valeur trouvée pour les meilleurs fers de ce genre de fabrication.

L'on a trouvé ainsi

$$f = 0^m.006\,79.$$

Une expérience directe, faite sous la charge $2P = 40$ kilogr. placés au milieu de la portée $2C = 1^m.50$, a donné

$$f = 0^m.00688.$$

L'accord remarquable du résultat de l'expérience avec celui

de la formule est une nouvelle vérification de l'exactitude des considérations sur lesquelles la théorie est fondée.

L'assemblage de cette barre dans les montants devant d'ailleurs produire une sorte d'encastrement imparfait, il était évident qu'elle offrait une résistance suffisante pour sa destination.

Le fer à vitrage ne pèse que $2^{kil}.14$ le mètre courant, tandis qu'un fer rond, offrant la même rigidité, devrait avoir un diamètre de $0^m.0255$, et pèserait 4 kilogr. le mètre courant. La forme adoptée réunit donc la solidité à l'économie.

562. Expériences sur la résistance des tubes en fer forgé, soudés et sans rivets. — M. J. Hosking a fait aussi des expériences intéressantes sur la résistance des tubes en fer forgé, sans soudure, pour la comparer avec celle des tubes en fonte.

Les tubes circulaires avaient été fabriqués par M. Russel et Cie, au moyen du procédé de l'étirage au laminoir. Leur diamètre extérieur était $D' = 0^m.1016$, l'épaisseur du métal de $0^m.0076$, et par conséquent le diamètre intérieur $D'' = 0^m.0940$.

Le tube rectangulaire et le tube elliptique avaient été obtenus en chauffant les tubes circulaires et en les forgeant avec des marteaux de bois, en prenant soin de ne pas altérer le fer et en arrondissant les angles du rectangle.

Les dimensions du tube rectangulaire étaient, en continuant à nous servir des notations précédemment employées,

$$a = 0^m.0587,$$

$$b = 0^m.1095,$$

$$a' = 0^m.0511,$$

$$b' = 0^m.1019;$$

celles du tube elliptique étaient

$$2a = 0^m.0587,$$

$$2b = 0^m.1270,$$

$$2a' = 0^m.511,$$

$$2b' = 0^m.1194.$$

La portée était $2C = 1^m.830$ entre les appuis, et la charge était placée dans un plateau suspendu au milieu de la longueur des tubes posés horizontalement.

D'après ces dimensions, on a pour

le tube rectangulaire $I = \frac{1}{12}(ab^3 - a'b'^3) = 0.000001909$;

le tube circulaire $I = 0.0491(D'^4 - D''^4) = 0.00001398$;

le tube elliptique $I = 0.7854(ab^3 - a'b'^3) = 0.00001636$.

A l'aide de ces formules et de l'observation des flexions rapportées par M. E. Clarck, on peut calculer la valeur du coefficient d'élasticité fournie par chaque tube. Nous prendrons pour ce calcul la flexion observée sous la charge de 1015 kilogrammes, et nous trouverons les résultats consignés dans le tableau suivant :

EXPÉRIENCES SUR LA RÉSISTANCE DES TUBES EN FER CREUX A LA FLEXION.

FORME DE LA SECTION transversale.	DIMENSIONS.	FLEXION sous la charge de 1015 kil.	VALEUR du coefficient d'élasticité E.
		m.	kil.
Rectangulaire	$a = 0.0587$, $a' = 0.0511$ $b = 0.1095$, $b' = 0.1019$ $A = 0.00120$	0.00450	14 369 000 000
Circulaire........	$D' = 0.1016$, $D'' = 0.0940$ $A = 8.00114$	0.00550	17 245 000 000
Elliptique........	$2a = 0.0587$, $2a' = 0.0511$ $2b = 0.1270$, $2b' = 0.1190$ $A = 0.00106$	0.00475	17 101 000 000
		Moyenne E =	16 572 000 000

Cette valeur moyenne rentre, comme on le voit, dans les limites de celles que l'on trouve ordinairement, et se rapproche surtout beaucoup de celle de 16 295 000 000 kilogr., déduite au n° **167** des expériences de M. E. Hodgkinson sur la résistance du fer à la compression.

On remarquera d'ailleurs que la charge de 1015 kilogr. dépassait de plus du double les charges permanentes que, d'après les formules ordinaires, on aurait pu faire porter à ces solides, et qui n'auraient dû être respectivement que de 459 kilogr., 455 kilogr. et 337 kilogr.

On voit, par cette comparaison des résultats, que les formules relatives aux solides creux à section rectangulaire, circulaire ou elliptique, s'appliquent avec une exactitude suffisante pour la pratique.

Tous ces tubes ont d'ailleurs cédé par la déformation des parties comprimées. Les tubes circulaires et les tubes elliptiques se sont aplatis vers le milieu, où la charge agissait, et la rupture y est survenue trop rapidement pour que l'on puisse déduire de ces expériences le coefficient de rupture.

Dans le tube rectangulaire, l'un des côtés se refoula en se ployant vers l'intérieur, et le tube se tordit.

365. DES PROPORTIONS USUELLES DES FERS LAMINÉS DONT LE PROFIL PRÉSENTE LA FORME D'UN DOUBLE T. — On emploie aujourd'hui beaucoup, dans les constructions de planchers, des pièces de fer que l'on étire au laminoir en leur donnant la forme d'un double T. On peut, si les circonstances particulières de la construction l'exigent, établir *a priori* entre les diverses dimensions certaines proportions; mais il importe, autant que possible, de se rapprocher de celles qui offrent le plus de facilité pour la fabrication.

Or, ces pièces sont étirées entre des laminoirs cannelés qui présentent chacun en creux la moitié du profil transversal, et qui peuvent s'écarter à volonté entre certaines limites, de manière à faire varier l'épaisseur du corps de la pièce, tout en lui laissant la même hauteur b, la même saillie a' pour les rebords, et la même épaisseur pour les semelles.

Le nombre des cylindres ainsi cannelés étant nécessairement limité, il importe de tirer d'un même équipage le meilleur parti possible, et dès lors dans les forges où ces fers se fabriquent, on adopte une série de hauteurs b correspondante à des épaisseurs, et par suite à des forces de résistance différentes. Ainsi la société des forges de la Providence, dans ses usines d'Hautmont près Maubeuge, a adopté des séries de profils dans chacune desquelles la hauteur b et la saillie a' sont constantes (pl. III, fig. 8), et où l'épaisseur de la semelle est une fraction à peu près constante et égale à $\frac{1}{20}$ de la hauteur b. Quant à l'épaisseur e_1 du corps, elle peut varier entre des limites données, suivant la résistance que l'on veut donner aux solides.

Les forges d'Ars-sur-Moselle et celles de Montataire, où l'on fabrique aussi des fers de ce genre, ont adopté des proportions analogues, comme on le verra plus loin.

En exprimant, comme nous l'avons indiqué au n° **219**, le moment d'inertie I du profil en fonction de la hauteur b, qui pour chaque série reste constante, et de l'épaisseur e_1 du corps, qui peut varier dans une même série, on a, dans l'hypothèse d'une épaisseur de nervure égale au vingtième de la hauteur,

$$\frac{\mathrm{I}}{v'} = \tfrac{1}{6} e_1 b^2 + 0.0903\, a'b^2,$$

et alors la formule d'équilibre entre les forces extérieures et les résistances moléculaires,

$$\frac{\mathrm{R I}}{v'} = \mathrm{PC},$$

devient

$$\tfrac{1}{6} e_1 b^2 + 0.0903\, a'b^2 = \frac{\mathrm{PC}}{\mathrm{R}} = \frac{\mathrm{PC}}{6\,000\,000},$$

d'où l'on tire

$$e_1 = \frac{\mathrm{PC}}{1\,000\,000\, b^2} - 0.54 a'.$$

Il sera donc toujours facile, quand on connaîtra la charge 2P à faire porter au milieu de la longueur du solide, et la portée 2C, de calculer l'épaisseur qu'il convient de donner à une poutre de cette forme, d'une hauteur b déterminée, et dont les nervures ont une saillie fixée.

S'il s'agit d'une charge uniformément répartie, il suffit de remplacer PC par $\tfrac{1}{2} p C^2$, ce qui donne

$$e_1 = \frac{p C^2}{2\,000\,000\, b^2} - 0.54 a'.$$

A l'inverse, ces formules donnent

$$PC = 1\,000\,000\,b^2(e_1 + 0.54\,a'),$$

ou
$$\frac{pC}{2} = 1\,000\,000\,b^2(e_1 + 0.54\,a'),$$

pour calculer le moment PC ou $\frac{pC^2}{2}$ de la charge qui tend à fléchir ou à rompre chacune des deux moitiés du solide.

Dans le cas où le rapport entre l'épaisseur de la nervure et la hauteur serait différent, les formules précédentes devraient être modifiées, en partant de la formule générale

$$\frac{I}{v'} = \frac{1}{6}\frac{ab^3 - a'b'^3}{b},$$

dans laquelle il suffira de substituer à b' sa valeur en fonction de b, pour être conduit de la même façon à des expressions aussi simples. Cette observation s'applique également aux fers à double T des forges d'Ars-sur-Moselle et de Montataire, et nous donnerons, à l'article des planchers en fer, des tableaux d'un usage commode pour déterminer l'épaisseur e_1 qu'il convient de donner au corps des fers de diverses hauteurs, selon les valeurs du moment PC ou $\frac{1}{2}pC^2$ et de la charge qu'ils sont destinés à supporter.

La difficulté de laminer d'aussi fortes pièces sur des longueurs qui doivent être quelquefois de 6 mètres et plus, est un obstacle à ce que, pour des poutres en fer forgé d'une seule pièce, on dépasse la hauteur de $0^m.26$ à $0^m.30$.

564. Expériences sur la résistance des rails a la flexion. — La rigidité est une des conditions les plus importantes auxquelles les rails de chemins de fer doivent satisfaire, et j'ai pensé que des expériences précises, exécutées sur des rails de diverses provenances et de divers profils, ne seraient pas sans intérêt : c'est ce qui m'a décidé à en entreprendre une assez longue série au Conservatoire des arts et métiers.

A cet effet, j'ai demandé à l'administration du chemin de fer du Nord des rails pris parmi ceux qui lui avaient été fournis par diverses forges, et j'en ai aussi obtenu cinq échantillons différents des forges d'Anzin et Denain.

Ces rails avaient des longueurs inégales, comprises entre 3 mètres et 5^m.98, ce qui a conduit à les essayer sous des portées différentes. Mais dans le tableau qui contient les résultats observés, l'on a inséré une colonne dans laquelle est indiquée la flexion qui correspondrait pour chacun d'eux à une portée et à une charge communes, afin de permettre la comparaison facile de leur rigidité respective.

Les dispositions prises pour les expériences étaient celles qui ont été indiquées précédemment, et les charges agissant au milieu de la longueur de la portée croissaient généralement de 100 en 100 kilogr., à partir de 100 jusqu'à 1000 kilogr., pour la plupart des rails.

Les profils exacts des rails soAt reproduits dans les figures de la planche AA; et pour déterminer la valeur du moment d'inertie I de chacun de ces profils, l'on a eu recours à la méthode graphique du n° **244**, opération assez longue dans ce cas, mais la seule qui pût donner des résultats suffisamment exacts.

Les données et les résultats de ces expériences sont résumés dans les tableaux suivants :

EXPÉRIENCES SUR LA RÉSISTANCE DES RAILS A LA

EMPLACEMENT OU LES RAILS du modèle essayé sont en service.	NOM DE LA FORGE ou du fournisseur.	MODÈLE.	POIDS du MÈTRE courant		LONGUEUR TOTALE.	PORTÉE PENDANT l'expérience 2C.
			du type.	réel du rail essayé.		
		RAILS DU CHEMIN				
			kil.	kil.	m.	m.
A la Chapelle Saint-Denis.	Anzin............	à double champignon.	37	36.50	6.03	4.00
	Maubeuge. Hamoir.	Id...............	37	36.70	6.00	5.70
	Sambre. Leclercq. .	Id...............	37	37.50	6.00	5.70
	Tredegar..........	Id...............	37	36.40	5.05	4.00
	Sambre. Leclercq..	Id...............	37	36.80	5.02	4.70
	Sambre. Leclercq. .	Id...............	30	33.60	5.06	4.00
A Lille.	Tredegar..........	Vignole............	»	37.80	5.98	5.70
	Dowelais..........	Id...............	»	37.75	5.03	4.70
	Tredegar..........	à double champignon.	37	36.60	5.10	4.00
	Dowelais..........	Id...............	37	37.60	5.08	4.00
A Tergnier.	Blaina.	Vignole........	37	36.66	5.10	4.00
	Varteg...........	Id...............	37	37.10	5.06	4.70
	Sclesin...........	Id...............	37	37.77	5.03	4.70
		RAILS FABRIQUÉS AUX FORGES				
»	Forges d'Anzin et Denain.	a.... Vignole............	37	37.40	5.00	4.00
		b.... à double champignon.	37	37.30	6.02	4.00
		c.... Id...............	37	40.10	5.03	4.00
		d.... Vignole............	30	30.50	4.43	4.00
		e.... Id...............	»	10.25	4.00	3.00

FLEXION EXÉCUTÉES AU CONSERVATOIRE DES ARTS ET MÉTIERS.

MOMENT D'INERTIE du profil transversal I.	FLEXION MOYENNE pour 100 kilogr. de charge.	COEFFICIENT D'ÉLASTICITÉ E.	FLEXION sous une CHARGE $2P = 1000^{kil}$ et une portée $2C = 4^m.00$.	RAPPORT de cette FLEXION à la portée.	
DU NORD.					
	mill.		mill.		
0.00000920	0.7665	18 908 000 000 ^{kil}	7.66	$\frac{1}{525}$	
0.00001033	2.1960	17 008 000 000	7.61	$\frac{1}{523}$	
0.000008966	2.2760	18 905 000 000	7.68	$\frac{1}{521}$	
0.000009830	0.8270	16 400 000 000	8.32	$\frac{1}{482}$	
0.000009616	1.2560	17 909 000 000	7.80	$\frac{1}{513}$	
0.000007666	1.1670	14 904 000 000	11.66	$\frac{1}{342}$	
0.000010170	2.1810	17 394 000 000	7.53	$\frac{1}{531}$	
0.000010690	1.2950	15 624 000 000	7.85	$\frac{1}{509}$	
0.000009200	0.7420	19 531 000 000	7.58	$\frac{1}{528}$	
0.000010330	0.7200	17 929 000 000	7.06	$\frac{1}{566}$	
0.000009550	0.7944	17 574 000 000	7.90	$\frac{1}{506}$	
0.000009550	1.2370	18 309 000 000	8.08	$\frac{1}{495}$	
0.000010950	1.2260	16 112 000 000	7.39	$\frac{1}{540}$	
D'ANZIN ET DENAIN.					
0.000009530	0.7514	18 621 000 000	7.51	$\frac{1}{534}$	
0.000009860	0.7390	18 299 000 000	7.39	$\frac{1}{532}$	
0.000009580	0.7560	18 410 000 000	7.56	$\frac{1}{526}$	
0.000004580	1.6120	18 059 000 000	16.12	$\frac{1}{249}$	
0.000000687	5.0150	16 328 000 000	»	»	

EXPÉRIENCES SUR LA RÉSISTANCE DES RAILS DE DIVERS MODÈLES A LA FLEXION,

FLEXIONS OBSERVÉES PRODUITES PAR 100 KILOGRAMMES DE CHARGE.

Charges au milieu de la longueur 2P.	RAILS EN SERVICE SUR LE CHEMIN DU NORD.													RAILS D'ANZIN ET DENAIN.				
	FORGES d'Anzin. D.C.	MAUBEUGE. M. Hamou. D.C.	SAMBRE M. Leclercq. D.C.	TREDEGAR. D.C.	SAMBRE M. Leclercq. D.C.	SAMBRE M. Leclercq. D.C.	TREDEGAR. V.	DOWELAIS. V.	TREDEGAR. D.C.	DOWELAIS. D.C.	BLAINA. V.	VARTEG. V.	SCLESIN. V.	ANZIN et Denain. V.	ANZIN et Denain. D.C.	ANZIN et Denain. D.C.	ANZIN et Denain. V.	ANZIN et Denain. V.
kil.	mill.	mill.	mill.	mill.	mill.	mill.	mill.	mill.	mill.	mill.	mill.	mill.	mill.	mill.	mill.	mill.	mill.	mill.
100	0.78	2.14	2.28	0.84	1.24	1.22	2.12	1.42	0.74	0.78	0.86	1.22	1.30	0.82	0.64	0.70	1.54	4.96
200	0.79	2.19	2.29	0.84	1.26	1.14	2.17	1.31	0.74	0.75	0.80	1.24	1.22	0.80	0.70	0.73	1.60	5.04
300	0.77	2.19	2.31	0.81	1.26	1.17	2.20	1.33	0.76	0.73	0.80	1.21	1.23	0.77	0.74	0.75	1.63	5.01
400	0.765	2.20	2.33	0.83	1.25	1.16	2.18	1.31	0.75	0.72	0.80	1.24	1.22	0.75	0.74	0.75	1.61	5.03
500	0.76	2.20	2.31	0.82	1.25	1.17	2.19	1.28	0.74	0.72	0.80	1.25	1.22	0.76	0.75	0.76	1.62	5.02
600	0.77	2.19	2.32	0.83	1.26	1.17	2.19	1.29	0.73	0.71	0.79	1.25	1.21	0.76	0.76	0.75	1.61	5.04
700	0.76	2.20	2.28	0.82	1.26	1.17	2.19	1.29	0.73	0.71	0.79	1.24	1.21	0.74	0.74	0.77	1.62	5.04
800	0.75	2.20	2.25	0.81	1.27	1.17	2.20	1.28	0.74	0.71	0.79	1.24	1.20	0.74	0.75	0.76	1.61	4.96
900	0.76		2.23	0.83		1.16	2.19	1.27	0.73	0.76	0.79	1.24	1.20	0.75	0.72	0.76	1.60	
1000	0.76		2.22	0.83		1.17	2.18		0.77									
1100			2.22															
Mme	0.766	2.196	2.276	0.827	1.256	1.167	2.181	1.295	0.742	0.72	0.794	1.237	1.226	0.7514	0.739	0.756	1.612	5.015

Nota. — Les lettres D. C. indiquent les rails à double champignon. La lettre V. indique les rails Vignole.

565. PRÉCISION DE LA PROPORTIONNALITÉ DES FLEXIONS AUX CHARGES. — Avant de déduire de ces expériences les conséquences qui en découlent, il est bon de signaler à l'attention le degré de précision apporté dans la mesure des flexions observées sur les rails dont il vient d'être question, et la régularité de ces flexions. A cet effet, j'ai réuni dans le tableau précédent les accroissements de flexion produits dans chaque expérience par chaque augmentation de charge de 100 kilogr. agissant au milieu de la portée.

La régularité de ces accroissements montre avec quelle exactitude la proportionnalité des flexions aux charges a été constatée pour tous ces solides.

L'on rappellera que les portées n'étaient pas les mêmes, et que dès lors il n'y a pas lieu de s'étonner que des rails de même poids aient fourni des flexions très-différentes.

566. OBSERVATIONS SUR LES RÉSULTATS CONSIGNÉS DANS LE TABLEAU DU Nº **565.** — L'on remarquera d'abord que les fers provenant d'une même usine offrent parfois des différences très-notables dans la valeur du coefficient d'élasticité E, et par suite dans la résistance à leur flexion. Ainsi les fers de la Sambre, des usines de M. Leclerc, ont donné, pour des rails à double champignon, du type de 37 kilogr. au mètre courant, les valeurs

$$E = 18\,905\,000\,000^{\text{kil}} \quad \text{et} \quad E = 17\,909\,000\,000^{\text{kil}},$$

tandis que pour le rail de $33^{\text{kil}}.60$ au mètre courant, de la même usine, la valeur de E n'a été que

$$E = 14\,904\,000\,000^{\text{kil}}.$$

De même, tandis que le rail Vignole, des forges d'Anzin et Denain, du type de 37 kilogr. par mètre courant, a fourni la valeur

$$E = 18\,621\,000\,000^{\text{kil}},$$

le rail du type de $10^{\text{kil}}.25$ au mètre courant, des mêmes forges, n'a donné que

$$E = 16\,328\,000\,000^{\text{kil}}.$$

Il importe donc, si l'on tient à avoir un degré uniforme de rigidité dans les rails, de s'attacher à obtenir une grande régularité dans la fabrication, et de constater, par des expériences spéciales et précises, les flexions produites par une charge normale convenablement fixée.

L'on voit qu'en général, si l'on en excepte le rail de Tredegar à double champignon, le rail de Dowelais et le rail de Sclesin modèle Vignole, les valeurs du coeffïcient d'élasticité fournies par les rails des types à double champignon ou Vignole, du poids de 37 kilogr. au mètre courant, s'éloignent peu de

$$E = 18\,225\,000\,000^{kil},$$

qui est aussi à peu près celle que l'on obtient des bons fers employés dans les constructions de bâtiments.

La flexion de ces mêmes rails de 37 kilogr. au mètre courant, à la portée de 4 mètres et sous l'action d'une charge de 1000 kilogr. placée au milieu de cette portée, est, en moyenne,

$$f = 7^{mill}.61.$$

Un seulement n'a donné que $7^{mill}.06$, et un $8^{mill}.08$.

Si donc l'on voulait faire de la résistance à la flexion une condition de réception de ces rails, l'on pourrait fixer à $7^{mill}.50$ celle qu'ils devraient présenter dans les conditions de charge et de portée ci-dessus.

367. Valeurs moyennes du coefficient d'élasticité du fer forgé, selon sa qualité. — Il est assez difficile de déterminer avec précision la valeur moyenne du coefficient d'élasticité du fer forgé, d'après tous les résultats des expériences anciennes et nouvelles, et il me semble plus convenable d'établir une distinction entre les diverses qualités de fer que l'on peut se procurer dans le commerce. C'est d'ailleurs ce qui résulte des données mêmes de l'expérience, comparées à la nature des fers.

Ainsi les fers de qualité supérieure, qui proviennent de certains minerais, et qui ont été fabriqués exclusivement au charbon de bois; les fers purifiés par plusieurs corroyages; ceux qui proviennent du corroyage des rognures de tôle ou des riblons, donnent pour le coefficient d'élasticité des valeurs qui s'élèvent jusqu'à

$$E = 20\,000\,000\,000^{kil} \quad \text{et même} \quad E = 22\,000\,000\,000^{kil},$$

égales à celles que fournit le bon acier ordinaire.

Ces mêmes fers peuvent, sans altération de leur élasticité, supporter des efforts qui s'élèvent à 24 et même 30 kilogr. par millimètre carré.

Les fers de bonne fabrication courante, obtenus au coke, affinés à la houille, et qui subissent un corroyage pour être étirés en fers façonnés, tels que rails, fers à T, cornières, etc., donnent pour ce coefficient d'élasticité des valeurs voisines de

$$E = 17\,000\,000\,000^{kil} \quad \text{et de} \quad E = 18\,000\,000\,000^{kil}.$$

Enfin, les fers les plus tendres, très-ductiles, mais un peu mous, fournissent pour ce coefficient des valeurs inférieures qui s'abaissent à

$$E = 15\,000\,000\,000^{kil} \quad \text{et à} \quad E = 14\,000\,000\,000^{kil},$$

et même jusqu'à

$$E = 12\,000\,000\,000^{kil}.$$

Il conviendra donc, dans le calcul des proportions des pièces en fer, de s'assurer de la qualité des matériaux employés et des procédés de fabrication qui auront été suivis, pour savoir quelle sera la valeur qu'il conviendra de choisir pour leur coefficient d'élasticité et pour la charge permanente qu'on pourrait leur faire supporter avec sécurité.

Mais, de plus, il ne faut pas perdre de vue qu'il arrive assez souvent que des fers de même fabrication, fournis par les mêmes forges, présentent des différences notables dans leur résistance à la flexion, ainsi qu'on a pu le voir au n° **368**, où l'on a rapporté les résultats des expériences faites au Conservatoire sur la flexion des rails.

568. Ruptures de rails observées sur les chemins de fer de l'Est. — Je dois à l'obligeance de M. Perdonnet, qui a pris une si grande part aux progrès qu'a faits dans ces dernières années l'art de l'ingénieur de chemins de fer, la communication de résultats remarquables observés, pendant l'hiver de 1860-61, sur les chemins de fer de l'Est.

D'après les relevés journaliers exécutés par les agents de cette compagnie, le nombre de rails brisés sur diverses parties de la voie, depuis le 11 décembre 1860 jusqu'au 31 janvier 1861, s'est élevé au chiffre total de 498, répartis ainsi qu'il suit :

Ligne de Paris à Strasbourg, entre Lunéville et Strasbourg............................	33	
Lignes de Wissembourg et de Srasbourg à Bâle..	122	318
Ligne de Thann..............................	163	
Ligne de Paris à Mulhouse, de Chalandrey à Mulhouse.................................	15	
Ligne de Blermes à Gray	10	59
Embranchement de Reims....................	24	
Embranchement de Noisy-le-Sec à Flamboin....	10	
Ligne de Paris à Strasbourg, de Sermaize à Lunéville..............................	93	121
Embranchement de Metz....................	28	
Total...................		498

Or, sur les 318 rails cassés sur les trois premières parties de la ligne, il y en a eu 258 qui l'ont été du 21 au 25 janvier, jours pendant lesquels les observations de températures, faites avec soin par M. l'abbé Muller, à Ichtrazheim, indiquent que le thermomètre est descendu à — 7°.8 et à — 16.

L'on fait remarquer à cette occasion que, sur la ligne de Thann, le grand nombre de rails cassés le 22 janvier, et qui s'est élevé à 127, pouvait être dû à l'existence d'une partie plate qui s'était formée à l'un des bandages de la locomotive ; mais la question reste la même, car cet aplatissement existait sans doute avant le 22 janvier.

569. Résultats observés dans des réceptions de rails faites par le chemin de fer du Nord. — Les épreuves de réception des rails, qui sont imposées aux fabricants par les administrations des chemins de fer, ont souvent donné lieu à des observations qui seraient d'une grande utilité pour la solution de la question de l'influence du froid sur la résistance du fer, si ces épreuves avaient été dirigées en vue de cette question.

Malheureusement il n'en a pas été ainsi, et les faits observés ne permettent pas de tirer de conclusions assez nettes pour permettre d'apprécier cette influence, qui doit d'ailleurs très-probablement varier avec la nature des fers.

Cependant il ressort de quelques-unes de ces épreuves des indications assez remarquables pour que nous croyions devoir citer les suivantes, dont nous devons la communication à M. Couche, ingénieur en chef du chemin de fer du Nord.

Des épreuves de réception, exécutées, en 1855 et 1856, sur des rails provenant des usines d'Anzin, dont les produits sont connus pour être de bonne qualité, et dont les rails nous ont fourni, quant à la résistance à la flexion, les résultats consignés au n° **565**, ont donné lieu de constater les circonstances indiquées dans les tableaux suivants :

ÉPREUVES PAR LE CHOC FAITES A L'USINE D'ANZIN SUR DES MORCEAUX
DE RAILS.

NUMÉROS D'ORDRE des essais.	TEMPÉRATURE AU-DESSOUS de zéro.	HAUTEUR DE CHUTE produisant la rupture.	TEMPÉRATURE AU-DESSUS de zéro.	HAUTEUR DE CHUTE produisant la rupture.	OBSERVATIONS.
		DÉCEMBRE 1855.			
1	—4⁰ à —5	1ᵐ.50	+3⁰ à +4	2ᵐ.25	Le poids du mouton était de 300ᵏ.
2	Id.	1 .50	Id.	»	
3	—5 à —6	1 .75	+3 à +4	2 .25	La distance des appuis 2C=1ᵐ.10
4	Id.	2 .00	Id.	2 .50	
5	—3 à —4	1 .75	+6 à +8	2 .25	
6	Id.	1 .50	Id.	2 .25	
7	—9	1 .75	Id.	2 .50	
8	—5 à —6	1 .75	Id.	2 .25	
9	Id.	1 .75	Id.	2 .25	Écart des hautᵣˢ de chute 0ᵐ.64.
	Moyennes..	1 .67		2 .31	
		FÉVRIER 1856.			
1	—4 à —5	2 .25	+6 à +8	2 .75	
4	Id.	1 .75	Id.	2 .50	
5	Id.	1 .75	Id.	2 .50	
6	Id.	2 .00	Id.	2 .50	
7	Id.	1 .75	Id.	2 .25	
8	Id.	1 .50	Id.	2 .25	
9	Id.	2 .00	Id.	2 .75	
10	Id.	1 .50	Id.	2 .25	
11	Id.	1 .75	Id.	2 .50	
12	Id.	1 .50	Id.	2 .25	Écart des hautᵣˢ de chute 0ᵐ.68.
	Moyennes.	1 .77		2 .45	

Des épreuves analogues, exécutées, en décembre 1860, sur
des rails provenant des usines de Jamaille (Moselle), ont aussi
montré qu'une différence de température de — 4⁰ à + 5⁰ suffi-
sait pour influer notablement sur la hauteur de chute nécessaire pour produire la rupture du rail.

Mais ces expériences ne fournissent pas de renseignements
assez complets pour permettre d'en tirer des conséquences précises, et, en les signalant à l'attention de nos lecteurs, nous
nous bornerons à dire que, dans l'opinion de l'habile ingénieur

qui nous les a communiquées, elles lui semblaient démontrer suffisamment l'influence du froid sur la résistance du fer au choc.

570. NÉCESSITÉ DE NOUVELLES OBSERVATIONS. — La question que soulèvent les faits précédents, et qui se rattache à de vieux dictons qui ne sont peut-être que des préjugés, est assez délicate pour que nous ne nous hasardions pas à la résoudre; mais aussi elle a assez d'importance pour engager les ingénieurs à recueillir de nouvelles observations qui puissent fixer les idées sur la réalité de l'action du froid sur la ténacité du fer, et faire connaître si certaines qualités de fer sont, plus que d'autres, susceptibles de subir cette action.

Résistance des aciers à la flexion.

571. RÉSULTATS DES EXPÉRIENCES RELATIVES AUX ACIERS. — Nous avons consigné dans les tableaux suivants les résultats immédiats des expériences faites sur les aciers, qui nous ont été remis par MM. Jackson, Petin et Gaudet, de Rive-de-Gier, par M. Frederick Krupp, d'Essen, et par MM. Jackson et fils, de Bordeaux.

Tous ces résultats, ainsi que ceux que l'on en déduit par l'application des formules rappelées au n° **314**, sont résumés dans un tableau particulier dont nous examinerons les conséquences.

ACIERS DE MM. JACKSON, PÉTIN ET GAUDET

Expérience du 25 juillet 1857.

Barre d'acier corroyé marquée L, de 30^{mill}.00 de largeur sur 40^{mill}.00 de hauteur; 3^{m}25 de longueur; portée : 2C = 3^m.00.

FLEXIONS OBSERVÉES					
EN CHARGEANT.			EN DÉCHARGEANT.		
CHARGES.	FLEXIONS		CHARGES.	FLEXIONS	
	TOTALES.	pour 10 KIL.		TOTALES.	pour 10 KIL.
kil.	mill.	mill.	kil.	mill.	mill.
0.	»	»	0.	0.22	»
20	3.34	1.670	20	3.64	1.710
40	6.74	1.689	40	6.98	1.640
60	10.30	1.717	60	10.44	1.703
80	13.74	1.717	80	13.94	1.715
100	17.34	1.784	100	17.52	1.730
120	20.86	1.738	120	21.00	1.732
140	24.54	1.753	140	24.52	1.736
160	28.06	1.754	160	28.06	1.740
	Moyenne..	1.7356		Moyenne..	1.713

ACIER DE MM. JACKSON, PÉTIN ET GAUDET.

Expérience du 21 juillet 1858.

Barre d'acier corroyé marquée L de 30^{mill}.00 de largeur sur 40^{mill}.00 de hauteur; 3^{m}25 de longueur; portée : 2C = 3^m.00.

CHARGES.	FLEXIONS OBSERVÉES.		OBSERVATIONS.
	TOTALES.	POUR 10 KIL.	
kil.	mill.	mill.	mill.
150	26.62	1.773	
200	35.38	1.763	
250	44.18	1.767	Moyenne... 1.777
300	53.28	1.773	
350	62.90	1.797	
400	73.88	1.847	L'élasticité commence à s'altérer.
450	86.50	1.922	
500	»	»	La pièce fléchit avec continuité, mais lentement.

ACIERS DE MM. JACKSON, PÉTIN ET GAUDET.

Expérience du 28 décembre 1857.

Barre d'acier corroyé marquée P de 14^{mill}.5 de largeur sur 30^{mill}.00 de hauteur ; portée : 2C = 1^{m}40.

CHARGES.	FLEXIONS	
	TOTALES.	POUR 10 KIL.
kil.	mill.	mill.
0	0.00	
40	2.94	0.735
80	6.10	0.762
120	9.26	0.771
160	12.32	0.770
200	16.44	0.822
	Moyenne.	0.781

ACIERS DE MM. JACKSON, PÉTIN ET GAUDET.

Expérience du 11 juin 1857.

Barre d'acier puddlé marquée J.P.G. de 30^{mill}.00 de largeur sur 50^{mill}.00 de hauteur ; longueur 3^{m}.25 ; portée : 2C = 3^{m}.00.

FLEXIONS OBSERVÉES					
EN CHARGEANT.			EN DÉCHARGEANT.		
CHARGES.	FLEXIONS		CHARGES.	FLEXIONS *	
	TOTALES.	pour 10 KIL.		TOTALES.	pour 10 KIL.
kil.	mill.	mill.	kil.	mill.	mill.
0	0.00	0.000	0	0.26	0.000
20	1.70	0.850	20	2.02	0.880
40	3.44	0.860	40	3.70	0.860
60	5.20	0.856	60	5.44	0.863
80	6.22	0.865	80	7.20	0.863
100	8.70	0.870	100	8.98	0.872
120	10.50	0.875	120	10.68	0.868
140	12.58	0.877	140	12.46	0.871
160	14.02	0.876	160	14.18	0.870
180	15.76	0.876	180	15.84	0.866
200	17.48	0.874	200	17.48	0.866
	Moyenne.	0.8724			

* L'on a retranché de toutes les flexions la flexion permanente 0^{mill}.26 due à un gauchissement léger de la barre.

ACIERS DE MM. JACKSON, PÉTIN ET GAUDET.

Expérience du 28 juillet 1857.

Barre d'acier puddlé marquée F. P. G. de $30^{mill}00$ de largeur sur $50^{mill}00$
de hauteur; longueur 3^m25; portée: $2C = 3^m00$

CHARGES.	FLEXIONS		OBSERVATIONS.
	TOTALES	POUR 10 KIL.	
kil.	mil.	mill.	
0	0.00	0.000	
50	4.48	0.896	
100	8.70	0.870	
150	12.42	0.828	
200	17.18	0.859	
250	21.60	0.864	
300	25.92	0.864	Moyenne.... 0.8621
350	30.32	0.866	
400	34.94	0.873	
450	39.68	0.881	
500	44.62	0.892	L'élasticité commence à
550	50.00	0.909	s'altérer.

ACIERS DE MM. JACKSON PÉTIN ET GAUDET.

Expérience du 28 décembre 1857.

Barre d'acier puddlé marqué J. P. G. de $21^{mill}.25$ de largeur sur $30^{mill}.00$
de hauteur; portée : $2C = 1^m40$.

CHARGES.	FLEXIONS	
	TOTALES.	POUR 10 KIL.
kil.	mill.	mill.
0	0.00	0.000
40	2.20	0.550
80	4.48	0.560
120	6.80	0.566
160	9.04	0.565
200	11.40	0.570
Moyenne..............		0.565

ACIERS DE MM. JACKSON, PÉTIN ET GAUDET.

Expérience du 24 juin 1857.

Barre d'acier corroyé marquée S de $30^{mill}00$ de largeur sur $40^{mill}00$ de hauteur,
et 3^m25 de longueur. — Portée : $2C = 3^m00$.

FLEXIONS OBSERVÉES					
EN CHARGEANT.			EN DÉCHARGEANT.		
CHARGES	FLEXIONS		CHARGES	FLEXIONS	
	TOTALES.	POUR 10 KIL.		TOTALES.	POUR 10 KIL.
kil.	mill.	mill.	kil.	mill.	mill.
0	0.00	0.000	0	0.00	0.000
20	3.24	1.620	20	3.32	1.660
40	6.56	1.640	40	6.72	1.680
60	9.84	1.640	60	10.02	1.670
80	13.22	1.652	80	13.40	1.675
100	16.54	1.654	100	16.64	1.664
120	19.92	1.660	120	19.92	1.660
140	23.32	1.651	140	22.98	1.641
160	26.74	1.671	160	26.52	1.656
	Moyennes..	1.6547			1.661

ACIERS DE MM. JACKSON, PÉTIN ET GAUDET.

Expérience du 9 juillet 1857.

Barre d'acier corroyé marqué S. de 30^{mill}.00 de largeur sur 40^{mill}.00 de hauteur; 3^m.25 de longueur; portée 2C = 3^m.00.

| CHARGES. | FLEXIONS | | OBSERVATIONS. |
	TOTALES.	pour 10 KILOGR.	
kil.	mill.	mill.	
0	0.00	0.000	
40	6.76	1.690	
80	13.42	1.677	
120	20.26	1.687	
160	26.96	1.685	
200	33.64	1.682	
220	37.18	1.685	Moyenne.... 1.6874
240	40.54	1.689	
260	43.96	1.691	
280	47.40	1.692	
300	51.08	1.703	
320	54.68	1.709	
340	58.50	1.720	
360	62.44	1.734	
380	66.58	1.752	
400	70.62	1.765	
420	75.04	1.786	
440	79.40	1.804	
460	84.20	1.830	
480	88.86	1.851	
500	94.16	1.883	
520	99.44	1.912	A la charge de 520^{kil} la
540	105.76	1.958	pièce continue à fléchir sans
560	113.86	2.033	augmentation de charge.
580	126.46	2.180	
664	137.00	»	Flexion permanente.

ACIERS DE MM. JACKSON, PÉTIN ET GAUDET

Expérience du 21 décembre 1857.

Barre d'acier marquée S de 15^{mill}.05 de largeur sur 30^{mill}.00 de hauteur ;
portée 2C = 1^m.40

CHARGES	FLEXIONS		OBSERVATIONS.
	TOTALES.	POUR 10 KIL.	
kil.	mill.	mili.	
0	0.00	0.000	Ces flexions ne sont pas ré-
50	3.90	0.780	gulières.
100	5.68	0.568	
150	8.76	0.580	
200	12.30	0.615	Moyenne.... 0.604
250	16.32	0.653	

ACIERS DE MM. JACKSON, PÉTIN ET GAUDER.

Expérience du 20 mai 1858.

Barre d'acier marquée S de 30^{mill}.00 de largeur sur 15^{mill}.05 de hauteur ;
portée 2C = 1^m.40.

CHARGES.	FLEXIONS		OBSERVATIONS.
	TOTALES.	POUR 10 KIL.	
kil.	mill.	mill.	
0	0	0	
16	1.36	0.850	
32	2.56	0.800	
48	3.94	0.821	
64	5.10	0.797	Moyenne.... 0.797
80	6.16	0.770	

ACIERS DE MM. JACKSON, PÉTIN ET GAUDET.

Expérience du 16 juillet 1357.

Barre d'acier marquée, acier fondu de 30^{mill}. de largeur sur 40^{mill}. de hauteur,
3^m.25 de longueur; portée, 2C = 3^m.00.

CHARGES.	FLEXIONS		OBSERVATIONS.
	TOTALES.	POUR 10 KIL.	
kil.	mill.	mill.	
50	7.78	1.556	
100	14.80	1.480	
150	22 68	1.512	
200	30.98	1.549	
250	38.64	1.545	
300	46.44	1.538	Moyenne.... 1.5434
350	54.22	1.549	
400	62.06	1.551	
450	69.86	1.552	
500	77.56	1.551	
550	82.65	1.556	
600	95.10	1.585	
650	105.82	1.628	Au delà de la charge de 700^k
700	129.26	1.846	la pièce s'affaisse très-vite.

ACIERS DE MM. JACKSON PÉTIN ET GAUDET.

Expérience du 6 juin 1857.

Barre d'acier marquée, *acier fondu* de 30^{mill}. de largeur sur 40^{mill}.
de hauteur et 3^m.25 de longueur; portée : 2C = 3^m.00.

FLEXIONS OBSERVÉES					
EN CHARGEANT.			EN DÉCHARGEANT.		
CHARGES	FLEXIONS		CHARGES	FLEXIONS	
	TOTALES.	pour 10 KILOGR.		TOTALES.	pour 10 KILOGR.
kil.	mill.	mill.	kil.	mill.	mill.
0	0.00	0.000	0	0.00	0.000
20	3.00	1.503	20	3.04	1.520
40	6.00	1.500	40	6.10	1.525
60	9.34	1.557	60	9.08	1.515
80	12.56	1.570	80	12.28	1.535
100	15.42	1.542	100	15.30	1.530
120	18.44	1.537	120	18.30	1.528
140	21.52	1.537	140	21 34	1.524
160	24.60	1.537	160	24.60	1.537
Moyennes...		1.5466	Moyennes...		0.000

ACIERS DE MM. JACKSON, PÉTIN ET GAUDET.

Expérience au 29 décembre 1857.

Barre marquée, *acier fondu* de 16^{mill}.25 de largeur sur 30^{mill}.00 de hauteur
et 1^m.62 de longueur; portée : 2C = 1^m.40.

CHARGES.	FLEXIONS		OBSERVATIONS.
	TOTALES.	POUR 10 KIL.	
kil.	mill.	mill.	
0	0 00	0.000	
40	3.06	0.765	
80	6.72	0.840	
120	8.04	0.670	Flexions peu régulières.
160	10.62	0.664	
200	13.40	0.770	
	Moyenne.....	0.736	

ACIERS DE MM. JACKSON, PÉTIN ET GAUDET.

Expérience du

Pièce marquée, *acier fondu* de 15^{mill}.51 de largeur sur 30^{mill}.00 de hauteur
et 1^m.62 de longueur; portée 2C = 1^m.40.

CHARGES.	FLEXIONS		OBSERVATIONS.
	TOTALES.	POUR 10 KIL.	
kil.	mill.	mill.	
0	0.00	0.000	
16	1.30	0.812	
32	2.54	0.794	
48	3.86	0.804	
64	5.10	0.797	
80	6.40	0.800	
	Moyenne.....	0.8014	

ACIERS DE MM. JACKSON, PÉTIN ET GAUDET.

Expérience du 3 juin 1859.

Barre d'acier marquée, *acier fondu*, la même qui avait été essayée précédemmen refendue à la machine à raboter, de 13^{mill}.00 de largeur sur 16^{mill}.00 de hauteur et 3^m.25 de longueur; portée : 2C = 3^m.02.

CHARGES.	FLEXIONS		OBSERVATIONS.
	TOTALES.	POUR 10 KIL. de charge.	
kil.	mill.	mill.	
5.70	32.56	57.12	
7.60	43.58	57.34	
9.40	54.06	57.44	
	Moyenne.....	57.3	

ACIERS DE MM JAMES JACKSON ET FILS, DE SAINT-SEURIN.

Barres d'acier fondu de 44^{mill}.00 sur 44^{mill}.00; portée : 2C = 3^m.00.

CHARGES	BARRE MARQUÉE GARANTIE.		BARRE MARQUÉE ☾☽.		BARRE QUALITÉ ANGLAISE.	
	FLEXIONS		FLEXIONS		FLEXIONS	
	TOTALES.	pour 10 KILOGR.	TOTALES.	pour 10 KILOGR.	TOTALES.	pour 10 KILOGR.
kil.	mill.	mill.	mill.	mill.	mill.	mill.
0	0.00	0.000	0 00	0.000	0.00	0.000
100	9.48	0.948	10.66	1.066	9.00	0.900
150	14.34	0.956	13.70	0.914	13.46	0.897
200	19.06	0.953	18.92	0.946	18.14	0.907
250	23.66	0.946	23.10	0.924	22.32	0.892
300	28.26	0.942	27.60	0.920	26.52	0.884
350	32.92	0.941	32.16	0.918	30.78	0.879
400	37.30	0.932	36.04	0 901	35.10	0.877
450	42.86	0.952	40.46	0.899	39.36	0.875
500	46.42	0.928	44.80	0.896	43.52	0.870
550	50.92	0.926	49.08	0.892	47.92	0.871
600	56.45	0.941	»	»	51.98	0.866
650	60.04	0.924	57.92	0.891	»	»
700	»	»	62.36	0.891	»	»

ACIERS DE M. F. KRUPP.

Expérience du 10 juillet 1867.

Barre d'acier marquée d'une étoile, de 40^{mill}.00 de largeur sur 50^{mill}.00 de hauteur, de 3^m.25 de longueur; portée : 2C = 3^m.00.

CHARGES.	FLEXIONS OBSERVÉES EN CHARGEANT.		OBSERVATIONS.
	FLEXIONS		
	TOTALES.	POUR 10 KIL.	
kil.	mill.	mill.	
0	0.00	0.000	
20	1.32	0.660	
40	2.58	0.645	
60	3.90	0.650	
80	5.16	0.645	
100	6.40	0.640	
120	7.68	0.640	
140	8.92	0.637	
160	10.16	0.635	
180	11.42	0.634	
200	12.66	0.633	

ACIERS DE M. F. KRUPP.

Expérience du 17 juillet 1857.

Barre d'acier marquée d'une étoile, de 40^{mill}.00 de largeur
sur 50^{mill}.00 de hauteur, 3^m.25 de longueur; portée : 2C = 3^m.00.

CHARGES.	FLEXIONS		OBSERVATIONS.
	TOTALES.	POUR 10 KIL.	
kil.	mill.	mill.	
0	0.00	0.000	
50	3.20	0.640	
100	6.36	0.636	
150	9.56	0.637	
200	12.72	0.636	
250	15.80	0.632	
300	19.02	0.634	
350	22.26	0.636	
400	25.24	0.631	
450	28.38	0.631	
500	31.56	0.631	
550	34.74	0.631	
600	37.94	0.632	
650	41.08	0·632	
700	44.24	0.632	
750	47.36	0.631	
800	50.58	0.632	
850	53.84	0.633	
900	57.08	0.634	Limite d'élasticité.
950	61.32	0.645	
1000	66.08	0.661	
1050	74.44	0.709	La pièce s'abaisse rapide-
1100			ment.

ACIERS DE M. F. KRUPP.

Expérience du 26 décembre 1857.

Barre d'acier marquée d'une étoile, de 21^{mill}.50 de largeur
sur 40^{mill}.00 de hauteur, de 1^m.60 de longueur; portée 2C = 1^m.40.

CHARGES.	FLEXIONS		OBSERVATIONS.
	TOTALES.	POUR 10 KIL.	
kil.	mill.	mill.	
0	0.00	0.000	
50	0.76	0.152	
100	1.68	0 168	
150	2.68	0.179	
200	3.88	0.194	
250	4.80	0.192	
300	5.94	0.198	
Moyenne.....		0.191	

ACIERS DE M. F. KRUPP.

Expérience du 8 juillet 1857.

Barre marquée d'une couronne, de 40^{mill}.00 de largeur sur 50^{mill}.00 de hauteur et de 3^m.25 de longueur; portée : 2C = 3^m.00.

FLEXIONS OBSERVÉES					
EN CHARGEANT.			EN DÉCHARGEANT.		
CHARGES	FLEXIONS		CHARGES	FLEXIONS	
	TOTALES.	pour 10 KILOGR.		TOTALES.	pour 10 KILOGR.
kil.	mill.	mill.	kil.	mill.	mill.
0	0.00	0.000	0	0.02	»
20	1.20	0.600	20	1.28	0.640
40	2.36	0.530	40	2.44	0 610
			60	3.66	0.610
60	3.62	0.603	80	»	»
80	4.80	0.600	100	6.10	0.610
100	6.10	0.610	120	7.42	0.618
120	7.38	0.615	140	8.64	0.617
140	8.56	0.611	160	9.84	0.615
160	9 76	0.610	180	11.06	0.614
180	11.02	0.612	200	12.34	0.617
200	12.36	0.618			
	Moyenne...	0.6099			

ACIER DE M. F. KRUPP.

Expérience du 18 juillet 1857.

Barre d'acier marquée d'une couronne de 40^{mill}.00 de largeur sur 50^{mill}.00
de hauteur ; de 3^m.25 de longueur ; portée 2C = 3^m.00.

| CHARGES. | FLEXIONS | | OBSERVATIONS. |
	TOTALES.	pour 10 KILOGR.	
kil.	mill.	mill.	
0	0.00	0.000	
50	3.46	0.632	
100	6.82	0.682	
150	9.98	0.665	
200	13.30	0.665	
250	16.48	0.650	
300	19.62	0.654	
350	22.72	0.649	
400	25.98	0.649	
450	29.16	0.648	
500	32.26	0.645	
550	35.54	0.646	
600	38.74	0.646	
650	42.10	0.647	
700	45.32	0.647	
750	48.52	0.647	
800	51.74	0 647	
850	55.00	0.648	Limite d'élasticité.
900	59.04	0.656	
950	63.94	0.683	La pièce s'abaisse sous cette charge.
1000	73.02	»	
1050	»	»	La pièce s'abaisse rapidement

ACIER DE M. F. KRUPP.

Expérience du 14 janvier 1858.

Barre d'acier marquée d'une couronne de $22^{mill}.00$ de largeur sur $40^{mill}.00$ de hauteur; de.$1^m.60$ de longueur; portée $1^m.40$.

CHARGES.	FLEXIONS		OBSERVATIONS.
	TOTALES.	pour 10 KILOGR.	
kil.	.mill.	mill.	
0	0.00	0.000	
50	0.88	0.176	
100	1.68	0.168	
150	2.76	0.184	
200	3.76	0.188	
250	4.82	0.193	
300	5.86	0.195	
	Moyenne.....	0.190	

ACIERS DE M. F. KRUPP.

Expérience du 10 juillet 1857.

Barre d'acier marquée de deux couronnes, de $40^{mill}.00$ de largeur sur $50^{mill}.00$ de hauteur, de $3^m.25$ de longueur; portée : $2C = 3^m.00$.

FLEXIONS OBSERVÉES					
EN CHARGEANT.			EN DÉCHARGEANT.		
CHARGES	FLEXIONS		CHARGES	FLEXIONS	
	TOTALES.	pour 10 KILOGR.		TOTALES.	pour 10 KILOGR.
kil.	mill.	mill.	kil.	mill.	mill.
0	0.00	0.000	0	0.08	0.000
20	1.26	0.630	20	1.32	0.660
40	2.46	0.615	40	2.62	0.665
			60	3.82	0.637
60	3.72	0.620	80	5.06	0.632
80	5.04	0.630	100	6.28	0.628
100	6.28	0.628	120	7.50	0.625
120	7.54	0.628	140	8.80	0.657
140	8.82	0.630	160	10.06	0.629
160	10.12	0.632	180	11.28	0.627
180	11.36	0.631	200	12.56	0.628
200	12.64	0.632			
	Moyenne...	0.6289			

ACIERS DE M. F. KRUPP.

Expérience du 27 juillet 1857.

Barre marquée de deux couronnes, de 40^{mill}.00 de largeur sur 50^{mill}.00 de hauteur, de 3^m.20 de longueur; portée 2C = 3^m.00

CHARGES.	FLEXIONS		OBSERVATIONS.
	TOTALES.	POUR 10 KIL.	
kil.	mill.	mill.	
0	0.00	0.000	
50	3.42	0.670	
100	6.60	0 666	
150	9.76	0 651	
200	13.04	0.652	
250	16.22	0.649	
300	19.44	0.648	
350	22.62	0 646	
400	25.82	0 645	
450	29.08	0.646	
500	32.28	0.646	
550	35 56	0.647	
600	38 66	0.644	
650	41 98	0 645	
700	45.14	0.645	
750	48.32	0.644	
800	51.56	0.644	
850	54.76	0.644	
900	58.08	0.645	
950	61.74	0.649	L'élasticité commence à s'altérer.
1000	66.30	0.663	
1050	72.42	0.689	
1100			

ACIERS DE M. F. KRUPP.

Expérience du 10 juillet 1857.

Barre marquée de deux couronnes, de 21^{mill}.25 de largeur sur 40^{mill}.00 de hauteur, de 1^{m}.60 de longueur ; portée : 2C = 1^{m}.40.

CHARGES	FLEXIONS EN CHARGEANT.		CHARGES	FLEXIONS EN DÉCHARGEANT.	
	TOTALES.	pour 10 KILOGR.		TOTALES.	pour 10 KILOGR.
kil.	mill.	mill.	kil.	mill.	mill.
0	0.00	0.000	0	0.00	0.000
50	0.80	0.160	50	0.76	0.152
100	1.60	0.160	100	1.64	0.164
150	2.76	0.184	150	2.92	0.195
200	3.92	0.196	200	4.10	0.205
250	5.18	0.207			
300	6.30	0.210	250	5.34	0.218
			300	6.70	0.233
	Moyenne....	0.199		Moyenne....	0.200

ACIERS DE M. F. KRUPP.

Expérience du 11 juillet 1857.

Barre marquée de trois couronnes, de 40^{mill}.00 de largeur sur 50^{mill}.00 de hauteur, de 3^{m}.20 de longueur ; portée : 2C = 3^{m}.00.

FLEXIONS OBSERVÉES					
EN CHARGEANT.			EN DÉCHARGEANT.		
CHARGES	FLEXIONS		CHARGES	FLEXIONS	
	TOTALES.	pour 10 KILOGR.		TOTALES.	pour 10 KILOGR.
kil.	mill.	mill.	kil.	mill.	mill.
0	0.00	0.000	0	0.080	0.000
20	1.24	0.620	20	1.380	0.690
40	2.56	0.640	40	2.64	0.660
60	3.86	0.643	60	3.92	0.653
80	5.16	0.645	80	5.20	0.650
100	6.46	0.646	100	6.48	0.648
120	7.74	0.645	120	7.76	0.646
140	9.08	0.648	140	9.06	0.647
160	10.34	0.646	160	10.28	0.642
180	11.64	0.647	180	11.56	0.642
200	12.96	0.648	200	12.88	0.644
	Moyenne....	0.6462			

ACIERS DE M. F. KRUPP.

Expérience du 14 juillet 1857.

Barre marquée de trois couronnes de 40^{mill}.00 de largeur sur 50^{mill}.00
de hauteur ; 3^m.20 de longueur ; portée 2C = 3^m.00.

CHARGES.	FLEXIONS		OBSERVATIONS.
	TOTALES.	pour 10 KILOGR.	
kil.	mill.	mill.	
0	0.00	0.000	
50	3.34	0.668	
100	6.62	0.662	
150	9.82	0.655	
200	13.08	0.654	
250	16.40	0.656	
300	19.70	0.656	
350	22.94	0.555	
400	26.20	0.655	
450	29.50	0.653	
500	32.80	0.656	
550	36.02	0.655	
600	39.38	0.656	
650	42.66	0.656	
700	45.98	0.657	
750	49.26	0.657	
800	52.78	0.659	L'élasticité commence à s'altérer.
850	56.76	0.666	
900	62.38	0.692	La pièce commence à s'affaisser sous cette charge.
950	70.42	0.640	
1000	»	»	La pièce s'abaisse rapidement

ACIERS DE M. F. KRUPP.

Expérience du 21 décembre 1857.

Barre marquée de trois couronnes, de 20^{mill}.00 de largeur sur 40^{mill}.00 de hauteur, 0^m.00 de longueur; portée : 00 = 0^m 00.

CHARGES	FLEXIONS		CHARGES	FLEXIONS	
	TOTALES.	pour 10 KILOGR.		TOTALES.	pour 10 KILOGR.
kil.	mill.	mill.	kil.	mill.	mill.
0	0.00	0 000	0	0.00	0 000
32	0.88	0.275	50	0.86	0.172
			100	1.76	0.176
64	1.72	0.268			
96	2.52	0.262	150	3.12	0.208
128	3.16	0.246	200	4.24	0.212
160	4.00	0.250	250	5.52	0.221
			300	6.76	0.225
	Moyenne....	0.256		Moyenne....	0.216

ACIERS DE M. F. KRUPP.

Expérience du 22 juillet 1857.

Barre marquée de trois carreaux C, de 40^{mill}.00 de largeur sur 50^{mill}.00 de hauteur, 3^m.20 de longueur; portée : 2C = 3^m.00.

CHARGES.	FLEXIONS		OBSERVATIONS.
	TOTALES.	POUR 10 KIL.	
kil.	mill.	mill.	
0	0.00	0.000	
50	3.22	0.644	
100	6.30	0.630	
150	9.30	0.620	
200	12.46	0 623	
250	15.46	0.618	
300	18.06	0 602	
350	21.10	0.602	
400	24.10	0.602	
450	27.26	0.605	
500	30.40	0 608	
550	33.56	0 610	
600	36.72	0 612	
650	40.18	0.618	Moyenne 0.6109.
700	43.72	0.627	L'élasticité commence à s'al-
750	47.94	0.639	térer.
800	55.68	0.696	

ACIERS DE M. F. KRUPP.

Expérience du 13 juillet 1857.

Barre d'acier marquée de trois carreaux A, de 40^{mill}.09 de largeur sur 50^{mill}.00 de hauteur, 3^m.20 de longueur ; portée : 2C = 3^m.00.

FLEXIONS OBSERVÉES					
EN CHARGEANT.			EN DÉCHARGEANT.		
CHARGES	FLEXIONS		CHARGES	FLEXIONS	
	TOTALES.	pour 10 KILOGR.		TOTALES.	pour 10 KILOGR.
kil.	mill.	mill.	kil.	mill.	mill.
0	0.00	0.000	0	0.00	0.000
20	1.30	0.650	20	1.30	0.650
40	2.56	0.640	40	2.56	0.640
60	3.72	0.620	60	3.72	0.620
80	5.02	0.627	80	5.02	0.627
100	6.24	0.624	100	6.26	0.626
120	7.48	0.623	120	7.54	0.628
140	8.70	0.621	140	8.76	0.625
160	9.96	0.622	160	9.98	0.623
180	11.22	0.623	180	11.22	0.623
200	12.46	0.623	200	12.46	0.623
	Moyenne....	0.6229			

ACIERS DE M. F. KRUPP.
Expérience du 28 juillet 1857.

Barre d'acier marquée de trois carreaux A, de 40^{mill}.00 de largeur sur 50^{mill}.00 de hauteur; 3^m 20 de longueur; portée 2C = 3^m.00.

CHARGES.	FLEXIONS		OBSERVATIONS.
	TOTALES.	pour 10 KILOGR.	
kil.	mill.	mill.	
0	0.00	0.000	
50	3.22	0.644	Cet acier dénommé par
100	6.38	0.638	le fabricant *acier diamant*
			est destiné aux instruments
150	9.50	0.633	tranchants.
200	12.60	0 630	
250	15.68	0.627	
300	18.80	0.626	
350	21.90	0.625	
400	25.08	0.627	
450	28.14	0.625	
500	31.30	0.626	
550	34.40	0.625	
600	37.56	0.626	
650	40.84	0.628	
700	44.28	0.632	Moyenne 0.6275.
750	47.70	0.636	
800	51.46	0.643	
850	55.68	0.655	
900	61.40	0.682	

ACIERS DE M. F. KRUPP.
Expérience du 29 décembre 1857.

Barre d'acier marquée de trois carreaux A, de 21^{mill}.00 de largeur sur 40^{mill}.00 de hauteur, 1^m.60 de longueur; portée 2C = 1^m.40

CHARGES.	FLEXIONS		OBSERVATIONS.
	TOTALES.	pour 10 KILOGR.	
kil.	mill.	mill.	
0	0.00	0.000	
50	0.92	0.184	
100	1.68	0.168	
150	2.78	0.185	
200	3.94	0.197	
250	5.04	0.201	
300	6.22	0.207	
Moyenne......		0.197	

ACIERS DE M. F. KRUPP.

Expériences du 23 juillet 1858.

Barre marquée de trois carreaux B, de 40^{mill}.00 de largeur, sur 50^{mill}.00 de hauteur; 3^m.20 de longueur. — Portée 2C = 3^m.00.

CHARGES.	FLEXIONS		OBSERVATIONS.
	TOTALES.	pour 10 KIL.	
kil.	mill.	mill.	
0	0.00	0 000	
50	3.20	0.640	
100	6.18	0.618	
150	9.22	0.615	
200	12.26	0.613	
250	15.32	0.613	
300	18.34	0.611	
350	21.36	0.610	
400	24.44	0.611	
450	27.32	0 608	
500	30.34	0.607	
550	33.34	0.606	
600	36.46	0.608	
650	39.62	0.611	
700	42.94	0.613	
750	46 50	0.620	Moyenne = 0.6112.
800	50.60	0.632	L'élasticité commence à s'al-
850	56.86	0.669	térer.
900	71.22	»	

ACIERS DE M. F. KRUPP.

Expériences du 14 janvier 1858.

Barre marquée de trois carreaux B, de 21^{mill}.3 de largeur sur 40^{mill}.00 de hauteur; 1^m.60 de longueur. Portée : 2C = 1^m.40.

CHARGES.	FLEXIONS		OBSERVATIONS.
	TOTALES.	POUR 10 KILOGR.	
kil.	mill.	mill.	
0	0.00	0.000	
50	0.90	0 180	
100	1.66	0.166	
150	2.74	0.183	
200	3.84	0.192	
250	4.88	0.195	
300	6.06	0.202	
	Moyenne......	0.193	

RÉSUMÉ DES RÉSULTATS DES EXPÉRIENCES FAITES AU CONSERVAT[

DÉSIGNATION des BARRES ESSAYÉES.	SECTION transversale a b	VALEUR du moment D'INERTIE I de la section.	PORTÉE TOTALE 2C.	ACCROISSEMENT DE FLEXION pour 10 kilogr.
	a b		m.	mill.
Aciers de MM. Jackson, Pétin et Gaudet.	mill.			
Acier J.-P.-G., marqué L, corroyé	30 sur 40	0.00000016	3.00	1.73!8 1.77.! 1.77.!
	14.5 30	0.0000000326	1.40	0.78 (0.87.!
Acier puddlé J.-P.-G..............	30 50	0.0000003125	3.00	0.84! 0.86!!
	21.25 30	0.0000000478	1.40	0.56!! 1.65!!
Acier corroyé S, J.-P.-G.........	30 40	0.00000016	3.00	1.68!! 1.68!!
	15.5 30	0.0000000349	1.40	0.79.(1.54!!
Acier fondu J.-P.-G..............	30 40	0.00000016	3.00	» 1.54!!
Acier fondu J.-P.-G	15.5 30	0.0000000349	1.40	0.73!!
Acier fondu de MM. Jackson et fils de	13 16.5	0.000000004866	3.02	57.30(
Bordeaux, garanti..............	44 44	0.0000003124	3.00	0.94!!
— ♂ ♀	44 44	0.0000003124	3.00	0.97!!
— qualité anglaise........	»	0.0000003124	3.00	0.88!
Aciers de M. Krupp.				
Acier à 3 carreaux B..............	40 50	0.0000004166	3.00	0.61-!
Acier à 3 carreaux C..............	40 50	0.0000004166	3.00	0.61!!
Acier à 1 couronne..............	40 50	0.0000004166	3.00	0.60(0.66! 0 65!
Acier à 3 couronnes..............	40 50	0.0000004166	3 00	0.64!! 0.65-(0.65!!
Acier à une étoile................	40 50	0.0000004166	3.00	0.63!! 0.63!! 0.63!!
Acier à 2 couronnes..............	40 50	0.0000004166	3.00	0.62!! 0.65!! 0.64!!
Acier à 3 carreaux A..............	40 50	0.0000004166	3.00	0.62!! 0.63!. 0.62!!

ARTS ET MÉTIERS SUR LA RÉSISTANCE DES ACIERS A LA FLEXION.

E. D'ÉLASTICITÉ	VALEURS MOYENNES.	CHARGE sous laquelle l'élasticité commence à s'altérer 2 P.	FLEXION correspondante à cette charge f.	RAPPORT entre LA FLEXION f et la portée $\frac{f}{2C}$	RAYON de courbure au milieu de la barre $r = \frac{EI}{PC}$	Allongement ou raccourcissement maximum $i = \frac{1}{2}\frac{b}{r} = \frac{PCb}{2EI}$	EFFORT correspondant à cet allongement par mètre carré $R = Ei$.
kil.	kil.	kil.	mill.		m.	m.	kil.
000 000 000 000 000 000 000 000	19 939 000 000	350	62.90	0.021 $\frac{1}{47.6}$	12.164	0.001644	32 808 000
000 000 000 000 000 000 000 000	20 947 000 000	450	39.68	0.013 $\frac{1}{76.9}$	19.395	0.001231	25 726 000
000 000 000 000 000 000 000 000	20 969 000 000	300	51.08	.017 $\frac{1}{58.8}$	14.911	0.001341	28 119 000
000 000 b 000 000 000 000 000 000	227 56 000 000	550	85.62	0.028 $\frac{1}{35.7}$	18.827	0.002265	51 542 000
	»	»	»	»	»	»	»
000 000 000 000 000 000	19 687 000 000	650	59.49	0.020 $\frac{1}{10}$	»	0.001794	35 406 000
.000 000	22 091 000 000	750	46.50	0.015 $\frac{1}{66.7}$	16.361	0.001528	33 755 000
1000 000	22 093 000 000	650	40.18	0.013 $\frac{1}{76.9}$	18.880	0.001325	29 273 000
1000 000 1000 000 1000 000	21 061 000 000	850	55.00	0 018 $\frac{1}{55.5}$	13.764	0.001817	38 268 000
1000 000 000 000 1 000 000	20 708 000 000	800	52.78	0.017 $\frac{1}{58.8}$	14.378	0.001740	36 032 000
0000 000 3 000 000 1 000 000	21 230 000 000	900	57.08	019 $\frac{1}{52.6}$	13.104	0.001908	40 507 000
5 000 000 0000 000 6 000 000	21 195 000 000	950	61.74	0.021 $\frac{1}{47.6}$	12.393	0.002018	42 772 000
2 000 000 6 000 000 8 000 000	21 691 000 000	750	47.70	0.016 $\frac{1}{62.5}$	16.065	0.001556	33 751 000

372. Conséquences des résultats relatifs aux aciers. — Les expériences connues jusqu'à ces derniers temps fournissaient, pour les aciers non trempés ou trempés et recuits, les valeurs suivantes, que nous avions rapportées dans les éditions précédentes de ces leçons.

	Valeurs du coefficient d'élasticité.
Acier fondu étiré et recuit...............	19 561 000 000^{kil}
Acier anglais en fil étiré et recuit........	17 278 000 000
Acier ordinaire recuit au blanc..........	18 045 000 000

Or, presque tous les aciers que nous avons essayés et qui étaient en barres de gros échantillons, non trempés, ont fourni des valeurs du coefficient d'élasticité supérieures à 20 000 000 000 kilogr.

Parmi les aciers de MM. Jackson, Pétin et Gaudet, le plus remarquable est l'acier fondu, qui a donné les valeurs

$$E = 22\,756\,000\,000^{kil},$$

$$\frac{f}{2C} = \frac{1}{35},$$

$$i' = 0^m.002265$$

et
$$R = 51\,542\,000^{kil},$$

et qui par conséquent a pu supporter, sans altération de son élasticité, une flexion de $\frac{1}{35}$ de sa portée et un effort de traction de 51^{kil}.542 par millimètre carré de section, quantités un peu supérieures à celles que nous avons obtenues avec les divers aciers de M. Frédéric Krupp.

L'acier puddlé des mêmes fabricants qui, par suite de la simplicité de sa fabrication, sera sans doute livré plus tard à un prix voisin de celui des bons fers, est aussi un produit très-remarquable. Cet acier paraît, d'après les expériences, plus résistant que le meilleur fer fin désigné sous le nom de fer surfin des mêmes fabricants, puisque, sans altération de son élasticité, il a pu supporter des efforts supérieurs à ceux dont le fer est susceptible, dans le rapport de 25^{kil}.7 à 21^{kil}.0.

L'on sait, d'ailleurs, que, quand cet acier est corroyé, il acquiert une ténacité et une malléabilité extraordinaires.

Quant aux aciers de M. Frédéric Krupp, d'Essen, qui le premier est parvenu à obtenir l'acier fondu en grandes masses, et auquel l'art de la métallurgie est redevable de cet important progrès, ils ont tous fourni des valeurs élevées du coefficient E, et leur élasticité s'est conservée jusqu'à des allongements et à des efforts très-considérables.

Il est remarquable que la limite supérieure de ces efforts, qui, pour l'acier à deux couronnes, s'élève à $42^{kil}.772$ par millimètre carré, et à $40^{kil}.502$ pour l'acier à une étoile, ne corresponde pas au coefficient d'élasticité le plus fort, lequel a été fourni par les aciers à trois carreaux C et B, qui ont donné respectivement

$$E = 22\,093\,000\,000^{kil} \quad \text{et} \quad E = 22\,091\,000\,000^{kil}$$

$$\text{et} \qquad R = 29\,273\,000^{kil} \qquad R = 33\,755\,000^{kil}.$$

Cela montre que, pour l'acier comme pour le fer, la rigidité et l'élasticité sont deux qualités distinctes.

La valeur moyenne du coefficient des aciers fondus fournis par MM. Jackson, Pétin et Gaudet s'élève à

$$E = 21\,157\,000\,000^{kil};$$

celle des aciers fondus de M. Frédéric Krupp est

$$E = 21\,438\,000\,000^{kil}.$$

Ces deux moyennes, que l'on peut regarder comme égales, sont supérieures aux valeurs admises jusqu'à ce jour pour les aciers les plus fins et les plus raffinés.

Mais, ainsi que nous l'avons déjà dit, ce qu'il y a de plus remarquable dans ces produits, c'est que la limite de variation de longueur à laquelle leur élasticité commence à s'altérer est beaucoup plus reculée qu'on ne l'avait obtenue jusqu'ici, et qu'à une très-grande ténacité ces aciers joignent une ductilité extraordinaire, qui permet de les employer sous des dimensions notablement moindres que le fer.

En admettant que l'effort que l'on peut faire supporter avec sécurité à une fibre d'acier d'un millimètre carré de section, ne doive pas excéder la moitié de celui sous lequel l'élasticité commencerait à s'altérer, l'on pourrait former le tableau suivant de ces efforts permanents.

EFFORTS AUXQUELS L'ON PEUT SOUMETTRE LES ACIERS ESSAYÉS AU CONSERVATOIRE DES ARTS ET MÉTIERS D'UNE MANIÈRE PERMANENTE.

DÉSIGNATION DES ACIERS.	EFFORTS par MILLIMÈTRE carré.
Aciers de MM. Jackson, Pétin et Gaudet.	kil.
Acier J.-P.-G corroyé, marqué L......................	16.404
Acier puddlé, marqué J.-P.-G	12.863
Acier corroyé J.-P.-G., marqué S.....................	14.059
Acier fondu J.-P.-G..................................	25.577
Aciers de M. Frédéric Krupp.	
Acier à trois couronnes..............................	18.016
Acier à une étoile...................................	20.253
Acier à deux couronnes..............................	21.356
Acier à trois carreaux A.............................	16.875
Acier à trois carreaux B.............................	16.877
Acier à trois carreaux C.............................	14.636
Acier à une couronne................................	19.134
Acier de MM. Jackson, de Bordeaux.	
Acier......................................	17.703

573. EXPÉRIENCES SUR DES ACIERS TREMPÉS ET RECUITS. — Les expériences dont il a été question précédemment n'étant relatives qu'à des aciers non trempés, j'ai pensé qu'il était convenable d'en répéter quelques-unes sur des barres d'acier trempé et recuit à l'un des degrés le plus ordinairement employés.

Ces expériences ont été exécutées sur une partie des barres d'acier de MM. Jackson, Pétin et Gaudet, celles de petit échantillon provenant des grosses barres refendues et raccourcies. Ces barres ont été posées successivement à plat et de champ. Dans le premier cas, ces barres prenaient des flexions assez grandes par rapport à leur longueur, et il n'a pas été possible d'atteindre, pour toutes, les charges sous lesquelles leur élasticité commençait à s'altérer, parce que, au delà de certaines flexions, les barres glissaient entre leurs points d'appui. Néanmoins, l'on a pu employer ces charges pour l'acier fondu, et, quant aux autres, les flexions s'étant élevées jusqu'à $\frac{1}{94}$ de la portée, les résultats peuvent être regardés comme suffisamment étendus, puisque dans la pratique des constructions l'on ne doit pas atteindre cette limite.

Quant aux barres posées de champ, il a fallu prendre quelques précautions pour les empêcher de se gauchir et de se déverser en fléchissant; mais l'on est parvenu à éviter cet inconvénient sans cependant gêner en rien la liberté de la flexion.

Les résultats de ces expériences sont réunis dans les tableaux suivants et résumés dans le dernier, qui contient aussi les valeurs des quantités E, i', r et p, déduites des formules rappelées au n° **314**.

ACIERS DE MM. JACKSON, PÉTIN ET GAUDET.

Barre d'acier corroyé marquée L., trempée et recuite, de 30^{mill}.00 de largeur sur 14^{mill}.50 de hauteur; portée 2C = 1^{m}.40.

	1re BARRE.			2e BARRE.	
		FLEXIONS			FLEXIONS
CHARGES	TOTALES.	pour 10 KILOGR.	CHARGES	TOTALES.	pour 10 KILOGR.
kil.	mill.	mill.	kil.	mill.	mill.
8	3.04	3.800	8	2.62	3.275
16	6.06	3.787	16	5.28	3.300
24	8.98	3.742	24	8.08	3.355
32	11.96	3.737	32	10.68	3.337
40	14.92	3.730	40	13.50	3.375
	Moyenne...	3.759		Moyenne...	3.328

f moyenne = 0^{m}.0 03543.
I = 0.0000000076216.
E = 21170000000 kil.

ACIERS DE MM. JACKSON, PÉTIN ET GAUDET.

Barre d'acier puddlé marquée J.-P.-G., trempée et recuite, de 30^{mill}.00 de largeur sur 21^{mill}.25 de hauteur; portée 2C = 1^m.40

1re BARRE.			2e BARRE.		
CHARGES	FLEXIONS		CHARGES	FLEXIONS	
	TOTALES.	pour 10 KILOGR.		TOTALES.	pour 10 KILOGR.
kil.	mill.	mill.	kil.	mill.	mill.
8	0.98	1.225	8	0.98	1.225
16	1.94	1.212	16	2.00	1.250
24	2.90	1.208	24	3.04	1.267
32	3.90	1.219	32	4.04	1.262
40	4.82	1.205	40	5 00	1.250
	Moyenne...	1.214		Moyenne...	1.251

f moyenne = 0^m.0.001232.
I = 0.00000002398.
E = 19350000000 kil.

ACIERS DE MM. JACKSON, PÉTIN ET GAUDET.

Barre d'acier corroyé marquée S, trempée et recuite, de 30^{mill}.00 de largeur sur 15^{mill}.5 d'épaisseur. Portée : 2C = 1^m.40.

1re BARRE.			2e BARRE.		
CHARGES.	FLEXIONS		CHARGES.	FLEXIONS	
	TOTALES.	pour 10 KILOG.		TOTALES.	pour 10 KILOG.
kil.	mill.	mill.	kil.	mill.	mill.
8	2.18	2.725	8	2.14	2.675
16	4.28	2.675	16	4.24	2.650
24	6.34	2.642	24	6.32	2.633
32	8.42	2.631	32	8.58	2.681
40	10.54	2.635	40	10.66	2.665
	Moyenne....	2.661		Moyenne....	2.661

Flexion moyenne = 0^m.002654.
I = 00.0000000093.
E = 23176000000.

ACIERS DE MM. JACKSON, PÉTIN ET GAUDET.

Barre d'acier marquée *Acier fondu*, trempée et recuite, de 30^{mill}.00 de largeur sur 15^{mill}.5 de hauteur. Portée : 2C = 1^m.40.

| CHARGES. | FLEXIONS | | OBSERVATIONS. |
	TOTALES.	pour 10 KILOGR.	
kil.	mill.	mill.	
100	24.48	2.448	
200	49.06	2 453	
300	73.40	2.447	
400	98.82	2.470	
432	106.68	2.467	
440	109.06	2.478	
448	111.00	2.455	
456	113.80	2.495	
464	115.90	2.497	
			Moyenne = 2.9477.
472	119.40	2 503	
480	121.86	2.540	
488	124.76	2.557	
496	128 60	2.593	I = 0.000 000 009 3
504	132.74	2.636	E = 24 816 000 000
512	136.98	2.675	
520	141.76	2.726	
528	144.28	2.732	
536	149.54	2.789	
544	157.10	2.887	
552	168.60	3.054	

ACIERS DE MM. JACKSON, PÉTIN ET GAUDET.

Barre d'acier marquée *Acier fondu*, trempée et recuite, de 30^{mill}.00 de largeur sur 15^{mill}.5 de hauteur. — Portée : 2C = 1^m.40.

| CHARGES. | FLEXIONS | | OBSERVATIONS. |
	TOTALES.	pour 10 KILOGR.	
kil.	mill.	mill.	
35.780	9.00	2.515	I = 0.0000000093.
71.404	18.04	2.526	E = 23 381 000 000.
107.088	27.08	2.529	
142.882	36.60	2.569	
174.690	46.44	2.658	
206.498	57.14	2.767	
238.306	65.04	2.729	
270.114	71.32	2.643	
301.922	78.48	2.632	
333.730	86.24	2.584	
365.538	94.10	2.574	
397.446	101.74	2.560	
421.302	108.78	2.579	
	Moyenne......	2.629	

ACIERS DE MM. JACKSON, PÉTIN ET GAUDET.

Expérience du 22 novembre 1858.

Barre d'acier corroyé marquée L, trempée et recuite, de 14^{mill}.5 de largeur sur 30^{mill}.00 de largeur. — Portée : 2C = 1.^{m}40.

| CHARGES. | FLEXIONS | | OBSERVATIONS. |
	TOTALES.	pour 10 KILOGR.	
kil.	mill.	mill.	
50	3.90	0.780	I = 0.0000000326.
100	7.98	0.798	E = 21 230 000 000.
150	12.20	0.813	
200	16.94	0.847	
250	20.98	0.839	
300	25.00	0.833	
	Moyenne......	0.826	

ACIERS DE MM. JACKSON, PÉTIN ET GAUDET.

Barres d'acier fondu, trempées et recuites de 15^{mill}.00 de largeur sur 30^{mill}.00 de hauteur; portée : 2C = 1^m.40.

CHARGES 2P.	1re EXPÉRIENCE. FLEXIONS		2e EXPÉRIENCE. FLEXIONS		3e EXPÉRIENCE. FLEXIONS	
	TOTALES.	pour 10 KILOGR.	TOTALES.	pour 10 KILOGR.	TOTALES.	pour 10 KILOGR.
kil. 50	mill. 0.00	mill. »	mill. 4.02	mill. 0.804	mill. 3.80	mill. 0.760
100	8.02	0.802	8.04	0.804	7.28	0 728
150	»	»	11.34	0.756	10.72	0.715
200	15.00	0.750	15.06	0.753	14.38	0.719
250	»	»	18.82	0.753	18.04	0.722
300	22.52	0.751	22.48	0.749	21.72	0.721
350	»	»	26.40	0.754		
400	30.18	0.754	30.08	0.752	Moyenne.	0.723
500	37.94	0.759				
600	45.94	0.766	Moyenne.	0.7528		
700	54.62	0.780				
800	63.04	0 789				
900	73.86	0.821				
	Moyenne.	0.764				

1re expérience.... { I = 0.000000349 ; E = 21443000000

2e expérience.... E = 21764000000

3e expérience.... E = 22658000000

RÉSUMÉ DES RÉSULTATS DES EXPÉRIENCES FAITES AU CONSERVATOIRE DES ARTS ET MÉTIERS, SUR LA FLEXION DES ACIERS DE MM. JACKSON, PÉTIN ET GAUDET, TREMPÉS ET RECUITS.

DÉSIGNATION des BARRES ESSAYÉES.	SECTIONS transversales		VALEURS du moment d'inertie de la section I.	PORTÉE TOTALE 2C.	ACCROISSEMENT de flexion pour 10^k d'augmentation de la charge.	COEFFICIENT D'ÉLASTICITÉ E.
	$a.$	$b.$				
	mill.	mill.		m.	m.	kil.
BARRES POSÉES A PLAT.						
Acier corroyé, marqué L..........	30	14.5	0.000000076215	1.40	0.003543	21 228 000 000
Acier puddlé J.-P.-G.	30	21.25	0.000000023980	1.40	0.001232	19 350 000 000
Acier corroyé, marqué S...........	30	15.5	0.000000009300	1.40	0.002654	23 178 000 000
Acier fondu........	30	15.5	0.000000009300	1.40	0.002477	24 816 000 000
BARRES POSÉES DE CHAMP.						
Acier corroyé, marqué L..........	14.5	30.00	0.0000000326	1.40	0.008260	21 230 000 000 / 21 443 000 000
Acier fondu.	15.5	30.00	0.000000349	1.40	0.000764	21 764 000 000 / 22 658 000 000

574. EXAMEN DES RÉSULTATS CONSIGNÉS DANS LE TABLEAU PRÉCÉDENT. — Les résultats obtenus sur les aciers trempés et recuits semblent indiquer que le coefficient d'élasticité, ou la résistance à la flexion, est un peu augmenté par l'effet de la trempe. L'acier puddlé paraîtrait cependant faire exception. L'augmentation est d'ailleurs assez faible.

575. LIMITE D'ALTÉRATION DE L'ÉLASTICITÉ. — La barre d'acier fondu posée à plat a été poussée beaucoup plus loin que les autres et jusqu'à une flexion de $0^m.1686$ ou de $\frac{1}{8.3}$ de la portée sans qu'elle se rompît. Les flexions ont commencé à croître plus rapidement que les charges à partir de celle de $0^m.1159$, égale à $\frac{1}{12}$ de la portée, sous la charge $2P = 464^{kil}$; ce qui donne pour l'allongement proportionnel par mètre courant

$$i = \frac{PCb}{EI} = 0^m.00280,$$

valeur très-peu différente de celle qui avait été obtenue sur les

barres d'acier non trempé. Il paraîtrait donc que l'opération de
la trempe et celle du recuit ne changent pas la résistance ni
même l'élasticité de l'acier sous le rapport des limites auxquelles
cette élasticité s'altère. Le changement le plus important que
produise la trempe se réduirait donc à l'augmentation considérable de la dureté.

Résistance du bronze des canons à la flexion.

376. DE LA RÉSISTANCE DU BRONZE DES CANONS A LA FLEXION.
— Pour déterminer cette résistance et la comparer à celle des
autres métaux, nous avons procédé d'une manière analogue à
celle qui a été suivie pour le fer et pour l'acier, et au moyen des
mêmes appareils.

Une barre de bronze, au titre de l'alliage des canons de cuivre
et d'étain, a été fondue sur ma demande, par ordre du ministre
de la guerre, à la fonderie de Strasbourg et a été mise à ma disposition. Elle avait 3^m.15 de longueur, 0^m.050 sur 0^m.050 d'é-
quarrissage, et était dressée avec beaucoup de soin sur toutes
ses faces. La portée sur laquelle elle a été essayée était 2C = 3^m.15.
Le moment d'inertie de sa section transversale était

$$I = 0.00000052.$$

Elle a été chargée en son milieu de poids successivement croissants, qui ont élevé la flexion à laquelle on l'a soumise à 0^m.0103
ou $\frac{1}{306}$ environ de sa portée.

Les résultats des deux expériences très-concordantes faites
sur cette barre sont consignés dans le tableau suivant :

EXPÉRIENCES SUR LA RÉSISTANCE D'UNE BARRE DE BRONZE DES CANONS
A LA FLEXION.

CHARGES 2P.	1re EXPÉRIENCE.		2e EXPÉRIENCE.	
	FLEXIONS		FLEXIONS	
	TOTALES.	pour 10 KILOGR. de charge.	TOTALES.	pour 10 KILOGR. de charge.
kil.	mill.	mill.	mill.	mill.
8	1.10	1.37	1.22	1.52
16	2.28	1.42	2.32	1.45
24	3.32	1.38	3.38	1.41
32	4.50	1.40	4.64	1.45
40	»	»	5.70	1.42
48	»	»	6.84	1.43
56	»	»	8.02	1.44
64	»	»	9.18	1.43
72	»	»	10.30	1.43
	Moyenne.......	1.392	Moyenne.......	1.432

D'après ces résultats, la première expérience donne, pour la valeur du coefficient d'élasticité du bronze,

$$E = \frac{1}{3}\frac{5 \times \overline{1.575}^3}{0.001392 \times 0.00000052} = 8\,996\,000\,000^{kil}$$

$$E = \frac{1}{3}\frac{5 \times \overline{1.575}^3}{0.001432 \times 0.00000052} = 8\,745\,000\,000$$

Valeur moyenne............... $E = 8\,872\,500\,000^{kil}$

Les expériences antérieures, dont l'origine ne nous est pas connue, mais dont les résultats ont été jusqu'ici admis par tous les auteurs, n'assignaient au coefficient d'élasticité du bronze fondu des canons que la valeur de

$$E = 3\,200\,000\,000^{kil}.$$

La précision avec laquelle ont été faites les expériences que l'on vient de rapporter ne nous permet guère de douter de leur exactitude, et nous porte à admettre de préférence la valeur qu'elles ont fournie. Si l'on se reporte d'ailleurs aux observations dont nous avons accompagné les résultats des expériences relatées aux n°ˢ **99** et **100** du chapitre de l'extension, sur des échantillons de bronze pris dans une pièce de gros calibre, on admettra sans doute encore ici que la valeur des coefficients d'élasticité et de rupture doit être beaucoup moindre pour les échantillons et pour les pièces de canon elles-mêmes, que pour de petits barreaux obtenus par la coulée de lingots de faibles dimensions, dont le refroidissement rapide s'oppose à la séparation de l'étain.

FIN DU PREMIER VOLUME.

TABLE DES MATIÈRES

CONTENUES DANS LE PREMIER VOLUME.

———

PREMIÈRE PARTIE

EXTENSION.

Résistance des tôles et de leurs assemblages.

DEUXIÈME PARTIE.

COMPRESSION.

TROISIÈME PARTIE.

FLEXION.

*Considérations générales sur la résistance des solides soumis à des
efforts qui tendent à les faire fléchir perpendiculairement à leur
longueur. — Bases expérimentales de la théorie.*

Notions théoriques.

Des solides d'égale résistance.

Conséquences pratiques de la théorie.

Résultats d'expériences sur la flexion et la rupture qui en est la suite.

Résistance des bois à la flexion.

Résistance de la fonte à la flexion.

Résistance du fer à la flexion.

Résistance des aciers à la flexion.

De la résistance du bronze des canons à la flexion.

FIN DE LA TABLE DU PREMIER VOLUME.

PARIS. — IMPRIMERIE DE CH. LAHURE ET Cie

Rues de Fleurus, 9, et de l'Ouest, 21

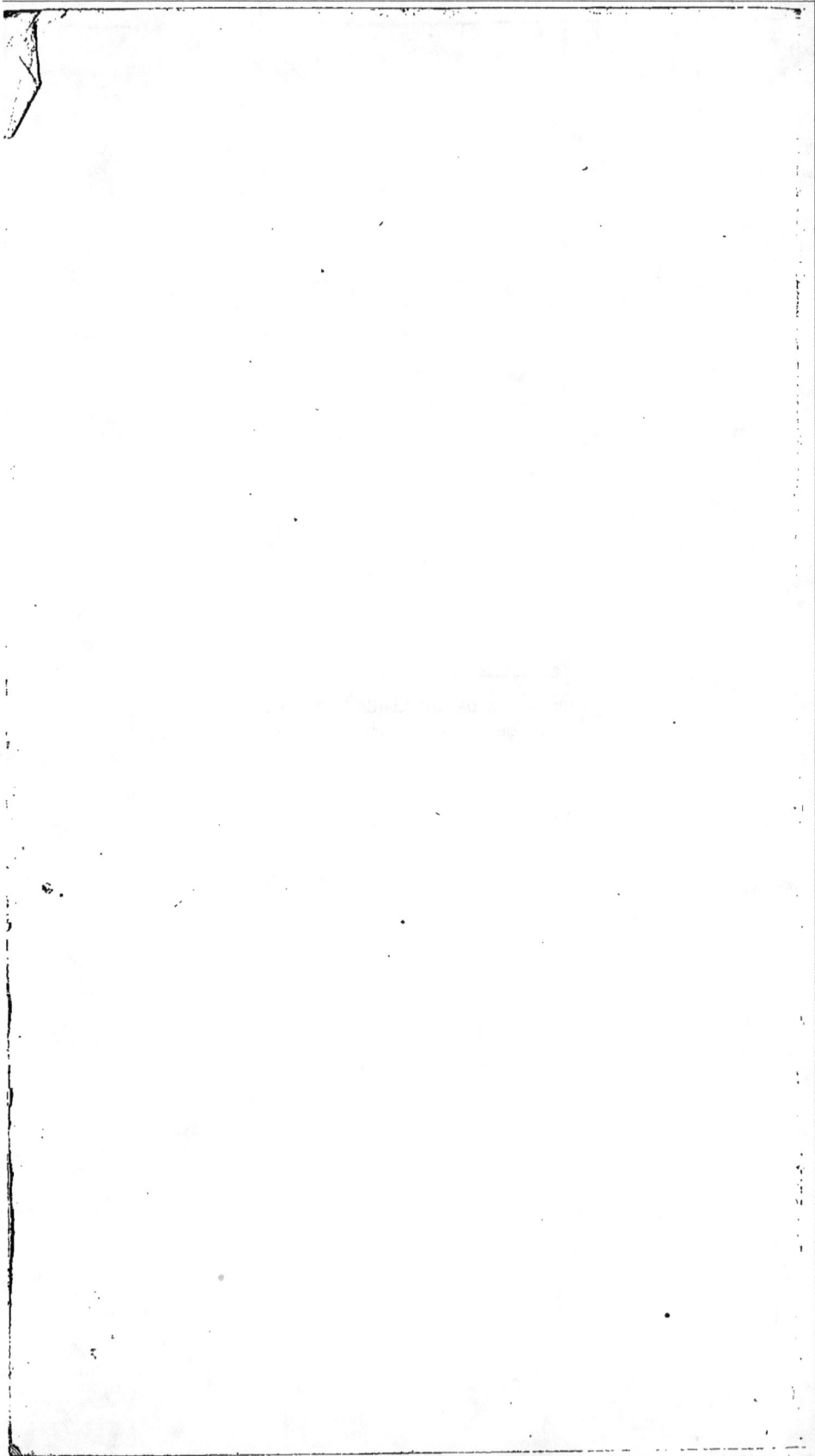

Fig. 1.

Fig. 2.

Fig. 3.

Fig. 4.

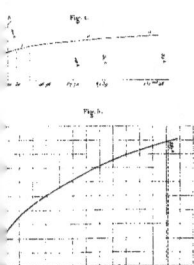

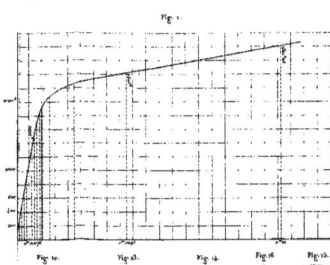

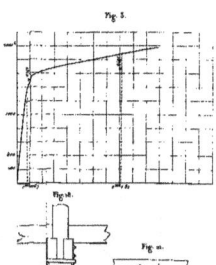

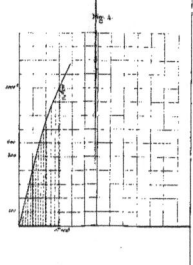

Fig. 5.

Fig. 18.

Fig. 19.

Fig. 20.

Fig. 6.

Fig. 12.   Fig. 13.   Fig. 14.   Fig. 15.   Fig. 12.

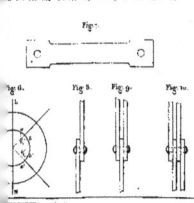

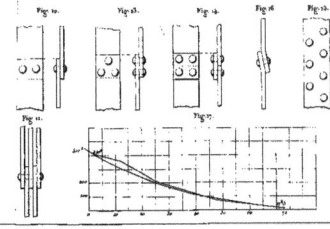

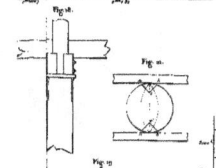

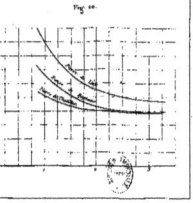

Fig. 7.

Fig. 6.   Fig. 8.   Fig. 9.   Fig. 10.   Fig. 11.

Fig. 16.   Fig. 17.

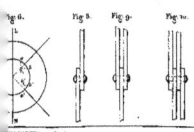

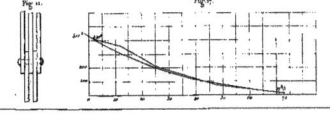

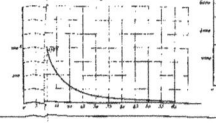

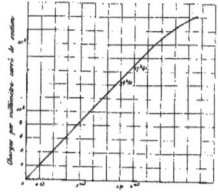

Fig. 2.

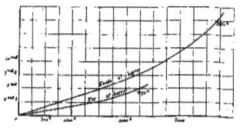

Fig. 4.

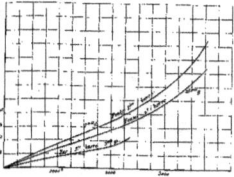

Fig. 3.

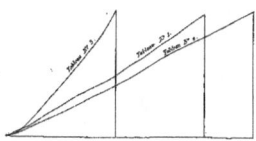

Fig. 1.

Fig. 6.

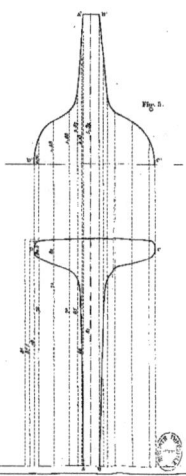

Fig. 5.

Pl. III.

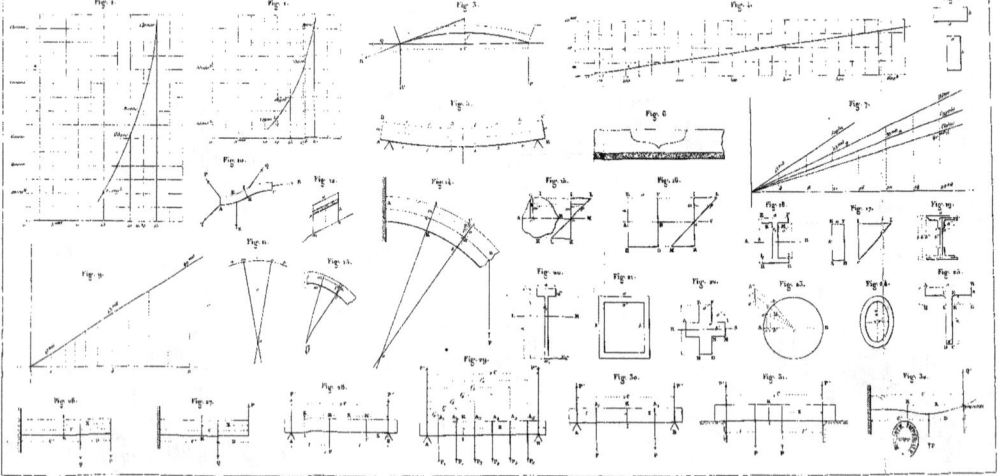

Librairie de L. HACHETTE et Cᵉ, à Paris.

Gravé par J. Prêtre.

Pl. IV.

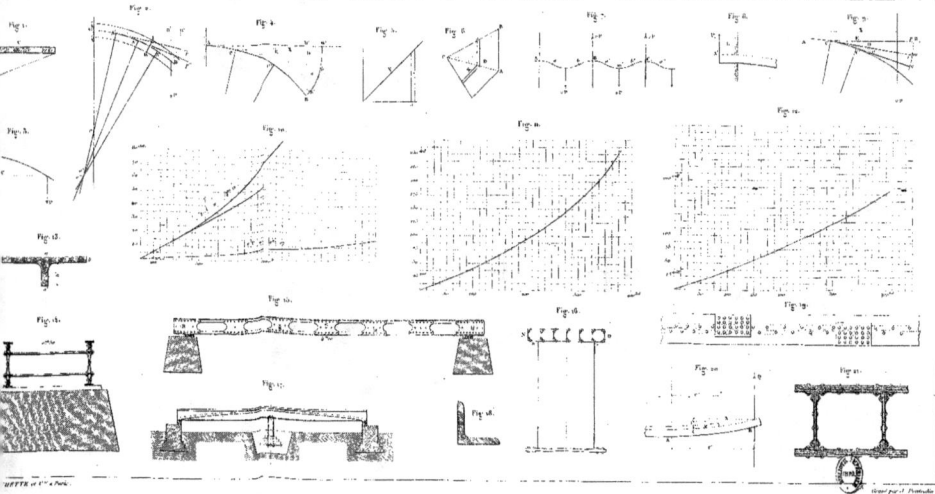

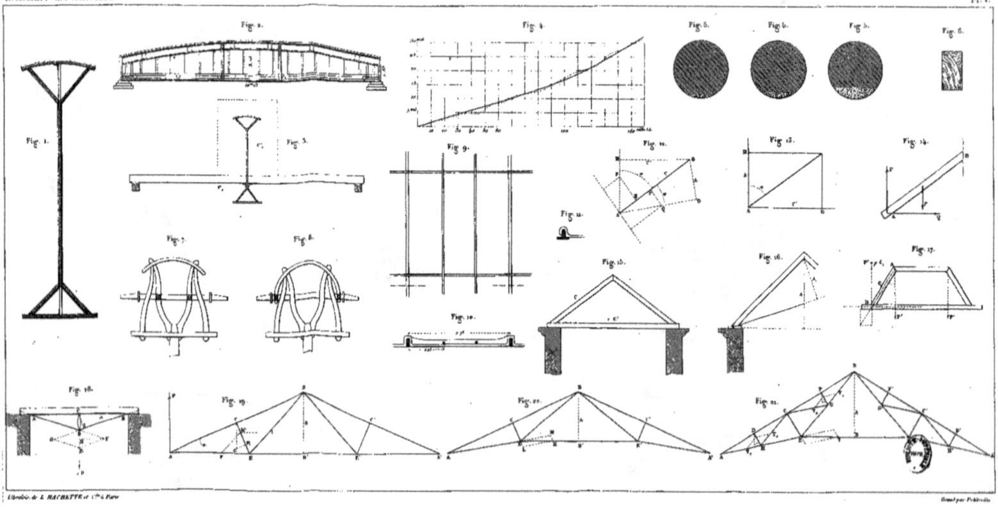

Pl. V.

Pl. VI.

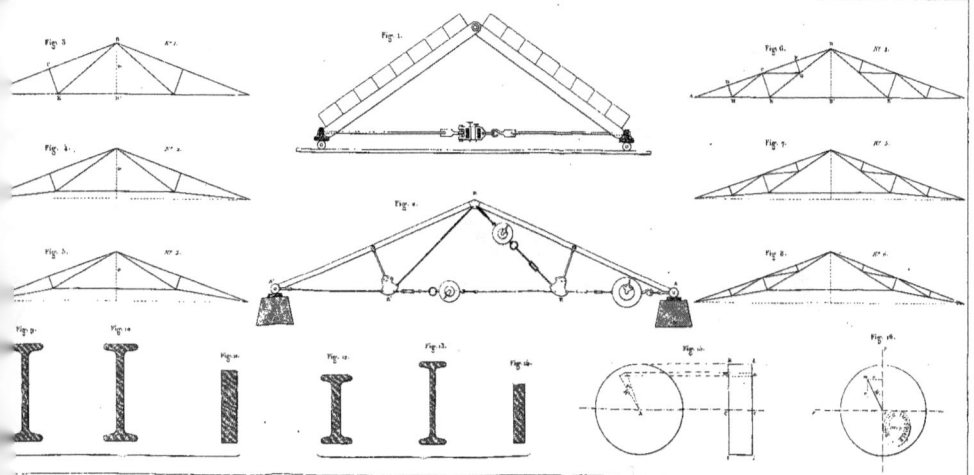

Fig. 3.
Fig. 1.
Fig. 6.

Fig. 4.
Fig. 7.

Fig. 5.
Fig. 4.
Fig. 8.

Fig. 9.
Fig. 10.
Fig. 11.
Fig. 12.
Fig. 13.
Fig. 14.
Fig. 15.
Fig. 16.

www.ingramcontent.com/pod-product-compliance
Lightning Source LLC
Chambersburg PA
CBHW052058230326
41599CB00054B/3055